全国科学技术名词审定委员会

公　　布

科学技术名词·自然科学卷（全藏版）

1

地　理　学　名　词

（第二版）

CHINESE TERMS IN GEOGRAPHY

（Second Edition）

地理学名词审定委员会

国家自然科学基金资助项目

科　学　出　版　社

北　京

内 容 简 介

本书是全国科学技术名词审定委员会审定公布的地理学名词（第二版），包括地理学总论、自然地理学、地貌学、气候学、水文学、生物地理学、土壤地理学、医学地理学、环境地理学、化学地理学、冰川学、冻土学、沙漠学、湿地学、海洋地理学、古地理学、人文地理学、经济地理学、城市地理学、资源地理学、旅游地理学、人口地理学、历史地理学、社会与文化地理学、数量地理学、地球信息科学、地图学、地名学、遥感应用、地理信息系统等30大类，共收词4089条。本书对1988年公布的《地理学名词》作了少量修正，增加了一些新词，每条词均给出了定义或注释。这些名词是科研、教学、生产、经营以及新闻出版等部门应遵照使用的地理学规范名词。

图书在版编目(CIP)数据

科学技术名词. 自然科学卷：全藏版 / 全国科学技术名词审定委员会审定. —北京：科学出版社，2017.1

ISBN 978-7-03-051399-1

I. ①科… II. ①全… III. ①科学技术–名词术语 ②自然科学–名词术语 IV. ①N61

中国版本图书馆 CIP 数据核字(2016)第314947号

责任编辑：李玉英 / 责任校对：陈玉凤
责任印制：张 伟 / 封面设计：铭轩堂

科学出版社 出版
北京东黄城根北街16号
邮政编码：100717
http://www.sciencep.com
北京厚诚则铭印刷科技有限公司印刷
科学出版社发行 各地新华书店经销
*
2017年1月第 一 版 开本：787×1092 1/16
2017年1月第一次印刷 印张：21 3/4
字数：557 000

定价：5980.00元(全30册)

全国科学技术名词审定委员会
第五届委员会委员名单

地理学名词审定委员会委员名单

第一届委员(1986～1999)

主　任：林　超

副主任：左大康　吴传钧　王恩涌

委　员（按姓氏笔画为序）：

朱大奎　任美锷　刘昌明　孙惠南　李春芬
杨吾扬　邱宝剑　宋家泰　张力果　张兰生
陈述彭　陈静生　林炳耀　周立三　季中淳
周幼吾　郑　度　承继成　赵　济　郭来喜
黄　进　黄润华　黄锡畴　章　申　韩慕康
鲍觉民　廖　克　瞿宁淑

秘　书：黄润华(兼)　陈　田

第二届委员(2000～2005)

顾　问：黄秉维　孙鸿烈　任美锷　吴传钧　陈述彭
施雅风

主　任：郑　度

副主任：陆大道　刘纪远　许学强　蔡运龙　包浩生

委　员（按姓氏笔画为序）：

王　涛　王　铮　王五一　王恩涌　尤联元
刘卫东　刘昌明　刘经仁　闫小培　孙广友
李小建　李世杰　李丽娟　李克让　李树楷
杨勤业　吴绍洪　何建邦　宋长青　张　超
张国友　邵雪梅　承继成　赵　济　保继刚
顾朝林　柴彦威　倪　侹　唐晓峰　陶　澍
黄润华　崔海亭　章　申　韩慕康　程国栋
廖　克

秘　书：吴绍洪(兼)　刘卫东(兼)

路甬祥序

我国是一个人口众多、历史悠久的文明古国，自古以来就十分重视语言文字的统一，主张“书同文、车同轨”，把语言文字的统一作为民族团结、国家统一和强盛的重要基础和象征。我国古代科学技术十分发达，以四大发明为代表的古代文明，曾使我国居于世界之巅，成为世界科技发展史上的光辉篇章。而伴随科学技术产生、传播的科技名词，从古代起就已成为中华文化的重要组成部分，在促进国家科技进步、社会发展和维护国家统一方面发挥着重要作用。

我国的科技名词规范统一活动有着十分悠久的历史。古代科学著作记载的大量科技名词术语，标志着我国古代科技之发达及科技名词之活跃与丰富。然而，建立正式的名词审定组织机构则是在清朝末年。1909 年，我国成立了科学名词编订馆，专门从事科学名词的审定、规范工作。到了新中国成立之后，由于国家的高度重视，这项工作得以更加系统地、大规模地开展。1950 年政务院设立的学术名词统一工作委员会，以及 1985 年国务院批准成立的全国自然科学名词审定委员会（现更名为全国科学技术名词审定委员会，简称全国科技名词委），都是政府授权代表国家审定和公布规范科技名词的权威性机构和专业队伍。他们肩负着国家和民族赋予的光荣使命，秉承着振兴中华的神圣职责，为科技名词规范统一事业默默耕耘，为我国科学技术的发展做出了基础性的贡献。

规范和统一科技名词，不仅在消除社会上的名词混乱现象，保障民族语言的纯洁与健康发展等方面极为重要，而且在保障和促进科技进步，支撑学科发展方面也具有重要意义。一个学科的名词术语的准确定名及推广，对这个学科的建立与发展极为重要。任何一门科学（或学科），都必须有自己的一套系统完善的名词来支撑，否则这门学科就立不起来，就不能成为独立的学科。郭沫若先生曾将科技名词的规范与统一称为“乃是一个独立自主国家在学术工作上所必须具备的条件，也是实现学术中国化的最起码的条件”，精辟地指出了这项基础性、支撑性工作的本质。

在长期的社会实践中，人们认识到科技名词的规范和统一工作对于一个国家的科技发展和文化传承非常重要，是实现科技现代化的一项支撑性的系统工程。没有这样一个系统的规范化的支撑条件，不仅现代科技的协调发展将遇到极大困难，而且在科技日益渗透人们生活各方面、各环节的今天，还将给教育、传播、交流、经贸等多方面带来困难和损害。

全国科技名词委自成立以来，已走过近20年的历程，前两任主任钱三强院士和卢嘉锡院士为我国的科技名词统一事业倾注了大量的心血和精力，在他们的正确领导和广大专家的共同努力下，取得了卓著的成就。2002年，我接任此工作，时逢国家科技、经济飞速发展之际，因而倍感责任的重大；及至今日，全国科技名词委已组建了60个学科名词审定分委员会，公布了50多个学科的63种科技名词，在自然科学、工程技术与社会科学方面均取得了协调发展，科技名词蔚成体系。而且，海峡两岸科技名词对照统一工作也取得了可喜的成绩。对此，我实感欣慰。这些成就无不凝聚着专家学者们的心血与汗水，无不闪烁着专家学者们的集体智慧。历史将会永远铭刻着广大专家学者孜孜以求、精益求精的艰辛劳作和为祖国科技发展做出的奠基性贡献。宋健院士曾在1990年全国科技名词委的大会上说过："历史将表明，这个委员会的工作将对中华民族的进步起到奠基性的推动作用。"这个预见性的评价是毫不为过的。

科技名词的规范和统一工作不仅仅是科技发展的基础，也是现代社会信息交流、教育和科学普及的基础，因此，它是一项具有广泛社会意义的建设工作。当今，我国的科学技术已取得突飞猛进的发展，许多学科领域已接近或达到国际前沿水平。与此同时，自然科学、工程技术与社会科学之间交叉融合的趋势越来越显著，科学技术迅速普及到了社会各个层面，科学技术同社会进步、经济发展已紧密地融为一体，并带动着各项事业的发展。所以，不仅科学技术发展本身产生的许多新概念、新名词需要规范和统一，而且由于科学技术的社会化，社会各领域也需要科技名词有一个更好的规范。另一方面，随着香港、澳门的回归，海峡两岸科技、文化、经贸交流不断扩大，祖国实现完全统一更加迫近，两岸科技名词对照统一任务也十分迫切。因而，我们的名词工作不仅对科技发展具有重要的价值和意义，而且在经济发展、社会进步、政治稳定、民族团结、国家统一和繁荣等方面都具有不可替代的特殊价值和意义。

最近，中央提出树立和落实科学发展观，这对科技名词工作提出了更高的要求。我们要按照科学发展观的要求，求真务实，开拓创新。科学发展观的本质与核心是以人为本,我们要建设一支优秀的名词工作队伍,既要保持和发扬老一辈科技名词工作者的优良传统,坚持真理、实事求是、甘于寂寞、淡泊名利,又要根据新形势的要求,面向未来、协调发展、与时俱进、锐意创新。此外,我们要充分利用网络等现代科技手段,使规范科技名词得到更好的传播和应用,为迅速提高全民文化素质做出更大贡献。科学发展观的基本要求是坚持以人为本,全面、协调、可持续发展,因此,科技名词工作既要紧密围绕当前国民经济建设形势,着重开展好科技领域的学科名词审定工作,同时又要在强调经济社会以及人与自然协调发展的思想指导下,开展好社会科学、文化教育和资源、生态、环境领域的科学名词审定工作,促进各个学科领域的相互融合和共同繁荣。科学发展观非常注重可持续发展的理念,因此,我们在不断丰富和发展已建立的科技名词体系的同时,还要进一步研究具有中国特色的术语学理论,以创建中国的术语学派。研究和建立中国特色的术语学理论,也是一种知识创新,是实现科技名词工作可持续发展的必由之路,我们应当为此付出更大的努力。

当前国际社会已处于以知识经济为走向的全球经济时代,科学技术发展的步伐将会越来越快。我国已加入世贸组织,我国的经济也正在迅速融入世界经济主流,因而国内外科技、文化、经贸的交流将越来越广泛和深入。可以预言,21 世纪中国的经济和中国的语言文字都将对国际社会产生空前的影响。因此,在今后 10 到 20 年之间,科技名词工作就变得更具现实意义,也更加迫切。“路漫漫其修远兮,吾今上下而求索”,我们应当在今后的工作中,进一步解放思想,务实创新、不断前进。不仅要及时地总结这些年来取得的工作经验,更要从本质上认识这项工作的内在规律,不断地开创科技名词统一工作新局面,做出我们这代人应当做出的历史性贡献。

2004 年深秋

卢嘉锡序

科技名词伴随科学技术而生,犹如人之诞生其名也随之产生一样。科技名词反映着科学研究的成果,带有时代的信息,铭刻着文化观念,是人类科学知识在语言中的结晶。作为科技交流和知识传播的载体,科技名词在科技发展和社会进步中起着重要作用。

在长期的社会实践中,人们认识到科技名词的统一和规范化是一个国家和民族发展科学技术的重要的基础性工作,是实现科技现代化的一项支撑性的系统工程。没有这样一个系统的规范化的支撑条件,科学技术的协调发展将遇到极大的困难。试想,假如在天文学领域没有关于各类天体的统一命名,那么,人们在浩瀚的宇宙当中,看到的只能是无序的混乱,很难找到科学的规律。如是,天文学就很难发展。其他学科也是这样。

古往今来,名词工作一直受到人们的重视。严济慈先生60多年前说过,“凡百工作,首重定名;每举其名,即知其事”。这句话反映了我国学术界长期以来对名词统一工作的认识和做法。古代的孔子曾说“名不正则言不顺”,指出了名实相副的必要性。荀子也曾说“名有固善,径易而不拂,谓之善名”,意为名有完善之名,平易好懂而不被人误解之名,可以说是好名。他的“正名篇”即是专门论述名词术语命名问题的。近代的严复则有“一名之立,旬月踟躇”之说。可见在这些有学问的人眼里,“定名”不是一件随便的事情。任何一门科学都包含很多事实、思想和专业名词,科学思想是由科学事实和专业名词构成的。如果表达科学思想的专业名词不正确,那么科学事实也就难以令人相信了。

科技名词的统一和规范化标志着一个国家科技发展的水平。我国历来重视名词的统一与规范工作。从清朝末年的科学名词编订馆,到1932年成立的国立编译馆,以及新中国成立之初的学术名词统一工作委员会,直至1985年成立的全国自然科学名词审定委员会(现已改名为全国科学技术名词审定委员会,简称全国名词委),其使命和职责都是相同的,都是审定和公布规范名词的权威性机构。现在,参与全国名词委领导工作的单位有中国科学院、科学技术部、教育部、中国科学技术协会、国家自然科学基金委员会、新闻出版署、国家质量技术监督局、国家广播电影电视总局、国家知识产权局和国家语言文字工作委员会,这些部委各自选派了有关领导干部担任全国名词委的领导,有力地推动科技名词的统一和推广应用工作。

全国名词委成立以后,我国的科技名词统一工作进入了一个新的阶段。在第一任主任委员钱三强同志的组织带领下,经过广大专家的艰苦努力,名词规范和统一工作取得了显著的成绩。1992 年三强同志不幸谢世。我接任后,继续推动和开展这项工作。在国家和有关部门的支持及广大专家学者的努力下,全国名词委 15 年来按学科共组建了 50 多个学科的名词审定分委员会,有 1800 多位专家、学者参加名词审定工作,还有更多的专家、学者参加书面审查和座谈讨论等,形成的科技名词工作队伍规模之大、水平层次之高前所未有。15 年间共审定公布了包括理、工、农、医及交叉学科等各学科领域的名词共计 50 多种。而且,对名词加注定义的工作经试点后业已逐渐展开。另外,遵照术语学理论,根据汉语汉字特点,结合科技名词审定工作实践,全国名词委制定并逐步完善了一套名词审定工作的原则与方法。可以说,在 20 世纪的最后 15 年中,我国基本上建立起了比较完整的科技名词体系,为我国科技名词的规范和统一奠定了良好的基础,对我国科研、教学和学术交流起到了很好的作用。

在科技名词审定工作中,全国名词委密切结合科技发展和国民经济建设的需要,及时调整工作方针和任务,拓展新的学科领域开展名词审定工作,以更好地为社会服务、为国民经济建设服务。近些年来,又对科技新词的定名和海峡两岸科技名词对照统一工作给予了特别的重视。科技新词的审定和发布试用工作已取得了初步成效,显示了名词统一工作的活力,跟上了科技发展的步伐,起到了引导社会的作用。两岸科技名词对照统一工作是一项有利于祖国统一大业的基础性工作。全国名词委作为我国专门从事科技名词统一的机构,始终把此项工作视为自己责无旁贷的历史性任务。通过这些年的积极努力,我们已经取得了可喜的成绩。做好这项工作,必将对弘扬民族文化,促进两岸科教、文化、经贸的交流与发展做出历史性的贡献。

科技名词浩如烟海,门类繁多,规范和统一科技名词是一项相当繁重而复杂的长期工作。在科技名词审定工作中既要注意同国际上的名词命名原则与方法相衔接,又要依据和发挥博大精深的汉语文化,按照科技的概念和内涵,创造和规范出符合科技规律和汉语文字结构特点的科技名词。因而,这又是一项艰苦细致的工作。广大专家学者字斟句酌,精益求精,以高度的社会责任感和敬业精神投身于这项事业。可以说,全国名词委公布的名词是广大专家学者心血的结晶。这里,我代表全国名词委,向所有参与这项工作的专家学者们致以崇高的敬意和衷心的感谢!

审定和统一科技名词是为了推广应用。要使全国名词委众多专家多年的劳动成果——规范名词,成为社会各界及每位公民自觉遵守的规范,需要全社会的理解和支持。国务院和4个有关部委[国家科委(今科学技术部)、中国科学院、国家教委(今教育部)和新闻出版署]已分别于1987年和1990年行文全国,要求全国各科研、教学、生产、经营以及新闻出版等单位遵照使用全国名词委审定公布的名词。希望社会各界自觉认真地执行,共同做好这项对于科技发展、社会进步和国家统一极为重要的基础工作,为振兴中华而努力。

值此全国名词委成立15周年、科技名词书改装之际,写了以上这些话。是为序。

卢嘉锡

2000年夏

钱三强序

科技名词术语是科学概念的语言符号。人类在推动科学技术向前发展的历史长河中,同时产生和发展了各种科技名词术语,作为思想和认识交流的工具,进而推动科学技术的发展。

我国是一个历史悠久的文明古国,在科技史上谱写过光辉篇章。中国科技名词术语,以汉语为主导,经过了几千年的演化和发展,在语言形式和结构上体现了我国语言文字的特点和规律,简明扼要,蓄意深切。我国古代的科学著作,如已被译为英、德、法、俄、日等文字的《本草纲目》、《天工开物》等,包含大量科技名词术语。从元、明以后,开始翻译西方科技著作,创译了大批科技名词术语,为传播科学知识,发展我国的科学技术起到了积极作用。

统一科技名词术语是一个国家发展科学技术所必须具备的基础条件之一。世界经济发达国家都十分关心和重视科技名词术语的统一。我国早在 1909 年就成立了科学名词编订馆,后又于 1919 年中国科学社成立了科学名词审定委员会,1928 年大学院成立了译名统一委员会。1932 年成立了国立编译馆,在当时教育部主持下先后拟订和审查了各学科的名词草案。

新中国成立后,国家决定在政务院文化教育委员会下,设立学术名词统一工作委员会,郭沫若任主任委员。委员会分设自然科学、社会科学、医药卫生、艺术科学和时事名词五大组,聘任了各专业著名科学家、专家,审定和出版了一批科学名词,为新中国成立后的科学技术的交流和发展起到了重要作用。后来,由于历史的原因,这一重要工作陷于停顿。

当今,世界科学技术迅速发展,新学科、新概念、新理论、新方法不断涌现,相应地出现了大批新的科技名词术语。统一科技名词术语,对科学知识的传播,新学科的开拓,新理论的建立,国内外科技交流,学科和行业之间的沟通,科技成果的推广、应用和生产技术的发展,科技图书文献的编纂、出版和检索,科技情报的传递等方面,都是不可缺少的。特别是计算机技术的推广使用,对统一科技名词术语提出了更紧迫的要求。

为适应这种新形势的需要,经国务院批准,1985 年 4 月正式成立了全国自然科学名词审定委员会。委员会的任务是确定工作方针,拟定科技名词术语审定工作计划、实施方案和步骤,组织审定自然科学各学科名词术语,并予以公布。根据国务院授权,委员会审定公布的名词术语,科研、教学、生产、经营以及新闻出版等各部门,均应遵照使用。

全国自然科学名词审定委员会由中国科学院、国家科学技术委员会、国家教育委员会、中国科学技术协会、国家技术监督局、国家新闻出版署、国家自然科学基金委员会分别委派了正、副主任担任领导工作。在中国科协各专业学会密切配合下,逐步建立各专业审定分委员会,并已建立起一支由各学科著名专家、学者组成的近千人的审定队伍,负责审定本学科的名词术语。我国的名词审定工作进入了一个新的阶段。

这次名词术语审定工作是对科学概念进行汉语订名,同时附以相应的英文名称,既有我国语言特色,又方便国内外科技交流。通过实践,初步摸索了具有我国特色的科技名词术语审定的原则与方法,以及名词术语的学科分类、相关概念等问题,并开始探讨当代术语学的理论和方法,以期逐步建立起符合我国语言规律的自然科学名词术语体系。

统一我国的科技名词术语,是一项繁重的任务,它既是一项专业性很强的学术性工作,又涉及到亿万人使用习惯的问题。审定工作中我们要认真处理好科学性、系统性和通俗性之间的关系;主科与副科间的关系;学科间交叉名词术语的协调一致;专家集中审定与广泛听取意见等问题。

汉语是世界五分之一人口使用的语言,也是联合国的工作语言之一。除我国外,世界上还有一些国家和地区使用汉语,或使用与汉语关系密切的语言。做好我国的科技名词术语统一工作,为今后对外科技交流创造了更好的条件,使我炎黄子孙,在世界科技进步中发挥更大的作用,做出重要的贡献。

统一我国科技名词术语需要较长的时间和过程,随着科学技术的不断发展,科技名词术语的审定工作,需要不断地发展、补充和完善。我们将本着实事求是的原则,严谨的科学态度做好审定工作,成熟一批公布一批,提供各界使用。我们特别希望得到科技界、教育界、经济界、文化界、新闻出版界等各方面同志的关心、支持和帮助,共同为早日实现我国科技名词术语的统一和规范化而努力。

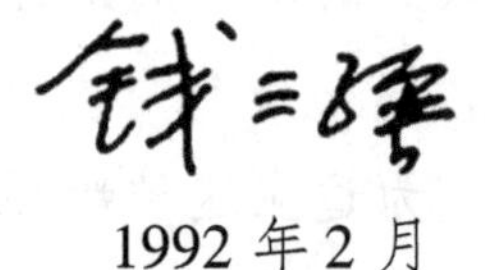

1992 年 2 月

第二版前言

科技名词的审定和统一,对科技知识的传播,科技文献的编纂、出版和检索以及国内外学术交流,都具有重要意义。1949年以来,我国地理学有关部门先后于1954年和1976年出版了《自然地理名词》和《英汉自然地理词汇》,对正确使用地理学名词起到了一定作用。特别是1988年全国自然科学名词审定委员会(现改名为全国科学技术名词审定委员会)公布的《地理学名词》,对规范使用地理学名词起到了很好的作用。

近年来科学技术的发展突飞猛进,而伴随着科学技术的进步又产生了许多新的科学名词。这期间地理学也发展很快,建立了新的分支学科和边缘学科,应用了新方法和新技术,新的名词术语日益增多。同时,也有些陈旧的名词已不常使用。因此迫切需要对1988年公布的《地理学名词》进行修订、增补。另外,为便于科技交流,对名词的概念内涵的理解一致,及名词术语的完整性,还应对地理学名词增加定义。

鉴于上述情况,受全国科学技术名词审定委员会的委托,中国地理学会于2000年8月开始组织地理学名词审定工作,并且成立了第二届地理学名词审定委员会。作为全国科学技术名词审定委员会的分委员会,第二届地理学名词审定委员会前后共召开了两次全体委员会会议和10多次小型会议,在原有的1428条地理学名词的基础上认真进行了研究,删除了近年来不常使用的一部分名词,又增加了许多新的地理学名词,最后选用并审定的名词共4089条。名词的分类由原来的21部分增加到目前的30部分。最后,分别送任美锷、吴传钧、陈述彭、施雅风、孙鸿烈等院士进行了复审,现已达到上报要求,并送全国科学技术名词审定委员会批准公布。

本次审定的是地理学名词中的基本词,并配以国际上习惯的英文或其他外文,而且对每一个名词给出了定义性的说明。正文中汉语名词按学科分支排列。类别的划分主要是为了便于审定和检索,而非严谨的科学分类。

在名词审定和编写过程中,我们得到了许多部门、单位和地理学者的大力支持,尤其是国家自然科学基金委员会和中国科学院地理科学与资源研究所,给予了很大的经费支持。在此我们表示诚挚的谢意。希望读者在使用中,继续提出意见,以便今后修订,使之日臻完善。

地理学名词审定委员会

2004年3月

第一版前言

科学名词术语的审定和统一,对科学知识的传播,科学文献的编纂、出版和检索以及国内外学术交流,都具有重要意义。中华人民共和国建立以后,地理学有关部门先后于1954年和1976年出版了《自然地理名词》(地形之部)和《英汉自然地理词汇》,对我国地理学名词的统一起了积极作用。

三十多年来,地理学有了很大的发展,建立了新的分支学科和边缘学科,应用了新方法和新技术,新的名词术语随之日益增多,迫切需要审定和统一。中国地理学会地理学名词审定委员会受全国自然科学名词审定委员会的委托,作为全国自然科学名词审定委员会的分委员会,自1986年1月开始,承担了地理学名词的审定工作,先后于1986年10月和1987年2月召开了两次审定会,前后三易其稿。在审定中,对某些多年来误用和混用的名词进行了改正和统一。如“潟湖”在一些教科书中多年误作“泻湖”,这次审定中经反复斟酌,决定予以纠正。又如过去“喀斯特”与“岩溶”二词长期混用,本次审定确定选用“喀斯特”一词,而不再推荐“岩溶”一词。对本学科尚未最后确定,与相邻学科亦有争议的少量名词,如“构造地貌”、“地质构造地貌”与“变动构造地貌”三词,则暂时不公布。第一批审定的名词共计1428条。本委员会审定上报后,全国自然科学名词审定委员会又委托黄秉维、罗开富、任美锷、王乃樑、梁溥几位先生进行了复审。现经全国自然科学名词审定委员会批准公布。

本次审定的是地理学名词中的基本词,并配以国际上习惯使用的英文或其他外文名词。汉语名词按学科分支排列。类别的划分主要是为了便于查索,而非严谨的分类研究。

在近两年的审定过程中,国内外地理学界以及有关学科的专家、学者曾给予热情支持,提出了许多有益的意见和建议,在此深表感谢。希望各界使用者继续提出意见,以便讨论修订。

地理学名词审定委员会

1988年5月

编 排 说 明

一、本批公布的是地理学名词。

二、全书分30部分:地理学总论、自然地理学、地貌学、气候学、水文学、生物地理学、土壤地理学、医学地理学、环境地理学、化学地理学、冰川学、冻土学、沙漠学、湿地学、海洋地理学、古地理学、人文地理学、经济地理学、城市地理学、资源地理学、旅游地理学、人口地理学、历史地理学、社会与文化地理学、数量地理学、地球信息科学、地图学、地名学、遥感应用及地理信息系统。

三、正文按汉文名所属学科的相关概念体系排列,汉文名后给出了与该词概念相对应的英文名。

四、每个汉文名都附有相应的定义或注释。当一个汉文名有两个不同的概念时,则用(1)、(2)分开。

五、一个汉文名对应几个英文同义词时,英文词之间用“,”分开。

六、凡英文词的首字母大、小写均可时,一律小写。

七、“[ ]”中的字为可省略的部分。

八、主要异名和释文中的条目用楷体表示,“又称”一般为不推荐用名;“简称”为习惯上的缩简名词;“曾称”为被淘汰的旧名。

九、正文后所附的英汉索引按英文字母顺序排列;汉英索引按汉语拼音顺序排列。所示号码为该词在正文中的序码。索引中带“*”者为规范名的异名和在释文中的条目。

目　　录

附录

01. 地理学总论

01.001 地理学思想史 history of geographic thought

总结和归纳地理学各学派的概念、观点、理论、方法、学科结构等学术思想及其社会影响的历史线索，以启发未来学术创新的系统思想。

01.002 地理学哲学 geographical philosophy

从世界观、本体论、目的论、认识论、方法论的高度，对地理学理论、方法和实践应用作哲学提炼和提升的学科。

01.003 地理学二元论 geographical dualism

将地理学区分为自然地理学和人文地理学的学术观点。

01.004 全息地理学 holographic geography

将“部分能反演整体，时段能反演过程”的物理学全息概念应用于地理学的一种研究方法。

01.005 建设地理学 reconstruction geography

将地理学知识、理论、方法应用于国家建设和国土开发、利用、整治、管理、及监测的学科。

01.006 行星地理学 planetary geography

从天文（尤其是太阳系）的尺度和角度研究地球所受影响及地球自身运动之地理效应的学科。

01.007 人类生态学 human ecology

应用地理学和生态学原理研究人类生存、发展与地理环境之间相互关系的学科。

01.008 地理学方法论 geographical methodology

地理学所采用的一般科学方法和地理学自身的专门方法的总和。

01.009 比较地理学 comparative geography

对不同但可比的地理现象进行比较的一种地理学研究方法。

01.010 时空地理学 time-space geography

将时间和空间看作一种稀缺资源通过时间来研究空间运动的学科。

01.011 部门地理学 sectorial geography

分别研究地理环境各个要素的一系列分支学科的统称。

01.012 地理教育 geographical education

地理学知识和能力的专业培训和大众普及。

01.013 地球仪 globe

浓缩地显示地球基本特征及一定地理状况的球体模型。

01.014 地理单元 geographical unit

按一定尺度和性质将地理要素组合在一起而形成的空间单位。

01.015 地理空间 geographical space

地球表层现象的相关几何范围。

01.016 绝对地理空间 absolute geographical space

实在、客观并界定了的地球表层现象的几何范围。

01.017 相对地理空间 relative geographical space

个人或群体所感知到的各地理事件之间或

地理事件各方面之间的几何关系。

01.018 地理过程 geographical process
地理事物随时间的演变轨迹。

01.019 地理结构 geographical structure
一定尺度地理系统中各要素和各部分的空间格局和相互关系。

01.020 地理模型 geographical model
对真实世界中的复杂地理事物所作的概括、简化和抽象表示。

01.021 地理模拟 geographical simulation
又称“地理仿真”。用数理模型、计算机技术等手段对复杂地理事物作实验、观测和演示的一种研究方法。

01.022 地理预测 geographical forecasting
用已掌握的规律推断和度量地理事物的未来状况和趋势。

01.023 地理风险决策 risk decision-making in geography
对具有不确定性之未来地理事物的处理决定,或对这种决定的修正。

01.024 地理优化 geographical optimization
对各种地理要素、地理决策作最佳选择和组合。

01.025 地理集 geographical set
按一定尺度和方法将一定地理要素组合起来而形成的集合。

01.026 地理因果律 rule of causation in geography
地理要素和地理单元之间因果联系的规律。

01.027 地理熵 geographical entropy
借助热力学第二定律的熵概念对地理事物作有序程度的度量。

01.028 地理流 geographical flow
地理系统中物质、能量、信息等的流动量。

01.029 地理势 geographical potential
因地理系统空间和时间上的非均衡性而存在的各种潜在动力。

01.030 地理矩 geographical moment
一定地理区域整体质量在该区域各组成要素构成的抽象多维球空间中的投影。

01.031 地理谱 geographical spectrum
地理现象按一定尺度和规律构成的序列。

01.032 宏观地域结构 macroscopic structure of region
全球(大陆或大洋)尺度上地理要素和地理单元的构成和格局。

01.033 微观地域结构 microscopic structure of region
地方尺度上地理要素和地理单元的构成和格局。

01.034 地理场 geographical field
一定地理中心影响所及的空间范围。

01.035 地理空间效应 spatial effect in geography
地理事物在空间上发生的作用和产生的影响。

01.036 地理有序性 geographical ordering
客观存在并已认识的地理事物之组织结构和发展规律。

01.037 地理环境应力 stress of geographical environment
维持地理系统常态的各环境要素的压力、阻力、动力、能力。

01.038 地理耗散结构 geographical dissipative structure
开放的地理系统内各要素相互作用而不断消耗负熵,输入并发散熵输出而形成的一种有序、稳定、远离平衡态的组织。

01.039 地理拓扑空间 topological space in geography

用图要素及其关联函数对地理事物之间的几何关系加以描述和分析的范围。

01.040 地理同异互补论 complementation theory of similarity and variability in geography

认为地理事物差异性越大则相似性越小(反之亦然)的一种理论。

01.041 地理连续过渡说 continuity theory of geography

认为地理现象在空间上一般呈连续变化和逐渐过渡而非界线分明的一种学说。

01.042 地理趋稳性 trend to stability in geography

地理系统由于具有自组织、自适应、自调解、自修复能力而保持、回复稳定态或走向新稳定态的性质。

01.043 地理节律性 geographical rhythm

地理事物在时间上呈有规律变化的性质。

01.044 空间地理方程 spatial equation in geography

地理事物之空间性质、空间分布、空间变化和空间关系的数学表达式。

01.045 地理时空耦合 temporal and spatial coupling in geography

把地理事物的空间性质和时间过程综合在一个统一的研究框架中。

01.046 地理边缘效应 boundary effect in geography

一定地理单元主体物质、能量、信息流在其相邻范围内的作用。

01.047 地理迟滞效应 retarding effect in geography

地理系统对各种干扰和冲击的滞后响应。

01.048 地理中心效应 central effect in geography

由于距中心地距离不同,地理事物所受作用和影响的差异。

01.049 地理空间对策 spatial strategy in geography

寻求符合一定地理范围实际情况的计划或方案。

01.050 地系统 geosystem

一系列地球要素在一定尺度限定下按一定结构和功能关系组成的相互作用整体。

01.051 地理功能 geographical function

地理事物在一定时空范围内的能力和作用。

01.052 地理反馈 geographical feedback

地理系统的输出反过来再输入该系统从而影响该系统表现和性质的一种现象。

01.053 地理系统分类 classification of geosystem

按照一定的目的和标准对各种地理系统作分门别类。

01.054 地理动态系统 dynamic geosystem

特征和性质随时间而变化的地理系统。

01.055 地理系统识别 identification of geosystem

对地理系统特征、行为、结构、功能等性质所进行的认定、识别和判断。

01.056 生命支持系统 life-support system

地球有机界、人类社会与无机自然界相互作用构成的维持生命的体系。

01.057 区域承载力 carrying capacity of region

一定空间范围内所有资源能支撑的人口数量和人类活动强度。

01.058 地理系统边界 boundary of geosystem

一系列地理要素在一定尺度限定下按一定结构和功能关系组成的相互作用整体与其外围的界线。

01.059 地理阈值 geographical threshold

又称“地理临界值”。它将地理系统中的不同状态加以分隔或区分,对某一性质的表现范围加以限制和说明。

01.060 地理系统稳定性 stability of geosystem

地理系统在外部干扰下保持原状的能力。

01.061 地理系统敏感性 sensitivity of geosystem

地理系统对外部环境变化的响应程度和速度。

01.062 地理突变论 catastrophe theory in geography

将突变论用于分析地理事件和地理过程的理论。

01.063 地理协同论 synergetics in geography

将协同论用于研究地理系统自组织结构和功能行为的理论。

01.064 地理模型检验 test of geographical model

将概括、简化和抽象表示的模型与真实世界中的地理事物相比较。

01.065 地理参数 geographical parameter

地理属性的量化表示。

01.066 地理状态变量 state variable of geosystem

表征地理系统本质特性和功能的属性向量集合。

01.067 地理系统的连锁反应 chain reaction of geosystem

地理系统内部某要素或子系统发生异常而导致对其他要素或子系统的物质、能量和信息影响。

01.068 地理系统的冗余水平 redundant level of geosystem

地理系统完成同一功能之方式的多样性。

01.069 地理学 geography

研究地球表层自然要素与人文要素相互作用及其形成演化的特征、结构、格局、过程、地域分异与人地关系等。是一门复杂学科体系的总称。

01.070 统一地理学 unified geography

主张自然地理学与人文地理学一体化的学术观点和学派。

01.071 普通地理学 general geography

研究地球表层一般规律的学科。

01.072 系统地理学 systematic geography

应用系统论的概念、理论、方法研究地理事物的学科。

01.073 理论地理学 theoretical geography

对地球表层一般规律加以科学抽象、提升的学科。

01.074 应用地理学 applied geography

将地理学知识、理论、方法用于解决实际问题的学科。

01.075 元地理学 metageography

对地理学一般理论加以进一步总结、抽象和提升的学科。

01.076 地志学 chorography

按地理要素记述区域特征的地理学分支。

01.077 地理学体系 system of geographical sciences

按研究对象对地理学分支学科进行分门别类而形成的学科系统。通常分为自然地理学、人文地理学两部分,再分次级分支学科。

01.078 地理环境 geographical environment
人类赖以生存发展的地球表层。

01.079 地理因子 geographical factors
影响和决定地理现象的原因和条件。

01.080 地理要素 geographical elements, geographic feature
构成地理环境整体的各个独立的、性质不同的组成成分。

01.081 地理分布 geographical distribution
地理现象在一定地区或范围内的集聚或扩散。

01.082 地理界线 geographical boundary
将地域单位或地理现象加以区分的线或带。一般处在地理要素或地域综合体特征变化最明显的部位。

01.083 地理坐标网格 geographical coordinate net
地图上用以确定点位坐标的格网,是以某种投影方法绘制的经纬线网。

01.084 地理坐标 geographical coordinate
用经度、纬度表示地面点的球面坐标。

01.085 地理位置 geographical position
地理现象所在的地点。作为绝对的术语,是指经纬坐标网中的某个地点;作为相对的术语,是指在某个地域内的相对空间关系。

01.086 地理综合 geographical synthesis
地理学最基本的逻辑思维方法。将地球表层或其一定地域作为统一整体,综合研究其组成要素及其空间结构和演变过程。

01.087 地理考察 geographical survey
以地理环境为对象的实地调查和观测,是地理学的基本研究方法之一。

01.088 区域分析 regional analysis
剖析不同区域内部的结构,包括不同要素之间的关系及其在整体之中的作用,区域之间的联系,以及其间发展变化的制约关系。

01.089 区域分异 regional differentiation
地球表层不同地域之间的相互分化以及由此产生的差异。

01.090 区域地理学 regional geography
研究地球表层某一地域地理环境的形成、结构、特征、演化过程以及区域分异规律,是地理学的重要分支学科。

01.091 生存空间 living space
生物及其生存繁衍的场所。

01.092 地理循环 geographical cycle
地球表层具有在时间上可重复性的现象。包括地质大循环、生物小循环等。

01.093 景观 landscape
反映统一的自然空间、社会经济空间组成要素总体特征的集合体和空间体系。包括自然景观、经济景观、文化景观。

01.094 景观学 landscape science
研究景观的地理学分支学科。

01.095 地理景观 geographical landscape
地球表层各组成成分相对一致的地域上所呈现的景象。包括自然景观和人文景观两大类。

01.096 环境决定论 environmental determinism
认为人类的体质特征、心理特征、民族特性、文化发展、社会进程等受地理环境,特别是气候条件支配的理论。

01.097 地球 earth
环绕太阳运行的九大行星之一,是人类居住的星球。

01.098 地球系统 earth system
由岩石圈、大气圈、水圈、生物圈和人类社会组成的作为整体的地球,包括了自地核到地球外层空间的广阔范围,是一个复杂的巨系统。

01.099 地球表层 epigeosphere
地球大气圈、水圈、岩石圈、生物圈、人类圈之间相互渗透、相互作用形成的统一整体,是人类活动最为集中的圈层。

01.100 地球表层系统 earth surface system
地球系统中直接与人类的生存与发展相关联的表层部分,是由岩石圈、水圈、大气圈、生物圈和人类活动组成的一个相互渗透、相互作用的复杂系统。

01.101 地理系统 geographical system
地球表层中所有地理要素构成的时间、空间动态整体。可分为自然地理系统和人文地理系统,二类系统相互作用,紧密联系。

01.102 岩石圈 lithosphere
由地壳和上地幔顶部岩石组成的地球外壳固体圈层。

01.103 水圈 hydrosphere
地球表层由水和冰雪所占有或覆盖的圈层,包括大气水、地表水和地下水,水圈上限到对流层顶,下限到深层地下水所及深度。

01.104 大气圈 atmosphere
地球最外层,由氮气、氧气、二氧化碳、水汽、氩、氦及其他稀有气体组成。

01.105 土壤圈 pedosphere
地球陆地表层具有一定肥力且能生长植物的疏松土层覆盖。

01.106 生物圈 biosphere
地球表层生物及其生存环境的总称。

01.107 智能圈 noosphere
生物圈的高级阶段,指人类通过技术手段和社会化大生产使生物圈受到影响的部分。

01.108 地圈 geosphere
地球的圈层,包括大气圈、水圈及地壳、地幔、地核等圈层。不同圈层间有物质交换和能量交换。

01.109 北半球 northern hemisphere
赤道以北的半球。在这个半球,陆地面积占39.3%,海洋面积占60.7%.

01.110 南半球 southern hemisphere
赤道以南的半球。南半球的季节与北半球相对。在这个半球内,陆地面积占19.1%,海洋面积占80.9%。

01.111 陆半球 land hemisphere
陆地面积最大的半球。包括亚洲、欧洲、非洲、北美洲及南美洲的大部分,占地球陆地面积的81%,其中心在38°N、经度0°附近。陆半球内的海洋面积占52.7%,仍大于陆地面积。

01.112 水半球 water hemisphere
主要以海洋组成的半球,其中心在38°S,经度180°(即陆半球中心的对跖点)。水半球内海洋面积占90.5%,陆地面积只占9.5%。

01.113 地球体 geoid
大地水准面所包围的球形体,即地球的真实形状。据卫星观测,地球南北半球不对称,北极凸出,南极凹进;中纬度南半球凸出,北半球凹进,形状不规则。

01.114 地理纬度 geographic latitude
地面上一点的法线与赤道面间的夹角。地理纬度从赤道向两极量度,由0°至90°,赤道以北的称北纬(N),以南的称南纬(S)。

01.115 地理经度 geographic longitude
地面上点所在的子午面与本初子午面的夹角。从本初子午面分东西两个方向度量,各自0°~180°,分别称为东经(E)和西经(W)。

01.116　子午线　meridian line

又称“真子午线”。通过地球表面某点和两极的大圆,表示当地的南北方向。

01.117　本初子午线　prime meridian

地球上计算经度的起始线。1884年国际经度会议决定,以通过英国格林尼治天文台的经线作为本初子午线。

01.118　北极　north pole

地轴的北端与地面的交点,位于北冰洋中,其纬度是90°N,是所有经线的共同交点之一。

01.119　南极　south pole

地轴的南端与地面的交点,位于南极大陆中部,其纬度是90°S,是所有经线共同交点之一。

01.120　北极圈　arctic circle

北纬66°33′的纬线(圈),北极圈以北的地区,在北半球的夏至日太阳终日不没;在北半球的冬至日太阳终日不出。

01.121　南极圈　antarctic circle

南纬66°33′的纬线(圈),南极圈以南的地区,在南半球的夏至日太阳终日不没;在南半球的冬至日太阳终日不出。

01.122　赤道　equator

通过地球中心划一个与地轴成直角相交的平面,在地球表面相应出现一个和地球的极距离相等的假想圆圈。赤道的纬度是0°。

01.123　北回归线　Tropic of Cancer

位于23°27′N,太阳在地球上的直射点在一年内到达的最北点所在的纬线。

01.124　南回归线　Tropic of Capricorn

位于23°27′S,太阳在地球上的直射点在一年内到达的最南点所在的纬线。

01.125　时区　time zone

1884年国际经线会议规定,全球按经度分为24个时区,每区各占经度15°。以本初子午线为中央经线的时区为零时区,由零时区向东、西各分12区,东、西12区都是半时区,共同使用180°经线的地方时。

01.126　日界线　date line

以经度180°为界,东12区比西12区日期要早一天。凡从西向东越过该线,日期减一天;相反,从东向西越过该线,日期加一天。

01.127　极昼　polar day

太阳终日在地平线上的现象,极昼出现在各自夏季的南、北极圈内,纬度越高,极昼时间越长。

01.128　极夜　polar night

太阳终日在地平线下的现象,极夜出现在冬季的南、北极圈内,纬度越高,极夜的时间越长。

01.129　标准时　standard time

又称“区时”。每一时区使用其中央经线上的地方时作为全区的标准时间。

01.130　地方时　local time

根据天体通过各地子午圈所定的时刻。有地方恒星时、地方真太阳时、地方平太阳时。通常所说的地方时是地方平太阳时。

01.131　格林尼治平时　Greenwich Mean Time, G. M. T

是零时区的标准时,国际规定零时区的平太阳时为世界时。

01.132　地球自转　earth rotation

地球绕着地轴自西向东转动。

01.133　地球公转　earth revolution

地球按一定轨道围绕太阳转动。

01.134　地轴　earth's axis

连接地心和南极、北极的假想直线。

01.135　地核　earth's core

地球的中心部分，指位于 2 900km 深处以下直至地心。

01.136 地壳 earth's crust
从地表到莫霍面，由各种岩石构成的圈层。

01.137 地幔 earth's mantle
指莫霍面至深 2 900km 的古登堡面的圈层。

01.138 太阳 sun
太阳系的中心天体，直径为 1 392 000km 的发光球体，是距地球最近、与地球关系最密切的一颗恒星。

01.139 月球 moon
地球的卫星，绕地球转动的唯一天体。

01.140 天体地理学 astrogeography
探测、研究太阳系和卫星表面环境的结构、组成、演化，测绘天体表面图像，研究天体环境与地球人类关系的学科。

01.141 大陆 continent
地球上面积广阔而完整的陆地。

01.142 洲 continent
面积广阔的陆地及其附近岛屿上所有国家的总称。

01.143 洋 ocean
包围在地球陆地周围的大片咸水水域。

01.144 海 sea
大洋的边缘部分及被陆地封闭面积较大的咸水水域。

01.145 内陆 inland
离开海岸较远的大陆内部地区。

01.146 区划 regionalization
区域的划分。在全球、国家或地区范围内，根据其地域差异性划分成不同区域。有自然区划、经济区划、部门地理区划、综合区划等。在国家范围内为了行政管理需要进行行政区划。

01.147 带 zone, belt
在地表大致沿纬线方向延伸分布，并且有一定宽度的地带性自然区划单位。

01.148 寒带 cold zone, cold belt
天文上的高纬地带。南北半球极圈以内，即纬度高于 66°33′的圆形地带，那里到处有极昼和极夜现象，其持续时间随纬度增高而增加。

01.149 温带 temperate zone, temperate belt
天文上的中纬地带。南北半球各自的回归线和极圈之间的地带。

01.150 热带 tropical zone, tropical belt
天文上的低纬地带。南北回归线之间的地带。

01.151 亚热带 subtropical zone, subtropical belt
温带和热带之间的过渡带。该带夏季温度与热带相近，冬季温度与温带相近。

01.152 赤道带 equatorial zone, equatorial belt
范围大致为南北纬 10°之间的地域。

01.153 地带 zone
地理环境各组成成分及其相互作用形成的地理景观。在地表呈带状分布，按一定方向有规律的更替现象。

01.154 区域 region
用某项指标或某几个特定指标的结合，在地球表面划分出具有一定范围的连续而不分离的单位。

01.155 国土 territory
狭义的国土指主权国家管理下的领土、领海和领空的政治地域概念；广义的国土还包括国家所拥有的一切资源。

01.156 地区 area
较大范围的地域。

01.157　小区　district

区域划分中较小的地域。

01.158　地域结构　territorial structure

地域内组成地理系统的各要素在数量上的比例、空间格局以及时间上的联系方式。

01.159　地域过程　territorial process

特定地域内地理事物随时间变化的特征。

01.160　地域系统　territorial system

特定地域内人地关系系统相互联系、相互作用而形成的动态结构。

01.161　地域分异规律　rule of territorial differentiation

指带有普遍性的地域分异现象和地域有序性。

01.162　相对位置　relative position

某一事物与周围地理环境要素和条件的空间关系。

01.163　绝对位置　absolute position

用经纬度、海拔高度体现事物与地理现象的空间关系。

01.164　地理对象　geographic object

用地理学理论、方法研究的客体。

02. 自 然 地 理 学

02.001　自然地理学　physical geography

研究自然地理环境各种要素及其相互关系，阐明自然地理环境的结构、功能、物质迁移、能量转换、动态演变以及地域分异规律的学科。

02.002　综合自然地理学　integrated physical geography

对自然地理环境整体进行综合、系统研究的学科。着重探讨自然地理环境各组成要素间的物质能量关系，阐明自然地理环境的发展演变过程、地域分异和类型特征。

02.003　普通自然地理学　general physical geography

以整个地表自然界为对象，研究其组成、结构和发展的一般特征的学科。

02.004　应用自然地理学　applied physical geography

将自然地理学知识应用于生产建设、经济发展和环境保护等领域的学科。

02.005　全球自然地理学　global physical geography

基于遥感、地理信息系统、全球数据库等技术，以全球视野和综合思维，研究全球环境变化过程、情景及其驱动因素和机理的学科。

02.006　文化自然地理学　cultural physical geography

研究不同文化群体对自然环境的感知方式及其在环境管理中的影响，侧重文化景观鉴赏和环境设计的学科。

02.007　城市自然地理学　urban physical geography, physical geography of city

研究城市地区特殊的自然现象，将自然地理学知识应用于城市发展、城市建设和城市管理中的学科。

02.008　自然地理环境　physical geographic environment

人类赖以生存的自然界。包括作为生产资料和劳动对象的各种自然条件的综合，是人类生活、社会生存和发展的自然基础。

02.009　自然综合体　natural complex

又称“自然地理综合体”。自然地理各种组

成要素相互联系、相互制约,有规律地结合而成,具有相对一致性的整体。

02.010 自然-技术地理系统 natural-technical geosystem

受到人类技术措施深刻影响和改变的自然地理系统。

02.011 自然地理结构 physical geographic structure

地理环境各自然要素或自然综合体之间相互结合的形式。

02.012 自然地理系统 physical geographic system

地球表层各自然地理成分在能量流、物质流和信息流作用下结合而成的具有一定结构,能完成一定功能的自然整体。

02.013 自然地理动态 physical geographic dynamics

自然地理环境随时间而发生的变化。

02.014 自然地理过程 physical geographic process

自然地理环境及其要素的发生、发展及其演变。

02.015 自然地理界线 physical geographic boundary

不同自然区域或类型间的分界线。

02.016 自然地理界面 physical geographic interface

相邻的不同性质自然地理系统相互作用所形成的独特交接面,界面附近的自然地理要素梯度大,变化剧烈,常产生边缘效应。

02.017 自然地理尺度 scales in physical geography

自然地理的时空范围。

02.018 自然地域分异规律 rule of physical territorial differentiation

自然地理环境各组成成分及其构成的自然综合体在地表沿一定方向变化或分布的规律。

02.019 热量水分平衡 heat and water balance

自然地理学最重要的基本理论之一,研究地表面热量平衡和水分平衡及其在地理环境中的作用。

02.020 生物圈中的营养级 trophic levels in biosphere

生物圈中营养的富集过程,生物圈可分为4~5个营养级,营养级与食物链联系起来,以食物链中各级生物吸收、消耗和输出的能量值表示其营养水平。

02.021 净初级生产力 net primary productivity

单位时间、单位面积的土地上产生的绿色植物产量。

02.022 农业生产潜力 agricultural potential productivity

单位面积土地上每年所能获得的最大可能产量。

02.023 生物生产力 biological productivity

单位时间、单位面积上有机物质的生长量。

02.024 作物-气候生产潜力 crop-climatical potential productivity

单位时间、单位面积上,土壤养分充足时,由光照、温度和降水等气候条件决定的农作物最大可能产量。

02.025 光合潜力 photosynthetic potential productivity

单位时间、单位面积上,具理想群体结构的高光效植物品种在空气中二氧化碳含量正常、其他环境因素均处于最佳状态时的最大干物质产量。

02.026 光温潜力 photosynthesis-temperature potential productivity

单位时间、单位面积上,植物群体在其他自然条件均适宜,以光能及温度条件为决定因素时生产的干物质量。

02.027 光能利用率 utilization ratio of sunlight energy

植物生育期中单位土地面积上作物的光合产物所折合的能量与达到植被冠层上部的光量子辐射能量的比值。

02.028 自然灾害 natural hazard

自然环境中对人类生命安全和财产构成危害的自然变异和极端事件。

02.029 自然保育 nature conservation

人类社会采取措施,保护和改善人类生活于其中的自然环境。

02.030 自然保持 natural preservation

保持自然环境的原始状态。

02.031 区域自然地理学 regional physicogeography

自然地理学的一个重要分支学科。研究特定地域地理环境的结构、组成、动态和发展规律,即地理环境诸组成要素间的相互联系、相互作用及其形成、发展和变化,亦强调人地关系的研究。

02.032 地理地带性周期律 periodic law of geographic zonality

通过热量、水分平衡研究而揭示的地球上每一地段的自然地理状况及其分布规律。

02.033 地表物质迁移 matter migration on earth surface

地理环境中的物质,主要以物理作用和化学作用两种方式进行的不停的运动。

02.034 地表能量转换 energy transformation on earth surface

依据能量守恒和转化定律,地理环境中接受的能量以直接、间接方式转化为其他的运动形式,转化前后能量守恒保持不变。

02.035 地表物质循环 matter cycle on earth surface

地理环境中各种物质的运动和平衡。

02.036 地生态学 geoecology

研究景观单元中优势生物群落与环境间相互关系及其所形成的综合体的学科。

02.037 地带性 zonality

自然地理环境各组成成分及其相互作用形成的自然综合体,在地表近于带状分布,按一定方向有规律的更叠现象。

02.038 非地带性 azonality

与地带性对应,指自然地理环境各组成成分及其相互作用形成的自然综合体不按或偏离地带性规律的特性,或仅指不呈带状分布的地方性差异。

02.039 垂直地带性 altitudinal zonality

山地自然景观及其组成要素随海拔高度递变的规律性。

02.040 三维地带性 three dimensional zonality

水平地带性和垂直地带性的综合,即广义的地理地带性,包括纬向地带性、经向地带性及垂直地带性。

02.041 隐域性 intrazonality

自然地带内的某些部位由于局部地貌、岩性和地下水埋深等差异的影响而形成与一般平坦地不同之自然特征的现象。

02.042 地方性 locality

在局部地形、地面组成物质及地下水埋深的影响下,自然地理环境各组成成分之地带性特征产生变异的现象。

02.043 山体效应 mountain mass effect

隆起地块的热力效应,即隆起地块对其本身和周围环境的热力影响。

02.044 自然区划 physical regionalization
根据自然环境的及其组成成分发展的共同性、结构的相似性和自然地理过程的统一性,将地表划分为具有一定等级关系的地域系统。包括综合自然区划和部门自然区划。

02.045 综合自然区划 integrated physical regionalization
自然区划的一种。按照自然地理环境的综合特征进行的地域划分。

02.046 部门自然区划 sectorial physical regionalization
自然区划的一种。分别按照自然地理环境各组成成分的特征进行的地域划分。

02.047 自然区划等级系统 hierarchic system of physical regionalization
反映自然地域分异的不同尺度及从属关系的系统。

02.048 自然地带 physico-geographic zone
自然地理综合体中最基本的地带性单位。

02.049 水平地带 horizontal belt
自然地理要素和现象在地表沿纬度或经度方向的水平更叠形成的带状区域。

02.050 垂直地带 altitudinal belt
具有一定高度的山体所产生的自然地理要素和现象由下而上的带状更叠。

02.051 荒漠 desert
干旱气候条件下形成的植被稀疏的地理景观。

02.052 草原 steppe
中、低纬度半干旱环境下生长短草的地理景观。

02.053 林线 forest limit
高纬度和高海拔处树木生长的界限。

02.054 地方 mestnost
景观形态单位的最高一级,相当于一组初级地貌形态的组合。

02.055 限区 urochishche
景观形态的分级单位之一,介于地方和相之间,相当于初级地貌形态。

02.056 相 facies
景观形态单位的最低一级,相当于初级地貌形态内的地貌部位;对地理观察或作用具有均匀和/或统一性质的地理单元;体系内物理和化学性质完全均一的部分。

02.057 自然景观 natural landscape
景观自然要素相互联系形成的自然综合体,是文化景观形成的基础。

02.058 景观形态 landscape morphology
景观内部的低级地域单位被视作景观的形态部分或景观形态单位。

02.059 景观结构 landscape structure
景观各组成要素或景观综合体间相互结合的形式,一般理解为景观的空间组织形式。

02.060 景观功能 landscape function
景观与周围环境进行的物质、能量和信息交换以及景观内部发生各种变化和所表现出来的性能;景观在社会经济中的作用。

02.061 景观诊断 landscape diagnosis
对景观特性进行综合鉴定的过程。

02.062 景观动态 landscape dynamics
景观的发展变化过程。

02.063 景观生态学 landscape ecology
研究不同尺度异质性生态空间的结构、功能及其动态变化的学科。

02.064 景观生态规划 landscape ecological planning

以景观生态特性的优化利用和保护为主要目的的规划,可作为区域经济发展规划和国土规划的基础。

02.065　景观预测　landscape prognosis
对景观未来的变化和状态所做的科学推断或估测。

02.066　土地　land, terrain
陆地表层一定范围内全部自然要素相互作用形成的自然综合体。

02.067　土地生态系统　land ecosystem
以生物为核心,土地的各自然组成要素及其相互作用过程和结果所构成的动态统一整体。

02.068　土地要素　land element
构成土地的成分。包括岩石、地貌、气候、水文、土壤、植物、动物和微生物等。

02.069　土地属性　terrain characteristics
土地本身所固有的内在特性和通过人类社会经济活动所赋予的特性的总和。

02.070　土地自然属性　natural attribute of land
土地本身固有的自然属性。

02.071　土地社会经济属性　social economic attribute of land
通过人类的社会经济活动赋予土地的特性。

02.072　土地分级　land grading
土地个体单位空间尺度级别的划分。

02.073　土地分类　land classification
从不同的研究目的出发,选择对该目的有意义的土地属性及其量度指标,将一定级别的大量土地个体概括成具有一定从属关系的种类等级系统。

02.074　土地类型　land type
土地分类的结果。

02.075　土地系统　land system
一个较为复杂的土地单位,为少数几种土地单元有规律重复出现的地段,具有地貌形态、植被和土壤的一定组合型,即具有一定的土地单元结构。

02.076　土地单元　land unit
具有相对独立的形态、天然界线比较清楚的土地单位。

02.077　土地刻面　land facet
最小的土地单位,其内所有自然要素已无地理意义上的差别。

02.078　土地链　[land] catena
沿斜坡(如从分水岭顶部到谷地底部)有规律依次更替的土地相组合。

02.079　土地适宜性　land suitability
某种土地类型对于特定用途的持续适宜程度,用以反映土地的质量。

02.080　土地限制性　land limitation
与土地适宜性相对立,指土地对某些用途的不适性或局限性。

02.081　土地质量　land quality
土地各种性质的综合反映和价值判断。

02.082　土地调查　land survey
对一个区域土地资源质量和数量所作的分析研究和清查登记。

02.083　土地退化　land degradation
由自然力或人类土地利用中的不当措施,或两者共同作用而导致土地质量变劣的过程和结果。

02.084　荒漠化　desertification
干旱、半干旱区和有干旱季节的半湿润地区由于气候变化和人为活动等导致的土地退化。

02.085　土地潜在人口承载力　potential capacity of land for carrying population

某一地域的土地在一定生产条件下潜在产出所能维持一定生活水准的人口数量的能力。

02.086 土地覆被 land cover

覆盖地表的自然营造物或人为建造物。

02.087 驱动力 driving force

导致土地利用与土地覆被变化的原因。

02.088 状态-压力-响应 status-pressure-response

生态环境所承受的压力及这种压力对生态环境所产生的影响、社会对这些影响所做出的响应。

02.089 自然生产潜力 potentially natural productivity

一定地域在自然状态下的潜在生产能力。

02.090 进展因素 progressive factor

仍然对现代自然地理环境、过程产生影响和作用的古环境因素。

02.091 残留因素 relic factor

对现代自然地理环境、过程不产生影响和作用的古环境因素。

02.092 坡向 aspect

地形坡面的朝向。

02.093 阳坡 adret, sunny slope

朝向阳光的坡面。

02.094 阴坡 ubac, shady slope

背向阳光的坡面。

02.095 迎风坡 windward slope

朝向来风的坡面。

02.096 背风坡 leeward slope

背向来风的坡面。

02.097 雪带 nival belt

高山雪线以上常年积雪的地段。

02.098 亚雪带 subnival belt

雪带以下只生长地衣、苔藓或冰缘植物的高山带的上部。

02.099 高山带 alpine belt

山地森林上限以上的山地,一般生长草甸或灌丛等植被。

02.100 亚高山带 subalpine belt

高山带的下部,生长草甸或灌丛植被。

02.101 山地带 montane belt

山地森林上限以下陆地表面高度大、坡度较陡的高地。

02.102 岩漠 rocky desert, hamada

荒漠的一种,地面被岩石所覆盖。

02.103 砾漠 gravel desert

荒漠的一种,地面被砾石所覆盖。

02.104 泥漠 argillaceous desert

荒漠的一种,地面被贫瘠的泥土所覆盖。

02.105 盐漠 salt desert

荒漠的一种,地面被盐类矿物所覆盖。

02.106 绿洲 oasis

干旱地区有稳定的水源可以对土地进行灌溉适于植物生长,明显区别荒漠景观的地方。

02.107 生态地理学 ecogeography

研究各类生态系统的空间分布、结构、功能、演替及其与地理环境之间的协调平衡机制的学科,是生态学与地理学之间的新兴边缘科学。

02.108 生态小区 ecodistrict

低级生态区划单位。

02.109 生态点 ecosite

最小的生态单位,其内所有自然要素已无地

理意义上的差别。

02.110 生态地段 ecosection
生态相的序列组合。

02.111 生态脆弱带 ecological critical zone
具有不稳定性、敏感性强且有退化趋势的生态环境过渡带。

02.112 灾害地理学 hazard geography
研究地理环境中各类自然灾害的发生、发展和分布规律,及其对地理环境影响和防治对策的地理学的分支学科。

02.113 环境变化的人类因果 human dimension of environmental change
人类活动所导致的环境变化以及环境变化对人类社会的影响。

03. 地 貌 学

03.001 地貌学 geomorphology
又称“地形学”。研究地球表面(包括大陆和海洋)形态发生、发展和分布的学科。

03.002 地貌 landform
地球表面(包括海底)的各种形态。由内营力和外营力相互作用而形成。

03.003 外营力 exogenic agent
地球表面受太阳能、重力、日月引力以及生物活动而产生的营力,是塑造地貌形态的基本动力之一。

03.004 外营力作用 exogenic process
地球表面以太阳能、重力能、日月引力能为能源,在常温和常压下,通过大气、水、生物等因素的活动所引起的塑造地貌形态的作用。

03.005 内营力 endogenic agent
地球内部能量所引起的地质作用,是塑造地貌形态的另一种基本动力。

03.006 内营力作用 endogenic process
由地球内部的热能、化学能、重力能以及地球自身旋转能所引起的作用。包括地壳运动、岩浆作用、变质作用、火山、地震等。

03.007 气候地貌学 climatic geomorphology
研究由于气候水热组合状况差异导致外动力性质、强度和组合状况的不同而形成的地貌类型与组合的学科。

03.008 动力地貌学 dynamic geomorphology
研究地貌形成、演变、预测及应用的动力机制和作用过程的学科。又分为外营力动力地貌学和内营力动力地貌学。

03.009 区域地貌学 regional geomorphology
综合研究一个地区地表形态、成因、演变及其分布和组合的地貌学分支学科。

03.010 数量地貌学 quantitative geomorphology
运用数学物理方法,通过对量的处理和分析,研究地表形态及其形成、发展的一门地貌学分支学科。

03.011 实验地貌学 experimental geomorphology
借助一定的观测手段和控制条件,对被选择的地貌体或某一种地貌过程进行野外自然观测或室内模型试验的地貌学分支学科。

03.012 历史地貌学 historical geomorphology
研究地貌形成、发育的历史过程,包括地貌发育时间和各阶段内外营力作用方式、强度及其塑造的形态特征等的学科。

03.013 应用地貌学 applied geomorphology
运用地貌学的理论和方法研究与地貌有关的生产实践问题的学科。

03.014　城市地貌学　urban geomorphology
研究城市人类活动与地貌各要素之间相互作用、相互影响及其对策的学科。

03.015　地貌年代学　geomorphochronology
应用各种绝对年龄的测年技术,研究并确定地貌的形成时代和发展过程的学科。

03.016　地文学　physiography
研究地球表面自然面貌及其成因、机理和演变过程的学科。

03.017　人为地貌　anthropogenic landform
由各种人类的生产建设活动塑造而成的一系列特有的地貌形态。

03.018　平原　plain
陆地上海拔高度较低,地表起伏平缓的广大平地。平原有各种不同的成因。

03.019　低地　lowland
与周围地区相比,地势相对低下的平地。成因上往往与地质构造有关。

03.020　高地　highland
与周围地区相比,地势相对隆起的平地。成因上往往与地质构造有关。

03.021　丘陵　hill
高低起伏,坡度较缓,连绵不断的低矮隆起高地。海拔高度在500m以下,相对起伏在200m以下。

03.022　山　mountain
海拔高度500m以上、相对起伏大于200m、坡度又较陡的高地。

03.023　山脉　mountain range, mountain chain
沿一定方向呈脉状有规律分布的若干相邻山岭。

03.024　岭　ridge, range
两侧具有陡峭的山坡,中间有明显的分水线,绵延较长的高地。

03.025　峰　peak, mount
比四周都来得高的陡峭山顶或山脊。

03.026　山麓　piedmont
山体底部与平原或谷地相连的部分,有明显的坡折线。

03.027　山麓平原　piedmont plain
山体底部前沿的低平地,常呈现为狭长的条带状。

03.028　海拔　altitude, height above sea level
又称"绝对高度"。平均海平面以上的垂直高度。

03.029　拔河　elevation, height above mean river level
平均河水位(面)以上的垂直高度。

03.030　相对高度　relative height
两个任意地点的绝对高度之差。常以任意假定一点的绝对高程作为起算值,用以求定其他各点的高程。

03.031　地势曲线　hypsometric curve
又称"陆高海深曲线"。同时把地球表面每一种高度和其所占的面积都表示出来的一条图线,可以宏观地说明地球表面地形的平均状况。

03.032　山嘴　mountain spur
山区曲折的V形河谷中,向河流突出并同山岭相连的一侧山坡。

03.033　盆地　basin
四周被山岭、高原环绕,中间为平原或丘陵的盆状地形。

03.034　山间盆地　intermountain basin
位于山区内部、被山地所环绕的盆地。常见的是构造断陷盆地或河谷侵蚀盆地,一般规模较小。

03.035 崖 cliff, scarp

高而陡(几乎垂直)的岩壁,内陆和海边均常见。

03.036 高原 plateau

海拔在 500m 以上、面积较大、顶面起伏较小、外围又较陡的高地。

03.037 谷 valley

山地中的槽形凹地,呈线状延伸,分布在山岭或山脉之间。

03.038 峡谷 gorge, canyon

一种狭而深的河谷。两坡陡峭,横剖面呈“V”字形,多发育在新构造运动强烈的山区,由河流强烈下切而成。

03.039 沟谷 ravine

地球表面的一种狭窄洼地。由暂时性线状流水侵蚀而形成,较河谷小,但比冲沟大。

03.040 阶地 terrace

沿河流、湖泊和海滨伸展,超出河、湖、海面以上的阶梯状地貌。由侵蚀剥蚀、堆积过程和地壳构造运动合力塑造而成。

03.041 台地 platform, tableland

明显较四周或一侧为高、顶面相对平坦、面积不是很大的高地。

03.042 洼地 depression

地表局部低而平的地方,或位于海平面以下的内陆低地。一般规模较小。

03.043 坡地 slope, slopeland

地表呈现有一定倾斜的地方。常指山坡和谷坡。

03.044 地貌过程 geomorphological process

地貌单元及地貌集合体随时间发生和发展的过程。可以用不同的时间和空间尺度或营力的性质来衡量。

03.045 基岩 bedrock

地球陆地表面疏松物质(土壤和底土)底下的坚硬岩层。

03.046 地貌形成作用 landform forming process

各种地貌形态发生、发展过程中所接受的内外力作用及其相互合力作用。

03.047 风化作用 weathering

地球表面的岩石受太阳辐射、温度变化、氧、二氧化碳、水和生物等的联合耦合作用,发生崩解破碎、化学性质改变与元素迁移的现象。

03.048 剥蚀作用 denudation

岩石在风化、流水、冰川、风、波浪和海流等外营力作用下,松散的岩石碎屑从高处向低处移动的过程。

03.049 侵蚀作用 erosion

广义的侵蚀作用指各种外营力对地表的破坏并掀起地表物质的作用和过程。狭义的侵蚀作用仅指流水对地表的破坏作用。

03.050 磨蚀作用 abrasion

疏松物质在搬运过程中对周围边界的机械侵蚀、磨削作用。

03.051 搬运作用 transportation

由各种外营力风化和侵蚀形成的破碎物质在各种介质中进行迁移的过程。

03.052 堆积作用 deposition

被搬运的泥沙、砾石等疏松物质,因搬运动力(流水、冰川、风、波浪、海流等)减弱或失去搬运能力,以及含溶解质的水溶液受蒸发或发生化学反应而积聚的过程。

03.053 沉积作用 sedimentation

岩石的风化和剥蚀产物在被搬运的途中或到达相应的水域里,因搬运动力减弱而沉淀下来的过程。沉淀下来的物质称为“沉积物”。

03.054 物理风化作用 physical weathering

又称“机械风化作用(mechanical weathering)”。由物理原因(温度变化、差别胀缩、裂隙中水体的冻结和融解等)使岩石破碎、崩解的作用和过程。

03.055 化学风化作用 chemical weathering

岩石在大气中的氧和水的作用下,发生化学分解,使化学成分和矿物成分发生改变的作用和过程。分为水化作用、水解作用、氧化作用和溶解作用等。

03.056 生物风化作用 biological weathering

岩石和矿物因生物(包括动物和植物)的生长和活动的影响而产生的物理风化和化学风化。

03.057 风化层 regolith

地球表面经各种风化作用而形成的疏松堆积层。从上到下,物质逐渐变粗,终至于基岩。

03.058 残积土 residual soil

形成于过去某一时期成土环境条件下的土壤,其成土环境和土壤特征不同于现代土壤。

03.059 残积物 eluvium

又称“残积层”。地表基岩经物理和化学风化作用后,逐渐形成与基岩不同的疏松物质,并残留在原地。

03.060 风化壳 weathered crust

地球表面岩石圈被风化后形成的残积层。是岩石圈、水圈、大气圈和生物圈相互作用的产物。

03.061 风化基面 basal surface of weathering

受控制条件的制约,风化作用只能达到一定的深度,所形成的风化壳也只有一定的厚度,当风化壳达到稳定状态不再继续发展时,其与下伏基岩的界面构成风化基面。

03.062 陆相沉积 continental sedimentation, continental facies sedimentation

又称“大陆沉积”。大陆环境下沉积下来的物质。包括河流、湖泊、冰川沉积物、风积物、坡积物、洪积物、残积物和地下水沉积物等。

03.063 堆积物 deposit

地表的风化物质被各种外营力搬运离开原地,当搬运能力减弱或其他原因而停留在低洼处,所形成的堆积体。

03.064 海相沉积 marine deposit, marine facies sedimentation

又称“海洋沉积”。经海洋动力过程沉积在海底的各种物质,包括来自陆上的碎屑物,海洋生物骨骼和残骸,火山灰和宇宙尘等。具有表征海洋环境的一系列岩性特征和生物特征。

03.065 [侵蚀]相关沉积 correlating sediment

沉积与侵蚀密不可分,与某种侵蚀成相关函数关系的沉积。

03.066 沉积相 sedimentary facies

具有一定岩性、结构、构造特征和古生物标志的沉积物组合。表征了当时的沉积环境。

03.067 地貌组合 landform assemblage

成因上有密切联系的一些地貌类型组合在一起。

03.068 正地貌 positive landform

又称“顺地貌”。因新构造运动上升而明显比周围地区地面高、并主要遭受剥蚀的各种地貌形态类型。

03.069 负地貌 negative landform

又称“逆地貌”。因新构造运动下沉而明显比周围地区地面低、并主要遭受堆积的各种地貌形态类型。

03.070　正常地貌　normal landform

地形起伏与原有地质构造起伏相一致的地貌形态。

03.071　地貌倒置　inversion of landform

地形起伏与原有地质构造起伏相反的地貌形态。系新构造运动不完全继承古代构造的结果。

03.072　夷平作用　planation

又称"均夷作用"。使起伏不平的地表趋于低平均一的外营力过程。常依靠剥蚀(降低内营力形成的高地)和堆积(填平内营力形成的低地)来实现。

03.073　夷平面　planation surface

各种夷平作用形成的陆地表面。是一种陆地抬升或侵蚀基面下降,侵蚀作用重新活跃,经过一个时期后所残留的地表形态。

03.074　准平原　peneplain

一个地区的地面在经长期的侵蚀和剥蚀之后,所形成的起伏和缓,但还保留一些孤立残丘的近似平原的地貌。

03.075　剥蚀面　denudation surface

经过长期剥蚀作用,原有的地表沉积消失殆尽、原有的构造起伏被削平而形成的广阔而又近于水平的地面。

03.076　侵蚀面　erosion surface

经过长期流水侵蚀作用,原有的地表沉积消失殆尽、原有的构造起伏被削平而形成的广阔而又近于水平的地面。

03.077　刻蚀作用　etching

又称"刻蚀(corrasion)"。被风吹扬而起的沙粒对岩石和矿物表面的侵蚀和打击作用。

03.078　刻蚀平原　etched plain

由较大范围刻蚀夷平面或多个刻蚀夷平面相连结而形成的平地。

03.079　刻蚀夷平面　etched[planation]surface

已经形成并在其上发育有厚层红土风化壳的夷平面经过后期再次剥蚀,相当一部分红土和基岩被移走之后所形成的夷平面。

03.080　山麓[侵蚀]面　pediment

发育于干旱、半干旱及稀树干草原气候条件下,侵蚀作用使低矮悬崖平行后退,在山麓形成的低倾角的上凸形(向外缓斜)地面。

03.081　山麓夷平作用　pediplanation

山麓[侵蚀]面的夷平和形成过程。

03.082　山麓侵蚀平原　pediplain

成片山麓侵蚀面(麓原面)连结而成的较大片平地。

03.083　山麓梯地　piedmont treppen

山地前缘的陡坡被剥蚀成阶梯状的地形。这是山麓地带地貌发育过程中,侵蚀作用(外营力)和构造作用(内营力)之间的比率不一样造成的。

03.084　山顶面　summit surface

原来曾是夷平面或准平原的地貌形态,由于后来的差别性隆起和侵蚀剥蚀作用而被破坏,只留下了一些顶部大致平坦、面积较小的残存山体,它们具有大体相同的海拔高度。

03.085　侵蚀循环　erosion cycle

地表在流水的侵蚀、搬运和堆积作用下,地貌形成与发育经历了幼年期、壮年期和老年期三个阶段,三个阶段合称为一个侵蚀循环。

03.086　回春作用　rejuvenation

河流重新开始侵蚀活动,开始一个新的侵蚀循环的过程,往往由构造抬升而引起。

03.087　地貌水准面　geomorphological level surface

地貌形态成因学说中的一个理论概念。侵

蚀剥蚀作用和堆积作用相互关联、体积相当。地表在被塑造和改变的过程中被夷平，形成若干个成层的地貌水准面。一定的地貌水准面与一定的外营力过程相一致。

03.088 地貌临界 geomorphic threshold

外部控制条件，如气候、海平面、土地利用状况等不变的情况下，地貌系统演变过程中突然变化的超越点或状态。

03.089 地貌系统 geomorphic system

与某一种或多种地貌过程单一地或综合地相互作用，从而具有某种特定功能的复杂地貌结构体。

03.090 地貌平衡 geomorphic equilibrium

描述地貌演变过程的一个理论概念。地貌系统中物质（碎屑物）产生率和能量消耗状况围绕着某种平均值而不断变化，最后逐渐趋向于平衡。

03.091 复杂响应 complex response

描述地貌系统演化的一个理论概念。意指地貌系统对外界刺激的反应是复杂的，随时间而变化，并且有所滞后。

03.092 地貌最小功原理 theory of minimum energy dissipation in geomorphology

各种外营力与地表相互作用时，均存在力图使自己的能量损耗率达到最小值的倾向。分析外营力对地表作用过程的一种理论。

03.093 地貌空代时假定 ergodic assumption in geomorphology

又称“各态遍历性（ergodicity）”。研究地貌演变的空-时转换方法。在一定条件下，地貌总体中的某一部分或某一类型的地貌形态在空间上的重现率，恰好等于在时间上的变率。

03.094 地貌熵 entropy in geomorphology

一个从热力学中移植到地貌学中的类比概念。指地貌系统中能量（地貌熵）的分布及消耗规律。

03.095 地貌类型隶属函数 membership function of geomorphic types

用数学函数的形式来反映地貌类型特征，刻画该地貌实体属于那一个地貌类型。一般采用模糊数学方法来反映属于该类型的程度。

03.096 流水地貌学 fluvial geomorphology

部门地貌学中的一个重要分支。研究由流水塑造所成地貌形态的形成、演化和发展规律的科学。

03.097 流水地貌 fluvial landform

由流水作用，包括侵蚀、搬运和堆积作用塑造而成的各种地貌形态和类型。

03.098 河谷地貌 river valley landform

河谷形态及河谷范围内，由流水侵蚀、搬运和堆积活动所造成的所有一切地貌形态。

03.099 河床地貌 river channel landform

河床及其两侧，由河床水流及其所挟带的泥沙与河床本身相互作用而发育、形成的所有一切地貌形态。

03.100 河床演变 fluvial process

在河道水流与河床相互作用下，通过侵蚀、搬运、堆积活动及其所导致的河床地貌在三度空间上的变化，以及河床类型的变化。

03.101 分水岭 water divide, divide, watershed

相邻两个流域之间的山岭或高地。降落在分水岭两边的降水沿着两侧的斜坡汇入不同的河流。

03.102 水系结构定律 laws of drainage composition

标志水系及其所在流域特征的某些因素间存在的规律性。主要有：河流数量规律，河流长度规律，河流面积规律。

03.103 河流系统 river system

由两条以上大小不等的支流以不同形式汇入主流所构成的集合体。包括流域产水产沙区,干流中下游输水输沙区和河口三角洲沉积作用区等三个亚系统。

03.104 侵蚀基准面 base level of erosion

具有某一特定高程,控制某一河段或全河的纵向侵蚀过程的水平面。河流下切到该水平面以后将逐渐失去侵蚀能力,不能下切到该平面以下。

03.105 总侵蚀基准面 general base level

通常指海平面。是对全河的纵向侵蚀过程,河流地貌形态和河道发育起决定性作用的侵蚀基准面。

03.106 局部侵蚀基准面 local base level

只对某一河段的纵向侵蚀过程,河流地貌形态和河道发育起作用的侵蚀基准面。

03.107 平衡剖面 equilibrium profile

又称"均衡剖面"。河流在其发展和运动过程中,可以通过自身不断调整,逐渐达到作用力和阻力间的平衡状态,河流处于平衡状态下的纵剖面。

03.108 溯源侵蚀 headward erosion

又称"向源侵蚀"。河流纵向侵蚀作用的一种特殊形式,因其作用方向趋向河源延伸而得名。

03.109 溯源堆积 headward deposition

又称"向源堆积"。河流堆积作用的一种特殊形式,因其作用方向向河源延伸而得名。

03.110 加积作用 aggradation

流水塑造和改变地表形态的一种过程。通常指通过泥沙在同一方向上的均匀沉积,使河床或斜坡表面不断地抬高。

03.111 凌夷作用 degradation

流水通过自身的侵蚀作用,对河底、河岸或斜坡表面不断地磨蚀、削平,使河床或斜坡表面高程不断地降低。

03.112 纵向侵蚀 longitudinal erosion

河流侵蚀作用的一种形式。总的方向是垂直向下,使河底的高程不断降低。

03.113 侧向侵蚀 lateral erosion

河流侵蚀作用的一种形式。总的方向是向河道两侧扩展,使河谷和河床不断加宽。

03.114 下切侵蚀 downcutting, incision, vertical erosion

流水侵蚀作用的一种形式。沟谷或河谷底部长期受水流冲刷,沟槽与河床向纵深方向发展的现象。

03.115 壶穴 pothole

又称"深潭"。山区河流急流挟带砾石,在构造破碎,岩性软弱处冲刷、旋磨形成的深穴。

03.116 河流袭夺 river capture

分水岭两侧的河流,侵蚀作用较强一侧的河流先切穿分水岭,抢夺了另一侧侵蚀作用相对较弱河流的现象。

03.117 袭夺河 capturing river

主动袭夺了另一条河的河流。

03.118 裂点 knick point

河谷纵剖面上坡降突然增大的地点。常由地壳上升或侵蚀基准面相对下降,河流产生新的溯源侵蚀,或因构造、岩性原因造成的差别侵蚀所形成。

03.119 风口 wind gap

由河流袭夺所造成的一种地貌形态。被袭夺河上,由于袭夺河的强烈下切而抬升为分水地带,但仍保存着谷地的形态。

03.120 纵谷 longitudinal valley

河谷的一种类型,河谷延伸方向与所在地的地质构造线方向相一致或接近一致。

03.121　横谷　transverse valley

河谷的一种类型,河谷延伸方向横切或近乎横切所在地的地质构造或地层走向。

03.122　河流阶地　river terrace

由河流作用形成沿河谷两侧伸展、且高出洪水位的阶梯状地形。阶地高度由阶地面与河流平水期水面间的垂直距离来确定。

03.123　侵蚀阶地　erosional terrace

在地壳活动地区,由河流的侵蚀活动而形成的河流阶地。由基岩组成,高度变化较小。

03.124　堆积阶地　accumulation terrace

河流通过侵蚀、堆积活动,将自己所携带的松散物质堆积下来而形成的河流阶地。常分布在河流的中下游。

03.125　基座阶地　rock-seated terrace

上部为河流冲积物,下部为基岩或其他成因类型堆积物构成基座的阶地。

03.126　埋藏阶地　buried terrace

阶地的一种。早期形成的阶地,由于情况发生变化,被后来新的冲积物或其他堆积物所埋藏。

03.127　河漫滩　floodplain

河谷底部河床两侧,大汛时常被洪水淹没的平坦低地,由河流自身带来的泥沙堆积而成。

03.128　河流沉积　fluvial deposit

河流所携带的一部分泥沙,因河流的输沙能力小于其来沙量而停留在河床上或河道两侧成为河流沉积物。通常指永久性的河流沉积物。

03.129　二元结构　dual-texture

河流沉积的一个重要特征。垂直剖面上呈现为下粗上细的结构,细颗粒的河漫滩相沉积物覆盖在粗颗粒的河床相物质之上。

03.130　河床　river bed, river channel

又称"河槽"。河谷中经常性被水所淹没的部分。

03.131　滨河床沙坝　channel bar, sand bar

河流弯道凸岸边滩上的一种河床微地貌。略高于边滩,平面上呈弧形带状分布。

03.132　凸岸坝　point bar

发育在弯曲型河流凸岸的一种边滩地貌,通过弯道环流将在凹岸侵蚀下来的泥沙带至凸岸堆积形成。其上经常发育有呈新月形分布的鬃岗地貌。

03.133　天然堤　natural levee

又称"自然堤"。平原河流两侧由砂、粉砂构成的略为高起的长堤。当挟沙水流漫出河槽时,因流速降低而堆积形成。

03.134　曲流　meander

河流中蜿蜒曲折的河段。弯曲系数至少大于1.5。有其自身特有的形成和发展规律。

03.135　迂回扇　scroll pattern

河漫滩表面的一种微地貌形态。由一系列有规律地分布在凸岸边滩上的滨河床沙坝构成。沙坝向下游方向辐聚,向上游方向辐散。

03.136　牛轭湖　oxbow lake

弯曲河道因弯曲过度,发生裁弯取直,原来的河道被废弃所留下的部分。

03.137　离堆山　meander core, meander spur

河流上的河曲被废弃后,由废弃河曲所环绕的孤立山嘴。

03.138　河型　river pattern

综合反映河流形态和河流的运动特征的一种大尺度的河流地貌形态类型。

03.139　顺直型河道　straight river channel

平面形态比较顺直的单一性河道。弯曲系数小于1.2。

03.140 分汊型河道 branching river channel
河道平面形态上分成若干条汊道,各个汊道之间为长满植被的稳定江心洲所分开。

03.141 辫状河 braided stream
一种复式的多分汊河道。河流在平面上分成为错综复杂的许多支汊。断面宽浅,善徙善变,极不稳定。

03.142 蜿蜒型河道 meandering river channel
河道平面形态蜿蜒曲折,容易向两侧自由摆动,常发育于松散的冲积物上。

03.143 游荡型河道 wandering river channel
河床断面宽浅,江心多心滩、沙洲,水流散乱,主流位置迁徙不定的河道。

03.144 深切曲流 incised meander
一种限制性曲流。曲流深切入地表,河床的弯曲与河谷的弯曲相一致,整个河谷都具有曲流的形式。

03.145 深槽 deep pool
一种在空间分布上具有一定规律性的河床地貌形态,取决于河流本身的水流特性和冲淤状况。相对于其周围地区来说,具有较大的水深。

03.146 浅滩 riffle
与深槽相对应,在空间分布上具有一定规律性的河床地貌形态,系输沙不平衡而造成的局部淤积。

03.147 河相关系 river hydraulic geometry
冲积河流的河床在水流与河床的长期相互作用下,其几何形态与所在水文、泥沙状况所存在的某种函数关系。

03.148 泥沙输移比 sediment-delivery ratio
表征流域内侵蚀产沙状况与河道输沙状况的一个物理量。一般以河道输沙模数与流域侵蚀模数之比来表示。恒小于1。

03.149 冲积物 alluvial deposit
常年流水(主要是河流)所挟带、搬运的碎屑物,当水流能量降低时而堆积下来的物质。

03.150 冲积层 alluvium
冲积物组合在一起而形成的沉积层。

03.151 冲积锥 alluvial cone
山地沟谷的出口处,间歇性水流形成的半锥状堆积地貌。

03.152 冲积扇 alluvial fan
山地河流从出山口进入平坦地区以后,因坡降骤减,水流搬运能力大为减弱,部分挟带的碎屑物堆积下来,形成从出口顶点向外辐射的扇形堆积体。

03.153 洪积物 proluvium, proluvial deposits
间歇性水流(主要是沟谷和季节性河流)所挟带、搬运的碎屑物,当水流能量降低时而堆积下来的物质。

03.154 洪积扇 proluvium fan
干旱、半干旱地区沟谷发育、活动过程中,间歇性洪流在沟口形成的扇状堆积体。

03.155 冲积平原 alluvial plain
河流搬运的碎屑物,因流速减缓、能量降低而逐渐堆积下来所形成的平原。

03.156 三角洲 delta
河流进入海洋、湖泊和水库等受水盆地,因水流能量减弱,其所挟带的泥沙在河口区沉积下来而形成的地貌形态。

03.157 干三角洲 dry delta
又称"陆上三角洲"。从山地流出的常年有水的河流或一年中大部分时间有水的河流在出山口地带所形成的一种堆积地貌形态。

03.158 湖泊地貌 lacustrine landform
湖水与湖盆及其周围地区相互作用所形成的各种侵蚀地貌和堆积地貌形态。

03.159 **构造湖** tectonic lake
陆地表面因地壳运动所产生的构造凹地汇集地表水和地下水而形成的湖泊。

03.160 **火山口湖** crater lake
火山停止喷发后,火山口内积水而形成的湖泊。面积小而深度大。

03.161 **堰塞湖** imprisoned lake
河流被外来物质堵塞而形成的湖泊。常由山崩、地震、滑坡、泥石流、火山喷发的熔岩流和流动沙丘等造成。

03.162 **冰蚀湖** glacial erosion lake
冰川在重力和压力作用下向下游移动,同时侵蚀地表使其成为洼地,冰川融化后洼地内积水成湖。

03.163 **风蚀湖** wind erosion lake
挟带碎屑物的风沙流对地表进行侵蚀和磨蚀,在地表抗侵蚀能力相对较弱的地方,大量物质被吹走形成洼地,洼地内积水成湖。

03.164 **喀斯特湖** karst lake
在石灰岩或其他可溶性岩石地区,由于溶蚀作用而造成许多溶蚀洼地,洼地内积水成湖。

03.165 **湖蚀崖** lacustrine cliff
一种湖泊侵蚀地貌。基岩湖岸受湖水波浪侵蚀、掏刷而形成的一种向湖的悬崖陡壁。

03.166 **湖积平原** lacustrine plain
原来是湖泊的一部分,由于不断的淤积作用,湖盆逐渐缩小,终至于全部或一部分死亡而形成的平原。

03.167 **湖相沉积** lacustrine deposit
形成于湖泊中,具有湖泊环境下原生沉积特征的沉积物。

03.168 **黄土地貌** loess landform
发育在第四纪黄土(或黄土状土)地层中的各种地貌形态的总称,具有一系列自己特有的特征。

03.169 **黄土塬** yuan, loess tableland
顶面平坦宽阔,周边为沟谷所切割的黄土堆积高地。“塬”是中国西北地区群众的一个俗称。

03.170 **黄土墚** liang, loess ridge
黄土地貌中的一种形态类型。顶部有黄土覆盖的长条状黄土丘陵,由黄土塬被切割而成。

03.171 **黄土峁** mao, loess hill
黄土地貌中的一种形态类型。外形呈穹隆状或馒头状的黄土丘陵。“峁”是中国西北地区群众的一个俗称。

03.172 **雨滴侵蚀** raindrop erosion
降落的雨滴具有动能,到达地表时所产生的侵蚀作用。

03.173 **溅蚀** splash erosion
具有一定动能的雨滴,直接打击土壤表面或薄水层引起飞溅作用,从而使土粒分离、位移的现象。

03.174 **片[状侵]蚀** sheet erosion
坡地上没有固定流路的薄层水流,较均匀地冲刷地表疏松物质引起的侵蚀现象。

03.175 **沟[谷侵]蚀** gully erosion
片状水流汇集于沟槽中后,由于能量增大而发生的下切侵蚀和溯源侵蚀。

03.176 **潜蚀** subsurface erosion
水流沿土层的垂直节理、劈理、裂隙或洞穴进入地下,复向沟谷流出,形成地下流水通道所发生的机械侵蚀和溶蚀作用。

03.177 **自然侵蚀** natural erosion
完全处于自然状态,不受人为干扰的斜坡表面,各种自然营力与坡面组成物质,植被,地貌形态的相互作用过程。

03.178 加速侵蚀 accelerated erosion
在自然侵蚀的基础上，由于人为因素的加入而使侵蚀强度骤然增加的这一部分侵蚀。

03.179 无显露侵蚀带 belt of no erosion
斜坡顶部分水岭附近，由于水流的能量很弱，不足以造成侵蚀，存在有一个宽度不大、侵蚀不明显的地带。

03.180 允许侵蚀量 acceptable erosion
陆地上倾斜地面产生侵蚀的量与陆地表面产生新土壤量的代数和为零时的侵蚀量，也是不降低土壤中养分的侵蚀量。

03.181 冲沟 gully
一种较大的、有间歇性水流活动的长条状谷地，由切沟发展而来。

03.182 细沟 rill
沟谷发展的早期阶段。由坡面上的小股水流集中、增强，切割坡面而形成。

03.183 沟谷密度 density of gully
单位面积内的沟谷长度。

03.184 劣地 badland
地势高亢的干旱地。地面布满深沟、峻壑，没有植被覆盖，也无法进行耕种或放牧的活动。

03.185 坡面过程 slope process
在各种营力的作用下，斜坡表面所进行的物质和能量转换，使坡面形态不断变化的过程。

03.186 重力地貌 gravitational landform
地表风化松动的岩块和碎屑物，主要在重力作用下，通过块体运动过程而产生的各种地貌现象。

03.187 块体运动 mass movement
地表某单元物质在以重力为主的作用下以一定的速度发生位置移动，具有连续的系列过程。

03.188 页状剥落 exfoliation
又称“剥落（desquamation）”。斜坡表面岩石、土体在各种自然营力的作用下，逐渐碎裂、疏松、软化，呈针片状或散粒状层层脱落的现象。

03.189 块状崩落 crumbling
陡峭斜坡上，疏松的岩石和土块在重力作用下，突然发生的快速向下移动。

03.190 倒石堆 talus
山坡受重力及雨水、融雪水或雪崩作用，岩块崩落，在山麓堆积成不同规模的岩屑堆积体。

03.191 坡积物 slope deposit
山地较高处的基岩风化物质，由重力、并借助于其他外力作用，沿斜坡向下运移，堆积在山坡和坡麓的堆积物。

03.192 坡水堆积物 diluvium
高处的基岩风化物质，在重力和流水共同作用下，沿斜坡向下运移，堆积在山坡和坡麓的堆积物。

03.193 土体蠕动 soil creep
斜坡上的土体或岩屑被水充分饱和以后，塑性增大，在重力作用下，缓慢地向坡下运动的现象。

03.194 滑坡 landslide, landslip
斜坡的局部稳定性受破坏，在重力作用下，岩体或其他碎屑沿一个或多个破裂滑动面向下做整体滑动的过程与现象。

03.195 滑塌 collapse
因滑坡而使得斜坡上大量块体突然倒塌的现象。

03.196 岩崩 rock fall
陡峻山坡上的岩块在重力作用下，发生突然的急剧的倾落运动。

03.197 泥石流 debris flow

斜坡上或沟谷中松散碎屑物质被暴雨或积雪、冰川消融水所饱和,在重力作用下,沿斜坡或沟谷流动的一种特殊洪流。特点是爆发突然,历时短暂,来势凶猛和巨大的破坏力。

03.198 泥流 mudflow

泥石流的一种。其中所含固体物质主要是细粒的泥沙,无石块或仅有少量块石。黏度大,呈泥状。

03.199 水石流 water-rock flow

由水与粗砂、石块和巨砾组成的特殊流体。其黏粒含量少于泥石流和泥流。

03.200 稀性泥石流 micro-viscous debris flow

固体物质含量较低,密度较小的一种泥石流。其界限为泥石流体密度小于 1.5t/m³ 和黏度小于2.5~3.5P。

03.201 黏性泥石流 viscous debris flow

固体物质含量较高,密度较大的一种泥石流。其界限为泥石流体密度大于 1.5t/m³ 和黏度大于2.5~3.5P。

03.202 泥石流堵塞系数 obstructive coefficient of debris flow

用以参与计算泥石流流量的一个系数,反映了泥石流阵流堵塞现象对流量的影响。

03.203 喀斯特 karst

又称“岩溶”。可溶岩在天然水中经受化学溶蚀作用形成的具有独特的地貌和水系特征的自然景观。

03.204 喀斯特地貌 karst landform

可溶性岩经受水流溶蚀、侵蚀以及岩体重力崩落、坍陷等作用过程,形成于地表和地下各种侵蚀和堆积物体形态的总称。

03.205 喀斯特地貌学 karst geomorphology

地貌学的分支学科。研究喀斯特地貌的形态、结构及其形成、演变和空间分布规律,以及开发利用和环境整治等。

03.206 深部喀斯特 deep karst

存在于深部缓流带内受承压作用、混合溶蚀、冷热水循环,或硫化矿液、热液作用发育的喀斯特。

03.207 流水喀斯特 fluviokarst

以地表水流冲刷和河流侵蚀作用为主形成的喀斯特景观。

03.208 生物喀斯特 biokarst

碳酸盐类可溶性岩与生物的理化作用共同形成的地貌形态及其形成过程,包括侵蚀和沉积两大类型。

03.209 裸露型喀斯特 bare karst

基岩裸露地表的碳酸盐岩层地区所发育的喀斯特景观。

03.210 覆盖型喀斯特 covered karst

松散堆积物覆盖下发育的喀斯特。若覆盖层由碎屑堆积物组成,其下发育的喀斯特称为“层盖喀斯特(mantled karst)”;若由残积土层或枯枝落叶组成的覆盖层,则称为“表层喀斯特(subsoil karst)”。

03.211 溶蚀 corrosion

地下水和地表水相结合,对以碳酸盐岩为主的可溶性岩石的化学溶解和侵蚀作用。

03.212 溶痕 karren

可溶性岩石表面经受地表水流溶蚀、侵蚀及生物作用所形成的微地貌形态。常见的溶痕有“溶蚀皱纹(solution ripple)”,“溶蚀凹槽(solution flute)”,“溶蚀沟槽(solution runnel)”等。

03.213 溶沟 grike

地表径流沿着可溶性岩石的节理、层面和裂隙不断进行溶蚀和侵蚀所形成的沟道。

03.214 石牙 solution spike, stone teeth

溶沟间岩脊经受地表径流溶蚀、侵蚀分割成齿状突起的残留岩体。

03.215 落水洞 sinkhole, swallow hole
消泄地表水的洞穴。

03.216 竖井 shaft
深井状的泄水洞穴。底部到达地下水面,通常是地表水流入地下河的通道。

03.217 溶[蚀漏]斗 doline
地表呈漏斗形或碟状的封闭洼地,底部通常有溶蚀残余物质充填,并有落水洞泄水。

03.218 溶蚀洼地 solution depression
喀斯特地区不规则椭圆形的封闭洼地。大部分是由几个溶蚀漏斗扩大合并成为“复式漏斗(uvala)”所构成,底部地面起伏,覆盖着碎屑沉积物。

03.219 喀斯特河谷盆地 polje
又称“坡立谷”。发育于可溶岩与非可溶岩地层接触带,边缘常有泉水出露,具有地表河流及地下排水系统的大型封闭洼地。

03.220 喀斯特平原 karst plain
喀斯特地区近于水平的地面,由长期的喀斯特化作用使喀斯特盆地面积不断扩大而形成。地表常为红色土层所覆盖,局部散见有喀斯特残丘和孤峰。

03.221 喀斯特边缘平原 karst margin plain
形成于可溶岩与非可溶岩地层接触地带,地表散布溶蚀残丘、覆盖蚀余红土或冲积物的平原地形。

03.222 干谷 dry valley
终年无水或仅有季节性水流的干涸河谷。

03.223 槽谷 box valley
溶洞顶部崩塌,地下河出露地表所形成的箱状河谷。

03.224 盲谷 blind valley
地表河流通过河床落水洞转入地下,形成为没有地表出口的河谷。

03.225 峰林 Fenglin, tower karst
高耸林立的石灰岩山峰。通常认为是热带喀斯特地貌形态,以我国桂林最为发育。

03.226 峰丛 Fengcong, cone karst
基座相连的石灰岩峰丘。国外学者将峰丛和溶蚀洼地组合的地貌称为“石灰岩坑地(cockpit)”。

03.227 石林 stone forest, pinnacle karst
密集如林的针柱状、尖锥状高大耸岩组合成的喀斯特景观。以我国云南路南石林为典型。

03.228 溶蚀残丘 hum
又称“孤峰(isolated peak)”。兀立在喀斯特平原或河谷盆地上的孤立石峰。

03.229 天生桥 natural bridge
地下河与溶洞的顶部崩塌后,残留的顶板横跨河谷两岸,形似拱桥。

03.230 洞穴学 speleology
研究洞穴起源、性质和生命的综合性学科。内容包括:洞穴地质和地貌;洞穴物理和化学;洞穴生物学;洞穴气象学;洞穴古生物和考古;洞穴勘测技术等。

03.231 渗流带溶洞 vadose cave
下渗水流沿可溶岩层裂隙或层面溶蚀扩大而形成的垂向下伸的岩洞。

03.232 浅潜流带溶洞 epiphreatic cave
又称“潜水位溶洞(water table stream cave)”。发育于潜水位附近,地下水流溶蚀形成水平延伸的溶洞。

03.233 迷宫溶洞 labyrinth cave
浅潜流带上部与渗流带下部重叠交错,形成各种方向、不同规模、相互联通的网状洞穴系统。

03.234　深潜流带溶洞　bathyphreatic cave

发育于饱水带下部,承压水溶蚀形成的溶洞。

03.235　洞穴堆积　cave deposit

洞穴内各种类型堆积物的总称。主要有化学淀积、流水沉积、重力堆积和生物堆积等类型。

03.236　洞穴化学淀积物　speleothem

溶洞裂隙渗流水作用造成的各种次生矿物淀积物的通称。

03.237　钟乳石　stalactite

溶洞顶部向下增长的碳酸钙淀积物。

03.238　石笋　stalagmite

溶洞底面自下而上增长的碳酸钙淀积物。

03.239　石柱　column, stalacto-stalagmite

溶洞中钟乳石向下伸长、与对应的石笋相连接所形成的碳酸钙柱体。

03.240　卷曲石　helictite

饱含碳酸钙的渗流水从洞壁裂隙细缝中流出形成螺旋状卷曲的碳酸钙淀积物。

03.241　石帘　curtain

从洞壁裂隙中流出的渗流水沿壁流动而形成的碳酸钙淀积物。

03.242　边石　rimstone

出露于溶洞底部的地下水,以薄层水流形式流经缓倾斜的粗糙地面沉淀而成的碳酸钙淀积物。具有边缘凸起、中间低凹积水的形态,成群呈梯田状分布。

03.243　流石　flowstone

洞内流水形成的方解石及其他矿物的沉积物体。通常形成于有边石分布的地面上,突起的顶部往往与石帘等衔接,表面常有梯田状边石群分布。

03.244　洞穴碎屑沉积　clastic cave sediment

由流水、融冻泥流或风力等作用搬入洞中的泥沙、砾石、岩屑等组成的沉积物,也包括洞内和洞口由重力作用崩落、崩塌的岩片、岩块等堆积物。它们的胶结物称为“洞穴角砾岩(cave breccia)”。

03.245　泉华沉积　sinter deposition

由温泉或间歇性喷泉形成的一种矿物沉积。有钙质和硅质两种。

03.246　结晶灰华　travertine

地下水溢流处胶结成坚硬固体的结晶质碳酸钙物质。

03.247　石灰华　tufa

碳酸钙碎屑与苔藓、地衣等生物残体凝结而成多孔隙的灰华。

03.248　洞壁凹槽　cave notch

溶洞水流承压冲刷、溶蚀洞壁形成嵌入洞壁的河曲型凹槽。

03.249　流痕　scallop

承压水流流经地下廊道或溶洞时冲蚀洞壁形成的贝窝状波痕。

03.250　假喀斯特　pseudokarst

主要由对岩石里胶结物的溶蚀作用,或其他外营力而产生的类似于喀斯特地貌的现象,并不是由可溶性岩石形成。

03.251　构造地貌学　structural geomorphology

研究构造地貌,它的形成过程,演化规律,以及实际应用的地貌学分支学科。

03.252　构造地貌　structural landform

地质构造和地壳构造运动所形成的地貌。

03.253　构造运动地貌　tectonic landform, morphotectonics

由地壳构造运动形成的地貌。分两类:地壳构造运动直接形成的;在地壳构造运动控制下,有外营力参与而形成。

03.254 活动构造 active tectonics

第四纪晚更新世（10~12 万年）以来一直在活动,现在仍在活动,未来一定时期内仍将会发生活动的各类构造。

03.255 构造地貌格局 morphotectonic pattern

各种地貌体(山脉、丘陵、台地、盆地、谷地等)在地壳构造运动,特别是在构造应力场作用下形成的,按一定型式有规律展布的格局。

03.256 构造地貌结构 morphotectonic structure

在地壳构造升降和水平运动作用下,形成在同一地貌体内新老地层之间,或者新老地貌体之间的层次组合。

03.257 丹霞地貌 Danxia landform

由陆相红色砂砾岩构成的具有陡峭坡面的各种地貌形态。形成的必要条件是砂砾岩层巨厚,垂直节理发育。因在中国广东省北部仁化县丹霞山有典型发育而得名。

03.258 单面山 cuesta

发育在单斜构造(被破坏了的背斜或向斜的一翼)上的山地。山体沿着岩层走向延伸,两坡不对称,同岩层倾向一致的山坡缓而长,而相背的山坡陡而短。

03.259 猪背脊 hogback ridge

两侧山坡陡峭而倾角几乎相近的锐脊山岭。因轮廓类似猪的背脊而得名。

03.260 断块山 fault-block mountain

地壳因断块活动隆起而成的山地。受断层控制的山边多表现为断层崖。

03.261 褶皱山 folded mountain

由于地壳大规模褶皱活动挤压隆起而成的山地。

03.262 断褶山 fault-folded mountain

由于地壳褶皱和断层活动相伴而形成的山地。

03.263 方山 mesa

又称“桌状山(table mountain)”。顶平如桌面,四周被陡崖围限的孤立山地。山顶多为坚硬近于水平的岩层,或者为熔岩覆盖。

03.264 熔岩流 lava flow

从火山口或火山裂隙喷出到地表丧失了部分气体的流动岩浆。基性熔岩要比酸性熔岩的流动性强。

03.265 熔岩台地 lava platform

熔岩大面积覆盖而成的台状高地。

03.266 埋藏山 buried mountain

早期形成的基岩山,后因地壳下降而被埋藏在古近纪、新近纪和第四纪松散沉积组成的堆积平原下而成。

03.267 内陆盆地 inland basin

又称“内流盆地(endorheic basin)”。由并不流向海洋的内流水系发育和侵蚀而成的盆地。

03.268 构造盆地 structural basin, tectonic basin

由地质构造作用形成的盆地。包括由岩层倾向中心而形成的近似圆形或椭圆形的盆地,和地壳构造运动,例如凹陷或断陷作用形成的盆地。

03.269 向斜盆地 synclinal basin

由向斜构造形成的椭圆形盆地。

03.270 盆岭地貌 basin-and-range geomorphic landscape

由一系列掀斜断块形成的不对称纵向山岭和与之相间的宽广山间盆地组成的地貌景观。

03.271 断层崖 fault scarp, fault escarpment

断层活动直接在其一盘形成,并代表被侵蚀

风化前出露的断层面的陡崖或陡坎,是原始的断层地貌。

03.272 断层线崖 fault line scarp
沿断层线由差异侵蚀,亦即断层一盘的软岩受侵蚀较快,另一盘的硬岩受侵蚀较慢而形成的陡崖或陡坡面。

03.273 [断层]三角面 triangular facet
断层崖上一种上尖下宽的三角形平滑崖面,往往成带出现。

03.274 断层谷 fault valley
沿断层、断裂带发育的河谷和冲沟,属于纵向谷。

03.275 构造阶地 structural terrace
水平产状的岩层因岩性和产状结构受差异侵蚀而形成的阶梯状地貌。

03.276 嵌入阶地 inset terrace
河流下切入老阶地冲积层和其下的基岩中之后形成的,并与较高的老阶地在结构上呈嵌入关系的新一级阶地。

03.277 内叠阶地 in-laid terrace
河流切穿早期老阶地的冲积层,达到谷底基岩,并将新冲积物堆积、覆盖在谷底基岩上而形成的较低一级新阶地,与老阶地在结构上呈内叠关系。

03.278 上叠阶地 superimposed terrace, on-laid terrace
河流下切入已形成的老堆积阶地中,但未切穿老阶地冲积层,而是在其切出的新河槽中形成较低一级阶地,与老阶地在结构上呈上叠关系。

03.279 复合[型]阶地 compound terrace
一种独特结构的堆积阶地。外貌上表现为一级阶地,而其堆积层由几个时代的埋藏冲积层所组成。

03.280 阶地变形 terrace deformation
地壳构造运动(挠曲、隆起、下拗活动)使阶地形态从原先有规律的地面,发生的相应的挠曲、隆起、下拗变化。

03.281 阶地错位 terrace dislocation, terrace displacement
河流阶地因断层的垂直活动或水平活动而发生的相应的垂直错位和水平错位。

03.282 嵌入型洪积扇 inset proluvial fan
嵌入到老洪积扇中的新洪积扇。

03.283 叠瓦型洪积扇 imbricated proluvial fan
新洪积扇体呈叠瓦状披盖在时代较老的洪积扇上而成。

03.284 埋藏洪积扇 buried proluvial fan
早期形成的洪积扇,由于地壳下降而被后来形成的新洪积扇埋藏而成。

03.285 复合[型]洪积扇 compound proluvial fan
外貌上表现为一级洪积扇,而其堆积层由几个时代的埋藏洪积层组成。

03.286 水系格局 drainage pattern
一个地区的自然河道网的平面轮廓或展布,与该地区的地质构造、地貌特征和发育历史有关。

03.287 树枝状水系格局 dentric drainage pattern
主、支流和支流之间呈指向下游的锐角相交,平面轮廓展布如树枝状,多发育于微斜的堆积平原,或地壳较稳定、岩性比较均一的缓倾斜岩层地区。

03.288 平行式水系格局 parallel drainage pattern
主、支流和支流之间的河道有规律地平行或近似平行地展布,主要受地质构造和山岭走向的控制。

03.289 放射状水系格局 radial drainage pattern

又称“离心式水系格局(centrifugal drainage pattern)”。各条河流呈放射状外流,多发育于穹窿构造,穹状新隆起,或火山锥区。

03.290 辐聚式水系格局 convergent drainage pattern

又称“向心式水系格局(centripetal drainage pattern)”。一个地区的各条河流由外围向中心汇聚的水系,大都发育于盆地的内缘带,或者堆积平原上沉陷中心的周边。

03.291 方格状水系格局 trellis drainage pattern

支流与主流呈直角相交的水系,主要受褶皱构造和断裂、裂隙控制而形成。

03.292 羽毛状水系格局 featherlike drainage pattern

短而密集的支流基本上呈直角汇入主流的水系,大多发育在断陷谷中或断层崖的一侧,或是线状褶皱区。

03.293 倒钩状水系格局 barbed drainage pattern

支流汇入主流时平面形态呈锐角指向上游的倒刺状,通常是河流袭夺,或者水系倒转的结果。

03.294 火山 volcano

岩浆活动穿过地壳,到达地面或伴随有水气和灰渣喷出地表,形成特殊结构和锥状形态的山体。

03.295 火山作用 vulcanism, volcanism

岩浆连同伴随的固态和气态物质得以上升到地壳之中,或者喷射到地面上的作用。含义要广于单纯的火山活动。

03.296 活火山 active volcano

还在喷发,或者现今虽未喷发,但有活动性,预料将会喷发的火山。

03.297 休眠火山 dormant volcano

长期没有喷发,但是将来还会喷发的火山。

03.298 死火山 extinct volcano

虽然保存着火山形态和喷发物,但是既无历史上的喷发记录,又无活动性表现的火山。

03.299 泥火山 mud volcano

由火山气体、石油气,或者地热异常区地下热水喷发而形成的泥和碎石的圆锥状堆积体。高约一二米,顶部有喷口。

03.300 顺向河 consequent river

沿着地区原始地面倾斜发育而成的河流,亦即流向与地区原始地面倾斜一致的河流。由此而形成的河谷称为“顺向谷(consequent stream)”。

03.301 次成河 subsequent river

沿着走向与顺向河横交的软弱岩层发育而成的支流。

03.302 逆向河 obsequent river

与构造面倾向,或者顺向河流向相反的河流。

03.303 再顺[向]河 resequent river

原始构造面被侵蚀破坏后,沿着新出露的与岩层倾向一致的岩层面发育而成的河流。

03.304 任向河 insequent river

又称“偶向河”。发育在岩层近于水平地区,流向不受构造控制的顺向河的支流。

03.305 先成河 antecedent river

在现今地形形成以前即已存在的河流。

03.306 叠置河 superimposed river

原先发育在沉积盖层上的平原新河流,当区域新构造运动抬升而下切到下伏基岩高地,仍旧保持其流向者。

03.307 水系[水平]错位 drainage offset

河流主、支流因所穿越的断层发生水平错动

而随之错位的现象。

03.308　河流偏移　river deflection
河流受地壳拱曲运动、火山活动、冲积作用、冰川作用、侧蚀作用等而发生的偏流现象。

03.309　改向河　diverted river
被构造运动、火山喷发、河流袭夺、滑坡等改变流向的河流。

03.310　断错脊　offset ridge
断层水平活动或垂直活动错位的山脊。

03.311　断塞湖　fault sag lake
又称“断塞塘(fault sag pond)”。断层垂直错动使得沟谷下游盘上升形成堵塞而形成的湖、塘,或者断层水平错动使沟谷下游盘的山脊横移、堵塞上游盘的沟谷而形成的湖、塘。

03.312　交切夷平面　intersected plantain surface
又称“交切侵蚀面(intersected erosion surface)”。在地壳间歇性运动作用下,隆起区形成多级夷平面或侵蚀面,并依照越高越老的层位分布;下沉区形成时代相当的各级相关堆积面,并依照越低越老的层位分布。

03.313　残丘　monadnock
位于夷平面或剥蚀面上的侵蚀残余山丘。

03.314　断头河　beheaded river
又称“被夺河”。一条河流的上游段被另一条河流袭夺,或者被断层水平活动错移开之后,剩下的下游被废弃的河段。

04. 气　候　学

04.001　气候学　climatology
研究气候的特征、分布、形成和变化及其与人类活动的相互关系的学科。

04.002　天气气候学　synoptic climatology
以天气学的观点和方法研究气候特征、形成和变化规律的学科。

04.003　物理动力气候学　phsico-dynamical climatology
根据流体力学和热力学的基本物理定律,运用数学和物理方法,研究气候的形成及其变化规律的学科。

04.004　统计气候学　statistical climatology
用数理统计学的方法分析气候要素的资料,揭示气候特征及其变化规律的学科。

04.005　生物气候学　bioclimatology
研究生命有机体与气候环境条件相互关系的学科。

04.006　应用气候学　applied climatology
研究气候与有关专业的相互关系,并把气候资料和气候学知识应用于有关专业的学科。

04.007　农业气候学　agroclimatology
研究农业生产与气候条件之间相互关系及其规律的学科。

04.008　海洋气候学　marine climatology
研究海洋上的气候特征、分布、形成和变化规律的学科。

04.009　航空气候学　aeronautical climatology
研究与航空活动有关的气候特征的学科。

04.010　区域气候学　regional climatology
研究某一自然区域或行政区的气候特征、分布、形成和变化规律的学科。

04.011　卫星气候学　satellite climatology
利用气象卫星探测到的气象资料研究地球气候问题的学科。

04.012　高空气候学　aeroclimatology

研究自由大气的气候特征、分布、形成和变化规律的学科。

04.013 地形气候学 topoclimatology
研究地形对气候的影响,以及由此而形成的气候的学科。

04.014 环境气候学 environmental climatology
研究人类(生物体)生存环境中气候问题的学科。

04.015 综合气候学 complex climatology
根据每天的天气类型来研究气候的学科。

04.016 物候学 phenology
研究自然界动、植物生命各阶段因受气候等环境因素影响而出现的季节性现象及其与环境的周期性变化之间的相互关系的学科。

04.017 树木年轮气候学 dendroclimatology
利用树木年轮参数,如宽度、密度和稳定同位素等的变化重建过去气候变化序列,从而研究过去气候变化事实和规律的学科

04.018 气候 climate
某一地区多年的天气和大气活动的综合状况(平均值、方差、极值概率等)。

04.019 天文气候 astroclimate
一种理想的地球气候分布,是在假设地球上不存在大气圈,仅依赖于地球与太阳的相对位置所决定的太阳辐射条件下的气候状况。

04.020 气候形成因子 climatic formation factor
形成气候基本特征的主要因子。如太阳辐射、下垫面性质、大气环流和人类活动。

04.021 大气候 macroclimate
大区域、大洲、甚至更大范围的气候。

04.022 全球气候 global climate
整个地球的气候状况和特征。

04.023 区域气候 regional climate
某一自然区域或行政区的气候。

04.024 中气候 mesoclimate
水平尺度在几十千米至几百千米范围自然区域(如谷地、湖泊、森林、山地)以及城市等的气候。

04.025 小气候 microclimate
由于下垫面性质以及人类和生物活动的影响而形成的近地层大气的小范围的气候。

04.026 城市气候 urban climate
在城市的特殊下垫面条件和城市中人类活动的影响下所形成的一种异于城市周围地区的局地气候。

04.027 建筑气候 building climate
气候对建筑的影响及建筑物的气候效应。

04.028 地形气候 topoclimate
受地形影响而形成的气候。

04.029 农田小气候 field microclimate
在农田的下垫面条件下形成的小气候。

04.030 人工小气候 artificial microclimate
采取各种人为措施控制或改变局地环境所形成的小气候。

04.031 气候要素 climatic element
表征气候特征或状态的参数。如气温、降水量和气压等。

04.032 气候观测 climatological observation
以获取气候特征和状况为目的的常规地面气象观测。

04.033 气候监测 climatic monitoring
通过气象仪器对气候系统进行动态观测。除常规观测项目外,还包括一些特殊项目,如海冰、太阳常数等。

04.034 气候预测 climatic prediction
对气候状况所做一个月以上的预测。如季

度预测、年度预测等。

04.035 气候诊断 climatic diagnosis
根据气候监测的结果,对气候变化、气候异常的特点及成因进行分析。

04.036 气候分类 climatic classification
将不同地区的气候按其主要特征划归类别,借以区别和比较各地气候。

04.037 柯本气候分类 Köppen's climate classification
德国气候学家柯本(W. Köppen)创立的以气温和降水为指标,参照自然植被分布状况的气候分类。全球气候分为五类十二亚类。

04.038 气候区划 climate regionalization
按气候特征的相似和差异程度,选用有关指标,对全球或某一地区的气候进行逐级区域划分。

04.039 干燥度 aridity
可能蒸发量与降水量之比,表征气候的干燥程度。

04.040 大陆度 continentality
表征某地气候受大陆影响的程度。

04.041 湿润指数 moisture index
表征气候的湿润程度,它是干燥度的倒数。

04.042 气候指数 climatic index
有两个或两个以上的气候要素组成的表示某种气候特征的量。

04.043 气候带 climatic zone
根据气候要素的带状分布特征而划分的带状气候区域。

04.044 气候区 climatic region
气候区划中所划分的区域。不同气候区间的气候特征不同。

04.045 荒漠气候 desert climate
地面为沙漠、戈壁等荒漠地区极端干燥的气候类型。

04.046 极地气候 polar climate
南极与北极地区终年寒冷的气候类型。

04.047 苔原气候 tundra climate
可生长苔藓一类低等植物的寒冷地带无林沼泽区的气候类型。相当于柯本气候分类中的 E_t 气候。

04.048 地中海气候 Mediterranean climate
夏季炎热干燥、冬季温和多雨的气候类型。以地中海沿岸分布最为广泛和典型。

04.049 热带雨林气候 tropical rainforest climate
赤道南北两侧常年高温、潮湿和多雨的气候类型。相当于柯本气候分类中的 Af 气候。

04.050 萨瓦纳气候 savanna climate
赤道南北常年高温,夏季多雨,冬春为干季的气候类型,相当于柯本气候分类中的 Aw 气候。

04.051 草原气候 steppe climate
荒漠气候与湿润气候之间的过渡性气候类型。

04.052 森林气候 forest climate
森林地区的局地气候,由林区地理位置、环境条件、面积大小、地形特点、林木种类、林型结构等综合影响而形成。

04.053 高原气候 plateau climate
在海拔高、地面宽广、起伏平缓的高原面上所形成的气候。

04.054 山地气候 mountain climate
在地面起伏很大,山峰与谷底相间的山区所形成的局地气候。

04.055 季风气候 monsoon climate
受季风支配地区的气候。夏季一般受海洋气流影响,冬季主要受大陆气流的影响,季风气候的主要特征是冬季干冷,夏季湿热。

04.056 季风指数 monsoon index
表征一个地区季风强弱和季风稳定程度的量。通常以1月及7月地面盛行风的频率表示。

04.057 季风爆发 monsoon burst
通常指印度夏季风的突然来临。

04.058 冬季风 winter monsoon
季风区冬季盛行的风。如我国华北地区为西北风,华南地区为东北风。

04.059 夏季风 summer monsoon
季风区夏季盛行的风。如印度半岛的西南季风,我国东部的东南季风。

04.060 西南季风 southwest monsoon
在印度半岛和中国南方夏季盛行的西南风。

04.061 高原季风 plateau monsoon
由于高原的冬、夏季热力作用相反而形成的季节性风系。青藏高原的季风最为典型。

04.062 气候型 climatic type
根据气候特征划分的气候类型,是气候分类的基本单元。

04.063 大陆性气候 continental climate
中纬度大陆腹部地区受海洋影响较小的气候,以降水较少、温度变化剧烈为其特征。

04.064 海洋性气候 marine climate
受海洋影响显着的岛屿和近海地区的气候,以降水多、温度变化和缓为特征。

04.065 湿润气候 humid climate
以降水丰沛、空气湿润为特征的气候。

04.066 干旱气候 arid climate
又称"干燥气候(aridity climate)"。干旱地区的气候,其特征是降水量很少,不足以供一般植物的生长。我国干旱气候区指降水量小于200mm的地区。

04.067 气候志 climatography
记载、描述和总结某一特定地区气候的一般状况和变化情况的书册。

04.068 气候评价 climatic assessment
对气候、气候异常和气候变化产生的经济与社会影响做出评价。

04.069 天气 weather
某一瞬间或某一时段内各种气象要素所确定的大气状况。

04.070 自然天气季节 natural synoptic season
按盛行天气过程的特征所划分的季节。在中国一年常分为5~6个季节,如春、初夏、盛夏、秋、前冬、隆冬等。

04.071 大气环流 general atmospheric circulation
大范围大气运动的状态。

04.072 风速 wind speed
空气水平运动的速度。

04.073 风向 wind direction
风的来向。

04.074 季风 monsoon
大范围区域冬、夏季盛行风向相反或接近相反的现象。如中国东部夏季盛行东南风,冬季盛行西北风。

04.075 山谷风 mountain-valley breeze
因山坡和谷地受热不均匀而引起的局地日变化的风系。白天由山谷吹向山顶称"谷风(valley breeze)",夜间由山顶吹向山谷称"山风(mountain breeze)"。

04.076 海陆风 sea-land breeze
由于海面和陆地之间的昼夜热力差异而引起的风。白天由海面吹向陆地称"海风(sea breeze)",夜间由陆地吹向海面称"陆风(land breeze)"。

04.077 焚风 föhn

过山气流在背风坡下沉而变得干热的一种地方性风。

04.078 局地环流 local circulation

由于下垫面性质不均一,或地形等局地的热力和动力因素而引起一定地区的特殊环流。如海陆风、山谷风等。

04.079 大气活动中心 atmospheric center of action

支配大气运动的大型高、低气压系统。

04.080 纬向环流 zonal circulation

大气沿纬圈方向绕极地的运行。

04.081 经向环流 meridional circulation

大气沿南北方向的运行。

04.082 热带辐合带 intertropical convergence zone, ITCZ

又称"赤道辐合带(equatorial convergence belt)"。南、北半球副热带高压之间的信风汇合带。

04.083 副热带高压 subtropical high

又称"副热带反气旋(subtropical anti-cyclone)"。中心位于副热带地区的高压系统。

04.084 阻塞高压 blocking high

在西风带上发展形成的缓慢移动或呈准静止状态的闭合高压,造成西风带分支,对天气系统的移动有阻碍作用。

04.085 天气系统 weather system

伴随一定天气的大气运动形式,诸如气旋、反气旋、锋面、切变线等的统称。

04.086 气团 air mass

温度和湿度等物理性质水平分布大致均匀的大范围空气。

04.087 锋 front

温度或密度差异很大的两个气团之间的界面。

04.088 冷锋 cold front

冷气团前移取代暖气团过程中位于冷气团前端的锋。

04.089 暖锋 warm front

暖气团前移取代冷气团过程中位于暖气团前端的锋。

04.090 锢囚锋 occluded front

锋面相遇,合并后的锋。

04.091 准静止锋 quasi-stationary front

位置静止或少动的锋。

04.092 行星风系 planetary wind system

在不考虑地形和海陆影响下全球范围盛行风带的总称。

04.093 信风 trades

低层大气中南、北半球副热带高压近赤道一侧的偏东风。北半球盛行东北风,南半球盛行东南风。

04.094 逆温 temperature inversion

大气温度随高度升高而增加的现象。

04.095 雨影 rain shadow

在山区或山脉的背风面,雨量比向风面显著偏少的区域。

04.096 气旋 cyclone

在北(南)半球呈逆(顺)时针方向旋转的大型气流涡旋。在气压场上表现为低气压。

04.097 反气旋 anticyclone

在北(南)半球呈顺(逆)时针方向旋转的大气涡旋。在气压场上表现为高气压。

04.098 气候灾害 climatic disaster

对人类生活和生产造成灾害的气候现象。

04.099 雹灾 hail damage

降雹造成的危害。

04.100 水灾 flood damage
连续降雨,使河流水位超过河漫滩地面,在地面大面积积水造成的灾害。

04.101 涝灾 flood
由异常多的降水量引发的洪涝对农牧林业生产等造成的灾害。

04.102 干旱 drought
长期无雨或少雨导致空气干燥的现象。

04.103 旱灾 drought damage
干旱对农牧林业生产等造成的灾害。

04.104 台风 typhoon
发生在西太平洋和南海海域较强的热带气旋。

04.105 风灾 wind damage
大风对农牧林业生产等造成的灾害。

04.106 寒潮 cold wave
冬半年大规模冷空气活动,常引起大范围强烈降温、大风,常伴有雨、雪的天气。

04.107 沙[尘]暴 sandstorm, dust storm
大风扬起地面的沙尘,使空气浑浊,水平能见度<1km 的风沙现象。

04.108 雷暴 thunderstorm
由于强积雨云引起的伴有雷电活动和阵性降水的局地风暴;在地面观测中仅指伴有雷鸣和电闪的天气现象。

04.109 梅雨 Meiyu, plum rain
初夏时期从中国江淮流域经朝鲜半岛南端到日本南部雨期较长的连阴雨。

04.110 无霜期 frost-free period
一年内终霜(包括白霜和黑霜)日至初霜日之间的持续日数。终(初)霜日通常指地面最低温度大于0℃的最后(最初)的一日。

04.111 积温 accumulated temperature
某一时段内逐日平均气温的累积值。

04.112 干热风 dry-hot wind
高温低湿并伴有一定风力的农业气象灾害。

04.113 热害 heat damage
高温对农业生物的生长发育和产量造成的危害。

04.114 冷害 cold damage
植物生长季节里,0℃以上的低温对作物造成的损害。

04.115 湿害 wet damage
又称"渍害"。土壤中含水量长期处于饱和状态对作物生长造成的损害。

04.116 冻雨 freezing rain
过冷却水滴与物体碰撞后立即冻结的液态降水。

04.117 冻害 freezing damage
越冬期间冬作物和果树林木因遇到极端低温或剧烈降温所造成的灾害。

04.118 厄尔尼诺 El Niño
赤道太平洋冷水域中海温异常升高的现象。

04.119 拉尼娜 La Niña
又称"反厄尔尼诺(anti El Niño)"。与厄尔尼诺相反的现象,即赤道太平洋冷水域中海温异常降低的现象。

04.120 热浪 heat wave
大范围异常高温空气入侵或空气显著增暖的现象。

04.121 太阳辐射 solar radiation
太阳向宇宙发射的电磁波和粒子流,其能量主要集中在短于4μm 波长范围内的辐射。

04.122 太阳常数 solar constant
地球在日地平均距离处与太阳光垂直的大气上界单位面积上在单位时间内所接收的

所有波长太阳辐射的总能量。

04.123 天文辐射 extraterrestrial solar radiation

地球表面不考虑大气影响,仅由日地天文关系所决定的太阳辐射。

04.124 总辐射 global radiation

单位水平表面上接受的直接太阳辐射和天空散射辐射的总量。

04.125 反照率 albedo

从非发光体表面反射的辐射与入射到该表面的总辐射之比。

04.126 辐射平衡 radiation balance

又称"净辐射"。物体或系统的辐射能量的收入和支出之间的差值。

04.127 地表面热量平衡 heat balance of the earth's surface

地球表面的热量收支相平衡的状况。

04.128 海-气相互作用 air-sea interaction

海洋与大气之间互相影响的物理过程。如动量、热量、质量、水分的交换,以及海洋环流与大气环流之间的联系等。

04.129 地-气相互作用 air-land interaction

地球下垫面与大气之间互相影响的物理过程。

04.130 气候模拟 climatic simulation

通过数值计算模拟气候,用以研究气候形成和气候变化的规律。

04.131 温室气体 greenhouse gases

大气中具有温室效应的某些微量气体。如CO_2、CH_4、N_2O等。

04.132 温室效应 greenhouse effect

低层大气由于对长波和短波辐射的吸收特性不同而引起的增温现象。

04.133 热岛效应 heat island effect

城市因其下垫面和人类活动的影响,气温比其周围地区偏高的现象。

04.134 粗糙度 roughness

表征下垫面粗糙程度的一个量,具有长度的量纲。

04.135 大气环流模式 general circulation model, GCM

描写地-气系统各种物理过程和大气环流演变与性状的数学模式。用以模拟和预测大气环流与气候的变化。

04.136 全球环流模式 global circulation model

全球尺度的大气环流模式。

04.137 气候反馈机制 climatic feedback mechanism

气候系统中各种物理过程间的一种相互作用机制。正反馈增强初始的物理过程,负反馈则使之减弱。

04.138 日照 sunshine

一天内太阳直射光线照射地面的时间。以小时为单位。

04.139 全球变暖 global warming

由于人类活动导致大气中温室气体增加,从而使全球尺度上气温升高的现象。

04.140 气候变化 climatic change

气候演变、气候变迁、气候振动与气候振荡的统称。

04.141 气候变迁 climatic variation

气候要素30年或更长时间平均值的变化。

04.142 气候振动 climatic fluctuation

除去趋势与不连续以外的规则或不规则气候变化,至少包括两个极大值(或两个极小值)及一个极小值(或极大值)。

04.143 气候演变 climatic revolution

由于地壳构造的活动(如大陆漂移、造山运动、陆海分布的大尺度变化等)和太阳变化引起的很长时间尺度(超过 10^6 年)的气候变化。

04.144 气候重建 climatic reconstruction
根据冰岩芯、树木年轮、孢粉、纹泥、珊瑚及史料等代用资料建立的过去气候要素序列。

04.145 气候突变 abrupt change of climate
气候从一种稳定状态跳跃到或转变为另一种稳定状态的现象。

04.146 气候异常 climatic anomaly
气候要素的距平达到一定数量级(如 1 ~ 3 个均方差以上)的气候状况。

04.147 气候趋势 climatic trend
气候多年变化的倾向。如近百年的气候变暖。

04.148 气候系统 climatic system
由大气圈、水圈、岩石圈、冰雪圈和生物圈组成的决定气候形成、分布和变化的整个的物理系统。

04.149 南方涛动 southern oscillation
热带太平洋气压与热带印度洋气压的升降呈反相相关联系的振荡现象。

04.150 二十四节气 twenty-four solar terms
太阳在黄道上的位置,反映我国一定地区(以黄河中下游地区为代表)一年中的自然现象与农事季节特征的二十四个节候。即:立春、雨水、惊蛰、春分、清明、谷雨、立夏、小满、芒种、夏至、小暑、大暑、立秋、处暑、白露、秋分、寒露、霜降、立冬、小雪、大雪、冬至、小寒、大寒。

04.151 七十二候 seventy-two pentads
中国古代用来指导农事活动的物候历。以五日为一候,全年七十二候。

04.152 生物气候定律 bioclimatic law
阐述生物物候期与环境因子的关系及其地理分布的规律,可以从一个地区大量物候观测资料的分析中得到。

04.153 自然历 natural calendar
按物候现象出现的日期编制的一种专门日历。

04.154 物候谱 phenospectrum
形象地表示植物在一年内发育过程的图谱。

04.155 自然物候 natural seasonal phenomena
在非人类干预下,自然界动、植物等受气候等环境因素的影响而出现的季节现象。

04.156 历史气候 historical climate
人类文明出现后至仪器观测开始前的历史时期的气候。在中国约有五千年。

04.157 米兰科维奇假说 Milankovitch hypothesis
一种古气候变化的理论。是南斯拉夫学者米兰科维奇(M. Milankovitch)1930 年创立的。

05. 水　文　学

05.001　水文地理学　hydrogeography

研究地表各类水体性质、分布、形态特征、动态变化及地域分异规律的学科。

05.002　陆地水文学　continental hydrology, land hydrology

研究陆地上各种水体水文情势和水文过程的学科。

05.003　比较水文学　comparative hydrology

研究受气候和下垫面性质影响的水文过程特征的比较鉴别的学科。

05.004　河流水文学　potamology

研究河流水系结构、水文现象、过程及其基本规律的学科。

05.005　湖泊水文学　lake hydrology

研究湖泊(水库)的形成与演变,湖泊中各种水文现象的发生、发展规律的学科。

05.006　湖沼学　limnology

研究湖泊、沼泽的形成与演变的学科。包括湖泊、沼泽中发生的水文、水质与水生生物过程以及这些过程之间的相互作用与影响。

05.007　森林水文学　forest hydrology

研究森林生态系统中的水文过程和森林与水循环相互影响的学科。

05.008　城市水文学　urban hydrology

主要研究城市化发展对河川径流和水质的影响的学科。

05.009　农业水文学　agricultural hydrology

研究农田水分运动、作物生长过程的耗水规律以及农业与农业工程措施对水文过程的影响的学科。

05.010　全球水文　global hydrology

全球和大陆区水文过程及其变化的一般规律。

05.011　区域水文　regional hydrology

水文要素的分区及区域的水文情势和变化规律。

05.012　干旱区水文　arid region hydrology

干旱区、半干旱区的水文情势与水循环规律。

05.013　山地水文　mountain hydrology

山地区域内各种水体的水文情势、过程以及水文要素的垂直变化规律。

05.014　平原水文　flat area hydrology

低平地形条件下各种水体的水文过程与变化规律。

05.015　河口水文　estuary hydrology

河流在注入海洋、湖泊或其他河流入口段的径流、泥沙和河床演变等水文现象和水文过程。

05.016　喀斯特水文　karst hydrology

喀斯特地区的水文过程及其水量转化规律。

05.017　土壤水水文学　pedohydrology

研究土壤水分的形成、运动、转化及其时空分布规律的学科。

05.018　地下水水文学　groundwater hydrology

研究地下水的赋存特性及含水层补给、排泄与径流动态变化规律的学科。

05.019　环境水文学　environmental hydrology

研究水体或流域水文与环境之间相互作用的学科。着重研究水环境演化规律及自然条件与人类活动对水域或流域水质与水量变化的影响。

05.020　生态水文学　ecological hydrology
研究不同生态系统中生物与水的相互关系，以及相应的生态水文过程与机制的学科。

05.021　古水文学　paleohydrology
研究地质时期地球上水文系统的学科。从岩石的风化、沉积和侵蚀等作用的形迹推断出变化的水文条件。

05.022　随机水文学　stochastic hydrology
运用概率论及统计方法来描述和分析水文现象的随机动态。

05.023　系统水文学　systematic hydrology
借助于系统理论及方法研究流域、河段或区域的水文过程。

05.024　同位素水文学　isotope hydrology
用同位素测年与示踪方法研究天然水体的水循环过程的学科。

05.025　遥感水文　remote sensing hydrology
利用遥感技术和资料，探测和获取水文信息、传输水文数据、反演水文过程。

05.026　水文气象　hydrometeorology
陆地表面和大气的水分相互作用。

05.027　水化学　hydrochemistry
研究水体中的化学性质、化学成分的变化规律、成因和分布特点的学科。

05.028　水文物理学　hydrophysics
研究水体的状态、性能、运动等机制的学科。

05.029　水文制图　hydrologic mapping
根据水文观测资料或科研成果资料，编绘表示各种水文要素的空间分布和时间变化的水文地图的过程。

05.030　水文区划　hydrologic regionalization
按照水文现象的相似性与差异性，将大陆或其某一部分划分为水文条件比较一致的若干个区域，各区之间有比较显著的水文差异。

05.031　水文年鉴　water yearbook
按流域、水系、年份统一整编刊印的测站水文观测资料。

05.032　水文系列　hydrologic series
由现有水文资料中成因相同、相互独立的同类水文变量组成的系列。

05.033　水力学　hydraulics
研究水体的机械运动规律及其应用的学科。

05.034　水利经济学　hydroeconomics
应用经济学的基本原理和方法，研究水利事业中各种经济关系和经济活动规律的学科。

05.035　水体　water body
由天然或人工形成的水的聚积体。例如海洋、河流（运河）、湖泊（水库）、沼泽、冰川、积雪、地下水和大气圈中的水等。

05.036　水团　water mass
在一定条件下形成，并具有相对均一和稳定的物理、化学性质的水体。

05.037　水文循环　hydrologic cycle
地球表面的水在太阳辐射的作用下，蒸发上升，遇冷凝结，在一定条件下，以降水形式落到地球表面，在重力作用下不断运动，又重新产生蒸发、凝结、降水和径流等循环往复的变化过程。

05.038　流域　drainage basin
由分水线所包围的河流或湖泊的地面集水区和地下集水区的总和。

05.039　流域分水线　basin divide
相邻流域径流的分界线。分水线通常是分水岭最高点的连线，此线两侧降水分别注入不同的河流。

05.040　闭合盆地　closed basin

没有表面出口的盆地。多见于干旱或半干旱地区。

05.041　河流　river
在重力的作用下,经常或间歇地沿着地表或地下长条状槽形洼地流动的水流。

05.042　水系　river system
地表径流对地表产生侵蚀以后所形成的河槽系统。由干流、各级支流及与河流相通的湖泊、沼泽、水库等组成。

05.043　流域形态　watershed morphology
指流域的面积、形状、坡度、河道纵横剖面等特征。

05.044　河道坡降　channel gradient
河床纵向坡度的变化。

05.045　河床变形　riverbed deformation
在水流与河床相互影响、相互制约的情况下,河道形态发生演变,使河床发生垂直和水平的变形。

05.046　河道等级　channel order
一般认定河道最长、水量最大的河流为干流,支流通常又分数级,直接注入干流的河流为一级支流,流入一级支流的河流为二级支流,依次类推。

05.047　分岔系数　fork factor
任一级河流的数目与低一级河流的数目之比值,一般为2.0～4.0。

05.048　河流数目定律　law of stream number
河系内任一级支流的河数与该支流的级别数序之间成反几何级数的函数关系,该几何级数的首项为1,公比为分岔系数。

05.049　河源　headwater
河流的发源地。可为溪、泉、冰川、沼泽或湖泊等。

05.050　河网　drainage networks
由大小不等、深浅不一的河槽相互贯通组成的网络状泄水系统。

05.051　河网密度　drainage density
单位流域面积内干支流的总长,反映流域水系分布的密度。

05.052　支流　tributary
直接或间接流入干流的河流。

05.053　间歇河　intermittent stream
干旱与半干旱地区,旱季河流干涸,雨季暴雨后或冰雪消融季节才有短期水流流动的河流。

05.054　瀑布　waterfall
从河谷纵剖面岩坎上倾泻下来的水流。主要由水流对河流软硬岩石差别侵蚀而成。

05.055　运河　canal
为沟通不同河流、水系和海洋,发展水上运输,综合利用水资源而开挖的人工河道。

05.056　地表水　surface water
分别存在于河流、湖泊、沼泽、冰川和冰盖等地表水体中的水的总称。

05.057　水文情势　hydrological regime
河流、湖泊、水库等水体各水文要素随时间的变化情况。包括水位随时间的变化、一次洪水的流量过程、一年的流量过程、河川径流量的年内和年际间的变化等。

05.058　水文过程　hydrological process
水文要素在时间上持续变化或周期变化的动态过程。

05.059　水量平衡　water balance
水循环的数量表达。在任意给定的时域和空间内,水的运动(包括相变)是连续的,遵循物质守恒,保持数量上的平衡。

05.060　水量交换　water exchange
地球上一切水体(大气水、地表水、地下水、降水、土壤水、生物水等）的相互作用与转换。

05.061 水位流量关系 stage-discharge relation

河渠某断面的流量与同期水位之间的对应关系。

05.062 等流时线 isochrones

对于组成某一时刻的出流流量，在流域平面图上，按照相等汇流历时绘制的等值线。

05.063 单位过程线 unit hydrograph

单位时段内单位有效降雨（净雨）均匀分布于整个流域上产生的流域出口断面的流量过程线。

05.064 流量过程线分割 hydrograph separation

又称"水文过程线分割"。将总径流量的过程线划分成地表直接径流量与基流量等组成部分的方法。

05.065 退水曲线 recession curve

流域降水或融雪过程中，地面水流停止后，断面的流量随时间消减的变化曲线。

05.066 径流变率 runoff variability

又称"模比系数"。某时段的径流特征值与该时段内的多年平均值之比。

05.067 径流年内分配 runoff annual distribution

河流的径流在一年内的变化。

05.068 径流年际分配 runoff interannual variation

河流年径流量在多年期间内的变化。常用年径流量的频率曲线或差积曲线表示。

05.069 年正常径流量 annual normal runoff

具有稳定性的多年平均流量，是河流水情的重要特征值，为河流在天然情况下的水资源量。

05.070 频率曲线 frequency curve

水文变量变化频率密度分布曲线。常用的选配线型有：Γ分布或皮尔逊Ⅲ型分布曲线，极值Ⅰ型分布或贡贝尔分布曲线，对数Γ正态分布曲线，对数分布或对数皮尔逊Ⅲ型分布曲线等。

05.071 水文年 hydrologic year

与水文情势相适应的一种专用年度。

05.072 典型年 typical year

在有实测资料的年份中，选出水情特征具有代表性的某些年作为典型，概括长期的径流变化特征，并以此作为计算的依据。

05.073 河流补给 river feeding

河水的来源。河流补给有雨水、冰雪融水、湖水、沼泽水和地下水补给等多种形式。

05.074 产水量 water yield

在给定时段内，从单位流域面积上所产生的河川径流量。

05.075 暴发洪水 flash flood

暴雨引起的江河水量迅速增加并伴随水位急剧上升的山洪现象。

05.076 洪水 flood

河流水位超过河滩地面溢流的现象的总称。为平滩和大于平滩的流量。

05.077 洪峰流量 peak discharge

一次洪水过程中，测站测流断面上的最大流量。洪峰流量常出现在洪峰水位之后。

05.078 涝 waterlogging

土壤水分过多，一时不能排除的现象。分为明涝和暗涝。

05.079 稳定流 steady flow

任一点的运动要素（如流速、压强、密度等）不随流程、时间等发生变化的水流。

05.080 非稳定流 unsteady flow

任一点的运动要素(如流速、压强、密度等)随流程、时间等不断发生变化的水流。

05.081 均匀流 uniform flow
流体的流速大小及方向均沿流程保持不变的水流。

05.082 非均匀流 nonuniform flow
流体的流速大小及方向沿程不断变化的水流。

05.083 明渠 open channel
河、渠、人工隧洞等能使水流动具有自由水面的渠身。

05.084 层流 laminar flow
流体中液体质点彼此互不混杂,质点运动轨迹呈有条不紊的线状形态的流动。在河渠流动中当雷诺数小于500 ~2 000 时出现,而在多孔介质中流动时,在当雷诺数小于 1 ~ 10 时出现。

05.085 湍流 turbulent flow
又称"紊流"。流体中任意一点的物理量均有快速的大幅度起伏,并随时间和空间位置而变化,各层流体间有强烈混合。在河渠流动中当雷诺数大于500 ~2 000 时出现。

05.086 涡流 vortex flow
质点流速形成微小质团转动的流动,即角速度不等于零。

05.087 圣维南方程 Saint-Venant equations
由法国科学家圣维南提出的描述水道和其他具有自由表面的浅水体中,渐变不恒定水流运动规律的偏微分方程组。由反映质量守恒定律的连续方程和反映动量守恒律的运动方程组成。

05.088 水位 water stage, water level
水体的自由水面在某地某时刻相对于海平面或某一基准面的高程。

05.089 流量 discharge
单位时间内通过某一过水断面的水量。

05.090 径流量 runoff
为时段流量,可分地面径流、地下径流两种。表示径流大小的方式有流量、径流总量、径流深、径流模数等。

05.091 径流深度 runoff depth
某一时段内的径流总量平铺在其集水面积上的水层深度。

05.092 径流模数 runoff modulus
流域内单位面积单位时间产生的径流量。

05.093 径流系数 runoff coefficient
某一时段的径流深度与降雨深度之比。

05.094 径流形成过程 runoff formation process
从降水到水流汇集于流域出口断面的整个物理过程。它由降水、流域蓄渗、产流、坡地汇流和河网汇流等环节组成。

05.095 基流 base flow
径流过程线中表示河道内常年出现并基本稳定的那部分水流,完全由地下水补给。

05.096 暴雨径流 storm flow
由暴雨产生的水流。包含坡面流和河槽流,其历时短而强度大。

05.097 最小流量 minimum discharge
枯水流量的最小值。根据统计时段的长短,又可分为多年最小流量、年最小流量、月最小流量等。

05.098 洪水位 flood stage
洪水期间河流水位超过主槽两岸地面时的水位。

05.099 警戒水位 warning stage
汛期河流、湖泊主要堤防险情可能逐渐增多时的水位标高。

05.100 泥沙运动 sediment movement

泥沙在水流的作用下产生的各种运动。按其在水流中的运动状态可分为推移质、跃移质和悬移质。

05.101 悬移质 suspended load
在河道流水中悬浮、随流水向下移动的较细的泥沙及胶质物等。

05.102 产沙量 sediment yield
因侵蚀搬运进入河流的泥沙总量。

05.103 产沙率 sediment production rate
单位时间内因侵蚀搬运进入河流的泥沙量。

05.104 河流含沙量 river sediment concentration
河流中单位水体所含悬移质泥沙的重量。

05.105 河流输沙量 river sediment discharge
一定时段内通过河道某断面的泥沙数量。

05.106 输沙模数 sediment transport modulus
河流某断面以上单位面积上所输移的泥沙量。

05.107 输沙能力 transportability of sediment
河槽能输移泥沙的最大数量。

05.108 河流水化学 hydrochemistry of river
研究河水矿化度、总硬度、总碱度、酸碱度、主要离子等特征值的形成、分布、时空变化规律及其影响因素的学科。

05.109 离子径流 ion runoff
指一定时段内通过测流断面的离子总量。

05.110 水色 water color
水体的颜色。决定于水对光线的选择吸收和选择散射的情况。影响水色的因素有悬浮物、离子、腐殖质、浮游生物等。

05.111 水温 water temperature
水体的温度。是太阳辐射、长波有效辐射、水面与大气的热量交换、水面蒸发、水体的水力因素及水体地质地貌特征、补给水源等因素综合作用的热效应。

05.112 沙量平衡 sediment balance
河流、水库、湖泊、海洋或其部分水域在某一时段内,泥沙的输入量与输出量之差等于该水域在同一时段内泥沙的变量。

05.113 盐分平衡 salt balance
一定地区或水体在一定时段内盐分输入量与输出量之差等于该地区在该时段内盐分的变量。

05.114 水文模型 hydrological model
对自然界水文现象的一种概化和近似表达与模拟的方法。

05.115 流域模型 watershed model
模拟流域输出过程的数学模型。

05.116 可能最大降水 probable maximum precipitation, PMP
在现代气候条件下,某一特定区域内一定历时的降水存在的物理上限。

05.117 可能最大洪水 probable maximum flood, PMF
在暴雨径流形成的理论基础上,由可能最大降水推求出的洪水。理论上这一洪水应是该流域所能形成洪水的物理上限。

05.118 湖泊 lake
陆地上洼地积水形成的水域宽阔、水量交换相对缓慢的水体。

05.119 湖盆 lake basin
可蓄水的地表天然洼地。

05.120 湖泊水量平衡 lake water balance
某一时段内湖泊水量的收支平衡关系。

05.121 湖泊蓄水量 lake storage
湖盆中积蓄的水的容量。

05.122 湖流 lake current

湖泊中沿一定方向运动、其理化性质基本保持不变的运动水体。

05.123 湖水环流 lake circulation
湖水运动的一种方式。按流动的路线可分为平面环流、垂直环流和在表层形成的螺旋流(朗缪尔环流)。

05.124 层结湖 stratified lake
湖泊中各水层的密度以及温度在垂直方向上存在较大的差异,且水层密度随深度的增大而增大,形成稳定状态的湖泊。

05.125 完全混合湖 holomixed lake
湖中的水团或水分子在水层之间相互交换,至少一年发生一次完全环流现象,使湖水的理化性状在垂直及水平方向上均趋于均匀的湖泊。

05.126 内陆湖 endorheic lake
无地面或地下出流的湖泊,其水量消耗于蒸发损失。

05.127 外流湖 exorheic lake
湖水与河流相通,最终汇入海洋的湖泊。

05.128 淡水湖 freshwater lake
湖水矿化度小于1g/L的湖泊。

05.129 咸水湖 saltwater lake
湖水矿化度在1~35g/L的湖泊。

05.130 盐湖 salt lake, saline lake
湖水矿化度大于35g/L的湖泊。

05.131 高山湖 alpine lake
分布在高原山区的湖泊。

05.132 游移湖 wandering lake
由于湖泊水量补给呈现波动式的变化,湖面时升时降,湖形多变,导致湖泊的游移、摆动的湖泊。

05.133 季节性湖泊 ephemeral lake
季节性积水的湖泊。在雨季降水多时,积水成湖,而在旱季或特殊干旱年份时干涸的湖泊。

05.134 干涸湖 extinct lake
在干旱、半干旱区域,由于强烈的蒸发作用以及泥沙的沉积而导致湖水干涸的湖泊。

05.135 热[带]湖 warm lake
湖水平均温度全年平均在4℃以上,除秋冬全同温以外均为逆分层的湖泊。

05.136 水库 reservoir
又称"人工湖(man-made lake)"。因建造坝、闸、堤、堰等水利工程拦蓄河川径流而形成的水体。

05.137 湖泊富营养化 lake eutrophication
湖泊等水体接纳过多的氮、磷等营养性物质,使藻类以及其他水生生物过量繁殖的现象。

05.138 积雪水文学 snow hydrology
主要研究积雪的数量和分布、融雪过程、融雪水对河流和湖泊的补给、融雪洪水的形成和预报的学科。有时把积雪水文学和冰川水文学合称为冰雪水文学。

05.139 融雪径流 snowmelt runoff
又称"冰雪融水径流"。冰川冰、粒雪和冰川表面的积雪融水汇入冰川末端河道形成的径流。

05.140 冰川补给 alimentation of glacier
河流补给的一种方式。冰川通过消融相变而补给河流。

05.141 有潮河口 tidal estuary
受海水潮汐运动影响的河流入海口。

05.142 波浪侵蚀 wave erosion
在海陆交替的海岸带,波浪冲淘海岸所产生的海蚀作用。

05.143 地下水 groundwater

埋藏和运动于地面以下各种不同深度含水层中的水。

05.144 含水层 aquifer
充满地下水的层状透水岩层,是地下水的储存和运动的场所。

05.145 潜水 phreatic water
埋藏于地表以下第一个稳定隔水层之上具有自由水面的重力水。

05.146 深层地下水 deep phreatic water
含水层底板埋深大于150m的地下水。

05.147 孔隙水 pore water
赋存于松散沉积物孔隙中的地下水。

05.148 裂隙水 fissured water
岩石裂隙中赋存的重力水。

05.149 承压地下水 confined groundwater
充满于上下两个隔水层之间,具有承压性能的地下水。

05.150 喀斯特水 karst water
又称“岩溶水”。积存在岩溶化岩层的溶洞或溶蚀裂隙中的重力水。

05.151 层间流 interaquifer flow
承压含水层间顺岩层走向流动的水流。

05.152 自流水盆地 artesian basin
一种具有承压蓄水构造的向斜盆地。有大型复式构造盆地和小型单一向斜构造盆地。

05.153 泉 spring
含水层或含水通道与地面相交处产生地下水涌出地表的现象。多分布于山谷和山麓,是地下水的一种重要排泄方式。

05.154 地下河 underground river
由于岩溶作用在大面积石灰岩地区形成溶洞和地下通道,地面河流往往经地面溶洞,潜入地下形成地下河。

05.155 地下水年龄 groundwater age
水在含水层中停留的时间。即大气降水或地表水从进入地下径流时起,到在取样点(泉或井)出现时止,在透水岩石的裂隙和孔隙中停留的年代。

05.156 地下水均衡 groundwater balance
一定区域一定时段内地下水输入补给量、输出排泄水量与蓄水变量之间的数量平衡关系。

05.157 达西定律 Darcy's law
表示液体在层流状况下,在多孔介质中单位流量与水力梯度的比例关系。

05.158 渗透系数 permeability coefficient
在各向同性介质中,单位水力梯度下的单位流量,是岩石透水性强弱的数量指标。

05.159 给水度 specific yield
含水层的释水能力。它表示单位面积的含水层,当潜水面下降一个单位长度时在重力作用下所能释放出的水量。

05.160 地下水位 groundwater table
饱和带地下水自由潜水面或承压含水层水头的高程。

05.161 地下水库 underground reservoir
地表以下调节和储存地表水和地下水的含水层。

05.162 地下水动力学 dynamics of groundwater
研究地下水运动规律的学科。不仅用来定性分析地下水的补给、径流和排泄等水文地质条件,而且可定量评价地下水的水量和水质。

05.163 地下水补给 groundwater recharge
地下含水层自外界或相邻含水层获得补充的水量。补给方式有降雨入渗、灌溉入渗、河渠渗漏和相邻含水层的越流补给等。

05.164 地下水降落漏斗 groundwater depression cone

在开采条件下,地下水形成的向下凹陷的、形似漏斗状的自由水面(潜水含水层)或水压面(承压含水层)。

05.165 地面沉降 land subsidence

由于地下水大量开采或采矿活动,地表在垂直方向发生的高程降低的现象。

05.166 海水入侵含水层 seawater intrusion into aquifer

在沿海地区,由于超量开采地下水,破坏了淡水与海水的补排动力关系,导致海水入侵内陆淡水含水层的现象。

05.167 地下水人工回灌 artificial groundwater recharge

采用人工措施将地面水或其他水源的水引渗到地下以补充地下水的方法。

05.168 包气带 aeration zone

地下水位以上、土壤水分含量小于饱和含水量的土层。

05.169 饱和带 saturated zone

由地下透水性岩石或砂砾等堆积物构成,其间隙完全由水充满的那部分岩石圈。

05.170 土壤水 soil moisture

土壤中各种形态的水分的总称。

05.171 土壤含水量 soil water content

包气带土壤的含水量。包括存在于土壤孔隙中的水气。

05.172 土壤水分常数 soil water constants

在一定条件下的土壤特征性含水量。如田间持水量、凋萎含水量、毛管破裂含水量、饱和含水量等。

05.173 田间持水量 field moisture capacity

在没有蒸发和蒸腾的条件下以及没有地下水毛管支持力的影响下,土壤含有的最大毛管悬着水。

05.174 土壤饱和含水量 saturated soil moisture

土壤中的全部孔隙都充满水时的含水量。

05.175 凋萎系数 wilting coefficient

经过长期干旱后,作物因吸水不足以补偿蒸腾消耗而发生叶片萎蔫时的土壤含水量。为作物能利用水分的下限。

05.176 土壤有效含水量 available soil moisture

土壤中能被植物根系吸收的水,通常为田间持水量和凋萎含水量间的水量。

05.177 土壤水力传导度 soil hydraulic conductivity

表征土壤对水分流动的传导能力,在数量上等于单位水力梯度下,单位时间内通过单位土壤断面的水流量。

05.178 土壤给水度 soil water specific yield

在重力作用下,从饱和的土壤中流出的最大水量与土体体积的比率。

05.179 土壤水分特征曲线 soil moisture characteristic curve

表示土壤含水量和土壤基质势间关系的曲线。

05.180 土水势 soil water potential

土壤水所具有的势能总和。

05.181 零通量面 zero flux plane

土壤剖面中某一深度处水分通量为零的面。由土水势沿深度分布梯度值在该深度等于零来定义。

05.182 土壤水平衡 soil water balance

包气带土层水分的补给、排泄及调蓄关系,包括各要素的计算、相互关系及变化过程分析。

05.183 壤中流 interflow, throughflow

沿土壤中相对不透水层界面流动的水流。主要发生在不同层次土壤或有机质的不连续界面上。

05.184 活塞流 piston flow

土壤水流的一种运动方式。即新的入渗水流推着较先入渗的水分向前运动。

05.185 降水 precipitation

云中水气凝结后降落到地面的液态或固态的水。

05.186 水平降水 horizontal precipitation

水气水平流动被截留导致凝结的降水,即雾粒在林木枝叶中水平方向移动时形成水滴或冰晶。

05.187 截留 interception

植物枝叶及其枯枝落叶拦截降水(多指降雨)的现象。

05.188 填洼 depression

降雨或融雪初期产生的充填、滞蓄于地面坑洼的现象。

05.189 蒸发 evaporation

水由液态或固态转化为气态的相变过程。

05.190 潜在蒸发 potential evaporation

在一定气象条件下,充分供水时某一固定下垫面的最大可能蒸发。

05.191 总蒸发 evapotranspiration

又称"蒸散发"。在一定时间内,一定面积上土壤蒸发和植物蒸腾进入大气的水量总和。

05.192 棵间蒸发 soil evaporation between plants

在给定面积的农田上,植株间的土壤蒸发。

05.193 土壤蒸发 soil evaporation

土壤中的水分通过毛管上升和气化,从土壤表面进入大气的过程。

05.194 蒸腾 transpiration

水分从植物体表面,特别是叶面气孔以气态进入大气的过程。

05.195 潜水蒸发 groundwater evaporation

在毛管力与热力的作用下,水分从潜水面上升到土壤表面进入大气的过程。

05.196 水面蒸发 free water surface evaporation

水体自由表面的水分子由液态转化为气态逸出水面的过程。水面蒸发可分为汽化和扩散两个过程。

05.197 陆面蒸发 land evaporation

流域内不同类型的下垫面,包括水面(冰雪)、土壤、植物蒸散发的综合现象的总称。

05.198 流域蒸发 basin evapotranspiration

流域内蒸散发的总和。

05.199 入渗 infiltration

水流从表面渗入土壤的物理现象。

05.200 初渗 initial infiltration

水向土体入渗的初期阶段,即入渗水体迅速下渗的阶段。

05.201 稳渗 stable infiltration

水向土体入渗强度趋于稳定的阶段。

05.202 产流 runoff generation

降水落到地面形成地表径流的过程。

05.203 超渗产流 runoff generation from excess rain

降雨强度超过土壤入渗强度而产生地表径流的现象。

05.204 蓄满产流 runoff generation under saturated condition

降水使土壤包气带和饱水带基本饱和而产生径流的现象。

05.205 汇流 flow concentration

降水产生的坡面与河槽径流汇集流动的过程。

05.206 流域汇流 watershed flow concentration

从有效降雨过程开始至形成流域出口断面流量过程为止的径流汇集过程。包括坡面汇流和河网汇流两个过程。

05.207 坡面流 overland flow

降水沿坡面和土壤表层汇集流动的过程。

05.208 水力半径 hydraulic radius

河渠过水断面面积与湿周的比值。

05.209 水文效应 hydrologic effect

地理环境变化引起的水文变化。包括自然和人为两组因素变化引起的水文变化。

05.210 水文观测 hydrometry

布设水文站网,利用水文仪器设施对水文要素进行观测的方法与技术。

05.211 水文实验 hydrological experiment

为探求和研究水文现象和过程并为其成因进行分析而进行的室外测试与室内实验。

05.212 实验流域 experimental watershed

为揭示水文现象的物理、化学、生物过程及人类活动对水文过程的影响而选择的流域。

05.213 实验小区 experimental plot

有一定代表性,与周围没有水平水分交换的自然闭合流域或封闭的人工围成的坡地集水区。

05.214 对比流域 comparative watershed

保持流域本地条件,以对照处理流域的水文效应。

05.215 洪水调查 flood survey

根据历史上确认的洪水痕迹,进行洪水位和洪水流量的野外测量。

05.216 水土流失 soil and water loss

在水力、重力、风力等外营力的作用下,水土资源和土地生产力的破坏和损失。包括土壤侵蚀及水的流失。

05.217 流域管理 watershed management

以流域为单位,对水资源的开发、利用、保护和调配进行的综合管理活动。旨在充分发挥水资源的经济效益和生态环境效益,实现流域可持续发展。

05.218 水源保护 water source protection

为保护水源防止污染而采取的各种工程与非工程措施。

05.219 水资源评价 water resources assessment

对某一地区水资源的数量、质量、时空分布特征和开发利用条件进行定量计算,并分析供需平衡及预测其变化趋势。

05.220 供水量 water supply

通过供水工程设施,可供生产、生活、生态所利用的水量。

05.221 需水量 water demand

在考虑各种可行的节水措施的基础上,为满足一定阶段经济、社会发展的需要,各行业所需要的水量。

05.222 水质 water quality

由水的物理、化学和生物诸因素所决定的特征。包括各种水体中的天然水的本底值、河流挟带的悬浮物、水中污染物的含量、成分及其时空变化。

05.223 生态需水 ecological water need, ecological water requirement

维系生态系统生物群落生存和一定生态环境质量(或生态建设要求)的最小水资源需求量。它包括天然生态系统保育与人工生态建设所必需的水量。

05.224 生态用水 ecological water use

维系生态系统生物群落生存和一定生态环境质量而实际使用的水资源量。

05.225 生态耗水 ecological water consumption

维系生态系统生物群落生存和一定生态环境质量而实际消耗的水资源量。

05.226 需水管理 water demand management

运用法律、行政、经济、技术、教育等手段与措施,抑制需水增长的管理行为。

05.227 水资源供需平衡 water supply and demand balance

可供水量与实际需水量之间的平衡关系。水资源的可供给与水源条件及开发技术水平有关;而实际需水量与生产、生活与生态需求及用水水平等有关。

05.228 水资源承载力 water resources supporting capacity

在一定的社会经济和技术条件下,在水资源可持续利用前提下,某一区域(流域)当地水资源能够维系和支撑的最大人口和经济规模(或总量)。

05.229 水能 hydropower

天然水流能蕴藏的能量,其蕴藏量取决于水流的流量与落差。

06. 生物地理学

06.001 生物地理学 biogeography

研究生物有机体过去和现在的地理分布的学科。

06.002 生态生物地理学 ecological biogeography

研究影响生物有机体分布的生态因子的学科。

06.003 历史生物地理学 historical biogeography

研究生物有机体过去和现在分布与地球自然历史关系的学科。

06.004 文化生物地理学 cultural biogeography

研究驯养、驯化动植物的起源、分布对人类文化演进影响的学科。

06.005 替代分布生物地理学 vicariance biogeography

研究重建替代分布格局形成的历史事件的学科。

06.006 生态系统地理学 ecosystem geography

研究不同生态系统的分布格局与自然地理条件关系的学科。

06.007 岛屿生物地理学 theory of island biogeography

研究岛屿生物群落生态平衡的学科。即岛屿上的物种数取决于岛屿的面积、年龄、生境的多样性、拓殖者进入岛屿的可能性及丰富性,以及新种拓殖速度与现存种灭绝速度的平衡。

06.008 染色体地理学 chromosome geography

以细胞遗传学为背景,研究种系发生、地理分布、区系起源和演化的学科。

06.009 生物分布 biochore

有机体的地理分布或空间分布。

06.010 分布区 areal

生物有机体任何分类学单位现代分布的地理范围。

06.011 分布区中心 areal center

某一分布区内生物多样性最集中的地区。

06.012 分布区型 areal type
生物与环境相互影响形成的空间分布格局，一般分为连续的和间断的。

06.013 分布型 distribution pattern
生物与环境相互影响所形成的空间分布形式，即生物区系的地理分布类型。

06.014 分布区间断 areal disjunction
一个分类学单位的分布区被分割为两个以上的分布区。

06.015 替代分布 vicariance
相近的种、属（或科）被分割成彼此相邻、依次排列、不重叠的分布区的现象。

06.016 扩散中心 dispersal center
同一类群或不同类群的大量种集中的地区。

06.017 特化中心 center of specialization
在起源中心之外，某一类群形成核型差异大、形态外貌特化的大量种集中的新分布区。

06.018 多样性中心 center of diversity
某一分类学单位种类和演化特征分布多样的地区。

06.019 生物庇护所 refugium
由于特殊生境的庇护，气候和植被保持相对不变，物种得以保存的区域。

06.020 种群 population
一定地理区域内同一物种个体的集合。

06.021 生物区系 biota
一定区域内所有生物有机体（植物、动物、微生物）的总和。

06.022 生态系统 ecosystem
由生物群落和与之相互作用的自然环境以及其中的能量流过程构成的系统。

06.023 生境 habitat
一个种群生活的典型地点或地段。

06.024 小生境 microhabitat
决定一个有机体生存的微尺度环境。

06.025 群落生境 biotope
由代表性生物群落所确定的一个生境，是生物圈的最小地理单元。

06.026 生态区 ecotope
一个景观中被感知的生态上相对一致的最小单元。

06.027 生态位 niche
自然生态系统中，一个种群所占据的时空位置及其与相关种群之间的功能关系。

06.028 生物气候 bioclimate
宏观上指反映自然界水平地带和垂直地带格局和规律的大气候与植被、土壤的密切相关关系；微观上也可指与动物群和植物群落相联系的小气候。

06.029 生物地理气候 biogeoclimate
生物学要素、地理学要素和气候学要素综合影响下的气候格局。

06.030 广温性生物 eurythermal organism
可忍受较大的温度变幅的生物。

06.031 狭温性生物 stenothermal organism
只能忍受较小的温度变幅的生物。

06.032 驯化 acclimatization
某一物种习惯于新迁入地区的气候和生境条件的过程。

06.033 适应 adaptation
使生物有机体的生存能力提高、并使后代超过其他原种型的表型特征的改变。

06.034 适应辐射 adaptive radiation
一个单源群的趋异进化，形成许多不同形式和生活方式的种，占据广阔范围的过程。

06.035 重归 adventive
一个种(或分类群)在人类活动影响下完全独立地在其野生分布范围之外定居下来。

06.036 生物指示体 bio-indicator
其存在、生长状态或行为可以指示环境状况的某些生物有机体。

06.037 生物群落 biotic community
共存于一个地理空间、相互作用的不同种群。

06.038 生物保护 biological conservation
旨在保证各个层次的生物多样性持续存在的行动。

06.039 生态过渡带 ecotone
两个相邻群落或更大生态单元之间的过渡带。

06.040 缓冲带 buffer zone
隔离生境,使之免受破坏、干扰和污染的自然或人造的空间。

06.041 保护生物学 conservation biology
保护生物多样性的生物学分支。

06.042 生物地理大区 realm
生物地理分区的大单元,相当于界。

06.043 残遗种 relict species
曾经广泛分布的种(地理残遗)或多样性的分类群(分类残遗)的现存种。

06.044 河岸生物群 riparian biota
通常生活于溪流或河边的生物群。

06.045 种-面积曲线 species-area curve
表示岛屿或生境片断中一定分类群的种数和面积关系的曲线。

06.046 生物多样性 biological diversity
生物在基因、物种、生态系统和景观等不同组建层次上的变异性。

06.047 α 多样性 alpha-diversity
群落内物种的丰富度和均匀性的综合量度。

06.048 β 多样性 beta-diversity
物种沿着生境梯度变化的速率。

06.049 γ 多样性 gamma-diversity
一个包括许多群落的大区域总的物种丰富度。

06.050 δ 多样性 delta-diversity
各自包括多变的生境和生态系统的大区域之间物种库的相异性的度量。

06.051 生物多样性关键区 critical region of biodiversity
物种丰富度高、特有种数量多,重要的保护对象比较集中的地区。

06.052 物种多样性 species diversity
一定面积不同物种相对丰富度的测度。

06.053 物种丰富度 species richness
一定面积上的物种数。

06.054 广适性的 eurytopic
物种对生境耐受幅度宽广的。

06.055 狭适性的 stenotopic
物种对生境的耐受幅度狭窄的。

06.056 共生生物 symbiont
与其他物种联合共生、并形成代谢相依关系的有机体。

06.057 喜温有机体 thermophilic organisms
在温暖环境条件下才能茁壮生长的生物有机体。

06.058 变温有机体 poikilotherm
体温随外界环境温度变化的生物有机体。

06.059 浮游生物 plankton
游移于水中、一般不具备运动器官的水生有机体。

06.060　世界种　cosmopolitan species
出现于世界范围所有大陆或各主要海洋的物种或其他分类群。

06.061　特有种　endemic species
仅分布于某一地区或某种特有生境内,而不在其他地区自然分布的物种。

06.062　关键种　keystone species
在一个群落中与其他种相互影响、并决定其他许多种生存的物种。

06.063　外来种　exotic species
来自其他地理区的物种。

06.064　入侵　invasion
某些物种借助于自然或人为力量,侵入一个新的地区并对当地物种产生某种影响。

06.065　生态区域　ecoregion
一些外貌结构相似、受相同气候、土壤条件影响的生态系统所构成的区域性单元。

06.066　边缘效应　edge effect
不同群落或生态系统交错区,发生种的更大变异、种群密度增大的现象。

06.067　生境碎裂化　habitat fragmentation
由于自然和人类干扰导致某一种群或群落的生存空间发生分裂、变小的现象。

06.068　广域分布　eurytopic distribution
生物对环境因子的耐受幅度宽广,具有较广的地理分布区。

06.069　隔离机制　isolating mechanism
任何限制或强烈干预两个种群之间基因交流的结构的、生理的、生态的或行为的机制。

06.070　K 选择　K-selection
产生少量的后代,借助于良好的亲代抚育、确保后代有良好的存活率的生殖对策。

06.071　r 选择　r-selection
产生大量后代,而仅有少数个体能够存活的一种生殖对策。

06.072　迁移　migration
生物长距离的迁徙、扩散。

06.073　主动散布　active dispersal
生物通过自身的力量散布繁殖体。

06.074　被动散布　passive dispersal
生物借助外力散布繁殖体。

06.075　半岛效应　peninsula effect
物种的丰富度梯度向半岛的长轴的最远端递减。

06.076　营救效应　rescue effect
大陆某一物种不断往岛屿迁移,能减缓或阻止岛屿上同一物种绝灭的过程。

06.077　物种库　species pool
在起源区附近,理论上可供所有生物有机体拓殖、利用的特殊生境。

06.078　古特有种　paleoendemic
仅分布于某一地区,而且在分类上是古老的动、植物物种。

06.079　新特有种　neoendemic
仅分布于某一地区,而且形成时间较晚的动、植物物种。

06.080　原始种型　ancestor
能够衍生出其他新的生物类型的一个原始种。

06.081　自然选择　natural selection
环境条件对于生物的变异进行选择而导致适者生存、不适者被淘汰的过程。

06.082　平行进化　parallel evolution
来自共同祖先的两个生物类群,在不同生态环境中产生性状分异,后又因生活于相似生态环境而产生相似性状的进化方式。

06.083　表型　phenotype

某一生物体所能显现出的性状的总和。

06.084 等位基因 allele
位于同源染色体的同一位置上的基因。

06.085 进化枝 cladistics
通过同源性状分析确定变异的分支序列,用以重建一个分类群的进化史。

06.086 隐存种 cryptic species
同一个属里的物种,形态十分相似,根据表面特征不能把它们清楚地区分出来。

06.087 宏观进化 macroevolution
一般指种群以上的进化。

06.088 趋同进化 convergent evolution
不同的生物,在相同或相似的环境条件下,逐渐具有相似性状的进化过程。

06.089 协同进化 coevolution
生态关系密切的生物,相互选择适应而共同进化的过程。

06.090 渐变群 cline
由于环境呈梯度变化及基因流动,使形成的性状具有逐渐和连续改变的倾向、并呈梯度分布的生物类群。

06.091 竞争排斥 competitive exclusion
生态位相似的两个物种,通过竞争而导致其中一个消失,或者两个物种处于不同的生态位的现象。

06.092 土著种 autochthonous species
某一地区原有的、而不是从其他地区迁移或引入的物种。

06.093 异域物种形成 allopatric speciation
栖居于不同地域,因地理隔离而形成新物种的方式。

06.094 集群灭绝 mass extinction
化石记录清楚地显示出许多分类群突然灭绝的事件。

06.095 陆桥 land bridge
因地壳上升或海平面下降而露出水面,连接两个大陆(或陆块)而成为动植物迁移通道的陆地。

06.096 人为分布 anthropochory
通过人为活动传播植物繁殖体的过程。

06.097 气生的 aerial
生活于大气环境中的生物有机体。

06.098 半水生 semiaquatic
部分生在水中或滨水生境的生物。

06.099 共生 symbiosis
两种以上的生物生活在一起,彼此相互依赖的现象。

06.100 互惠共生 mutualism
两种生物生活在一起,相互依赖、双方受益的现象。

06.101 偏利共生 commensalism
两种生物生活在一起,只对一方有利,而另一方不受影响。

06.102 生产者 producer
能利用简单的无机物制造食物的自养生物。主要是各种绿色植物。

06.103 消费者 consumer
不能合成有机物、需要捕食生产者或其他消费者的异养有机体。又分为初级消费者(食植动物)和次级消费者(食肉动物)。

06.104 分解者 decomposer
生态系统中将死亡有机体所含的物质转换为无机成分的异养菌类、原生动物和小型无脊椎动物。

06.105 密度补偿 density compensation
一个定居在岛屿生境的种,当一个或多个分类上相似的竞争者缺失时的密度增长。

06.106 全密度补偿 density overcompensation

定居在一个小岛上的少数种的总密度超过了占据一个大岛或大陆的同一类群多数种联合的密度的现象。

06.107 集合种群 metapopulation

一个种群中,存在于隔离的生境斑块、通过个体扩散相互联系着的不同个体群的集合。

06.108 生境修复 rehabilitation

采取有效措施,对受损的生境进行恢复与重建,使恶化状态得到改善的措施。

06.109 植物地理学 phytogeography

研究植物和植物群落分布的学科。

06.110 植物区系 flora

某一地区(或某一历史时段)自然分布的植物分类学单元的总和。

06.111 世界植物区系分区 world floristic divisions

根据植物区系成分、起源和发展历史的相似性将地球表面划分为若干个从属的区域单元。

06.112 泛北极植物区 Holarctic kingdom

包括欧洲、亚洲大部、非洲北半部和几乎全北美在内的世界最大的植物区。

06.113 泛热带 Pantropical

旧大陆和新大陆热带植物区系分区的总称。

06.114 古热带植物区 Paleotropic kingdom

包括非洲中南部、马达加斯加、印度、马来西亚及波利尼西亚等在内的植物区。

06.115 新热带植物区 Neotropic kingdom

包括北美最南端、中美洲、南美大部及附近热带岛屿的植物区。

06.116 澳大利亚植物区 Australian kingdom

由澳大利亚大陆和塔斯马尼亚岛构成的独立植物区。

06.117 好望角植物区 Cape kingdom

位于非洲南部、西南部沿海一带,是世界最小的植物区。

06.118 泛南极植物区 Holantarctic kingdom

位于南纬30°以南的植物区。

06.119 环北方 circumboreal

环绕北半球高纬度地带的植物分布区类型,包括北半球寒带和温带北部直接被第四纪大陆冰川覆盖和间接影响的范围。

06.120 北方带 boreal

从欧亚大陆西部开始,包括整个欧亚大陆北部和北美洲的北部,主要由针叶树种构成的植被带。

06.121 生活型 life form

不同分类群的植物,适应相同的环境,形成生态习性趋同的组群。

06.122 生长型 growth form

不同分类群的植物,适应相同的环境,形成形态外貌趋同的组群。

06.123 生活型谱 life-form spectrum

不同气候带、各类生活型所占的比例。

06.124 指示植物 indicator plant

能够指示一定环境特征的植物。

06.125 指示群落 indicator community

能够指示一定气候或土壤环境的植物群落。

06.126 水生植物 hydrophyte

在水中能够正常生长的植物。

06.127 湿生植物 hygrophyte

在水分过剩环境中能够正常生长的植物。

06.128 中生植物 mesophyte

须在水分供应充足环境中才能正常生长的植物。

06.129 旱生植物 xerophyte

具有一系列耐旱适应特征、能够忍耐暂时缺水的一类植物。

06.130 附生植物 epiphyte
附着在其他植物体上自营生活、不与支持植物发生养分和水分联系的一类植物。

06.131 寄生植物 parasite
寄生于其他植物体或体内、从寄主获取营养的植物。

06.132 自养 autotrophy
绿色植物和化能细菌能够分别利用太阳能和化学能将无机物转化成有机物。

06.133 菌根 mycorrhiza
真菌与高等植物根系的结合而形成的一种共生现象。

06.134 拓殖 colonization
植物的繁殖体在一个新的地区萌发、成长并繁殖后代的过程。

06.135 喜钙植物 calciphyte
总是分布在含钙多的土壤上的植物。

06.136 生物量 biomass
单位面积的有机体的质量。

06.137 初级生产力 primary productivity
单位时间、单位面积绿色植物通过光合作用产生的有机物质的总量。

06.138 生命带 life zone
植被组成和类型沿海拔或纬度梯度出现的特征性变化。

06.139 生物群系 biome
以占优势的或主要植被类型和气候类型所确定的地理区域。

06.140 植被区划 vegetation regionalization
依据植被类型及其组合,区域差异,生态条件等进行植被分区。

06.141 植被垂直带 altitudinal belt of vegetation
山地植被随海拔升高形成与垂直气候带相适应的带状更替现象。

06.142 植被 vegetation
某一地区内植物群落的总体。

06.143 植物群落 plant community
特定的生境上,相互作用的植物种群的集合。

06.144 植物群丛 plant association
优势种(或特征种)相同,外貌结构、生境和动态特征一致的植物群落的联合,是植物群落分类的基本单位。

06.145 植物群系 plant formation
建群种或共建群种相同的植物群落的联合。

06.146 植被型 vegetation type
建群种的生活型相同或近似、生态条件一致的植物群落的联合。

06.147 古植物区系 paleoflora
一个地区某一地质历史时期植物分类学单位的总体。

06.148 直接环境梯度 direct environmental gradient
在群落排序中,直接用环境因子的梯度反映群落与环境之间的关系。

06.149 间接环境梯度 indirect environmental gradient
在群落排序中,以群落本身的属性间接反映环境梯度。

06.150 顶极群落 climax community
与一个地区大气候条件相适应、结构稳定的、占优势的植物群落。

06.151 演替 succession
一个植物群落逐渐被另一个植物群落代替

的过程。

06.152 原生演替 primary succession
在原来没有植物的原生裸地上发生的植物演替过程。

06.153 次生演替 secondary succession
在原生植被已被破坏的次生裸地上发生的植物演替过程。

06.154 演替阶段 stage of succession
演替过程中植物群落特征比较一致的各个时期。

06.155 苔原 tundra
又称"冻原"。极地或高山永久冻土分布区，以地衣、苔藓、多年生草本和小灌木组成的无林的低矮植被。

06.156 针叶林 coniferous forest
由针叶乔木组成的各类森林群落。

06.157 泰加林 taiga
又称"北方针叶林(boreal coniferous forest)"。生长在寒温带的北方针叶林和低纬度高海拔山地的针叶林，又分为暗针叶林和明亮(落叶)针叶林。

06.158 针阔叶混交林 coniferous and broadleaved mixed forest
北方针叶林与夏绿阔叶林之间、由针叶与落叶阔叶树混合组成的温带森林植被。

06.159 落叶阔叶林 deciduous broadleaved forest
又称"夏绿林"。温带半湿润或湿润夏雨地区，由冬季落叶的阔叶乔木组成的森林群落。

06.160 落叶阔叶与常绿阔叶混交林 deciduous and evergreen broadleaved forest
亚热带与暖温带过渡地区湿润季风气候条件下，含落叶树种和常绿树种的森林植被。

06.161 常绿阔叶林 evergreen broadleaved forest
亚热带湿润季风气候条件下，由常绿阔叶树组成的森林植被。

06.162 照叶林 laurel forest
生长在湿润亚热带的常绿阔叶林，叶片常与入射光呈垂直角度。

06.163 硬叶林 sclerophyllous forest
生长在夏旱、冬雨型的地中海气候区、由硬叶常绿乔木组成的植物群落。

06.164 季[风]雨林 monsoon forest
热带干湿季交替气候区、主要树种在旱季落叶的森林群落。

06.165 萨瓦纳 savanna
具有明显干、湿季节交替的热带森林与草原过渡地区，旱季持续5~7.5个月的地区，旱生禾草占优势、散生耐旱乔灌木的植被。

06.166 [热带]雨林 tropical rainforest
热带赤道附近高温、多雨气候下，种类组成丰富、结构复杂、生活型多样、终年常绿的森林植被。

06.167 红树林 mangrove
热带、亚热带淤泥质海滩，以红树科植物为代表的常绿乔灌木组成的盐生沼泽群落。

06.168 森林草原 forest steppe
夏绿林与草原之间的过渡带，景观特征是在草甸草原的背景上分布着岛状林。

06.169 草甸草原 meadow steppe
温带半湿润、半干旱气候条件下，多年生禾草和中生杂类草占优势的植被类型。

06.170 典型草原 typical steppe
温带寒冷、半干旱气候条件下，多年生、旱生丛生禾草和杂类草占优势的植被类型。

06.171 荒漠草原 desert steppe

温带干旱气候条件下，旱生、丛生小禾草和小半灌木占优势的植被类型。

06.172 北美草原 prairie
分布于北美大陆内陆地区的草原植被。

06.173 潘帕斯群落 pampas
南美洲湿润气候下的一种高草草原。

06.174 利亚诺斯群落 lianos
对分布在南美洲赤道以南的巴西高原上的热带稀树草原的地方称呼。

06.175 普纳群落 puna
南美洲安第斯山西坡热带高山植被。分为含有垫状植被的潮湿普那群落和旱生草丛的干旱普那群落。

06.176 帕拉莫群落 paramo
南美潮湿热带高山寒冷植被。

06.177 查帕拉尔群落 chaparral
北美洲加利福尼亚中南部冬雨区的夏旱、硬叶常绿灌木群落。

06.178 马基斯群落 maquis
地中海地区夏旱、硬叶常绿灌木群落。

06.179 欧石楠灌丛 heathland
西欧森林植被破坏后，由杜鹃科的欧石楠属、帚石楠属和少量岩高兰科的常绿灌木和小灌木组成的植物群落。

06.180 高山矮曲林 alpine krummholz
高山森林上限附近，由扭曲、匍匐树木组成的林地。

06.181 草甸 meadow
生长在中度湿润条件下的多年生中生草本植被。

06.182 森林上限 forest upper limit
极地或高山郁闭森林分布的气候极限。

06.183 树线 tree line
极地(或高山)“岛状林”分布的最北(或最上)界限。

06.184 动物地理学 zoogeography
研究现代动物分布及其生态地理规律的学科。

06.185 动物区系 fauna
一个地区某个地质时期所有动物分类学单位的总称。

06.186 动物分布区 animal distribution area
某一动物分类学单位分布和繁衍的地理空间。

06.187 散布阻限 dispersal barriers
完全或部分限制生物基因流动或个体迁移的生物或非生物屏障。

06.188 华莱士线 Wallace's line
穿过加里曼丹岛与苏拉威西岛、巴里岛与龙目岛的动物区系分界线，是东洋界与澳大利亚界之间过渡带的西界。

06.189 动物群 faunal group
又称“*生态地理动物群落*”。一定气候条件下植被带里生存的动物成分的总体。

06.190 海洋动物 marine faunal group
分布在海洋中的动物群。

06.191 陆上水域动物 aquatic faunal group on the land
分布在陆地河、湖、湿地中的动物群。

06.192 森林动物 forest faunal group
分布在森林地带的动物群。

06.193 草原动物 steppe faunal group
分布在草原地带的动物群。

06.194 荒漠动物 desert faunal group
分布于荒漠地带的动物群。

06.195 高山动物 alpine faunal group

分布于高山带的动物群。

06.196 极地动物 polar faunal group
分布在极地寒冷地带的动物群。

06.197 陆地动物区划 continental faunal regionalization
根据各地动物区系的差异程度,将世界大陆划分为不同的动物地理区。

06.198 古北界 Palaearctic realm
包括欧洲、北回归线以北的非洲大陆、阿拉伯半岛大部分、喜马拉雅山脉-秦岭山脉一线以北的亚洲大陆的动物地理区。

06.199 新北界 Neoarctic realm
包括墨西哥大部分和广阔的北美大陆的动物地理区。

06.200 全北界 Holarctic realm
古北界与新北界合称全北界。

06.201 旧热带界 Palaeotropic realm
又称"埃塞俄比亚界"。包括北回归线以南的阿拉伯半岛、撒哈拉沙漠以南的非洲大陆以及马达加斯加和附近的岛屿在内的动物地理区。

06.202 新热带界 Neotropic realm
包括整个中美洲、南美洲、墨西哥南部及西印度群岛的动物地理区。

06.203 东洋界 Oriental realm
包括我国秦岭以南地区、印度半岛、中南半岛、马来半岛以及斯里兰卡、菲律宾群岛、苏门答腊、爪哇、加里曼丹等大小岛屿的动物地理区。

06.204 澳大利亚界 Australian realm
包括澳大利亚、新西兰、塔斯马尼亚、伊里安岛以及太平洋岛屿的动物地理区。

06.205 南极界 Antarctic realm
包括整个南极大陆及其周围群岛的动物地理区。

06.206 巨动物群 megafauna
栖居在特定区域的大型陆生脊椎动物群。

06.207 毁动物群 defaunation
一个特定区域已被消灭的动物群。

06.208 偶然分布 occasional distribution
某些动物偶然漂泊至分布区以外的现象。

06.209 领域性 territoriality
动物个体、家庭或其他社群单位所占据、保卫,不让同种其他成员侵入空间的行为特性。

06.210 越冬地 wintering area
动物在冬季的迁移地,供种群在那里觅食,但不进行繁育。

06.211 夏蛰 aestivation
某些动物在夏季炎热、干旱的环境条件下进入休眠状态的特殊的行为。

06.212 冬眠 winter dormancy, hibernation
动物体温下降,新陈代谢水平降低,进入昏睡状态以度过寒冷冬季的行为。

06.213 伯格曼定律 Bergmann's rule
恒温动物的地理易变种在其分布范围内的较冷地区身体趋于大型化,而在较暖地区则趋于变小的规律。

06.214 科普定律 Cope's rule
朝着体量增大方向的定向演化趋势(直向演化)。

06.215 粪化石 coprolite
干旱区保存的动物粪便化石。能提供过去的植被信息。

06.216 旱生化 xerophilization
植物适应干旱而表现出各种旱生特征的过程。如叶角质化、细化或退化,茎叶肉质化等。

06.217 **旱生群落** xerophytia

共同生活在一起的旱生生物,以多种多样的方式相互联系形成的特殊系统。

06.218 **旱生生境** xetic habitat

旱生生物生存的地域环境。

06.219 **旱生生物** xerophilous critter

能忍受大气和土壤的长期干旱,而具有极强的抗旱能力的动植物。

07. 土壤地理学

07.001 **土壤** soil

陆地表面由矿物质、有机物质、水、空气和生物组成,具有肥力,能生长植物的未固结层。

07.002 **土壤学** soil science

研究土壤的形成、分类、分布、制图和土壤的物理、化学、生物学特性、肥力特征以及土壤利用、改良和管理的科学。

07.003 **土壤地理学** soil geography

研究土壤的空间分布和组合及其与地理环境相互关系的学科。

07.004 **发生土壤学** pedology

侧重研究土壤的发生、演变、特性、分类、分布和利用潜力的土壤学。

07.005 **耕作土壤学** edaphology

侧重研究土壤的组成、性质及其与植物生长的关系、通过耕作管理提高土壤肥力和生产能力的土壤学。

07.006 **土壤生态学** soil ecology

研究土壤环境与生物间相互关系,以及生态系统内部结构、功能、平衡与演变规律的学科。

07.007 **土壤退化** soil degradation

因自然环境变化和人为利用不当引起土壤肥力下降,植物生长条件恶化和土壤生产力减退的过程。

07.008 **土壤侵蚀** soil erosion

在风力、水力和重力等外营力作用下土壤物质被分散、搬运和沉积的过程。

07.009 **土壤资源** soil resources

可利用或潜在可利用的土壤。

07.010 **土壤管理** soil management

通过耕作、栽培、施肥、灌溉等措施,保持和提高土壤生产力的技术。

07.011 **土壤利用** soil utilization

依据土壤性状及其分布地区的环境条件,研究、制定和实施土壤的农、林、牧生产和管理的方式和措施。

07.012 **土壤改良** soil amelioration

根据土壤障碍因素及其危害性状,采取改善土壤性状,增加产量的相应措施。

07.013 **水土保持** soil and water conservation

防治水土流失、对水土资源合理开发与利用的措施。

07.014 **土壤信息系统** soil information system, SIS

应用计算机硬件和软件,储存、检索、分析、处理土壤信息的技术系统。

07.015 **土壤景观** soil landscape

土壤在地理景观中所反映的区域性变异和分布状况。

07.016 **自然土壤** natural soil

自然植被下形成的、未受人为活动干扰与影响的土壤。

07.017 **人为土壤** anthropogenic soil

在人类活动影响下形成的土壤。

07.018 耕作土壤 cultivated soil
人为耕耘、管理下,稳定种植农作物的土壤。

07.019 森林土壤 forest soil
森林覆盖下发育而形成的土壤。

07.020 草原土壤 steppe soil
天然草原覆盖下发育而成的土壤。

07.021 荒漠土壤 desert soil
在干旱荒漠条件下形成的土壤。

07.022 湿地土壤 wetland soil
地下水经常达到或接近地表,水分饱和,在水生或喜水植被下形成的土壤。

07.023 盐渍土壤 salt-affected soil
受可溶性盐、交换性钠积累影响而形成的土壤。

07.024 山地土壤 mountain soil
山地不同高度和坡度上所分布的土壤。

07.025 高山土壤 alpine soil
山地森林线以上高山草原、高山草甸植被或冻原景观下形成的土壤。

07.026 顶极土壤 climax soil
在一定生物气候地区,按其发育序列已达高度发育阶段的土壤。

07.027 成熟土壤 mature soil
土壤的发育与外界环境处于动态平衡,且剖面特征良好的土壤。

07.028 土壤绝对年龄 absolute age of soil
土壤从它开始形成直到现在所经历的时间。

07.029 土壤相对年龄 relative age of soil
土壤的发育程度和发育阶段,反映现代成土作用的速度。

07.030 原始土壤 primitive soil
从岩石被生物定居或着生开始,到高等植物定居之前所形成的仅能满足低等植物繁生的薄层土壤。

07.031 幼年土壤 young soil
发育微弱的土壤。

07.032 埋藏土 buried soil
被后来沉积物或人为生产活动物质埋藏的土壤。埋藏深度为50cm或更深。

07.033 残遗土 relict soil
具有两种以上环境特征的地表古土壤。

07.034 古土壤 paleosol
过去气候与地貌环境相对稳定环境下形成的土壤,其发育或由于形成土壤的气候或地形环境的变化而中断,或在后来的地质过程中被其他沉积物掩埋。

07.035 显域土 zonal soil
在一定生物气候带,深受气候、植被等地带性成土因素影响而形成的地带性土壤。如红壤、黄壤、棕壤等。

07.036 隐域土 intrazonal soil
地形、母质、地下水等区域性因素超越气候、植被等地带性因素影响而形成的土壤。如草甸土、沼泽土、盐土、碱土、石灰岩土等。

07.037 泛域土 azonal soil
分布于任何地带,无明显发生层的土壤。如冲积土。

07.038 盐成土 halomorphic soil
因可溶性盐分积累形成的土壤。

07.039 土壤形成 soil formation
岩石或母质在成土因素影响下转变为土壤。

07.040 土壤形成因素 soil formation factor
参与并影响土壤形成方向、速度、发育特征和土壤特性的自然因素(母质、气候、生物、地形和时间)和人为因素。

07.041 土壤形成过程 soil formation process
土壤形成中进行的各种物理、化学和生物作

用以及物质转移和能量转换。

07.042 淋溶作用 eluviation

土壤物质以悬浮状态或溶液状态由土壤中的一层移动到另一层的作用。

07.043 淋洗作用 leaching

土壤中可溶性物质随土壤溶液向下移动的作用。

07.044 [机械]淋移作用 mechanical eluviation, lessivage

土壤表层或淋溶层内细粒随渗漏水向下机械移动的作用。

07.045 淀积作用 illuviation

土壤物质在剖面中由一层移到另一层的沉积作用。

07.046 淋淀作用 eluviation-illuviation

淋溶作用和淀积作用的统称。

07.047 腐殖质积累作用 humus accumulation

土壤中腐殖质的形成大于矿化的作用。

07.048 泥炭形成[作用] peat formation

在高地下水位或地表积水的情况下,不同分解程度植物残体的积累作用。

07.049 盐化[作用] salinization

可溶性盐类在土壤中,特别是土壤表层累积的作用。

07.050 碱化[作用] solonization

土壤胶体吸附大量交换性钠的作用。

07.051 脱盐作用 desalinization

在降水和良好管理条件下可溶性盐从土壤中被淋洗的作用。

07.052 脱碱作用 solodization

土壤吸附的交换性钠为氢离子交换,致使土壤非碱化的作用。

07.053 钙积作用 calcification

干旱、半干旱地区碳酸盐在土体中移动并积聚的作用。

07.054 复钙作用 recalcification

少钙或已脱钙的土壤重新聚积碳酸盐的作用。

07.055 脱钙作用 decalcification

在温湿条件下,碳酸盐从土体中淋失的作用。

07.056 潜育作用 gleyization

长期渍水条件下,有机质分解产生还原性物质和铁锰还原的作用。

07.057 硅化[作用] silicification

土壤中二氧化硅相对富集的作用。

07.058 脱硅[作用] desilicification

土壤中铝硅酸盐水解,氧化硅淋失的作用。

07.059 灰化[作用] podzolization

在冷湿气候、针叶林植被环境的强酸性条件下,亚表土的矿物遭破坏,铁、铝氧化物向下淋溶,而相对富集二氧化硅的作用。

07.060 硅铝化[作用] siallitization

温带地区土壤中 2:1型黏粒矿物转化形成的作用。

07.061 铁铝化[作用] ferrallitization

热带、亚热带地区原生矿物强烈分解,盐基淋失,二氧化硅部分淋溶,铁、铝氧化物富集的作用。

07.062 富铝化[作用] allitization

热带地区高度风化土壤或热带亚热带山地土壤中盐基和二氧化硅强烈淋失,游离氧化铝和三水铝石富集的作用。

07.063 铁质化[作用] ferruginization

热带、亚热带地区土壤中非晶质和晶质氧化铁、氢氧化铁富集的作用。

07.064　黏化[作用]　clayification
土壤中黏粒的生成或淋淀,导致黏粒含量增加的作用。

07.065　自幂作用　self-mulching
耕作层的土块因干湿交替逐渐破碎成一层厚约 5cm 的粒状、碎屑状和小核状结构的作用。

07.066　自吞作用　self-swallowing
在膨胀收缩交替条件下土体开裂,表层土壤物质落入心底土,填充于裂隙间或在裂隙壁形成土膜的作用。

07.067　单个土体　pedon
最小体积的一个土壤三维实体,人为假设其平面形状近似六角形,面积为 1 ~ $10m^2$,在此面积范围内,任何土层均具有一致的性态。是土壤调查和研究中最小的描述单位和采样单位。

07.068　聚合土体　polypedon
由两个以上相似的单个土体构成。它既是一个景观单位,又是一个最小的制图单位或分类单位。

07.069　土壤剖面　soil profile
土壤三维实体的垂直切面,显露出若干大体平行于地表的层次。

07.070　土体层　solum
土壤剖面母质层以上的土层。

07.071　土壤发生层　soil genetic horizon
由成土作用形成的平行于地表具有发生学特征的土层。

07.072　土[壤]层[次]　soil layer
泛指土壤中不同层位的疏松层,包括非成土作用形成的土状疏松层。

07.073　表土层　surface soil layer, top soil, epipedon
土壤最上部的层次,在耕作土壤中为耕作层,在自然土壤中常为腐殖质层。

07.074　心土层　subsoil layer
介于表土层和底土层之间的土层。

07.075　底土层　substratum
土壤剖面下部的土层,或指深厚 B 层的下部,或指 B 层与 C 层过渡的层次,或指母质层。

07.076　埋藏层　buried horizon
被各种自然的或人为的新土壤物质覆盖的土层。

07.077　诊断层　diagnostic horizon
在土壤分类中用以鉴定土壤类别,性质上有一系列定量规定的土层。

07.078　诊断特性　diagnostic characteristics
在土壤分类中用以鉴定土壤类别的,具有一系列定量规定的土壤性质。

07.079　土壤新生体　soil new growth
土壤发生的产物,具有一定的形状、大小、颜色、硬度和表面特征。

07.080　土壤侵入体　soil intrusions
由外力(主要是人为活动)加入到土壤中的物体。

07.081　土壤分类　soil classification
依土壤性状质与量的差异,系统划分土壤类型及其相应的分类级别,拟出土壤分类系统的方法。

07.082　土壤系统分类　soil taxonomy
以诊断层和诊断特性为基础的谱系式土壤分类。

07.083　土壤发生分类　soil genetic classification
主要根据土壤发生演变规律进行土壤类型的划分。

07.084　地理发生分类　geographic-genetic

classification

根据土壤地带性规律进行土壤类型的划分。

07.085 形态发生分类 morphogenetic classification

主要依据土壤剖面的性态特征进行土壤类型的划分。

07.086 土壤数值分类 numerical classification of soil

对土壤属性及其分析结果,运用聚类分析方法进行土壤类型的划分。

07.087 砖红壤 laterite, latosol

热带高温高湿、强度淋溶条件下,由富铁铝化作用形成强酸性、高铁铝氧化物的暗红色土壤。

07.088 赤红壤 latosolic red soil

南亚热带高温高湿条件下,土壤富铁铝化作用介于砖红壤与红壤之间的酸性至强酸性红色土壤。

07.089 红壤 red earth, red soil

中亚热带高温高湿条件下,由中度富铁铝风化作用形成的酸性至强酸性、含一定铁铝氧化物的红色土壤。

07.090 燥红土 dry red soil, savanna red soil

热带、亚热带高温低湿条件下形成的相对干性的中性红色土壤。

07.091 黄壤 yellow earth, yellow soil

热带、亚热带地区常湿润条件下,含多量针铁矿的酸性黄色铁铝质土壤。

07.092 棕红壤 brown-red soil

中亚热带北缘棕红色铁铝质土壤。

07.093 褐红土 cinnamon-red soil

半干热条件下形成的弱度富铝化的土壤。

07.094 红色石灰土 terra rossa

热带、亚热带石灰岩地区古老石灰岩风化壳上形成的风化淋溶较强,土体中无游离碳酸盐,中性至微酸性的红色土壤。

07.095 棕色石灰土 terra fusca

亚热带石灰岩地区碳酸盐淋溶明显,土体无或有轻微石灰反应,游离铁较高,并有铁锰结核,石灰接触面有白色碳酸盐化根系,呈中性反应的黄棕色至棕色土壤。

07.096 黑色石灰土 rendzina

热带和温带石灰岩地区富含有机碳和碳酸盐的中性至微碱性暗色土壤。

07.097 紫色土 purple soil

紫色砂、页岩发育的带紫色土壤。

07.098 黄棕壤 yellow-brown soil

北亚热带丘陵低山和中亚热带山地黄壤带之上,弱富铝化,呈微酸性的黄棕色至棕色土壤。

07.099 黄褐土 yellow-cinnamon soil

北亚热带黏质沉积黄土母质上的中性、有时具有黏磐层的黄褐色土壤。

07.100 棕壤 brown soil

湿润暖温带夏绿阔叶林下形成的高盐基、微酸性棕色土壤。

07.101 褐土 cinnamon soil

半湿润暖温带地区碳酸盐弱度淋溶与聚积,有次生黏化现象的带棕色土壤。

07.102 暗棕壤 dark brown forest soil, dark brown soil

湿润温带针阔叶混交林下形成的具有明显腐殖质累积的中性至微酸性的棕色土壤。

07.103 棕色针叶林土 brown coniferous forest soil

寒温带山地针叶林下冻融回流淋溶型(夏季表层解冻时,铁、铝随下行水流淋淀;秋季表层开始冻结时,随上行水流表聚)棕色土壤。

07.104　灰化土　podzolic soil
温带湿润针叶林(或针阔叶混交林)下,冰川砂层或砂砾母质上,植物残体分解形成大量有机酸,腐殖质酸与土壤中铁、铝络合并向下淋溶淀积,形成灰化层和腐殖质-铁铝淀积层的土壤。

07.105　白浆土　Baijiang soil
在微斜平缓岗地的上轻下黏的母质上,由于黏土层滞水,铁质还原并侧向漂洗,在腐殖质层下形成灰白色漂洗层的土壤。

07.106　灰褐土　grey cinnamon soil
温带半干旱山地阴坡云杉、冷杉林下形成的弱度黏化,有石灰聚积的土壤。

07.107　灰黑土　greyzem, grey forest soil
半湿润森林草原地区森林植被下发育的具有深厚腐殖质层,剖面中、下部结构面上有白色硅粉的土壤。

07.108　黑土　phaeozem, black soil
温带半湿润草原化草甸下,具有深厚腐殖质层,通体无石灰反应,呈中性的黑色土壤。

07.109　黑钙土　chernozem
温带半湿润草甸草原植被下由腐殖质化作用形成较厚腐殖质层,并有碳酸钙淋淀作用形成碳酸钙淀积层的土壤。

07.110　栗钙土　chestnut soil, kastanozem
温带半干旱草原下,具有栗色腐殖质层和碳酸钙淀积层的土壤。

07.111　棕钙土　brown calcic soil
在温带草原向荒漠过渡区,具有薄层棕色腐殖质层和白色薄碳酸钙淀积层,地表多砾石的土壤。

07.112　灰钙土　sierozem
暖温带干旱草原黄土母质上发育的腐殖质含量低,有易溶盐与石膏弱度淋溶与累积,碳酸钙淀积层位较高,但含量较少的土壤。

07.113　灰漠土　grey desert soil
温带荒漠边缘黄土状母质发育的,地表有不规则裂纹,具孔泡结皮层、片状层、紧实层、过渡层或碱化层或含盐层或易溶盐-石膏层等土层序列的干旱土壤。

07.114　灰棕漠土　grey-brown desert soil
温带干旱荒漠砂砾质洪积物、洪积-冲积物或粗骨性残积物、坡积-残积物母质发育的,地表有砾幂,具孔泡结皮层、片状层、紧实层或石膏-盐磐层等土层序列的干旱土壤。

07.115　棕漠土　brown desert soil
暖温带极端干旱荒漠砂砾质洪积物和石质残积物或坡积残积物母质发育的,地表有明显砾幂,具孔泡结皮层、紧实层、石膏层、石膏-盐磐层等土层序列的干旱土壤。

07.116　龟裂土　takyr
干旱地区沙丘间平洼地细粒母质上发育的地表龟裂,一般无植物生长的弱度发育干旱土壤。

07.117　高山草甸土　alpine meadow soil
森林线以上,高寒矮生嵩草草甸下形成的土壤。

07.118　山地草甸土　montane meadow soil
在基带以上,森林线以下,山顶部灌丛草甸植被下形成的土壤。

07.119　高山草原土　alpine steppe soil
森林线以上,针茅等旱生植被下形成的土壤。

07.120　寒漠土　alpine frost desert soil
高寒干旱条件下形成的土壤。

07.121　寒冻土　alpine frost soil
高山雪线以下由寒冻风化形成的土壤。

07.122　黑垆土　Heilu soil
黄土高原西部厚层黄土母质上形成的厚腐殖质层,但腐殖质含量低的土壤。

07.123　塿土　tier soil

黄土高原地区由长期施用土粪及间歇性降尘覆盖并逐渐堆积加厚而形成的人为土壤。

07.124　黄绵土　loessal soil

母质特性明显的黄土性土壤。

07.125　磷质石灰土　phospho-calcic soil

南海诸岛由珊瑚砂母质和鸟粪堆积形成富含磷、钙的土壤。

07.126　泥炭土　peat soil

在某些河湖沉积低平原及山间谷地中，由于长期积水，水生植被茂密，在缺氧情况下，大量分解不充分的植物残体积累并形成泥炭层的土壤。

07.127　沼泽土　bog soil

长期积水，湿生植被生长，有机质累积明显，还原作用强烈，具潜育层或兼有泥炭层的土壤。

07.128　草甸土　meadow soil

地下水位高，潜水毛管边缘可达地表，草甸植被生长茂密，土壤腐殖质层较厚，具有锈斑纹的土壤。

07.129　潮土　fluvo-aquic soil

在地下水位较高的近代河流冲积物上，经长期耕作影响形成的土壤。

07.130　砂姜黑土　Shajiang black soil

在河湖沉积低平原，经长期耕作，脱潜，具有耕层、黏重黑土层及铁锰斑块、结核和不同性态的钙质结核，甚至砂姜磐的土壤。

07.131　盐土　solonchak

含可溶性盐较高的土壤。

07.132　酸性硫酸盐土　acid sulphate soil

热带、亚热带滨海红树林植被下，经常被咸水饱和，排水后土壤中硫化物氧化，形成硫酸，pH 可降至 4 以下，并进一步形成黄钾铁矾、硫酸铁等黄色斑纹的土壤。

07.133　碱土　solonetz

土壤吸收性复合体中交换性钠含量高的土壤。

07.134　水稻土　paddy soil

经长期淹水耕作，种植水稻，铁锰还原淋溶和氧化淀积交替进行，形成耕作层、犁底层、渗育层、潴育层或有潜育层的土壤。

07.135　菜园土　vegetable garden soil

在长期种植蔬菜，大量施用有机肥料和灌溉条件下，土壤有机质累积层较厚，有机磷含量较高的土壤。

07.136　灌淤土　irrigation-silting soil

引用高泥沙含量的河水灌溉，并经耕作施肥混合，上层厚度可达 50cm 以上的人为土壤。

07.137　土壤类别　soil taxon

土壤分类中任何土壤级别的土壤类型。

07.138　土纲　soil order, soil class

土壤分类的最高级别，依据主要成土过程所引起的土壤性状的重大差异划分。

07.139　亚纲　suborder, subclass

土纲的续分，主要依据干湿、冷热及岩性所引起的土壤性状划分。

07.140　土类　soil group

亚纲以下的分类级别。依据主要成土过程强度的性质或次要成土过程产生的性质划分。在地理发生分类中是高级分类的基本级别。

07.141　亚类　subgroup

土类的续分。依据同一土类中由附加成土过程所产生的性质划分，具有土类或土纲间的过渡特征。

07.142　土属　soil genus

在地理发生分类中是土类（或亚类）与土种间的过渡分类级别。属中级土壤分类级别。一般依同一风化壳、成土母质或母岩所产生的土种间某些特征差异划分。

07.143 土种 soil local type

地理发生分类中基层分类级别。是土壤剖面性态、发育层段、理化及生物特性、生产性能均相一致的一组土壤。

07.144 [土]变种 soil variety

土种的续分级别。依据耕作层或表层性状的某些差异划分。

07.145 土族 soil family

土壤系统分类中土类和土系间的过渡分类级别。依据对植物生长和土壤管理有重要关系的土壤性质划分。如质地、矿物组成、石灰性、酸度、结持性、土层状况、土壤温度状况等。

07.146 土系 soil series

土壤系统分类中的基层分类级别。是发育在相同母质上,土层排列和一般性质类似的一组土壤。以首先发现该土壤的地名命名。

07.147 土相 soil phase

根据土壤或环境特征,对土壤的一种功利性归类,但并非土壤分类中的级别。

07.148 淋溶土 Alfisol

美国土壤系统分类土纲名。盐基饱和度(NH_4OAC 法)≥50%,具淀积黏化层的土壤。

07.149 干旱土 Aridisol

美国土壤系统分类土纲名。具干旱土壤水分状况或具盐积层(导致生理干旱)的土壤。

07.150 火山灰土 Andisol, Andosol

美国土壤系统分类中土纲名和联合国世界土壤图图例土壤类群名。发育于火山喷出物上具有火山灰土壤特征的土壤。

07.151 新成土 Entisol

美国土壤系统分类土纲名。弱度发育,性质主要决定于母质的土壤。

07.152 有机土 Histosol

美国土壤系统分类土纲名。泥炭、腐泥或枯枝落叶等厚度大于40cm的有机土壤物质覆盖于碎石或火山渣之上,并有石质或准石质接触面直接位于这些物质之下的土壤。

07.153 始成土 Inceptisol

美国土壤系统分类土纲名。分布广泛但发育较弱,只有腐殖质层和雏形层的土壤。

07.154 暗沃土 Mollisol

美国土壤系统分类土纲名。具有暗沃表层的土壤。

07.155 氧化土 Oxisol

美国土壤系统分类土纲名。热带、亚热带地区具有氧化层的高度风化土壤。

07.156 灰土 Spodosol

美国土壤系统分类土纲名。湿润寒温带针叶林或针阔混交林下具灰化淀积层的土壤。

07.157 老成土 Ultisol

美国土壤系统分类土纲名。热带、亚热带地区具淀积黏化层,但盐基饱和度(阳离子总量法)<35%的土壤。

07.158 膨转土 Vertisol

又称“变性土”。美国土壤系统分类土纲名。具开裂、翻转、扰动等膨转特征的高涨缩性黏质土壤。

07.159 土壤类群 major soil grouping

联合国世界土壤图图例制的第一级“分类级别”。

07.160 土壤单元 soil unit

(1)联合国世界土壤图图例制的第二级“分类级别”。(2)各土壤级别中类别的泛称。

07.161 土壤亚单元 soil subunit

联合国世界土壤图图例制的第三级“分类级别”。

07.162 冲积土 Fluvisol

联合国世界土壤图图例制的土壤类群名。河流、海洋等冲积物上并经常遭受泛滥沉积的土壤。

07.163 潜育土 Gleysol

联合国世界土壤图图例制的土壤类群名。地表至少 50cm 范围内有潜育特征的土壤。

07.164 疏松岩性土 Regosol

联合国世界土壤图图例制的土壤类群名。除河海冲积物外的土状冲积物上形成的土壤。

07.165 薄层土 Leptosol

联合国世界土壤图图例制的土壤类群名。(1)地表至 30cm 范围内出现基岩或碳酸钙相当物超过 400g/kg 的土壤。(2)地表至 75cm 范围内 80% 以上为石砾的土壤。

07.166 砂性土 Arenosol

联合国世界土壤图图例制的土壤类群名。质地粗于砂壤质的土壤。

07.167 雏形土 Cambisol

联合国世界土壤图图例制的土壤类群名。除腐殖质层外只有雏形层的弱度发育土壤。

07.168 钙积土 Calcisol

联合国世界土壤图图例制的土壤类群名。具钙积层的土壤。

07.169 石膏土 Gypsisol

联合国世界土壤图图例制的土壤类群名。具石膏层的土壤。

07.170 高活性淋溶土 Luvisol

联合国世界土壤图图例制的土壤类群名。具黏化 B 层，但阳离子交换量 ≥ 24cmol(+)/kg、黏粒和盐基饱和度(NH_4OAC 法)≥50% 的土壤。

07.171 低活性淋溶土 Lixisol

联合国世界土壤图图例制的土壤类群名。具黏化 B 层，但阳离子交换量<24cmol(+)/kg、黏粒和盐基饱和度(NH_4OAC 法)≥50% 的土壤。

07.172 高活性强酸土 Alisol

联合国世界土壤图图例制的土壤类群名。具黏化 B 层，但阳离子交换量 ≥ 24cmol(+)/kg、黏粒和盐基饱和度(NH_4OAC 法)<50% 的土壤。

07.173 低活性强酸土 Acrisol

联合国世界土壤图图例制的土壤类群名。具黏化 B 层，但阳离子交换量<24cmol(+)/kg、黏粒和盐基饱和度(NH_4OAC 法)<50% 的土壤。

07.174 黏磐土 Planosol

联合国世界土壤图图例制的土壤类群名。平坦地形上有黏质缓透水层，导致上部出现滞水特征的土壤。

07.175 灰化淋溶土 Podzoluvisol

联合国世界土壤图图例制的土壤类群名。漂白 E 层向黏化 B 层呈舌状延伸的土壤。

07.176 灰壤 Podzol

联合国世界土壤图图例制的土壤类群名。具灰化 B 层的土壤。

07.177 黏绨土 Nitisol

联合国世界土壤图图例制的土壤类群名。热带地区黏粒含量高，土壤结构面有发亮光泽的土壤。

07.178 铁铝土 Ferralsol

联合国世界土壤图图例制的土壤类群名。具铁铝 B 层的土壤。

07.179 聚铁网纹土 Plinthosol

联合国世界土壤图图例制的土壤类群名。具聚铁网纹体的土壤。

07.180 人为土 Anthrosol

联合国世界土壤图图例制的土壤类群名。

受人为耕作影响或人工堆积形成的土壤。

07.181 均腐土 isohumic soil, isohumisol

欧洲形态发生分类和中国土壤系统分类土纲名。草原或森林草原植被下土壤腐殖质的积累深度较大,由上向下逐渐减少,具均腐殖质特性的土壤。

07.182 假潜育土 pseudogley soil, pseudogley

欧洲形态发生分类的土壤类型。地表至20cm范围内有灰色潜育层的土壤。相当于联合国世界土壤图图例制的潜育土。

07.183 滞水潜育土 stagnogley soil, stagnogley

欧洲形态发生分类的土壤类型。地形低洼地区地表至50cm范围内有灰色潜育层的土壤。相当于联合国世界土壤图图例制的潜育土。

07.184 土壤调查 soil survey

在田间调查研究土壤发生、分布、划分土壤类型、测制不同比例尺土壤图。

07.185 土壤概查 generalized soil survey

在无土壤资料的新调查区,设计几条控制路线,掌握土壤分布规律,填制预定比例尺的土壤图。

07.186 土壤详查 detailed soil survey

应用大比例尺地形图或自行测制地形图,现场挖坑、打钻,观察土壤变化,填制土壤图。

07.187 土壤普查 general detailed soil survey

对全国范围,逐乡镇进行土壤调查,测制大比例尺土壤图和编制系列图件。

07.188 土壤制图 soil cartography

采用不同比例尺的图幅或用航片、卫片测制、编制土壤图,反映土壤在地面的分布及组合情况。

07.189 土壤图 soil map

勾绘出各类土壤分布边界,反映土壤空间分布状况的不同比例尺的图幅。

07.190 土壤制图单元 soil mapping unit

反映一种土壤类型或几种土壤组合分布类型的图斑单元。

07.191 土壤分布 soil distribution

土壤在不同景观单元中的位置和面积。

07.192 土壤地带性 soil zonality

土壤类型与大气水热状况和自然植被状况呈相关带状分布的地理规律性。

07.193 土壤水平地带性 soil horizontal zonality

土壤沿纬向或经向呈带状分布的地理规律性。

07.194 土壤微域分布 micro-regional distribution of soils

在小范围内或小地貌组合中,由于成土母质的不同或地形起伏的差异,或阴坡、阳坡差异,或受人为耕种利用影响所引起的不同性状土壤的分布状况。

07.195 土壤中域分布 meso-regional distribution of soils

在同一地带内,中地形及其他因素变化所引起的土壤群体组成的分布状况。

07.196 土壤组合 soil association

在一定地貌单元内,由地形、母质和水文状况改变引起两种或两种以上不同土壤,或间有其他非土壤物质,呈有规律的变化所构成的制图单元。图斑内主要组分土壤和其他非土壤物质在1:24 000比例尺的图上能够分开。

07.197 土壤复区 soil complex

在小范围内两种或两种以上不同土壤,或间有其他非土壤物质,呈有规律的变化所构成的制图单元。图斑内主要组分土壤和其他非土壤物质在1:24 000比例尺的图上难以分开。

07.198 土链 soil catena
一组由相同母质上发育并随地形起伏有规律地重复出现的土壤。

07.199 土被 soil cover
有规律地被覆于陆地表面的土壤的总合。常以发生学上有联系的多种土壤的组合出现。

07.200 土被结构 soil cover structure
土壤组合的空间构型。

08. 医学地理学

08.001 医学地理学 medical geography
研究人群疾病和健康状况的地理分布规律及其与地理环境的关系,以及医疗保健机构与设施地域合理配置的科学。

08.002 疾病地理 geography of disease
人群疾病的时空分布规律及其与自然环境和社会环境相互关系,特别着重于它们的病因联系。

08.003 健康地理 geography of health
人群健康状况和生命现象或过程的空间模式及其与环境因素的关系。

08.004 保健地理 geography of health care
医疗保健服务系统的空间构型和功能。

08.005 疗养地理 geography of sanatorium
自然疗养资源的性质和地理分布,疗养机构配置,疗养区选择和评价。

08.006 营养地理 geography of nutrition
人体必须营养素和营养病的时空分布规律及其与自然和人文环境的关系。

08.007 饥饿地理 geography of famine
饥饿现象的地理分布及其发生原因。

08.008 病原菌地理 geography of pathogenic microbe
病原菌的地理分布及其与疾病传播的关系及影响因素。

08.009 热带病地理 geography of tropical disease
热带病(如黄热病)的发生、流行、分布和控制与地理环境的关系。

08.010 区域医学地理 regional medico-geography
一定区域内地理环境与人群疾病和健康的关系,并进行医学地理评价。

08.011 远程医学地理 telemedical geography
通过因特网进行疾病诊断、治疗、预防和健康教育,并通过地理信息系统等技术实现医疗资源管理。

08.012 景观流行病学 landscape epidemiology
研究不同地理景观中各种疾病的发生、流行特点及其分布规律的学科。

08.013 医学气象学 medical meteorology
研究天气和气候对人体健康影响的规律的学科。

08.014 社会医学地理 social medical geography
研究社会-人文地理因素对健康和疾病的影响。

08.015 健康生态学 ecology of health
研究生存环境与健康的关系的学科。

08.016 疾病人群分布 population distribution of disease

疾病在不同年龄、性别、种族和职业等人群的分布状况。

08.017 地方病 endemic disease

某些在特定地域内经常发生并相对稳定,与地理环境中物理、化学和生物因素密切相关的疾病。

08.018 传染病分布 infectious disease distribution

传染性疾病的地理分布状况。

08.019 癌症分布 cancer distribution

癌症的地理分布状况。

08.020 寄生虫病分布 infectious parasitic diseases distribution

寄生虫病(如血吸虫病)的地理分布状况。

08.021 心血管病分布 cardiovascular distribution

心血管病的地理分布状况。

08.022 营养病分布 nutritional disease distribution

因营养不足或过剩,或因疾病造成营养不良引起的一类疾病的地理分布状况。

08.023 高山病分布 mountain sickness distribution

在高海拔地区因大气压降低而引起疾病的地理分布状况。

08.024 自然疫源地 natural epidemic focus

传染疫病的病原体、媒介及宿主(易感动物)存在于特殊的生物地理群落,形成的稳定地域综合体。其中,病原体没有人类参与也能在动物间长期流行并反复繁殖。

08.025 高发病区 disease area with high incidence

疾病发病率和患病率高的地区。

08.026 低发病区 disease area with low incidence

疾病发病率和患病率低的地区。

08.027 病带 disease belt

疾病受地理环境因素影响,其流行区呈连续或不连续的带状分布的地域。

08.028 健康岛 health island

某种疾病的病区里出现岛屿状或灶状孤立存在的不发生该病的局部地域。

08.029 疾病自然环境 natural environment of disease

影响疾病发生和流行的天然环境条件。

08.030 疾病社会环境 social environment of disease

影响疾病发生和流行的社会因素。

08.031 致病因子 pathogenic factor

导致人体发生疾病的直接或间接因素。

08.032 化学抗性 chemico-resistance

由于长期大量使用抗生素或化学药物,使病原体产生适应性或抵抗力,原药效降低。

08.033 疾病再现 reemergence of disease

曾经流行过的疾病消失后又重新出现。

08.034 疾病再扩散 disease re-diffusion

曾经流行过的疾病消退后又再次传播。

08.035 流行病学转型 epidemiologic transition

又称"疾病转型"。由于社会经济的变化,疾病类型由以急性传染病为主转变为慢性的非传染性疾病为主的过渡现象。

08.036 现代病 modern diseases

与工业化和现代生产、生活方式有关的疾病。如心脑血管病、高血压、癌症、糖尿病等。

08.037 传统病 traditional diseases

与农业社会生产、生活方式有关的各种传染性疾病和因饥饿引起的营养不良等疾病。

08.038 疾病潜在威胁 potential menace of disease

现实中尚未发生疾病,但因某些致病因子或条件存在,有可能逐渐发展为疾病的风险。

08.039 低硒带 low selenium belt

地理生态系中生命必须元素硒的含量和生态循环处于低水平的地带。

08.040 碘缺乏病 iodine deficient disorder

人体由于从特定地理环境中摄取的碘不足,造成生长和发育损害,有地方性甲状腺肿和以智力低下为主要特征的呆小症。

08.041 克山病 Keshan disease

一种与低硒环境有关的地方性心肌病。

08.042 大骨节病 Kaschin-Beck disease

与特定地理环境有关的地方性骨关节病,病因与低硒环境、水中有机物、真菌毒素等因素有关。

08.043 地方性氟中毒 fluorosis

在特定地理环境中,人体摄入过量氟化物引起慢性中毒症状,主要有氟斑牙症和氟骨症。

08.044 地方性砷中毒 arsenicosis

在特定地理环境中,人体摄入过量砷引起皮肤角化、色素沉着、癌变等症状的慢性中毒疾病。

08.045 媒介传染病 vector-born disease

通过动物,如蚊子、蚤类,将病原体传播至人的疾病,如疟疾、鼠疫等。

08.046 标准化死亡率 standardized mortality

实际死亡人数与该地区人群预期死亡人数之比的百分率。

08.047 人口预期寿命 life expectance

人们在某一年龄时,还可能继续生存的平均年数。一般用刚出生人群可能生存的年数表示,它反映健康和社会的发展状态。

08.048 健康指标 health indicator

反映人口健康状况的度量数据。如婴儿死亡率、预期寿命等。

08.049 公共保健系统 public health care system

医疗卫生保健服务的机构、设施和组织网络。

08.050 治疗景观 therapeutic landscape

具有疗养和治疗功能的地理景观区或类型。

08.051 环境健康风险评价 environmental health risk assessment

分析影响健康的环境因素,评估产生健康危害的可能性。

08.052 长寿区 longevous area

人口平均预期寿命较长或百岁以上人口率较高的地区。

09. 环境地理学

09.001 环境地理学 environmental geography

以人类与地理环境的关系为对象,研究地理环境的发生和发展,组成和结构,调节和控制,改造和利用的学科。

09.002 环境地学 environmental geoscience

从地球环境的角度研究人类赖以生存、繁衍和发展的学科。

09.003 环境地球化学 environmental geochemistry

研究环境各个系统的地球化学性质，天然的和人为释放的化学物质在环境中的迁移转化规律及其对人类和生物影响的学科。

09.004 生物地球化学 biogeochemistry
研究生源要素和物质在包括生命系统在内的自然环境中的迁移转化规律和效应的学科。

09.005 污染化学 pollution chemistry
研究化学污染物在大气、水、土壤、生物中的迁移、积累及伴随发生的化学变化的机理和规律的学科。

09.006 环境化学 environmental chemistry
研究化学物质在地球环境中所发生的化学现象及其环境和生态效应的学科。

09.007 环境生态毒理学 environmental ecotoxicology
研究有毒物质进入环境对组成生态系统的生物种群和生物群落所产生的生态效应的学科。

09.008 环境系统 environmental system
由围绕人群的各种环境因素及其相互联系、相互作用和相互制约的关系所构成的整体。

09.009 环境结构 environmental structure
环境中各个独立组成部分(环境要素)在数量上的配比、空间位置上的配置、相互间的联系内容与方式。

09.010 环境要素 environmental element
是构成人类环境整体的各个独立的、性质不同的而又服从整体演化规律的基本物质部分。

09.011 环境保护 environmental protection
人类为解决现实的或潜在的环境问题，维持自身的存在和发展而进行的各种实践活动的总称。

09.012 环境胁迫 environmental stress
对生态系统的发展产生约束性作用的环境影响。

09.013 环境退化 environmental degradation
在人类不当活动下，环境系统的结构发生变化，从而使环境系统自我调节能力下降，功能衰退的现象。

09.014 环境容量 environmental capacity
在保证人群健康和生态系统不受危害的前提下，环境系统或其中某一要素对污染物的最大容纳量。

09.015 环境承载力 environmental carrying capacity
某一环境状态和结构在不发生对人类生存发展危害的前提下，所能承受的人类社会作用在规模、强度和速度上的限值。

09.016 环境异常 environmental abnormality
环境要素的物理化学性质或环境结构发生不利于生物与人的变化。

09.017 环境标准 environmental standard
为保护环境质量和人群健康，维持生态平衡，由权威部门发布的环境技术规范。

09.018 环境基准 environmental criteria
环境污染物对特定对象(人或其他生物)不产生不良或有害影响的最大剂量或浓度。

09.019 环境质量 environmental quality
为与环境和谐相处，人类根据自身要求所提出的评定环境优劣的指标。

09.020 环境质量报告 environmental quality statement
按一定的标准和方法对某区域范围内的环境质量进行说明、评定和预测。

09.021 环境政策 environmental policy
政府为解决一定历史时期的环境问题，落实环境保护战略，达到预定的环境目标而制定的行动指导原则。

09.022 环境意识 environmental consciousness
依据人类社会经济发展对环境的依赖关系以及环境对人类活动的限制作用，认识或理解人与自然关系的理论、思想、情感、意志等意识要素与观念形态的总和。

09.023 环境伦理 environmental ethnics
人类与自然界的道德关系。

09.024 环境法规 environmental legislation
国家制定或认可，并由国家强制保证执行的关于保护环境和自然资源，防治污染和其他公害的法律规范的总称。

09.025 环境阈值 environmental threshold
环境中有害物质的允许临界浓度。

09.026 环境污染 environmental pollution
人类活动产生的有害物质或因子进入环境，引起环境系统的结构与功能发生变化，危害人体健康和生物的生命活动的现象。

09.027 大气污染 atmospheric pollution
大气中的污染物浓度达到有害程度，破坏生态系统和人类生存条件的现象。

09.028 海洋污染 marine pollution
人类活动排放的污染物进入海洋中，破坏海洋生态系统，引起海水质量下降的现象。

09.029 水污染 water pollution
又称“水体污染”。污染物进入河流、湖泊、海洋或地下水中，使水质和底泥的物理、化学性质或生物群落组成发生变化，降低了水体的使用价值和功能的现象。

09.030 土壤污染 soil pollution
人类活动产生的污染物进入土壤并积累到一定程度，引起土壤质量恶化的现象。

09.031 环境自净 environmental self-purification
环境的物理、化学、生物等自然作用使污染物浓度或总量的降低过程。

09.032 环境质量指数 environmental quality index
依据环境标准，用某种计算方法求出的简明、概括地描述和评价环境质量的数值。

09.033 点源 point source
呈点状分布的污染源。

09.034 非点源 nonpoint source
没有固定排放地点的污染源。

09.035 次生污染 secondary pollution
又称“二次污染”。进入环境中的污染物，在物理、化学或生物作用下生成新的污染物，对环境产生再次污染。

09.036 [废水]排放 discharge
一定时间内由某污染源排入水体的废水总量。

09.037 [废气]排放 emission
一定时间某一污染源向大气释放的固体、液体和气体污染物的总和。

09.038 污染指数 pollution index
用数学公式归纳出环境的各种质量参数，并以简单的数值综合表示环境污染的程度或环境质量的等级。

09.039 污染负荷 pollution load
区域或环境要素对污染物的负载量。

09.040 有机污染物 organic pollutant
进入环境并污染环境的有机化合物。

09.041 无机污染物 inorganic pollutant
对环境造成污染的各种化学元素及其无机化合物。

09.042 污水灌溉 wastewater irrigation
利用符合农田灌溉水质标准的城市生活污水和工业废水灌溉农田或养鱼，以充分利用污水肥效，又可通过微生物的作用使污水净化。

09.043 环境归宿 environmental fate
进入环境的污染物在历经迁移、分布、反应、转化等过程之后最终所处的空间位置及呈现的形态。

09.044 扩散 diffusion
微粒子(包括原子和分子)在气相、液相、固相或三者之间,由高浓度向低浓度方向迁移,直到混合均匀的物理运动现象。

09.045 分散 dispersion
物质分形成极微小的质点而分布于另一物质中。

09.046 稀释 dilution
当废气或废水排放到大气或水体中,由于流体扩散、分散作用,使污染物的浓度降低。

09.047 浓集 concentration
某种物质在特定介质中浓度变高的过程。

09.048 干沉降 dry deposition
与云和降水作用无关,污染物从大气降落到地表的过程。

09.049 湿沉降 wet precipitation
由于云和降水作用,污染物从大气降落到地表的过程。

09.050 暴露 exposure
人群或个体对环境因素的接触。

09.051 降解 degradation, mineralization
化合物分解为简单物质的过程。

09.052 吸收 uptake, absorption
物质从一种介质相进入另一种介质相的现象。

09.053 吸附 adsorption
物质在两相界面上浓集的现象。

09.054 生物可利用性 bioavailability
物质进入生物体内并被利用的难易程度。

09.055 生物富集 bioconcentration
处于同一营养级的生物种群或生物体,从环境中吸收某些元素或难分解的化合物,使其在生物体内的浓度超过环境中浓度的现象。

09.056 生物积累 bioaccumulation
生物通过吸收、吸附或吞食,从环境中浓缩某些元素或难分解的物质,并在整个生命周期中不断浓集的现象。

09.057 迁移活性 mobility
物质在自然环境中移动的难易程度。

09.058 环境管理 environmental management
对损害环境质量的人类活动施加影响,协调环境与发展的关系,实施既满足人类基本需要,又不超出环境容许极限的措施的总称。

09.059 环境模型 environmental modeling
对环境系统结构和功能作抽象的或形式描述的模型,通常指数学模型和图解模型。

09.060 环境监测 environmental monitoring
间断地或连续地测定环境中污染物的浓度,观察、分析其变化和环境影响的过程。

09.061 环境模拟 environmental simulation
应用系统分析原理,进行模拟实验,建立环境系统模拟模型的研究方法,以预测真实环境条件下系统的行为特点。

09.062 形态 species
环境中污染物存在的形式,包括物理聚集态和化学状态(因价态、化学构成或结构不同而形成形态各异的化合物)。污染物的化学性质和行为与其在环境中的存在形态密切相关。

09.063 形态分析 speciation
区分环境污染物的各种赋存形态,分析其总量和各个形态的浓度的方法。

09.064 植物修复 phytoremediation
植物与土壤微生物共同作用,将污染物转变为无害的或可利用形态的过程。

09.065 土地处理 land treatment
利用表层土壤的生物、化学和物理作用处置废物的方法。

09.066 环境影响评价 environmental impact assessment
在大型建设项目或区域开发计划实施前对其可能造成的环境影响进行预测和估价。

09.067 环境规划 environmental planning
一定时期内对环境保护目标和措施制定计划。

09.068 风险评价 risk assessment
对包括生态环境系统中污染物的暴露剂量和效应进行整体危害评估。

09.069 环境区划 environmental regionalization
对某区域内各种资源和环境条件进行综合评价,在制定区域经济发展和生产建设布局规划的同时,提出保护和改善环境的目标和措施,统筹规划,合理布局,保护环境。

09.070 水生腐殖质 aquatic humic substances
存在于各类水体中的一类天然来源的大分子有机化合物(即腐殖酸类物质),其中大多数为富里酸,少部分为胡敏酸。

09.071 沉积物 sediment
沉降到水体底部的固体颗粒,通常是不溶的。

09.072 悬浮物 suspended solid
悬浮在水体或大气中的粒子,用肉眼可以分辨的物质。

09.073 持久性有机污染物 persistent organic pollutant
具有毒性、生物蓄积性和半挥发性,在环境中持久存在,且能在大气中长距离迁移并返回地表,对人类健康和环境造成严重危害的有机化学污染物质。

09.074 生活污水 sewage
人类生活过程中所产生的各种污水混合液。

09.075 固体废物 solid waste
又称"固体遗弃物"。人类生产和消费活动产生的没有"利用价值"而被遗弃的固体或半固体物质。

09.076 生活废水 domestic wastewater
来自城市、医院、工厂生活福利区,主要为生活废料和人的排泄物,一般不含有毒物质,但含有大量细菌和病原体。

09.077 工业废水 industrial wastewater
各类工业企业在生产过程中排出的生产废水、生产污水、生产废液的总称。

09.078 放射性废物 radioactive waste
含有不同种类和数量放射性物质的废弃物。

09.079 毒害废弃物 hazardous waste
对人体或生物的生存与健康有危害作用的废弃物。

09.080 内分泌干扰物 endocrine disrupter
又称"环境激素"。进入动物或人体内可引起内分泌系统紊乱并造成生理异常的化学物质。

09.081 环境效应 environmental effect
因自然过程或人类活动造成的环境污染和破坏,引起的环境系统结构和功能的变化。

09.082 环境影响 environmental impact
废气、废水、固体废弃物等进入大气、水体或陆地系统中使环境发生的变化。

09.083 光化学烟雾 photochemical smog
参与光化学反应过程的污染物形成的烟雾

污染现象。

09.084 酸雨 acid rain
pH 值小于 5.6 的雨雪或其他方式形成的大气降水(雾、霜)。广义指酸性物质的干、湿沉降。

09.085 富营养化 eutrophication
氮磷等营养物质和有机物不断输入水体中,造成藻类大量繁殖,溶解氧耗竭,水质恶化的现象。

09.086 水俣病 Minamata disease
人因食用富集了甲基汞的食物而导致的中枢神经中毒症。

09.087 痛痛病 itai-itai disease
人因长期食用含镉的食物而引起的镉中毒症。

09.088 环境风险 environmental risk
人为污染对人体健康和生态系统可能产生的危害。

09.089 公害 public nuisance
因环境污染造成公众生活环境恶化并引起人群大量发病或死亡的事件。

09.090 噪声 noise
干扰人们休息、学习和工作的声音,可引起人的心理和生理变化。

09.091 臭氧层损耗 depletion of ozone layer
大气中的化学物质(如含氯氟烃)在平流层破坏臭氧,使臭氧层变薄,甚至出现臭氧层空洞的现象。

09.092 可吸入颗粒物 inhalable particles
又称"漂尘"。大气中直径小于 10μm 可通过呼吸道进入人体的颗粒物,对人体健康有危害作用。

10. 化 学 地 理 学

10.001 化学地理学 chemical geography
研究地理环境化学元素的迁移、化学组成、结构及形成过程的科学。是自然地理学与地球化学的交叉学科。

10.002 水化学地理 hydrochemicogeography
研究水圈的化学组成,化学元素与化合物的迁移转化和时空分布规律及其成因的科学。

10.003 土壤化学地理 pedochemicogeography
研究不同地理环境中土壤的化学元素组成、来源和迁移转化规律及其地域分异特征的科学。

10.004 生态化学地理 ecochemicogeography
研究地理生态系统(人地系统)化学元素地理分异和生态平衡对生物的影响,及改善元素生态平衡促进人类健康和提高动植物产品数量和质量途径的科学。

10.005 区域化学地理 regional chemicogeography
综合研究一个区域地理环境各不同结构单元的化学组成、结构及其形成过程与空间分异规律的科学。具有综合性和区域性特点。

10.006 生命元素化学地理 chemicogeography of life elements
研究地表生命元素在景观和各地理要素中的含量、赋存形态、迁移转化及其对生物有机体的影响。

10.007 地球化学生态学 geochemical ecology
研究生物与地球化学环境相互关系的学科。

10.008 化学地理区划 regionalization of chemicogeography

根据地理环境的化学属性(元素及其各种结合形式的组成、含量和运动特性)在空间上的地域分异对地理环境及各要素进行区域划分。

10.009 景观地球化学 landscape geochemistry

研究景观中化学元素迁移规律的科学。奠基者为苏联学者 B. B. 波雷诺夫。

10.010 地球化学景观 geochemical landscape

依据环境的化学关系及化合物迁移类型划分,在地球化学方面有密切联系的不同单元景观组成的统一体。

10.011 非生源景观 abiogenic landscape

与元素迁移有关的物质运动形态可分为非生源景观系列和生源景观系列。指只有物质的机械迁移、物理迁移和化学迁移,而不包括生物迁移的运动形态。

10.012 标型元素 typomorphic element

在景观中剧烈迁移和积累,对景观地球化学过程影响巨大并决定其性质的元素。

10.013 单元景观 elementary landscape

又称"从属景观(auxiliary landscape)"。由一种岩石或冲积物组成的一定的地形单元,具有同一种类型的植被、土壤水和潜水的地段。是构成地球化学景观的基本单位。

10.014 残积景观 eluvial landscape

又称"自成景观"。分布在平坦分水岭等较高地形部位上,具有残积性质的单元景观。

10.015 水上景观 superaqual landscape

分布在地形较低、潜水面不深的地段上的景观。

10.016 水下景观 subaqual landscape

分布在湖泊、沼泽等被地表水覆盖的低洼地段的景观。

10.017 生物地球化学省 biogeochemical province

地表环境化学元素(或化合物)含量水平互不相同并引起动植物区系生物反应的地区。是在地质、地貌、气候、水文、土壤、植物和人文等因素的综合作用下形成的。

10.018 景观地球化学类型 landscape geochemical type

不同自然条件下,对景观的化学组成及其形成因素组合归类的一种地球化学特征的概括。

10.019 地球化学屏障 geochemical barriers

表生带内化学元素迁移强度骤然减弱导致化学元素浓集的地段。

10.020 地球化学联系 geochemical link

指每一地球化学景观中自成景观和水上、水下景观间的物质和能量交换类型,即景观之间在化学元素迁移过程中的互相联系。

10.021 景观地球化学对比性 landscape geochemical contrast

自成景观和从属景观间的地球化学差异。

10.022 化学地理生物效应 biological effect of chemicogeography

生物对地理环境的化学属性的反应。亦指化学地理环境对生物生长、发育、健康状况、遗传变异和物种选择等的影响。

10.023 碎屑风化壳 clastic weathering crust

岩石经物理风化、机械破碎而在原地形成大小不等的岩石碎块,是岩石风化第一阶段产生的残积层。

10.024 碳酸盐风化壳 carbonate weathering crust

在中温或高温而干旱条件下形成的累积碳酸盐的风化产物层。

10.025 硅铝风化壳 siallitic weathering crust

在较湿润的淋溶条件下,盐基大量淋失,硅、铝相对累积的风化产物层。

10.026 富铁铝风化壳 ferrallitic-rich weathering crust
在高温多雨的热带亚热带条件下,经强烈淋溶作用仅残留一些铁、铝元素的深度风化产物层。

10.027 元素丰度 element abundance
指地壳中各个组成部分(大气圈、水圈、岩石圈、生物圈)的化学元素平均含量。

10.028 克拉克值 Clark value
每一种化学元素在地壳中所占的平均比值。

10.029 偶奇规则 even-odd regulation
原子序数为偶数的元素在地壳中的含量大于奇数元素的现象。

10.030 化学剥蚀 chemical denudation
地表可溶性的化学元素及其化合物在地表或地下径流作用下,以化学径流的形式迁移,然后以化学沉积的形式累积的作用。

10.031 化学迁移 chemical migration
由化学作用而实现的物质迁移。

10.032 机械迁移 mechanical migration
由机械力推动的物质的迁移。又可分为:水的机械迁移作用、气的机械迁移作用、重力的机械迁移作用。

10.033 生物迁移 biological migration
物质通过生物的吸收、代谢、生长、死亡等过程所实现的迁移。

10.034 强移动元素 strongly mobile element
又称“活跃迁移元素”。在景观中强烈迁移的化学元素。

10.035 弱移动元素 weakly mobile element
又称“微活跃迁移元素”。在景观中迁移强度弱的化学元素。

10.036 难移动元素 poorly mobile element
在景观中迁移能力极微弱或难迁移的化学元素。

10.037 气迁移元素 aerial migratory element
以气态形式迁移的化学元素。

10.038 水迁移元素 aqueous migratory element
以真溶液或胶体溶液形式迁移的化学元素。多以简单或复杂的离子或分子状态通过土壤水、潜水和地表水进行迁移。

10.039 生物迁移元素 bio-migratory element
通过生物有机体而迁移、富集、释放的化学元素。

10.040 大量元素 major element
又称“主要元素”。在有机体中含量大于0.01%的化学元素。

10.041 微量元素 trace element
通常指生物有机体中含量小于0.01%的化学元素。

10.042 重金属 heavy metal
密度在4或5以上的金属,即元素周期表中原子序数在24以上的金属。

10.043 分散元素 dispersed element
在地壳中均匀分布、一般不能单独形成矿物或产生富集现象的化学元素。

10.044 稀有元素 rare element
在地壳中平均含量小于或等于0.01%的化学元素。

10.045 生命元素 life element
构成生物的组成部分,维持生物正常功能(生长、发育、繁殖)所必需的化学元素。

10.046 有毒元素 toxic element
机体少量摄入后能与机体组织起作用,破坏

正常的生理机能,导致机体暂时或长期的病理改变,甚至危及生命的化学元素。

10.047 可交换态 exchangeable form
吸附于颗粒物上可进行代换的元素形态。

10.048 晶格态 lattice form
结合于矿物晶格中的元素存在形态。

10.049 碳酸盐结合态 carbonate bounded form
与碳酸盐结合的元素形态。

10.050 有机质-硫化物结合态 organic matter-sulfide bounded form
元素与有机质-硫化物的一种结合形态。

10.051 元素迁移转化 element transportation and transformation
元素及其化合物在环境中发生的空间移动、存在形式与状态的变化及其引起的富集、分散等过程。

10.052 分散晕 dispersion halo
地壳中化学元素因扩散和迁移,在一定范围内元素含量呈梯级分布的微观地球化学带。

10.053 化学径流 chemical runoff
风化壳和土壤中的化学元素及其化合物受地表径流溶解和冲刷,并以真溶液和胶体溶液状态随水流迁移。包括离子径流、生源物质径流、胶体物质径流及有机质径流。

10.054 元素迁移能力 element migrational ability
元素在环境中能够进行迁移的能力。

10.055 元素富集 element enrichment
又称"元素累积"。元素及其化合物在迁移过程中因物理吸附(泥沙、胶体)、化学沉淀和生物吸收等作用而积聚于环境介质中。

10.056 水迁移系数 coefficient of aqueous migration
表示元素水迁移强度的指标。

10.057 生物富集系数 bio-enrichment coefficient
又称"生物吸收系数"。指某种元素或化合物在生物体内的浓度与其在的环境中的浓度的比值。

10.058 元素迁移序列 element migrational series
在环境中按元素的迁移强度和迁移能力排列出的一定等级和类别。

10.059 元素生物吸收序列 element bio-absorbing series
按元素生物迁移强度划分的元素生物迁移等级或类别。

10.060 元素协同作用 element synergism
两种或两种以上化学元素共存时所产生的一种附加增强作用或效应。

10.061 元素拮抗作用 element antagonism
一种化学元素的作用被同时存在的另一种化学元素所抵消的现象。

10.062 地质大循环 geological cycle
地质演化过程中,在地球内外营力的共同作用下,由一个或数个地质旋回所组成的物质循环过程。

10.063 生物小循环 biological cycle
生物圈内的各种化学物质,通过传输介质大气或水在植物-动物-土壤(微生物)之间所构成的循环过程。

11. 冰　川　学

11.001　冰川学　glaciology
研究地球表面各种天然冰体的形成、分布和演化规律的学科。天然冰体包括冰川冰、河冰、湖冰、地下冰以及积雪、雪崩、吹雪等。

11.002　冰川物理学　physics of glacier
研究冰川物理性质的冰川学分支。内容包括从雪到冰的演变、冰川的能量和物质平衡、冰的结构和变形、冰川的构造和组构、冰川的温度分布、冰川内的水状况和水力效应、冰川运动(含冰床变形)等。

11.003　冰雪化学　glaciochemistry
研究冰雪的化学特性和其中所含各种物质的化学成分的组成、来源及变化过程的一个冰川学分支。

11.004　冰川气候学　glacioclimatology
研究冰雪系统与大气圈相互作用的冰川学分支。

11.005　冰川水文学　glaciohydrology
研究现代冰川与环境间的水交换,冰川水积聚、迁移的物理过程,冰川水量平衡及主要以冰川融水补给的河流、湖泊、沼泽水的运动和变化规律的冰川学分支。

11.006　冰川地质学　glacial geology
研究冰川与陆地表面的相互作用,冰川的侵蚀、搬运和堆积过程,冰缘过程与冰缘景观,地质时期冰川作用的冰川学分支。

11.007　冰川　glacier
寒冷地区多年降雪积聚、经过变质作用形成的具有一定形状并能自行运动的天然冰体。

11.008　冰川作用　glaciation
成冰过程、冰体内部的力学和热学过程及其对地表的塑造过程之总称。

11.009　冰川编目　glacier inventory
各国按统一的规范逐条登记冰川的位置、高度、面积和体积以及活动情况等并编排成册的当时的冰川记录。

11.010　冰川物质平衡　glacier mass-balance
冰川在一定时间内的物质变化即积累与消融之差。积累大于消融为正平衡,消融大于积累为负平衡。

11.011　冰川平衡线　equilibrium line
又称“冰川上的雪线”。冰川全年物质平衡为零之线。此线之上冰川的年积累大于年消融,此线之下冰川的年消融大于年积累。

11.012　冰川变化　glacial fluctuation
由气候变化引起的冰川物质和形态的时空变化。

11.013　冰川消退　deglaciation
由气候变暖引起的冰川物质减少和体积缩小的过程。

11.014　冰川前进　glacier advance
冰川规模(厚度、面积、长度)的扩大,系积累增加所致。

11.015　冰川后退　glacier retreat
冰川规模(厚度、面积、长度)的缩小,为消融增加或积累减少的结果。

11.016　冰川运动　glacier motion, flow of glacier
由冰川冰形变、冰在冰床上的滑动和冰床形变等引起的冰川由高海拔向低海拔的移动。

11.017　冰川跃动　glacier surging
冰川在经较长时间相对稳定的运动之后,在短暂时间突然出现的异常快速前进或巨大水平位移。冰川跃动有周期性,一般跃动期为2~3年,平稳期为20~30年。

11.018 冰川带 glacial zone
冰川从源头到末端按成冰作用的垂直地带性特征所划分的各部分。如消融带、附加冰带、湿雪带、渗浸带、干雪带。

11.019 积雪 snow cover
又称“雪盖”。由降雪形成的覆盖在地球表面的雪层。

11.020 深霜 depth hoar
积雪层内长期存在温度梯度时,由升华-凝华作用所形成的许多粗粒的棱柱状、棱椎状或中空六角玻璃杯状像霜一样的晶体。深霜疏松,强度低,极易成为雪崩的断裂面或滑动面。

11.021 粒雪 firn
雪完全演变成冰川冰之前的一种过渡状态,其密度在350~830kg/m^3之间。

11.022 粒雪盆 firn basin
冰川平衡线以上的盆状部分。

11.023 粒雪线 firn line
冰川表面粒雪分布的下限。即附加冰带与湿雪带的界线。

11.024 雪线 snow line
由气候和地形相互作用形成的大气固态降水的积累等于消融的界线。

11.025 冰川冰 glacier ice
由粒雪演变而来的冰,不透气。

11.026 附加冰 superimposed ice
由融水和粒雪的混合物冻结而成的冰。在冰川平衡线与粒雪线之间形成附加冰带。

11.027 冰川冰结构 glacier ice texture
构成冰川冰的冰晶的尺寸和形状、冰晶在空间的相互关系、冰晶位向对产状要素的关系、冰晶与冰内包裹体的关系和冰晶位向与晶体外形的关系。

11.028 冰组构图 ice fabric diagram, Sohmidt diagram
表示大量冰晶的C轴(与光轴一致)位向的空间分布。冰组构图反映冰所处的和所经历的应变状态。

11.029 冰川积累区 accumulation area of glacier
冰川平衡线以上物质平衡为正的部分。

11.030 冰川消融区 ablation area of glacier
冰川平衡线以下物质平衡为负的部分。

11.031 冰舌 glacier tongue
冰川末端。

11.032 冰川裂隙 crevasse
主要由冰川运动时产生的张力而形成的冰面开裂。大部分裂隙都向下愈合。

11.033 冰瀑布 icefall
冰川纵坡很大区段,一般在冰川平衡线之下。冰瀑布跨越岩坎,运动速度大,冰面破碎,裂隙纵横,时而发生冰崩。

11.034 冰肋 ogives, Forbes bands
出现于冰川上的浅色冰与深色冰的交替带,常始于冰瀑布之下,愈往下愈弯曲,呈弧拱形,拱顶指向下游。

11.035 冰川风 glacial wind
冰川消融期因贴地面气层向冰川表面以湍流交换方式输送热量,用于冰面消融,而使其温度低于同高度自由大气,从而形成冰川表面向下的风场。

11.036 冰下河道 subglacial channel
由冰川下的流水在冰床基岩或沉积物中切割而成的槽沟。

11.037 冰川融水径流 glacier melt water

runoff

冰川冰和冰川表面雪的融水汇入河道形成的径流。

11.038　冰川分类　classification of glacier

按冰川的地球物理分类,将冰川分为温冰川、亚极地冰川、极地冰川。按冰川的温度状况可以区分为冷冰川、冷温复合冰川和温冰川。按冰川发育的水热条件和冰川的物理特征将冰川划分为海洋性冰川、亚大陆性冰川和极大陆性冰川。还有按冰川的形态特征将冰川划分为大陆冰盖、冰原、冰帽、溢出冰川、山谷冰川、山岳冰川等

11.039　极地冰川　polar glacier

没有冰面融化的冰川。

11.040　亚极地冰川　sub-polar glacier

夏季有融水排出的冰川。

11.041　冷冰川　cold glacier

冰川冰全年位于融点以下,或者只有冰床达到融点。

11.042　温冰川　temperate glacier

除冰川表层外均处于融点,此表层约 15 米,有季节性温度波动,其温度可能低于融点。

11.043　冷温复合冰川　polythermal glacier

冰川底层有一定范围到达融点。

11.044　海洋性冰川　maritime glacier

分布在降水丰富的海洋性气候区,冰川温度接近零度,冰川底部的冰温处于压力融点。

11.045　亚大陆性冰川　subcontinental glacier

发育在大陆性气候条件下,冰川平衡线高度以上有较多降水,冰川温度为负温,其底部的冰温可能是负温,也可能达到压力融点。

11.046　极大陆性冰川　supercontinental glacier

发育在极干旱的大陆性寒冷气候条件下,冰川平衡线高度以上降水较少,冰川温度很低,冰川底部一般呈负温且冻结到冰床。

11.047　大陆冰盖　continental ice sheet

不受地形约束、覆盖陆地面积大于百万平方公里的冰体。如南极冰盖和格陵兰冰盖。

11.048　溢出冰川　outlet glacier

从大陆冰盖或冰帽流出的冰川。常为山谷冰川,其流域轮廓不甚清晰。

11.049　冰架　ice shelf

大陆冰盖向大陆架延伸的浮动大冰体,部分可能接地。

11.050　冰流　ice stream

大陆冰盖溢出冰川中流动速度快于其两旁冰体的部分。

11.051　冰山　iceberg

大陆冰盖边缘或峡湾冰川末端崩解入海的巨大漂浮冰体。

11.052　冰原　ice field

陆地上其厚度不足以掩盖冰下地形之起伏的毯状冰体。规模次于大陆冰盖。

11.053　冰帽　ice cap

覆盖整个山顶或大部分山体的冰体,规模次于冰原。

11.054　山岳冰川　mountain glacier

存在于山地中的冰川的统称。

11.055　冰斗冰川　cirque glacier

发育于冰斗中的小型冰川。冰舌极短。

11.056　悬冰川　hanging glacier

分布在雪线高度附近山坡上无明显粒雪盆或冰舌的小型冰川。

11.057　山谷冰川　valley glacier

从粒雪盆流出或山坡雪崩补给而形成的有伸入谷地的长大冰舌的冰川。

11.058　山麓冰川　piedmont glacier

若干条山谷冰川的宽大末端在山麓相互连接在一起的部分。

11.059 再生冰川 regenerated glacier
由高山上部的冰雪崩落在山脚下形成的冰川。

11.060 接地线 grounding line
将一条冰川的接地部分与浮动在水面的部分分开的界线。

11.061 水内冰 frazil ice
由水的过冷却和水的湍流而形成于水底或水中物体上的冰。由大小不同、形状不一的冰晶集聚而成。

11.062 冰花 shuga
由河底上浮到水面、呈各种外形、夹带其他冰体和泥沙的水内冰。

11.063 冰情 ice phenomena
水体(河、湖、海)上各种冰体的形成、发展、消散和衰退的一系列过程。

11.064 冰塞 frazil jam
在稳定的封冻冰层下面,整个或局部过水断面被冰花堵塞而产生的一种显着阻水现象。

11.065 雪崩 snow avalanche
积雪顺沟槽或山坡向下滑动引起雪体崩塌的现象。

11.066 吹雪 snow drift
挟带大量雪粒在近地面运行的气流。

11.067 雪暴 snowstorm
伴有大量降雪现象的风暴天气。

11.068 冰碛阻塞湖 moraine-dammed lake
小冰期终碛垄阻挡冰川融水而在后退冰川末端与终碛垄之间形成的湖泊。

11.069 冰川阻塞湖 glacier-dammed lake
冰川跃动阻塞河谷而形成的湖泊。常态冰川也能前进造成冰川阻塞湖。

11.070 冰湖溃决洪水 glacial lake outburst flood
由冰川成因湖泊(如冰川阻塞湖、冰碛阻塞湖、冰内湖、冰下湖等)突然而迅速的大量排水而爆发的强大水流。

11.071 冰川泥石流 glacial debris flow
现代冰川和积雪地区的一种含有大量土、砂、石块等松散固体物质与水体的特殊洪流。

11.072 冰水沉积 glaciofluvial deposit
由冰川融水搬运的泥沙的沉积过程。冰水沉积是广义的冰川沉积,包括冰河沉积、冰湖沉积和冰海沉积。

11.073 冰河沉积 glacio-river deposit
在大陆冰盖或山岳冰川前形成的冰水沉积扇、冰水阶地、冰水平原等。

11.074 冰湖沉积 glacio-lacustrine deposit
在大陆冰盖或山岳冰川前缘的湖泊中缓慢地沉积在湖底的物质,常形成纹泥。

11.075 冰海沉积 iceberg deposit
漂浮于海岸边缘的冰舌、冰山、陆架冰中所挟带的碎屑在海洋底部的沉积。

11.076 冰碛 moraine
由冰川冰汇集起来,并在冰川冰融化时直接堆积下来的堆积物。

11.077 流碛 flow till
接近或处于液限的部分冰面和冰下碎屑在正常大气压力下脱离冰体而产生黏性流动的冰碛。

11.078 融出碛 meltout
正常压力下冰面或冰下含碎屑冰体发生融化而堆积下的冰碛。

11.079 滞碛 lodgement till
在冰下大于大气压力的围压下沉积的冰碛。

11.080 变形碛 deformation till
在冰底受冰川改造而基本未经搬运或仅短距离搬运,且未经持续研磨和压实的冰碛。

11.081 升华碛 sublimation till
在干燥极地环境下由冰的升华而形成的冰碛。

11.082 冰川地貌 glacial landform
由冰川作用形成的地表形态。

11.083 漂砾 boulder
经冰川搬运、远离产源地的直径达数米至数十米的巨石。

11.084 侧碛垄 lateral moraine
在冰舌侧旁堆积的垄状冰碛。

11.085 终碛垄 terminal moraine
在冰川末端横过河谷堆积下来的垄状冰碛。

11.086 冰斗 cirque
山岳冰川源头由雪蚀和冰川挖掘共同营造的围椅状盆地。典型的冰斗,由岩盘、岩壁和岩槛组成。

11.087 角峰 horn
由数个冰斗包围着的金字塔形山峰。

11.088 刃脊 arete
由冰斗不断扩大、斗壁不断后退而形成的相邻冰斗间的刃状山脊。

11.089 U形谷 U-shape valley
主要由冰川侵蚀作用形成的底部宽平、两侧陡峻的槽谷。其横剖面呈抛物线型。

11.090 冰擦痕 glacial stria
冰川所含岩屑在冰川运动过程中刻划在岩石上的痕迹,多出现在冰床(包括谷壁)上,也出现在冰碛石的表面,具有指示冰流方向的意义。

11.091 羊背石 roche moutonnee
冰川底下的岩石突起部分,因冰川在上面运动而逐渐侵蚀变成圆顶的小丘。羊背石迎冰面较平坦,光滑,微倾斜;羊背石背冰面较陡,不平坦,有被拔蚀而形成的阶梯。

11.092 鼓丘 drumlin
由冰碛或部分冰水沉积物组成的流线型冰川堆积地形。平面呈卵形,长轴与冰流方向平行,迎冰面坡陡而背冰面坡缓。

11.093 蛇形丘 esker
在冰川边缘或冰川前端由冰水沉积形成的狭长、曲折如蛇的垅岗,丘脊狭窄。由砾石、砂组成,沿冰川运动方向延伸。

11.094 纹泥 varve
冰川融水携带的细粒物质在冰川前缘湖泊中缓慢地沉积在湖底的具有明显韵律层理的冰川-湖沼沉积物。每个年层分两部分:下部为以沙土为主的夏季浅色部分,上部为以黏土为主的冬季暗色部分。

11.095 冰芯 ice core
从冰川钻取的圆柱状冰体。

11.096 冰芯定年 ice core dating
利用冰芯物理特征和化学特征的季节变化、结合流动模型和放射性同位素等方法确定冰芯深度与年代之间关系的方法。

11.097 冰芯记录 ice core record
通过冰芯中物理参数、化学成分、生物特征等随深度的变化的测定,结合冰芯定年得出它们的时间系列数据和曲线,研究过去气候环境变化。

11.098 冰雪灾害 disaster from snow and ice
由冰川跃动、冰湖溃决洪水、吹雪、雪崩、强降雪、冰川泥石流、江河冰凌、海冰等造成破坏的自然灾害。

11.099 冰期 ice age
地球表面覆盖有大规模冰川的地质时期。

11.100 间冰期 interglacial period

两次冰期之间的相对温暖时期。此期间地球上冰川消亡或大规模退缩。

11.101 第四纪冰川作用 Quaternary glaciation

约距今200万年前开始的、北半球大规模发育冰川以来的全球性冰川作用。其间又有多次较大幅度的冷暖变化或冰川大规模扩张和收缩的变化。

11.102 小冰期 little ice age

距今最近的一次气候冷期。出现于公元1 400年以来约600年间。

11.103 新冰期 neoglaciation

全新世中晚期发生的冰川进退变化。如距今4 000～1 500年发生的较强烈的冰川前进。

11.104 冰后期 post-glacial age

距今约1万年以来全球转暖,大量冰川消失或收缩的时期。此期间气候仍有多次冷暖波动。

11.105 末次冰期 Last Glaciation

约始于距今7.5万年,结束于距今1万年的冰期。是第四纪的最后一次冰期。

11.106 末次冰盛期 Last Glacial Maximum

末次冰期中气候最寒冷、冰川规模最大的时期。即末次冰期晚冰阶,距今3.2～1万年。

11.107 冷圈 cryosphere

地球表层每年至少部分时间温度在0℃以下形成的各种类型的天然冰体和冻土圈层。

12. 冻　土　学

12.001 冻土学 geocryology

研究冻土、土的冻结和融化、冻土地质过程和现象的形成、发育和分布规律及其在自然或人为影响下的变化和控制的学科。

12.002 普通冻土学 general geocryology

研究冻土带的形成、发展历史和分布规律,冻土层的成分、性质、组构,冷生过程和现象,以及冻土带的温度动态和厚度等的冻土学分支。

12.003 工程冻土学 engineering geocryology

研究在人类经济活动下冻土的行为、性质及其控制的冻土学分支。

12.004 冻土力学 mechanics of frozen ground

研究活动层的冻结融化、冻土层在外界作用影响下的力学过程,冻土、融土的强度、稳定性、变形性以及建筑物与多年冻土之间的应力应变相互作用的学科。是工程冻土学的基础理论。

12.005 冻土动力学 permafrost dynamics

研究冻融过程的热力学和热物理学,冻土层的动态,冻土过程和现象的形成和发育规律的学科。

12.006 冻土 frozen ground

温度在0℃或0℃以下,并含有冰的各种岩土。

12.007 寒土 cryolic ground

温度在0℃或0℃以下,但不含冰的岩土。

12.008 湿寒土 cryopeg

不含冰但含负温盐水或卤水的寒土。

12.009 干寒土 dry permafrost

不含冰和重力水的寒土。

12.010 融土 thawed soil

曾经处于冻结状态的正温岩土。

12.011 冻土区 cryolithozone

岩土温度在0℃或0℃以下的那部分地壳,

不论岩土中是否含有冰。

12.012 季节冻土 seasonally frozen ground
每年寒冷时期冻结的岩土。

12.013 隔年冻土 pereletok
融土上的季节冻结层如遇冷夏不能融透而形成保留一、二年至几年的冻土,这是介于季节冻土与多年冻土之间的过渡形式的冻土。

12.014 多年冻土 permafrost, perennially frozen ground
土的冻结状态保持数年至数万年以上的岩土。

12.015 连续多年冻土 continuous permafrost
冻土区内不同成因融区的面积占冻土区总面积11%以下的多年冻土。

12.016 不连续多年冻土 discontinuous permafrost
冻土区内不同成因融区的面积占冻土区总面积11%以上的多年冻土。

12.017 高纬度多年冻土 high-latitude permafrost
分布在极地和亚极地地区的多年冻土。

12.018 高海拔多年冻土 high-altitude permafrost, alpine permafrost
中、低纬度地区一定海拔高度以上出现的多年冻土。

12.019 海底多年冻土 offshore permafrost, subsea permafrost
分布在极地大陆架地区海底的多年冻土。其大部分是从过去寒冷时期残留下来的。

12.020 行星多年冻土 planetary permafrost
存在于地球以外太阳系其他一些星球上的多年冻土。

12.021 残余多年冻土 relict permafrost
地质历史时期寒冷阶段形成的多年冻土退化残存的部分。

12.022 共生多年冻土 syngenetic permafrost
多年冻结作用与沉积作用大致同时进行,而形成的多年冻土。

12.023 后生多年冻土 epigenetic permafrost
在土沉积过程结束之后发生冻结而形成的多年冻土。

12.024 富冰冻土 ice-rich soil, ice-rich permafrost
土中冰的体积超过了天然未冻结状态下土总孔隙体积的冻土。

12.025 塑性冻土 plastic frozen soil, high-temperature frozen soil
为冰所胶结,含有较多的未冻水而具有黏滞性和较大可压缩性的冻土。

12.026 人工冻土 artificially frozen soil
人工冻结的土岩。在工程建设中利用人工冻土具有不透水性、强度高与变形小等特性,创造有利条件进行施工,也常利用人工冻土进行实验研究。

12.027 多年冻土进化 permafrost aggradation
由气候变化或地面条件改变引起的多年冻土温度降低、厚度增加和面积扩大。

12.028 多年冻土退化 permafrost degradation
由天然的或人为的因素引起的多年冻土温度升高、厚度和分布范围的缩小或消失。

12.029 多年冻土南界 southern limit of permafrost
连接北半球高纬度多年冻土岛最南缘的线。这是多年冻土的自然地理南界。

12.030 多年冻土下界 low limit of permafrost

出现高海拔多年冻土的最低海拔线。

12.031　冻土相分析　permafrost facies analysis

根据多年冻结地层的相标志、相属性、相组合来研究冻土的形成条件的方法。

12.032　多年冻土上限　permafrost table

多年冻土层的顶面。

12.033　多年冻土下限　permafrost base

多年冻土层下部的底面,其上温度多年处于0℃以下,其下温度多年处于0℃以上。

12.034　活动层　active layer

多年冻土区近地表每年冬季冻结、夏季融化的土层。

12.035　季节融化层　seasonally thawed layer

多年冻土(年平均温度≤0℃)上发生季节融化的土层。

12.036　季节冻结层　seasonally frozen layer

融土(年平均地温>0℃)上发生季节冻结的土层。

12.037　年变化深度　depth of zero annual amplitude

又称"零较差深度"。地温在一年内相对不变的深度。

12.038　零点幕　zero curtain

在土冻结和融化期间,直接位于多年冻土上限之上的温度在相当长的时间内保持0℃的一个带。

12.039　冻融循环　freeze-thaw cycle

冻结和融化作用交替发生的过程

12.040　冻结指数　freezing index

一年或整个冬季中连续低于0℃气温的持续时间与气温数值乘积之总和。以度·日或度·月表示。

12.041　融化指数　thawing index

一年中连续高于0℃气温的持续时间与气温数值乘积之总和。以度·日或度·月表示。

12.042　冻结缘　frozen fringe

正冻土中冻结锋面(下界面)与冰分凝锋面(上界面)之间的区域。

12.043　冻结锋面　freezing front

冻土与非冻土之间可移动的接触界面。

12.044　冻结速度　freezing rate

土冻结锋面向前发展的速度。

12.045　封闭系统冻结　closed-system freezing

在无外来水分补给条件下的冻结过程。

12.046　开敞系统冻结　open-system freezing

在有外来水分补给条件下的冻结过程。

12.047　冷生构造　cryostructure

冻土固体组分间的相对空间排列。表征冻土组分空间分异作用的宏观特征。

12.048　杂状冷生构造　ataxitic cryostructure, breccia-like cryostructure

在多年冻土上限附近的细粒土,或有足够细粒土充填的粗粒土中,含冰量一般超过50%,冰土混杂,土颗粒和土集合体好象悬浮于冰中所形成的一种特殊的冷生构造。

12.049　冷生结构　cryotexture

微观水平上矿物质点及其聚合体、冰晶的形态和大小以及冰胶结的形式。

12.050　地下冰　ground ice

地壳中任何成因和埋藏条件的冰的统称。

12.051　大块冰　massive ice

广义指尺度至少为11~110cm的地下冰体。如冰楔、多年冻胀丘和冰透镜体。狭义指通常埋于2~40m的深处,水平延伸的大的层状地下冰体。

12.052 **冰透镜体** ice lens

呈透镜状出现在土中的各种成因的冰体。

12.053 **孔隙冰** pore ice

存在于土孔隙中的冰。其特点是当其融化时产生的水的体积不超过土冻结前的孔隙体积。

12.054 **侵入冰** intrusive ice

承压地下水(自由重力水)贯入多年冻土或季节冻土后冻结而形成的冰。

12.055 **分凝冰** segregated ice

松散土中,由薄膜水向冻结锋面迁移而形成的冰体。

12.056 **脉冰** vein ice

存在于多年冻土各种裂隙中的冰。

12.057 **重复脉冰** repeated vein ice

又称"冰楔(ice wedge)"。长时间以来差不多在同一位置重复生成的一系列脉冰。通常具垂直叶理,并在地表形成多边形。

12.058 **洞穴冰** cavity ice

分布于各种成因洞穴内的冰。这种冰是由水的冻结、水汽凝结和升华,以及积雪再结晶而形成的。

12.059 **冰针** needle ice, pipkrake(法)

接近地表的土中呈针状垂直于地面生长,成簇出现的冰。

12.060 **过剩冰** excess ice

土体中体积超过天然未冻状态下孔隙体积的冰,常为分凝冰。

12.061 **埋藏冰** buried ice

被沉积物掩埋的生成于地表的各种冰(河冰、湖冰、海冰、冰椎冰、冰川冰和积雪等)。

12.062 **含冰量** ice content

衡量冻土中含冰多少的指标。

12.063 **未冻水** unfrozen water

存在于冻土中的液态水。

12.064 **薄膜水迁移** film water migration

在土冻结过程中,增长着的冰晶不断地从邻近水膜中夺走水分,使水膜变薄,相邻的厚膜中的水分子就不断地向其补充,由这样的依次传递过程而引起的水分迁移。

12.065 **分凝势** segregation potential

迁移水量与冻结边缘的温度梯度之比。

12.066 **土体成冰** ice formation

土体中水冻结成冰的过程。

12.067 **胶结成冰** cement ice formation

冻结前就存在于土孔隙和岩石裂隙中的水原位冻结的过程。

12.068 **侵入成冰** intrusive ice formation

承压地下水(自由重力水)贯入多年冻土或季节冻土后冻结成冰的过程。

12.069 **分凝成冰** ice segregation

松散土中的薄膜水向冻结锋面迁移而形成冰体的过程。

12.070 **重复分凝成冰** repeated ice segregation

由多年冻土自下而上冻结时的水分迁移和成冰作用、未冻水的不等量迁移、冰的自净以及地表加积造成地下冰共生生长等几种作用组成,而且年复一年重复的一种成冰机制。

12.071 **冻融作用** frost action

岩土中发生的冻结和融化及其所产生的影响。

12.072 **寒冻风化** frost weathering

因气温正负温频繁交替,岩石节理裂隙中水分膨胀冻结以及岩石不同矿物颗粒差异膨胀和收缩而导致岩石破碎的过程。

12.073 **物质坡移** mass wasting

冰缘地区山坡上松散物质的搬运和堆积过程。导致倒石锥、岩屑坡、倒石锥前缘堤、石冰川、融冻泥流和热融滑塌等的形成。

12.074 雪蚀 nivation
积雪融水、寒冻风化和物质坡移等作用产生的对山坡的侵蚀过程之总称。

12.075 融冻扰动 cryoturbation
用来描述由冻融作用引起的土层扰动。包括冻胀、融冻泥流、差异运动和块体运动。

12.076 冻融分选 frost sorting
季节融化层在频繁的正负温波动下反复冻结和融化,由于差异冻胀使不同粒度成分的物质产生分异、重新组合的过程。

12.077 冻胀 frost heaving
土中水变成冰时的体积膨胀(9%)引起土颗粒间的相对位移所产生的土的体积膨胀。

12.078 冻缩开裂 frost cracking, thermal contraction cracking
冻土与冰在温度降低时收缩而裂开的过程。

12.079 冻结敏感土 frost-susceptible ground
易产生冻胀的土类。

12.080 复冰作用 regelation
超压下产生的冰融水在压力松弛时的再冻结。

12.081 冻胀力 frost heaving force
土的冻胀受到约束时产生的力。

12.082 冻结力 adfreeze strength
土与基础侧表面冻结在一起所能承受的最大剪应力。

12.083 冻土流变性 rheological properties of frozen soil
在外荷载作用下,冻土中的应力和应变随时间变化的特性。

12.084 冻土强度 strength of frozen soil
冻土抵抗破坏的能力。指在一定受力状态和工作条件下,冻土所能承受的最大应力。

12.085 热喀斯特 thermokarst
由地下冰融化而造成的地面下沉和滑塌过程。

12.086 热融滑塌 thaw slumping
由于斜坡厚层地下冰融化,土体在重力作用下沿地下冰顶面发生的向上牵引或向下坍塌沉陷式的位移过程。

12.087 压力融化 pressure-melting
在由压力增加导致融点降低的地方发生的冰的融化。

12.088 融化固结 thaw consolidation
土体融化后,在土体自重和所加荷载作用下,水分排出,体积减小,密度增加的过程。

12.089 融化压缩 thaw compressibility
冻土融化后,在外荷载作用下,水和空气从土的孔隙中被挤压出时孔隙度减小的压缩变形过程。

12.090 融化下沉 thaw settlement
土中过剩冰融化所产生的水排出及土体的融化固结引起的局部地面的向下运动。

12.091 热侵蚀 thermal erosion
由流水的热作用和力学作用造成富冰冻土侵蚀的过程。

12.092 融区 talik
在活动层下,处于冻土层之中具有正温、含水和不含水的,或具有负温液态水的地质体。

12.093 贯通融区 open talik, through talik
从地表面向下穿透整个冻土层的融区。

12.094 非贯通融区 closed talik
未穿透整个冻土层的融区。

12.095 冰缘 periglacial

塑造地貌形态的主要外营力是冻融作用的寒冷区。

12.096 冰缘作用 periglacial process
与寒冷气候伴生的以冻融作用为主的各种非冰川作用的总称。

12.097 冰缘地貌 periglacial landform
主要由冻融作用塑造成的寒区地形。

12.098 冷生夷平 cryoplanation
寒冷地区主要由冻融作用引起的地形夷平过程。

12.099 石海 block field
由寒冻风化作用形成的碎石、岩块,经重力和其他营力搬运或不经搬运而形成的碎石场。

12.100 石河 stone stream
由寒冻风化作用形成的碎石、岩块,在重力和流水的作用下搬运并堆积在山坡、山沟而形成的窄长如河的堆积体。

12.101 冰缘岩柱 periglacial tor
基岩由强烈的寒冻风化作用被鳞剥而崩解的碎块在重力作用下沿坡移走后的呈柱状或丘岗状兀立于山脊上的残留物。

12.102 冻拔 frost jacking
由冻融作用引起的,埋在土中物体累积的向上位移。

12.103 寒冻裂缝 frost crack
因骤然冷却强烈收缩而开裂所形成的有序或无序的裂缝。

12.104 融冻褶皱 periglacial involution
在冻土层顶部的活动层中发生的局部塑性变形的现象。如融冻褶曲、袋状构造等。

12.105 石冰川 rock glacier
由块石和冰组成的沿山坡向下运动的多年冻结地质体。

12.106 冻胀丘 frost mound
由土的差异冻胀作用所形成的丘状地形的总称。

12.107 多年生冻胀丘 pingo
分布于多年冻土区,发育多年的大型含冰核冻胀丘。

12.108 成型土 patterned ground
在寒冷地区,主要由冻融作用造成的具有一定几何形状的生成物。如环、多边形、网、阶、条。

12.109 冰楔假型 ice wedge cast
冰楔冰融化后,原来被冰占据的空间为来自周围和上覆土层中的土所充填而形成的楔状土体。

12.110 砂楔 sand wedge
严寒而干燥的地区寒冻裂缝为砂所充填的楔状体。

12.111 石环 sorted circle, stone circle
呈圆形、中间为细粒土、周围为石块边界的成型土。

12.112 石网 stone net, sorted net
细粒土居中,粗粒土和石块形成不规则网状边的成型土。

13. 沙 漠 学

13.001 白龙堆 bailongdui
在罗布泊北部黏土垅脊和土墩的顶面是石膏和盐结块形成方山,其表面为白色的一种类似雅丹的地貌。

13.002 固定沙丘 fixed sand dune

植被覆盖度在35%以上风沙活动不很显着的沙丘。

13.003 半固定沙丘 semifixed dune
丘表植被覆盖度在15%~35%,流沙呈斑点状分布,有风沙活动的沙丘。

13.004 波状沙地 wave-form sand
表面波状起伏的沙地。

13.005 草地退化 pasture degradation
由于超载过牧,牲畜过度采食和践踏,导致草地生产力下降的过程。

13.006 草方格沙障 grass pane sandfence
一种常见的机械固沙措施。人工用麦草、稻草、芦苇等材料直接插入沙层内,成方格形的半隐蔽式沙障。

13.007 粗化 coarse granulization
土地受到风蚀后表层土壤结构破坏,细粒物质损失,粗粒物质相对增多的过程。

13.008 吹蚀 deflation
沙漠地区地表疏松沙物质或黏土被风蚀的过程。

13.009 防沙林 windbreak forest
建设在农田、牧场、工矿设施前沿的,乔灌草结合的生物防沙体系。

13.010 风成沉积 aeolian deposit
风力作用下砂、粉砂、黏土等物质被搬运和堆积的过程。

13.011 风成地貌 aeolian landform
风与风沙流对地表物质的吹蚀、搬运和堆积过程中所形成的地貌。分为风蚀地貌和风积地貌两大类。

13.012 风沙动力学 aeolian dynamics
研究风沙相互作用及其所产生一系列效应的动力过程与机制的学科。

13.013 风成堆积 aeolian accumulation
地表风沙运动过程产生的堆积物。包括残积的戈壁砾石、风成沙和原生黄土。

13.014 风成过程 aeolian processes
风力对地表物质的侵蚀,搬运和堆积过程。

13.015 风成沙 aeolian sand
风力作用形成,搬运,堆积的沙粒及沙丘。

13.016 [风成]沙丘 aeolian dune, sand dune
风力作用堆积的外部具有一定形态,内部具有一定构造的沙质丘状堆积体。

13.017 风洞 wind tunnel
在一个管道内,用动力设备驱动一股速度可控的气流,用以对模型进行空气动力实验的一种设备。

13.018 风积地貌 wind-accumulated landform
风沙运动中挟沙气流的速度减缓,风沙流处于过饱和状况,部分或全部沙粒停积,堆积形成的各种沙丘。

13.019 风积土 aeolian soil
风堆积形成的土状堆积物。

13.020 风棱石 wind-faceted stone, ventifact
散布在荒漠表面与戈壁滩上的岩块与砾石,经风沙长期磨蚀,形成光滑棱面和棱边。

13.021 风力作用 wind force action
风对地表的作用。风吹地面将沙粒吹离地表以悬移、跃移和蠕移等方式进入气流中运动,对地表进行侵蚀、搬运和堆积作用。

13.022 风沙地貌 aeolian sand landform
风力作用于地表,风力与沙质地表相互作用的产物。大尺度的形态有沙丘沙堆,平沙地。小尺度的形态有沙波纹,沙垄等。

13.023 风沙工程学 sand-laden wind engineering

以沙漠及沙质荒漠化(沙漠化)土地为对象,研究风力对地表的侵蚀、堆积过程及其对农牧、交通及居民点危害机理及防治的技术措施的学科。

13.024 沙地 sand land

半干旱或半湿润地区地表被沙丘覆盖,通常以固定或半固定沙丘为主。

13.025 风沙环境 desert environment

风沙运动和沙漠堆积物产生的环境背景。具有沙粒起动、运移的动力条件,气候干旱土壤水分条件差,地面缺乏覆被并具有松散沉积物或产生岩屑的岩层。

13.026 风沙环境风洞 wind tunnel of blown sand environment

风沙研究的专用设备。用来模拟研究风对自然界地表结构的影响,及风和沙粒的吹蚀、搬运和堆积过程中相互作用与相互关系的实验设备。

13.027 风沙流 wind drift sand flow, sand-laden wind

含有沙粒运动的气流。当风速达到起动风速时,地面沙物质开始运移。

13.028 风沙土 aeolian sandy soil

风沙沉积物发育的幼年土。有流动风沙土、半固定风沙土和固定风沙土等类型。

13.029 风沙土改良 amelioration of aeolian sandy soil

风沙土的透气性好,但有机质和有效养分含量低,风沙土改良的关键是控制风蚀,增加土壤有机质。

13.030 风沙物理学 blown sand physics

以物理力学的观点来研究风沙运动,风沙动力学过程,风沙地貌的形态和演化及风沙危害的形成、发展及其防治原理的应用基础理论学科。

13.031 风蚀 wind erosion

风力作用下地表物质的损失过程。

13.032 风蚀壁龛 wind-eroded habitacle

岩壁经风蚀形成的凹坑和小洞穴。

13.033 风蚀残丘 wind-eroded yardang landform

风蚀谷经长期风蚀,不断扩展,使风蚀谷之间的地面不断缩小而成为岛状高地或孤立小丘,高度一般10~30m。

13.034 风蚀地 wind-eroded ground

在平坦的沙漠地区,风蚀过程中较细的颗粒会被吹走,留下较粗的岩石组成的砾石层。

13.035 风蚀地貌 wind erosion landform

风沙对地表进行吹蚀、磨蚀形成的地貌。如风蚀洼地、风蚀谷、雅丹、蘑菇石、风蚀壁龛、风蚀残丘等。

13.036 风蚀坑 blowout pit

干旱区的岩石被风沙流磨蚀,近地表的表面出现的凹坑。

13.037 风蚀洼地 deflation hollow

地面松散物质经风吹蚀形成的宽广的椭圆形洼地。常成群分布,并沿主风向伸长。

13.038 蜂窝状沙丘 honeycomb dune

一种固定或半固定沙丘。为中间低,四周以无一定方向的沙梁所组成的圆形或椭圆形的沙窝地形。

13.039 风障 windbreak

又称“沙障(sand-controlling barrier)”。通过人工措施加大地面的动力粗糙度,干扰风的流场以达到降低风速,截留风沙流中沙物质的设施。

13.040 复合沙丘 compound dunes

由两个或两个以上同一类型的沙丘联接或叠置形成的沙丘。

13.041　复合型沙丘　complex dunes
由两种不同的基本类型的沙丘联结构成的沙丘类型。

13.042　干旱化　aridification
气候和生态环境向干旱气候发展的趋势。包括降水量减少,蒸发量增加,降水变率增大,地下水位下降,河流湖泊干涸,植物向旱生方向发展等。

13.043　干旱区　arid region, arid zone
水分缺乏,以荒漠植被为主的地区。我国的标准是干燥度指数大于1.5。

13.044　干旱指数　drought index
表征气候干旱程度的指标。一般用潜在蒸发量与降水量之比计算。

13.045　高立式沙障　upright sandfence
输沙量较大的地区,为了不被风沙迅速掩埋,用高秆作物编成笆块钉在木桩上制成阻沙栅栏。

13.046　戈壁　gobi
戈壁为蒙古语言的音译。地表布满大小砾石、石块的荒漠。

13.047　古风成沙　ancient aeolian soil
地质历史时期在风力作用下堆积的沙物质。

13.048　古沙丘　fossil dune, ancient sand dune
第四纪及以前各个地质历史时期环境条件下形成的埋藏沙丘。

13.049　固沙造林　afforestation of sands
流沙地段封沙育草造林,扩大林草植被覆度,控制沙漠化的扩展。

13.050　灌丛沙堆　coppice dune
风沙流遇到灌丛阻挡,沙物质在灌丛周围堆积而成的沙丘类型。

13.051　灌丛沙漠化　shrubbery-laden desertification
草原退化后出现大量硬质灌木,沙物质在沙堆下堆积成灌丛沙包,是土地沙漠化的过程。

13.052　寒漠　cold desert
两极、高山或高原等寒冷气候下的荒漠。寒漠地区的寒冻物理风化作用强烈,形成大量岩屑。

13.053　横向沙丘　transverse dune
单向风的产物,其陡峭的滑落面(落沙坡)与风向垂直。包括新月形沙丘、新月形沙丘链、复合型新月形沙丘、抛物线形沙丘等。

13.054　荒漠漆　desert varnish
干旱地区岩石表面蒙上一层薄薄的由毛细管水带出的黑色铁锰沉淀物,经风沙磨擦,光亮耀目。

13.055　黄土　loess
由风搬运沉积的第四纪陆相粉砂质富含碳酸钙的土状沉积物。

13.056　黄土沉积　loess deposit
沙漠地区的地表物质中粉砂质搬运到其他地区沉积,形成厚度不一的黄土层。

13.057　化学固沙　chemical dune stablization
用化学制剂覆盖沙丘或沙质地表,加强地表抗风蚀的能力,固定沙质地表的措施。

13.058　恢复生态学　restoring ecology
在人为干扰下,生态系统的变化机理、重建和保护对策的学科。

13.059　金字塔沙丘　pyramid dune
又称“星状沙丘(star dune)”。由三组以上风力差别不大的风塑造形成的沙丘。

13.060　空气动力学粗糙度　aerodynamics roughness
表征气流经过某一地表时,对地表粗糙状况响应的物理量,气流湍流边界层中风速以零的高度来表示。

13.061 砾浪 gravel wave
在强风力作用下,砾石沿地表的滚动或蠕动形成形态似波浪的风成地貌。

13.062 砾质化 gravelification
干旱半干旱地区地表经风吹粗化细物质损失,砾石和粗粒集中于地表,最后出现近似戈壁的表面层的过程。

13.063 流动沙丘 mobile dune, wandering dune
在风力作用下缓慢前移的沙丘,移动的总方向和起沙风的年合成风向大体相一致。

13.064 流沙固定 fixation of shifting sand
又称"沙丘固定(dune stabilization)"。用机械的,生物的及化学的方法减少风沙流使流动沙丘停止移动。

13.065 绿岛效应 green island effect
在干旱地区,由于绿洲、湖泊的存在,而形成一种与四周荒漠有明显差异,相对湿度大,温差变化小的区域。

13.066 绿洲开发 oasis development
从综合利用绿洲资源角度出发的人工绿洲,可分为农田绿洲和工矿绿洲。

13.067 绿洲土壤 oasis soil
在绿洲地区经长期耕作、施肥、灌溉等人为措施的影响下形成发育的土壤。

13.068 鸣沙 hiyal
以石英为主的细沙粒,因风吹震动,沙滑落或相互运动时,众多沙粒在气流中旋转,表面空洞产生的"空竹"效应发出嗡嗡响声。

13.069 漠境砾幕 desert pavement
荒漠地区细粒物质被吹蚀后留在地表砾石层或岩屑,一般被矿化溶液所胶结。

13.070 爬升沙丘 climbing dune
沙丘移动受山地阻挡时,沙在风力作用下沿山坡上升形成的沙丘。

13.071 抛物线形沙丘 parabolic dune
沙丘两翼指向上风方向,迎风坡平缓前进,背风坡陡呈弧线凸出,平面呈抛物线的沙丘。

13.072 起沙风 sand-driving wind
当风力逐渐增大到某一临界值以后,地表沙粒开始脱离静止状态而进入运动,使沙粒开始运动的临界风速称为"起动风速(threshold wind velocity)"。大于起动风速的风称为起沙风。

13.073 潜在沙漠化土地 desertification-prone land
具有沙漠化发生的条件尚未开始沙漠化的土地。

13.074 前沿沙丘 fore dune
俗称"过渡带"。沙漠和绿洲接触带的沙丘。以沙丘低矮,移动速度快为特征。

13.075 穹状沙丘 dome shaped dune
几何形态近似单体的饼状沙丘,一般没有外部滑落面。

13.076 丘间低地 interdunal depression
又称"丘间走廊(interdunal corridor)"。沙丘之间的低凹地,其大小和形状取决于沙丘类型,地势较平坦,起伏差小。

13.077 人造沙漠 man made desert
是人类不合理的经济活动所造成的沙漠般的环境。

13.078 沙波纹 sand ripple
受风的强度和沙丘顶峰颗粒粒径制约,形成的峰顶轴向垂直于风向的波形微地貌。

13.079 沙脊 dune crest
是沙坡的一种,通常是在有粗沙补给,遭受过分风蚀的地区中形成。

13.080　沙垅　dune ridge

在两种风向呈锐角斜交的情况下，沙丘移动发展形成沙垄。

13.081　沙漠　sandy desert

地球表面干燥气候的产物，一般是年平均降雨小于250mm，植被稀疏，地表径流少，风力作用明显，产生了独特的地貌型态。如各种沙丘，风蚀劣地等。

13.082　沙漠地貌　desert landform, desert geomorphology

狭义的沙漠地貌即风积地貌；广义的沙漠地貌除各种风成地貌还包括：沙漠中的干河床、干湖盆、边缘的干燥剥蚀山地等。

13.083　沙漠化　sandy desertification

干旱半干旱和部分半湿润地带在干旱多风和疏松沙质地表条件下，由于人为强度利用土地等因素，破坏了脆弱的生态平衡，使原非沙质荒漠的地区出现风沙活动的土地退化过程。

13.084　沙漠化程度　degree of sandy desertification

沙漠化发生地区环境退化程度的客观反映，也是人为活动强度在脆弱生态环境情况下的具体表现。分为严重沙漠化、强烈发展的沙漠化、正在发展中的沙漠化、潜在沙漠化和非沙漠化土地。

13.085　沙漠化地图　map of sandy desertification

反映沙漠化成因类型、沙漠化程度分级、沙漠化土地地表形态类型、沙漠化土地分布范围等的专业地图。

13.086　沙漠化防治　sandy desertification control, combating desertification

干旱半干旱和亚湿润干旱地区为可持续发展而进行的土地综合开发的部分活动。

13.087　沙漠化过程　sandy desertification process

在风力作用下风蚀，粗化地表，片状流沙的堆积及沙丘形态发展的土地退化过程。

13.088　沙漠化监测　sandy desertification monitory

监测沙漠化现状，动态变化并预测其发展演变规律。

13.089　沙漠化逆转　reversing of sandy desertification

通过人工措施，控制风蚀，恢复沙漠植被。

13.090　沙漠化评价　sandy desertification evaluation

通过沙漠化地区的植被变化，地貌特征，土地生产力衰减或恢复状况等沙漠化指征，评估一个地区沙漠化发展趋势，治理沙漠化的成效等。

13.091　沙漠化土地　sandy desertification land

具有发生沙漠化过程的土地。表现为生产力的下降，出现风沙活动和风沙地貌。

13.092　沙漠化指标　sandy desertification indicator

用于评价沙漠化现状及防治成果的一系列标准。

13.093　沙漠农业　sandy desert farming

利用干旱半干旱区光热资源以灌溉绿洲为主体，兼有防护性林业、畜牧业、经济类植物药用植物的生产综合开发农业。

13.094　沙漠气候　sandy desert climate

沙漠地区的大陆性气候。主要特点是空气干燥，终年少雨或几乎无雨，气温日变化剧烈，沙漠气候大体分为热带沙漠气候和中纬度温带沙漠气候两类。

13.095　沙漠图　map of sandy desert

反映沙漠分布、类型、沙丘运动方向的专业

地图。

13.096 沙漠形成 sandy desert formation
干旱气候条件下丰富的沙物质受风力的吹扬、搬运、堆积形成沙漠的过程。

13.097 沙漠学 eremology
研究沙漠和沙漠化土地分布、形成演化和防治的学科。

13.098 沙漠演变 evolution of sandy desert
又称“沙漠演化”。风成沙沉积在一定时间内的生消和空间上的扩缩过程。按性质可分为风力作用于地表出现风蚀、风沙流流沙堆积、沙丘前移及粉尘堆积等正向过程和风沙活动减弱,沙丘生草固定成壤的逆向过程。

13.099 沙漠治理 control of sandy desert
运用风沙物理学原理、生物学技术、化学方法等固定沙丘,阻止沙漠扩展,改造利用沙漠的活动。

13.100 沙丘地 dune field
各类高低起伏不平的,具有各种形态沙丘组成的土地。

13.101 沙丘分类 classification of sand dune
因分类的依据、目的以及分类所接触的地域不同而异。根据沙丘的形成与风向的关系可以分成纵向沙丘、横向沙丘和多风向下形成的沙丘。根据沙丘表面的植被覆盖,分为流动沙丘、半固定沙丘和固定沙丘。根据沙丘的形态,有新月形沙丘、抛物线形沙丘、格状沙丘、金字塔沙丘等。

13.102 沙丘形态 dune morphology
由于风况的不同,风力作用下沙粒堆积而成的沙丘形态也不同,沙丘形态类型主要有:新月形沙丘及沙丘链、纵向沙丘、格状沙丘、金字塔沙丘、蜂窝状沙丘、抛物线形沙丘和各种复合型沙丘等。

13.103 沙丘移动 dune movement
沙丘整体性顺风向位移。通过迎风坡风蚀,大量沙子在落风坡堆积来实现。

13.104 沙山 megadune
巨型沙丘或沙丘链,相对高度在 100 米以上。

13.105 生物结皮 critter crust
土壤剖面表层,由草本植物活体及残体所构织成的紧实的有机质层。

13.106 石漠 stony desert
地表几乎全为砾石、碎石所覆盖的荒漠。

13.107 石漠化 stony desertification
逐渐形成石漠景观的过程。发生在风蚀区或表层土壤浅薄、水土流失严重的山地高原区。

13.108 石窝 stone nest
陡峭的迎风壁上形成的小洞穴或凹地。

13.109 输沙率 sand flow rate
单位时间内通过单位宽度的沙粒量。

13.110 树枝状沙垅 dendritic dune
一种长草的固定半固定沙垄。沙垄作平直线状伸展常分叉或 Y 形相交,平面形态作树枝状。

13.111 土地承载力 land carrying capacity
在一定条件下土地资源生产力与一定生活水平下的人均消费标准之比。

13.112 土地沙化 land sandification
原非沙质荒漠地区因气候变异和人类活动,使土壤中细粒物质及营养物质被风蚀吹走,留下粗粒物质,出现了以风沙活动为主要特征的形态,形成风蚀地、粗化地表、片状流沙的堆积及沙丘。

13.113 土地沙漠化 land desertification
包括气候变异和人类活动在内的种种因素

造成的干旱、半干旱和亚湿润干旱地区的土地退化。

13.114 线性沙丘 linear sand dune, longitudinal dune

又称“纵向沙丘”。走向大致平行于起沙风年合成风向的沙丘,平直作线状伸展。

13.115 新月形沙丘 barchan, crescent dune

单一风向下发育的简单沙丘形态,它的迎风面是穹状的沙物质堆积,不断被风蚀在顶部附近堆积,在背风坡形成较陡峭的滑落面,因为两侧较低,前进速度较快,所以形成两翼。

13.116 新月形沙丘链 barchan chain

在沙源丰富的情况下,密集的新月形沙丘联结而成的沙丘形态。

13.117 新月形沙垄 barchan bridge

在两个呈锐角相交的风向作用下,新月形沙丘的一翼向前延伸,另一翼较短小,形成鱼钩形状的沙丘形态。

13.118 雅丹 Yardang

来源于维吾尔语,原意为陡壁的小丘。指干旱地区古河湖相土状堆积物被风吹蚀、形态多姿的土丘。

13.119 干盐湖 playa(西班牙语)

一种类似盐碱滩的地面,大雨时积水成浅的泥湖,天气一热就干涸。

14. 湿 地 学

14.001 湿地 wetland

潮湿或浅积水地带发育成水生生物群和水成土壤的地理综合体。包括陆地上天然的和人工的,永久的和临时的各类沼泽、泥炭地、咸、淡水体,以及低潮位时6米水深以内的海域。

14.002 湿地学 wetland science

研究湿地形成演化规律及其保护与合理利用的学科。

14.003 湿地生态系统 wetland ecosystem

湿地生物群与其相互作用的地理环境所构成的自然系统。

14.004 湿地生态系统结构 ecosystem structure of wetland

湿地生态系统各要素或部分之间相互结合的形式。

14.005 湿地生态系统功能 ecosystem function of wetland

湿地生态系统所产生的生态、资源、环境、文化、经济等各种效应的总称。

14.006 湿地生态系统退化 degradation of wetland ecosystem

湿地生态系统结构劣化或遭到破坏而导致其功能降低与生物多样性减少的过程。

14.007 湿地管理 wetland management

遵循客观规律并依据合理的法规和政策对湿地进行调控的过程。

14.008 湿地生态安全 ecology security of wetland

湿地生态系统处于没有外来干扰和胁迫或这种干扰和胁迫未达到可允许阈值的状态。

14.009 湿地保护 wetland conservation

采取人为措施对湿地的数量和质量进行保持和维护。

14.010 湿地利用 wetland utilization

人类对湿地资源和生态环境系统进行合理的开发,以满足其生存需求的行为。

14.011 湿地开发阈值 threshold value of wetland development

在湿地自然综合体的特性受到保护的前提下,湿地开垦面积的最大限额。

14.012 湿地单要素分类 wetland classification in single element

根据湿地的某一种属性或要素对湿地类型进行的划分。

14.013 湿地景观[生态]分类 wetland landscape classification

根据湿地景观特征对湿地类型进行的划分。如披覆式湿地、斑状湿地等。

14.014 湿地丧失 wetland loss

湿地的绝对数量受到损失的现象,多指面积损失。

14.015 湿地调查 wetland investigation

对湿地的数量和质量在野外实践中进行分析研究。

14.016 湿地污染 wetland pollution

湿地中某些成分超过正常含量或因排入有毒有害物质,对人类生存及湿地健康造成危害。

14.017 湿地价值 wetland value

湿地所体现的社会必要劳动量。湿地价值包括其生态价值、资源价值和环境功能价值、文化价值等多种。

14.018 湿地恢复 wetland rejuvenation

受到损害的湿地恢复到原貌的过程。

14.019 湿地建设 wetland construction

遵循客观规律并结合人类生存需求设计和创建湿地的过程。

14.020 湿地过程 wetland process

湿地形成演化的程序。包括湿地生物过程、物理过程和化学过程。

14.021 湿地沉积 wetland sediment

湿地环境中物质累积的动力过程。湿地沉积物富含有机质,可形成泥炭。

14.022 湿地温室气体 greenhouse gas of wetland

湿地排放出的具有温室效应的各种气体。如甲烷等。

14.023 湿地环境 wetland environment

由湿地或以湿地为主导因素构成的环境系统。

14.024 湿地资源 wetland resources

湿地中的自然资源。一般为表生资源,如土地、水、生物、泥炭、物种、基因等。

14.025 湿地地貌 wetland landform

以湿地过程为主导因素形成的地貌。如湿地平原,湿地宽谷,湿地扇,泥炭丘等。

14.026 湿地水文 wetland hydrology

湿地水特征及其运动规律。

14.027 湿地生物地球化学 wetland biogeochemistry

研究湿地生物元素的分布与迁移规律的学科。湿地科学的一个分支。

14.028 湿地经济 wetland economics

具有湿地特征的产业结构。如湿地农业、泥炭工业及湿地旅游业等。

14.029 湿地演化 wetland evolution

湿地由一种状态变化为另一种状态的过程。

14.030 自然湿地 natural wetland

由自然因素相互作用形成的湿地。

14.031 人工湿地 artificial wetland

由人为因素形成的湿地。如水田、水库、运河、盐田及鱼塘等。

14.032 淡水湿地 water wetland

淡水环境的湿地。依国内外通用标准,湿地水的溶解性固体含量小于1g/L为淡水湿地。

14.033　盐碱湿地　saline-alkaline wetland
盐碱水体环境的湿地。依国内外通用标准，湿地水体的溶解性固体含量大于 1g/L 即为盐碱湿地。

14.034　海岸湿地　coastal wetland
由海洋和陆地相互作用形成的湿地。亦即海浪对海岸作用范围内的湿地，包括海岸带湿地、潮间带湿地和水下岸坡湿地三个组成部分，其下限应在低潮位 6m 水深处。

14.035　内陆湿地　inland wetland
发育于海岸带以外陆地上的湿地总称。

14.036　河流湿地　river wetland
河水浅滩或滞流处发生沼泽化过程而形成的湿地。按拉姆萨尔国际公约，河流湿地还包括河流系统本身。

14.037　湖泊湿地　lake wetland
湖泊岸边或浅湖发生沼泽化过程而形成的湿地。按拉姆萨尔国际公约，湖泊湿地还包括湖泊水体本身。

14.038　森林湿地　forest wetland
由片状乔木林为优势植被所形成的湿地。

14.039　灌丛湿地　bush wetland
由片状灌木为优势植被所形成的湿地。

14.040　草丛湿地　grass wetland
由草类植物为优势植被所形成的湿地。

14.041　藓类湿地　moss wetland
由藓类为优势植被所形成的湿地。

14.042　沼泽　marsh, swamp
湿地的次级分类单位，具备湿地的本质属性。潮湿和浅水地带发育湿-水生生物群和水成土壤的自然综合体。

14.043　沼泽演化　marsh revolution
沼泽由一种状态变化为另一种状态的过程。

14.044　水体沼泽化　water paludification, swampiness of water
水域(河流、湖泊、水库、海)发育湿-水生生物群和水成土壤的过程。

14.045　陆地沼泽化　land paludification, swampiness of land
中、旱生境的陆地因地面潮湿或积水而发育湿-水生生物群和水成土壤的过程。主要包括草甸沼泽化和森林沼泽化。

14.046　草甸沼泽化　meadow paludification, swampiness of meadow
草甸因地面潮湿或积水而发育湿-水生生物群和水成土壤的过程。是陆地沼泽化过程的一种。

14.047　森林沼泽化　forest paludification, swampiness of forest
乔木林生境因地面过湿或积水而形成沼泽的过程。是陆地沼泽化过程的一种。

14.048　河流沼泽化　river paludification, swampiness of river
河流水体发育湿-水生生物群和水成土壤的过程。是水体沼泽化过程的一种。

14.049　湖泊沼泽化　lake paludification, swampiness of lake
湖泊水体发育湿-水生生物群和水成土壤的过程。是水体沼泽化过程的一种。

14.050　沼泽分类　swamp classification
根据沼泽的本质属性或显着特征对沼泽类型进行的划分。

14.051　高位沼泽　highmoor
又称“贫营养沼泽(oligotrophic mire)”。贫营养状态下，主要由雨水补给所生成的表面凸起的沼泽。

14.052　中位沼泽　transitional fen
又称“中营养沼泽(mesotrophic fen)”。中度营养环境生成的沼泽。土壤剖面有灰分较高的泥炭层。

14.053　低位沼泽　lowmoor

又称"富营养沼泽(eutrophic marsh)"。富营养环境生成的沼泽。一般缺少泥炭层,或仅有薄层泥炭。

14.054　平原沼泽　plain swamp

发育在平原地貌的沼泽,常呈大面积分布于河网之间。

14.055　山地沼泽　mountain swamp

发育于山地环境的沼泽。

14.056　高原沼泽　plateau swamp

发育于高原环境的沼泽。

14.057　河谷沼泽　valley swamp

发育于河流谷地的沼泽。

14.058　河流阶地沼泽　river terrace swamp

发育河流各类阶地面上的沼泽。包括有泥炭沼泽和无泥炭沼泽,以坡面流和降水补给为主。

14.059　河漫滩沼泽　flood plain swamp

发育于河漫滩上的沼泽,以洪水、降水补给为主,多为无泥炭沼泽。

14.060　泥炭沼泽　bog

土壤剖面发育有泥炭层的沼泽。

14.061　潜育沼泽　gleyization mire

土壤剖面仅发育有潜育层而缺少泥炭层的沼泽。

14.062　淡水沼泽　fresh water swamp

淡水(pH<7 或矿化度<1g/L)环境形成的沼泽。包括泥炭沼泽和潜育沼泽。

14.063　盐碱沼泽　saline-alkaline marsh

盐碱性(pH≥7 或矿化度≥1g/L)环境下形成的沼泽,土壤剖面缺少泥炭层。

14.064　沼泽环境　swamp environment

以沼泽为主导要素所形成的环境系统。即地面潮湿或浅水体上发育有湿-水生生物群和水成土壤的环境。

14.065　沼泽生态系统　swamp ecosystem

沼泽生物群与其相互作用的地理环境所构成的自然系统。

14.066　草丛沼泽　grass swamp

以草本植物为优势植被的沼泽。

14.067　森林沼泽　forest swamp

以乔木为优势植被的沼泽。

14.068　藓类沼泽　moss bog

以藓类为优势植被的沼泽。

14.069　苔草沼泽　sedge mire

以禾本科苔草为优势植被的沼泽。

14.070　颤沼　quaking swamp, floating swamp

沼泽新生体浮于水体或浆状泥炭之上,人踏其上会出现下陷现象。

14.071　沼泽草丘　swamp grass hill

沼生植物根系交织形成草丘微地貌形态。根据结构分为点状草丘,埂状草丘,网状草丘,无定型小丘等多种。

14.072　沼泽水文学　mire hydrology

研究沼泽环境的水文现象和过程,包括沼泽水的产生、富存和迁移规律,沼泽水资源和水生态环境,沼泽水的管理等诸内容。属于陆地水文学的一个分支。

14.073　红树林沼泽　mangrove swamp

由红树林群落形成的热带、亚热带海岸沼泽。红树林群落系乔灌兼有且水陆两栖,主要分布于平静的热带、亚热带淤泥海滩,土壤含盐量达0.4%～3.0%,有机质为3%～5%。

14.074　沼泽率　rate of swamp

沼泽面积与该地区总面积的比值。表征沼

泽在空间上的发育程度。

14.075　泥炭　peat
有机质含量达到或超过30%的松软沉积物，是湿地环境的特定产物。经过地质过程而硬化成岩，便是褐煤。

14.076　泥炭沉积率　deposit rate of peat
单位时间内泥炭沉积的速率。

14.077　泥炭地　peatland
泥炭生成并沉积的地区。

14.078　裸露泥炭　bare peat
分布于地表的泥炭。

14.079　埋藏泥炭　buried peat
被矿质土埋藏但并未石化的泥炭。

14.080　根系层　root layer
土壤剖面中以植物活根系为主的层，是湿地发育的活跃层，物质和能量的迁移转化在此层最为活跃。

14.081　潜育层　gley horizon
湿地土壤剖面下部在还原环境生成的灰绿或灰蓝色层。

14.082　泥炭丘　peat hill
寒区泥炭层因冻胀上隆形成的小丘。核部分为凝冰与泥炭互层的多年生冻胀丘。

14.083　泥炭容重　unit weight of peat
单位体积泥炭的重量。

14.084　泥炭导热系数　heat conductivity of peat
表征泥炭热传导性能的物理量。

14.085　泥炭热容[量]　peat heat capacity
单位容积泥炭温度升高1℃所需要的热量。相当于泥炭质量与其比热容之积。

14.086　泥炭矿床　deposit of peat
具有开采利用价值的泥炭沉积体。一般规定泥炭的单层连续厚度不小于30cm。

14.087　泥炭浴　peat bath
身体颈部以下沉于经过处理的热泥炭浆中，达到治疗皮肤等疾病的目的。

14.088　泥炭腐殖酸　peat humic acid
泥炭含有的一种复杂的无定型高分子化合物的混合物。具有生物活性，可用作肥料、土壤改良剂等。

14.089　泥炭多元微肥　complex microelement fertilizer of peat
从泥炭中提取多种微量元素制备的肥料。

14.090　泥炭微生物　peat microbe
泥炭环境中的微生物种群。

14.091　泥炭分类　peat classification
将泥炭按其造炭植物、分解度、有机质含量等属性进行类型划分。

14.092　泥炭植物残体分析　remain analysis of peat plant
鉴定未完全分解的泥炭植物种类以恢复湿地古生态环境的方法。

14.093　泥炭[总]灰分　peat ash
泥炭中含有的无机物质成分。是来自湿地外部的矿物质灰分(称外在灰分)与湿地生物残体的灰分(称内在灰分)之和。

14.094　泥炭制品　peat production
以泥炭为原料制成的各种物品。

14.095　泥炭收缩系数　compression index of peat
泥炭风干后的长度与其自然含水状态下长度之比值。

15. 海洋地理学

15.001 海洋地理学 marine geography
地理学与海洋学之间的一门边缘科学,研究范围包括海岸与海底在内的整个海洋,内容涉及气、水、生物与岩石圈。以海洋自然地理,海洋经济地理,海洋政治地理和区域海洋地理的基本原理和概念作为依据。

15.002 近岸[大]洋 coastal ocean
没有通过海,而是直接邻接海岸的大洋。

15.003 近岸海 coastal sea, coastal water
直接邻接海岸的海。

15.004 海洋地貌 marine landform
海底和海岸带地形起伏的总称。

15.005 海底地貌 submarine landform
海底地形起伏的总称。分为大陆架,大陆坡和洋盆三大部分,各部分都有次一级的地貌。

15.006 海岸地貌 coastal landform
由波浪、潮汐和沿岸流作用于海岸带陆地而形成的地形起伏。分为由海蚀作用形成的海蚀地貌和由海积作用形成的海积地貌。

15.007 海岸地貌学 coastal geomorphology
地貌学的一个分支,研究由波浪、潮汐和沿岸流作用于海岸带陆地而形成的地形起伏,以及它们的结构、组成特征、形成过程和演变规律。

15.008 海湾 gulf, bay, bight
天然的海湾是海洋在两个陆角或海岬之间向陆凹进、有广大范围被海岸部分环绕的水域。法律上的海湾是湾口宽度小于 24n mile,湾内面积等于或大于直径同湾口宽度相当的半圆形水体。

15.009 海峡 strait
陆地之间连接两个海或大洋的狭窄水道。

15.010 地峡 isthmus
两端连接两块较大陆地,或者一端连接大陆、另一端连接较大半岛,而两侧濒临海洋的狭窄陆上地带。

15.011 岛[屿] island
四面为海水、湖水、河水环绕的陆地。由海水环绕而成的岛,也专称海岛。

15.012 群岛 island group, archipelago
成群分布在一起的岛群。其中,呈带状或弧状断续分布的岛群一般也称为列岛。

15.013 大陆岛 continental island
邻近大陆,在地质构造上同大陆有关,多位于大陆架上,是原先的陆上山地由于晚更新世冰后期海面上升而被部分淹没所形成。

15.014 海洋岛 oceanic island
由海洋底部火山喷发升起而形成,或者由发育在沉没的火山顶上的珊瑚礁所形成。

15.015 堆积岛 deposition island
由河流在河口区或海浪在滨外堆积,并且出露海面的岛屿。

15.016 半岛 peninsula
三面临海,一面连接大陆的陆地。

15.017 礁[石] reef
位于海、湖、河面附近的岩石,是水下基岩山丘或山脊的顶部。在海洋中有时也指海面附近的珊瑚礁。

15.018 地角 cape
大陆伸入海洋中的规模较大的半岛尖端。

15.019 岬角 headland

规模较地角为小的,突入海中、具有较大高度和陡崖的尖形陆地。

15.020 领海 territorial sea

沿海国根据其主权划定的,邻接其陆地领土及内水以外的,一定范围的海域。国家对领海及其上空和海底行使主权。联合国海洋公约规定领海的宽度为12n mile。

15.021 领海基线 baseline of territorial sea

沿海国据以划定其领海内侧的起算线。包括正常基线,直线基线,混合基线和其他基线4种,由各沿海国行使主权选用。

15.022 内水 inner waters

又称"内海(inner sea)"。沿海国领海基线陆地一侧的水域。包括湖泊、河流及其河口、内海、港口、港湾、海峡、以及其他位于领海以内的水域。

15.023 毗连区 contiguous zone

在12n mile宽度的领海以外,另外划出的12n mile宽度的海域。

15.024 专属经济区 exclusive economic zone

沿海国在其领海以外划定的一定宽度的经济区。宽度自领海基线起算,为200n mile,故常泛称200n mile专属经济区。

15.025 大陆架 continental shelf

大陆边缘被海水淹没的浅平海底,是大陆向海的自然延伸。范围从低潮线向海,直至坡度显着增大的大陆坡折处。

15.026 岛架 island shelf

岛屿周边的陆架。与大陆周边的大陆架相比,宽度一般较小,仅十多公里到数十公里,坡度较大。

15.027 大陆坡 continental slope

大陆架外缘大陆坡折向下陡急延伸到洋底的斜坡地带。深度100~3150m。宽度15~100km。

15.028 岛坡 insular slope

岛屿周边的陆坡。

15.029 洋盆 ocean basin

广义的指地球上承载全部海洋水体的洼地。狭义的指大洋底部的深邃洼地。其中有多种次级的海底地貌。

15.030 群岛国 archipelago state

领土全部由一个或多个群岛组成的国家。

15.031 公海 high sea

世界海洋中除国家专属经济区、领海和内水,包括群岛国群岛水域以外的全部海域。

15.032 国际海底 international sea bed

国家领海和专属经济区范围以外的海底、洋底及其底土。

15.033 内陆国 landlocked state

是被其他国家的陆地领土所包围,因而没有出海口的国家。

15.034 地理不利国 geographically disadvantaged state

曾称"陆架闭锁国(shelf-locked state)"。由于所处地理条件的限制,不能得到200n mile专属经济区或大陆架,因而不能或者很少能同其他沿海国一样对大面积专属经济区内生物资源享有主权权力的沿海国。

15.035 蓝色国土 blue state territory

又称"海洋国土(marine state territory)"。媒体对海洋专属经济区的一种比喻性的称呼。

15.036 蓝色产业 blue industry

利用海洋和海岸区位优势和资源所发展的各种产业。

15.037 海岸 sea coast

广义的概念是对海陆之间交界地带的统称。

狭义的概念是指大潮平均高潮线以上,或者“海滨”以上、宽度不定的沿海陆上地带。

15.038 海岸线 coastline
陆地与海面的交接线,是区分海岸与海滨(或岸滨)的界线。通常指大潮平均高潮面与陆地的接触线,但在确定领海内侧基线时使用的是大潮时的低潮线。

15.039 海岸带 coastal zone
陆地与海洋相互作用的一定宽度的地带,其上界起始于风暴潮线,下界是波浪作用下界、亦即波浪扰动海底泥沙的下限处。

15.040 海滨 shore
潮汐和波浪交替作用的地带,亦即高、低潮面之间的地带。上界在风暴潮到达的上限;下界是大潮低潮线。

15.041 海滨线 shoreline
特定海面与海滨(或海滩)的交接线,通常指平均高潮面与海滨的交切线。

15.042 前滨 foreshore
海滨(或海滩)下部向海缓斜的部分。是高潮时激浪进流的上界(或者后滨向海一侧、专称为“滩肩”的海滩坡坎)与大潮低潮线之间的地带。

15.043 后滨 backshore
海滨(或海滩)的上部。自平均高潮线至最大风暴潮上界之间的地带。

15.044 近滨 nearshore
自低潮线到激浪带以外的地带,包含部分的滨外带。

15.045 外滨 offshore
自低潮线向外、亦即海滨以外宽度不固定的平缓浅海底。广义的概念则认为向海可延伸到大陆架边缘波折处。

15.046 水下岸坡 submarine coastal slope, off shore slope
海岸带的水下斜坡部分。

15.047 激浪 surf
曾称“拍岸浪”。进入浅水区的波浪,在水深接近一个波高,或水深与波高之比0.78~0.85之间,形成一序列溅腾的湍流。

15.048 沿岸流 longshore current, littoral current
是接近海滨、流向与海滨平行的一种“海流”。

15.049 离岸流 rip current
在斜向盛行风推动下,向岸波浪涌集海滨,发生壅水后返回海中时形成的一种近于直角穿过破浪带表面(或接近表面)的水流。

15.050 潮流 tidal current
在月、日引潮力作用下海洋水体发生周期性的伴随有潮位垂直涨落的水平运动。

15.051 洋流 ocean current
狭义的概念是海洋表面水体沿一定方向持续的,非潮流性质的,大规模水平流动。广义的概念是海洋中任何水体的流动。

15.052 裂流沟道 rip current channel
裂流在海滨冲刷、切割出来的深沟道,深度往往超过2m。

15.053 沿滨泥沙流 longshore drift
狭义泥沙流是海滨带的砂、砾石和贝壳碎片发生的沿岸输移。广义泥沙流是海滨带的泥、砂、砾石发生的向某一方向的整体性移动。

15.054 泥沙流通量 sediment flux
又称“沉积物流通量”。一定时间内通过某一面积之横断面的泥沙,或者沉积物的重量或体积。

15.055 浪蚀基面 wave base
波浪对海底地形作用的下限。一般认为相当于1/2波长的深度,波浪开始变形,扰动水下岸坡上的泥沙之处。

15.056　海蚀作用　marine erosion
波浪夹带着砂、砾、石块对沿海陆地,特别是基岩海岸进行撞击、掏挖、研磨,加上海水的腐蚀,将由此而产生的泥沙、碎石、石块粉碎、搬运走的作用。

15.057　海蚀地貌　marine abrasion landform
由海蚀作用形成的各种地貌形态。如海蚀龛、海蚀崖、海蚀柱、海蚀台等。

15.058　海积作用　marine accumulation
由波浪、潮汐和海流将所搬运的泥、砂、砾石在搬运能力减弱情况下进行堆积的作用。

15.059　海积地貌　marine depositional landform
由海积作用形成的各种地貌形态。如海滩、沙嘴、沙坝等。

15.060　岩滩　bench
波浪作用将山地海岸的基岩岸坡侵蚀削平,在海蚀崖前方形成向海微斜的基岩滩地。高潮时淹没,低潮时大片出露。

15.061　浪积台[地]　wave-built terrace
波浪在海面下岩滩外侧斜坡上堆积的砂砾质台地。

15.062　海蚀台[地]　abrasion platform
又称"磨蚀台[地]"。指山地海岸在长期的海面稳定,或者地壳稳定或轻微下沉的情况下,由波浪作用形成的,位于岩滩外侧、规模更大而平缓的基岩侵蚀面。

15.063　牡蛎礁　oyster reef
由大量牡蛎及其他贝类的介壳和碎片混杂以粗、细砂经由碳酸钙含量较高的海水或地下水在海滩上胶结而成的礁体。

15.064　海蚀龛　[sea] notch
又称"海蚀穴"。山地基岩海岸与海面(通常是高潮海面)接触处受海蚀作用而形成的向陆凹进的龛穴。

15.065　海蚀洞　sea cave
海蚀作用在海蚀崖软弱处(软岩,裂隙或裂隙交会处)形成的洞穴。

15.066　海蚀崖　sea cliff
基岩海岸的岸坡经海蚀作用形成的陡崖。正在形成中的称为"活海蚀崖(active sea cliff)",因有泥沙在其前方堆积而脱离波浪作用影响的称为"死海蚀崖(abandoned sea cliff)"。

15.067　海穹　sea arch
又称"海蚀拱桥"。波浪在伸入海中的狭长基岩岬角处的相背两侧的基部侵蚀、掏挖,形成海蚀龛或海蚀洞不断地扩大和相向加深,贯通而形成的一种拱桥状地貌。

15.068　海蚀柱　sea stack
基岩海岸外侧孤立的柱状或塔锥状地貌。

15.069　海滩　beach
波浪作用在海滨堆积成的向海缓斜的砂砾质滩地。范围上至风暴潮作用带,下到低潮线处。

15.070　海滩岩　beach rock
在热带亚热带地区干、湿季交替的气候下,潮间带海滩上的砂层和混杂其中的贝壳碎屑被碳酸钙胶结而形成的岩层。

15.071　滩肩　beach berm
又称"海滩台"。海滩上"后滨"前缘的台坎状小地貌。是风暴浪堆积的物质被冲刷而成。

15.072　滩角　beach cusp
海滩上的"前滨"带,在强烈激浪流作用下,因进流和退流流速和作用强度不均而堆积成的一序列新月形砂砾质低埂状小地貌。

15.073　滩脊　beach ridge
海滩上的次一级地貌,由最大风浪作用下的

激浪将砂砾比较集中地堆积在海滩上部而成的连续延伸的小垅岗状地貌,向海一侧较陡,向陆一侧较缓。走向与形成当时的岸线平行。

15.074　滩脊[型]潮滩　chenier

俗称“蛤蛎堤”。主要由贝壳及其碎片混同粗、细砂组成的堤。

15.075　滩脊[型]潮滩平原　chenier plain

发育有一系列贝壳堤的,宽广的粉砂、淤泥质平原。

15.076　潮滩　tidal flat

大潮高、低潮面之间,随潮汐涨落而被淹没和露出的向海缓斜的宽广潮间滩地。

15.077　潮间带　intertidal zone, littoral zone

位于大潮的高、低潮位之间,随潮汐涨落而被淹没和露出的地带。基本上相当于地形上的海滨带。

15.078　潮上带　uptidal zone, supralittoral zone

在高潮位与特大潮或风暴潮时波浪作用到达带之间的地带。地形上相当于海滨的后滨。

15.079　潮下带　subtidal zone, sublittoral zone

大潮低潮位与波浪作用下界之间的地带。地形上相当于近滨带和外滨带的内侧部分。

15.080　潮区界　tidal limit

有潮海中河口近河口段的起始点。一般将多年平均枯季大潮的潮区界作为该河口的潮区界。潮区界以下的河段为感潮河段。

15.081　潮流界　tidal current limit

自河口的口门向上游的一定河段内,涨潮流历时为0的位置,是有潮海中“河口段”的起始点。

15.082　纳潮量　tidal prism

河口湾或袋状海湾内,介于高、低潮位之间的蓄纳潮水的空间。

15.083　潮沟　tidal creek

涨、落潮流在粉细砂、淤泥质的潮滩上和浅海海底冲刷成的沟槽。

15.084　潮汐通道　tidal channel, tidal inlet

连接海洋与潟湖的涨、落潮流进出的水道,是外海与潟湖的水体、沉积物、营养物、浮游生物和污染物不断进行交换的通道。

15.085　潮汐三角洲　tidal delta

涨、落潮流进出潮汐通道时分别在其进、出口处因水流扩散,所携带的泥沙沉积而成的三角洲。

15.086　潮流沙脊　tidal ridge

分布在近岸浅海区河口湾或海峡底部,由潮流强烈冲刷而成的线状沙脊群。

15.087　风暴潮　storm surge

强烈的大气扰动,如强风、台风、温带气旋等所引起的急速的海面异常变化,在海岸的部分地段造成显着的向岸的增水或离岸的减水。

15.088　风暴潮沉积　storm deposit

风暴潮发生时,伴随增水的强大风浪冲刷海滩过程中形成沉积物。

15.089　河口　river mouth

河流进入海洋、湖泊和水库的地段及支流汇入干流处。

15.090　河口湾　estuary

河流的河口段因潮汐作用显著,使那里的侵蚀冲刷作用强于堆积作用而形成的漏斗状湾口。

15.091　水下三角洲　subaqueous delta

三角洲体的水下延续部分。

15.092　拦门沙　estuarine bar, river mouth

bar

又称“河口沙坝”。在河口或河口湾,由于径流和涨潮流的相互顶托,使两者的搬运能力减弱而堆积在口门底部的横向水下沙坎或沙坝。

15.093 沙坝 bar

海滨外侧海中所有长条形沙质堤状堆积地貌的统称。主要由沿岸流堆积而成。常被高潮面淹没。

15.094 水下沙坝 submarine bar

又称“水下沙堤(submarine sand ridge)”。沙坝在形成过程中尚未增长到低潮面之前,据其规模大小分别称为水下沙堤和水下沙坝。

15.095 拦湾坝 bay bar

形成于海湾中、向对岸延伸的沙坝。

15.096 滨外坝 offshore bar

堆积在滨外,与岸滨平行而隔有狭长水域或潟湖的沙坝。

15.097 连岛坝 tombolo

一端连接陆地,另一端连接岛屿的沙坝。有发育成单股的,也有发育成双股的。

15.098 陆连岛 tombolo island

被连岛坝同陆地连接的岛屿。

15.099 沙坝岛 barrier island

沙坝增长到高潮面以上,不再被淹没的部分。

15.100 沙嘴 spit

一端连接陆地,另一端延伸入开扩海域中的形体窄小的舌状沙、砾堆积地貌,由沿岸泥沙流输移、堆积而成,大部分已经高出海面。

15.101 潟湖 lagoon

由窄长的沙坝[岛]、沙嘴或岩礁等同海洋分隔开的海滨浅海湾。

15.102 海岸沙丘 coastal dune

由风将海滩中的沙大量吹扬到高潮面以上的岸滨或海岸带,堆积而成的丘状或带状堆积地貌。

15.103 沙丘岩 sand dune rock

又称“风砂岩(eolian sandstone)”。在热带亚热带地区干、湿季交替明显的气候下,部分风成海岸沙丘被碳酸钙胶结而成的岩层。

15.104 海滨平原 coastal plain

任何大小的沿海低平原,多由河流三角洲堆积的和海积的泥沙、卵石,以及沼泽湿地共同组成。

15.105 生物海岸 biogenic coast

由生物作用形成的海岸。如湿地沼泽海岸,红树林海岸,珊瑚礁海岸。

15.106 湿地沼泽海岸 wetland swamp coast

沿海水深5m以上至陆上最大风浪线之间,繁殖有大片草类,甚至乔、灌木植物的低洼沼泽平原海岸。

15.107 红树林海岸 mangrove coast

热带、亚热带沿海由红树林群落与沼泽湿地相伴而形成的海岸。是热带、亚热带一种特殊类型的沿海湿地和生物繁殖、栖息地。

15.108 珊瑚礁海岸 coral reef coast

热带、亚热带海洋中由造礁珊瑚的石灰质遗骸和石灰质藻类堆积而成的礁石海岸。

15.109 岸礁 fringing reef

沿着并紧贴大陆或岛屿的基岩海岸分布的珊瑚礁。

15.110 堡礁 barrier reef

平行于大陆或岛屿的海岸分布、有较深、宽的潟湖相隔开的窄长珊瑚礁。

15.111 环礁 atoll

呈断续的圆形、椭圆形或马蹄形,环绕潟湖而分布的珊瑚礁和低矮小珊瑚岛。

15.112　大堡礁　Great Barrier Reef

专指位于澳大利亚东岸，宽广而巨长的堡礁。长度超过1 900km，宽度30～50km。顶部散布许多岛屿。

15.113　山地海岸　mountainous coast

晚更新世冰后期全球海平面上升、淹没先前的侵蚀山地而形成的海岸。

15.114　平原海岸　plain coast

晚更新世冰后期全球海平面上升、淹没先前的河流冲积平原而形成的海岸。

15.115　纵向岸线　longitudinal coastline

又称“整合[型海]岸线(concordant coastline)”，“太平洋型岸线(Pacific-type coastline)”。沿海陆地的构造线和地势的总体走向与海洋盆地边缘平行一致的岸线。

15.116　横向岸线　transeverse coastline

又称“不整合[型海]岸线(discordant coastline)”，“大西洋型岸线(Atlantic-type coastline)”。沿海陆地的构造线和地势的总体走向与海洋盆地边缘直交的岸线。

15.117　港湾岸　embayed coast

由伸入海中的岬角和凹入陆地的海湾彼此相间而形成的海岸。一般多形成在山地海岸。

15.118　海岸平衡剖面　equilibrium of coast, graded profile of coast

海岸带地貌与动力塑造过程之间达到平衡状态时，或海岸的抗侵蚀冲刷程度与波浪的侵蚀搬运力之间处于平衡状态时，所形成的具有一定形态的剖面。

15.119　海蚀夷平岸　marine erosion-graded coast

崎岖曲折的山地基岩海岸在波浪和沿岸流长期作用下，凹凸不平的部分被侵蚀夷平，最后在平面上形成直线形，而在剖面上形成侵蚀型平衡剖面的海岸。

15.120　海积夷平岸　marine deposition-graded coast

平原海岸，在波浪和沿岸流长期作用下，凹凸不平的部分最后全部都被夷平成直线形，并在剖面上形成堆积型平衡剖面的海岸。

15.121　海蚀-海积夷平岸　marine erosion-deposition graded coast

崎岖曲折的山地基岩海岸，在波浪和沿岸流长期作用下，基岩岬角部分被侵蚀夷平、海湾部分被堆积填平，由此而形成的侵蚀夷直段和堆积夷直段相互交替的直线形海岸。

15.122　达尔马提亚型海岸　Dalmatian coastline

纵向海岸，因南斯拉夫亚得里亚海沿海的达尔马提亚最典型而得名。上升的海面淹没沿海山地，使山脊和谷地形成了同海岸线方向一致的一系列半岛、长条状岛屿和狭长海湾。

15.123　里亚型海岸　Ria coastline

横向海岸，因西班牙西北的里亚一带海岸最典型而得名。上升的海面淹没沿海山地，使山脊和谷地分别形成与海岸横交而相互交替的半岛、岛屿和漏斗状海湾。

15.124　溺谷型海岸　liman coast

地壳下降或海平面上升使海水淹没沿海谷地而形成的河口湾型海岸，在湾口处常形成横贯的沙坝、沙嘴和后方的潟湖。以黑海北岸最典型。

15.125　峡湾　fjord

又称“峡湾[型]海岸(fjord[-type] coast)”。峡湾源自挪威文，是高纬地带古冰川作用区陡而深的冰槽谷被海水淹没而成的细长的深海湾。

15.126　峡江　fjard

又称“峡江[型]海岸(fjard[-type] coast)”。峡江源自瑞典文，是古冰川作用过的基岩低地边缘或准平原经海面上升淹没而成的海湾。

15.127　海[平]面　sea level

又称“平均海平面(mean sea level, MSL)”。海洋平均高潮面和平均低潮面之间位置处的海面。大地测量学将多年的平均海平面作为“海平面基面(sea level datum)”,也就是陆地高程的基面。

15.128　海[平]面变化　sea level change

海面受自然和人为因素的影响而发生的升降变化。

15.129　天文作用型海面变化　astrolomico-eustatism

地质时期地球自转速度变化导致的海面升降变化(转速变快使低纬区海面上升,高纬区海面下降;转速变慢时则情况相反)。

15.130　水动型海面变化　eustasy

又称“冰川作用型海面变化”,“冰动型海面变化(glacio-eustasy)”。由全球海洋水量变化导致的全球性海面升降变化。

15.131　沉积作用型海面变化　sedimento-eustasy

地质时期来自陆上的沉积物充填洋盆导致海面变小,从而引起的海平面变化。其幅度一般很小。

15.132　地动型海面变化　diastrophico-eustasy

又称“构造运动型海面变化(tectono-eustasy)”。地质时期洋底的地壳运动使海岭隆起、或者使洋盆容积增大所导致的海平面变化。其幅度可达数百米。

15.133　地壳均衡型海面变化　isostatic eustasy

第四纪期间北欧和北美等高纬地区,冰期时大面积的巨厚冰盖使地壳受到重压而下沉,间冰期时冰盖融化又使地壳减压而发生均衡上升,从而导致的海面下降变化。

15.134　全球[性]海[平]面变化　global sea-level change, world-wide sea level change

广义泛指过去地质时期各种地质和古气候原因导致的海面变化。狭义主要指近三百年工业革命以来,人类活动造成的温室效应,使全球气候变暖,冰川融化,导致全球海平面的上升。

15.135　地区性海[平]面变化　regional sea level change

影响范围局限于沿海一定地段的相对海面变化。

15.136　绝对海[平]面变化　absolute sea level change

海洋表面与地心之间的距离的变化。包含地质时期古气候、地质和天文等因素造成的全球性海面的升降变化,和三百年来人类造成温室效应所导致的全球性海平面上升。

15.137　相对海[平]面变化　relative sea level change

由陆地上验潮站所记录到的、或是海岸带陆上或海底的地质地貌标志所显示的海面上升或下降变化。

15.138　上升岸　emerged coast

地貌形态由于陆地上升或海面下降而形成的海岸。如上升的海蚀平台,上升的海岸阶地等。

15.139　下降岸　submerged coast

地貌形态由于陆地下降或海面上升而形成的海岸。如达尔马提亚型海岸、里亚型海岸、峡湾型海岸、溺谷型海岸、沼泽低地岸等。

15.140　中性岸　neutral coast

反映上升或下降的地貌形态或标志都不明显的海岸。

15.141 复式岸 composite coast

(1)由上升岸段和下降岸段交替组成的海岸。(2)同一地区的海岸同时具有上升和下降表现的海岸。

15.142 原生岸 primary coast

地貌或岸线形态主要由地壳运动、火山活动、水下堆积或陆上侵蚀作用等非海洋营力所形成,而波浪作用尚无时间产生明显影响的幼年海岸。

15.143 次生岸 secondary coast

波浪作用对地貌和岸线形态产生显著作用的海岸。

15.144 海滨砂矿 coastal placer

具有贵重矿物、稀有元素矿物以及有色金属矿物等的颗粒在海滨沉积物中富集而成的矿床。

15.145 海岸阶地 coastal terrace, marine terrace

沿海地带呈带状分布在海面以上或以下的阶梯状地貌。

15.146 海蚀阶地 marine erosion terrace

由基岩海蚀台形成的海岸阶地,其后部常保存有古海蚀崖和古海蚀龛带,阶地面上常保存有砾石。

15.147 海积阶地 marine deposition terrace

由堆积海滩形成的海岸阶地。阶地沉积物中常保存有生物化石。最年轻的海积阶地上常保存有古滨岸堤和古潟湖遗迹。

15.148 水下阶地 submarine terrace

又称“海底阶地”。由于地壳下沉或者全球海平面上升而被淹没在海底的海岸阶地。

15.149 海底峡谷 submarine canyon

位于大陆坡上的狭长、陡峻深谷,由浊流作用形成。

15.150 海隆 rise

又称“大陆隆(continental rise)”。位于大陆坡末端与深海平原之间的缓坡状隆起地形,坡度较大陆坡缓,较深海平原陡。

15.151 平顶海山 guyot

顶部平坦的海山,是海山受浪蚀作用夷平后再沉伏到海面以下所形成。

15.152 海岭 oceanic ridge

耸立在深海盆地和大陆坡上的海底山脉。

15.153 海沟 trench

深海盆地上或深海盆地边缘狭窄的长条状洼地,边缘陡峻,深度常超过6 000m。

15.154 海渊 abyssal deep

海沟的最深部分。

15.155 深海平原 abyssal plain

大洋盆地中特别平坦的部分。

15.156 [海岸]后置带 [coastal] setback zone

对海岸带进行规划、开发时,在大潮高潮线,特别是风暴潮岸线与后方的建筑群或开发带之间特意留出的一定宽度的地带,以预防将来可能遭受到的海洋灾害。

15.157 海滩养护 beach maintenance

据具体情况对受到侵蚀而缩小、衰退中的海滩选用各种技术或工程措施进行的保养培护。

15.158 海滩喂养 beach nourishment, beach replenishment

对受到侵蚀而退缩的海滩进行保养培护的一种方法。用挖泥船从遭受侵蚀而退缩的海滩附近的海底采挖、抽吸海沙输送或吹送到海滩上,进行填垫养护。

15.159 海滩的海沙转运养护 by-pasing sands of beach maintenance

对于因建造伸入海中的海港突堤式码头或丁坝群、中断泥沙流而发生侵蚀、退缩的海滩,应用虹吸管等方法将堵积在泥沙流来源方向的海沙抽送转运出来,进行堆填、养护的方法。

15.160 海底荒漠化 sea bottom desertification

相应陆地荒漠化,海洋严重污染和过度捕捞所造成的部分海底地区生物绝迹现象。

15.161 海洋功能区 marine function area, marine function zone

根据自然资源、环境状况、地理条件,并考虑到开发现况而划定的,具有特定功能的海洋区和海岸带。

15.162 海岸带综合管理 integrated coastal zone management

为保证对海岸带的国土、资源与环境进行最合理的、发挥最大生态和经济效益的开发,避免自然或人为灾害发生,以达到可持续发展目的而对海洋和海岸带进行的跨部门、跨行业、一体化的综合协调与管理方式。

16. 古地理学

16.001 古地理学 paleogeography

自然地理学的分支。研究地质历史时期自然地理环境的形成与发展;重建古代地理环境结构的演变过程,包括海陆变迁、气候变化、生物演替及地理圈、自然区域和自然地带的变化。

16.002 泛大陆 Pangaea

大陆漂移说认为,晚古生代时期全球所有大陆连成一体的超级大陆。中生代以来逐步解体,形成现今的大陆、大洋。

16.003 冈瓦纳古陆 Gondwana land

大陆漂移说所设想的南半球超级大陆,包括今南美洲、非洲、澳大利亚以及印度半岛和阿拉伯半岛。

16.004 劳亚古陆 Laurasia

大陆漂移说认为石炭纪以前欧亚大陆的大部分、北美洲及格陵兰联合在一起的陆地。

16.005 特提斯海 Tethys

地史时期存在于冈瓦纳古陆与劳亚古陆之间的海域。现今的地中海为其残留部分。

16.006 阿尔卑斯运动 Alpine orogeny

中生代和新生代地壳运动的总称。

16.007 喜马拉雅运动 Himalayan movement

新生代地壳运动的总称。

16.008 古近纪 Paleogene

曾称"老第三纪"。距今6 500万年至2 350万年,分为古新世、始新世、渐新世。

16.009 新近纪 Neogene

曾称"新第三纪"。距今2 350万年至260万年,分为中新世、上新世。

16.010 第四纪 Quaternary Period

新生代最新的一个纪,包括更新世和全新世。其下限年代多采用距今260万年。第四纪期间生物界已进化到现代面貌。灵长目中完成了从猿到人的进化。

16.011 更新世 Pleistocene Epoch

第四纪的第一个世,距今约260万年至1万年。更新世冰川作用活跃。

16.012 全新世 Holocene Epoch

第四纪最新的一个世,约1万年前至今。

16.013 旧石器时代 Palaeolithic Age

人类以石器为主要劳动工具的早期泛称旧石器时代。从距今260万年延续到1万多年以前,相当于地质年代的整个更新世。

16.014 中石器时代 Mesolithic Age

距今15 000~10 000年至8 000年,以石片石器和细石器为代表工具,石器已小型化。

16.015 新石器时代 Neolithic Age

始于距今8 000年前的人类原始(母系)氏族的繁荣时期。以磨制的石斧、石锛、石凿和石铲,琢制的磨盘和打制的石锤、石片、石器为主要工具。

16.016 青铜时代 Bronze Age

人类利用金属的第一个时代。各地区的青铜时代开始时期不一。希腊、埃及始于公元前3 000年以前,中国始于公元前1 800年。青铜是铜和锡的合金。

16.017 铁器时代 Iron Age

约始于公元前1 400年人类开始锻造铁器制造工具,促进了社会生产力的发展。

16.018 地质年代表 geological time scale

区分地球历史各个时期的非固定间距的时间标尺。根据生物演化的巨型阶段,将地球演化史划分为太古宙、元古宙和显生宙。"宙"可再分为代,如:显生宙分为古生代、中生代和新生代。"代"再分为若干"纪","纪"再分为若干"世","世"分为若干"期","期"再分为若干"亚期"。

16.019 第三纪 Tertiary Period

原为新生代的第一个"纪",距今6 500万年至260万年,分为老第三纪、新第三纪。新制订的地质年代表将老第三纪改称古近纪,新第三纪改为新近纪,"第三纪"不再使用。

16.020 极性倒转 polarity reversion

在地球历史上,地球磁场的南极和北极曾多次倒转的现象。

16.021 极移 polar wandering

地磁极的位置不固定,逐年发生变化。

16.022 古地磁 paleomagnetism

各地质时代的岩石常具有不同的剩磁特征,成为研究古磁场的"化石"。

16.023 古纬度 paleolatitude

地质历史时期地球上某地所处的纬度位置。

16.024 古生态 paleoecology

地质历史时期生物的习性和生境。

16.025 古气候 paleoclimate

史前气候,其主要特征可以从古地理学、地质学和古生物学证据等推知。

16.026 古水文 paleohydrology

史前时期大气降水、地表水和地下水的相互作用、转化及其运行规律,重建地质时期的水文环境。

16.027 古季风 paleomonsoon

存在于过去某一时期的季风。其强弱与现代季风可能有明显差别,并且成因机制不同。古季风不能直接观测,但可以通过各种与古季风有关证据的遗存来推断。

16.028 古河道 paleochannels

史前时期河道遗迹,主要依据沉积学、古地理学及测年技术推测某一区域古代水系变迁遗迹。

16.029 古海岸线 paleocoast line

古代海水面与陆地接触的界线,已不受现代海岸动力作用的影响。

16.030 古喀斯特 paleokarst

地质时期形成的喀斯特,后因地理环境改变、受其他营力破坏成为残留形态,或被以后的沉积层覆盖而呈埋藏状态。

16.031 古温度 paleotemperature

地质时期的地表温度。通常依据沉积地层的形成条件、物质组成、古地理生态环境、孢粉与微体生物组合、化石动物群等推测某一时期古温度状况及其变化幅度。

16.032 第四纪冰期 Quaternary glacial

第四纪更新世是气候寒冷，冰川广泛发育的时期。由于气候的波动，第四纪期间存在着大致以 10 万年为主要周期的冰期、间冰期环境的转化。

16.033 第四纪沉积类型 original type of Quaternary deposit

第四纪时期由于多种营力作用形成的各类沉积物。

16.034 第四纪黄土 Quaternary loess

盛冰期时大量尘埃由陆地吹扬到空中，导致亚洲、欧洲、北美洲等中纬度地区形成巨厚的黄土堆积。

16.035 中国第四纪黄土 Quaternary loess of China

第四纪期间中国北方地区广泛堆积厚层黄土，并构成世界面积最大、堆积最厚的黄土高原，分为早更新世午城黄土、中更新世离石黄土及晚更新世马兰黄土。

16.036 雨土 dust fall

大气层中的黄土沉降现象。

16.037 雨期 pluvial

更新世时期低纬度干旱、半干旱地区因降水量增加、温度降低而出现的相对多雨、湿润时期。

16.038 间雨期 interpluvial

更新世雨期之间气候比较干旱的时期，干旱与半干旱地区荒漠化程度加重。

16.039 雨期湖 pluvial lake

更新世雨期时，干旱、半干旱地区因降水量增加而处于高湖面时期的湖泊。

16.040 第四纪海［平］面变化 Quaternary sea level change

第四纪期间由于气候变化、地壳运动等原因引起的海平面升降。

16.041 新构造运动 neotectonic movement

新近纪以来的构造运动，对现代地貌的形成有重大影响。

16.042 地文期 physiographic stages

以区域地貌发育阶段与过程划分从幼年到老年的地貌演化时序。

16.043 地壳均衡 isostasy

漂浮在高密度、塑性的地幔上的低密度、刚性的岩石圈对表面压力变化而产生的平衡性响应。

16.044 新仙女木事件 Younger Dryas event

在公元前 11 000 年前后，温度在数百年内突然下降 6℃，使气候回到冰期环境。此强变冷事件因丹麦哥本哈根北部黏土层中发现的八瓣仙女木花粉命名。

16.045 布容正向极性期 Brunhes normal polarity chron

松山反向极性期后，地磁极曾不断漂移，距今大约 70 万年前至今，地磁场的方向和现代地磁场的方向完全相同。

16.046 松山反向极性期 Matuyama reversed polarity chron

在距今大约 250～70 万年期间，岩石磁化方向多数与现代地磁场的方向相反。

16.047 布吕克纳周期 Brückner cycle

长度约为 35 年的冷暖或干湿气候变化周期。

16.048 铀系法测年 uranium series dating

根据铀系核素的放射性比值测定沉积物的地质年代。测年范围为几十年至 100 万年。

16.049 钾氩法测年 potassium-argon dating

根据岩石中天然 ^{40}K 向稳定的 ^{40}Ar 衰变中 ^{40}Ar 与 ^{40}K 的比值测定其地质年代，主要用来测定早更新世火山活动区的地质事件年代。

16.050 聚变径迹测年 fission-track dating
根据铀、钍等同位素裂变时对周围固体介质造成的裂变径迹密度测定岩石、陶瓷等样品的年代。

16.051 热释光测年 thermoluminescence dating
利用一些矿物(如石英和长石)颗粒,加热500℃以上或暴晒8h以上时释放出其在受自然界放射性同位素射线轰击时所俘获的电子,并产生热发光现象进行电子测定年龄的一种技术。可能测定年龄为100年至100万年。

16.052 纹泥测年 varved-clay dating
又称"季候泥断代"。利用冰水沉积物冰湖湖底沉积确定冰川发展年限的方法。

16.053 孢粉图谱 pollen diagram
将各地层中的各种孢粉以百分含量或孢粉浓度(绝对孢粉数据)的形式按时间顺序画成的图。通过分析孢粉图谱中主要孢粉的类型及其变化特点,可以重建植被演化及气候变化的历史。

16.054 放射性碳测年 radiocarbon dating
利用同位素^{14}C的放射性原理测定含碳样本的年代,测定年龄在200~300年或到6万年左右。

16.055 古人 homo sapiens neanderthalensis
生活于距今20余万年至约4万年前,属更新世晚期。旧石器时代中期,能直立行走、取火,制作较精致的石器,用兽皮作简陋衣服。

16.056 新生代衰落 Cenozoic decline
在整个新生代,发生了气候变冷、旱化的趋势。低纬度与高纬度地区的温度梯度增大,各地区水分条件的差异加大,导致全球自然环境的多样化。

16.057 全新世暖期 megathermal, altithermal
全新世中期是一个较现代更为温暖的时期(温度可能较现代高1~3℃),时间在距今约8 500~4 000年前。在欧洲又称为"气候最宜期(climate optimum)"。

16.058 中世纪暖期 medieval warm period
10世纪至13世纪出现的相对温暖的时期,在欧洲的部分地区、北美洲和大西洋等地区最为明显,中国也存在此暖期的证据。在欧洲又称为"小最宜期(little climate optimum)"。

16.059 古气候模拟 paleoclimate modeling
利用气候模式研究过去气候变化的方法。

17. 人文地理学

17.001 人文地理学 human geography
研究地球表面人类活动与地理环境之间相互关系形成的地域系统及其空间结构的地理学分支学科。

17.002 人地关系论 theory of human-nature
关于人类及其各种社会活动与地理环境之间关系的理论。

17.003 背景理论 contextual theory
把人类活动置于时空背景和时序中进行重新解释的方法。

17.004 公共选择理论 public choice theory
援用新古典经济学的分析方法对选举行为、官僚主义、党派政治和公共财政等论题进行的解释。

17.005 结构功能主义 structural functionalism

认为社会具有一定结构或组织化手段的系统,社会的各组成部分以有序的方式相互关联,并对社会整体发挥着必要的功能。

17.006 结构化理论 structuration theory
以吉登斯为代表的一种社会理论,关注具有知识和能力的人类作用者与其所处的广泛社会系统和结构之间的相互关系。

17.007 管制学派 regulation school
通过管制方式解释资本主义经济结构及其随时间变化的一种法国政治经济学理论派别。

17.008 现代性 modernity
一种新的、与以前不同的社会秩序。强调创新、变化和进步的一个权力、知识与社会实践的特殊聚合体。

17.009 后现代主义 postmodernism
对现代主义的回应,排斥"整体"的观念,强调异质性、特殊性和唯一性。

17.010 人本主义地理学 humanistic geography
强调人类认知、人类能动性、人类意识和人类创造性的重要作用的研究方法。是理解生活事件的目的、价值和人文意义的尝试。

17.011 马克思主义地理学 Marxist geography
应用马克思主义的分析观点、概念和理论框架,主要对资本主义社会的各种地理问题进行的研究。

17.012 激进地理学 radical geography
批判空间科学和实证主义地理学并与马克思主义分析方法相结合的一种研究,特别关注贫穷、饥饿、健康、犯罪及不平等问题。

17.013 选举地理学 electoral geography
关于选举组织、实施和结果的地理学研究。

17.014 女权主义地理学 feminist geography
利用女权政治学及其相关理论研究性别与地理学之间的相互关系。

17.015 性别地理学 gender geography
将性别与地理学结合在一起的各种研究,强调空间现象中的性别关系与性别差异。

17.016 性与地理学 sexuality and geography
研究地方与空间的性特征以及性的差异性与同一性的空间性特征。

17.017 体育地理学 geography of sports
研究各种体育运动的空间变化模式以及地形对体育活动影响的学科。

17.018 休闲地理学 geography of leisure
从空间和时间的角度对人们在业余时间的活动模式进行的地理学研究。

17.019 健康与保健地理学 geography of health and health care
与人类健康和与健康有关的活动的地理学研究。

17.020 教育地理学 geography of education
有关教育设施和资源的供给、运作及产品的空间变化的地理学研究。

17.021 福利地理学 welfare geography
一种关注不平等现象与社会公正问题的人文地理学研究方法,描述社会福利的总体水平及地区分配不平等现象,解释不平等产生的机制并提出解决对策。

17.022 法律地理学 geography of law
探索法律、空间与社会之间复杂相互关系的研究。

17.023 犯罪地理学 geography of crime
研究犯罪活动与地理环境的相互关系,揭示犯罪现象的空间分布规律、区域差异及其历史演变的一门人文地理学分支学科。

17.024 治安地理学 geography of policing

维护公共秩序、保护人民生命财产、防止犯罪等治安活动的地理学研究。

17.025　公共管理地理学　geography of public administration

对国家机器管理的空间变化及其管理区域的地理学研究。

17.026　公共财政地理学　geography of public finance

公共部门的税收与支出方式的空间变化及其不平衡的地理学研究。

17.027　公共政策地理学　geography of public policy

对公共政策的制定、实施、监督和评价等的地理学研究。

17.028　公共服务业地理学　geography of public services

对公共服务业的供给与使用的空间差异的地理学研究。

17.029　展示地理学　geography of spectacle

对大型群众娱乐或消费活动或会展的发生地点所进行的地理学分析。

17.030　地理学与公正　geography and justice

对社会利益在地理空间上的分配公正或公平所进行的研究。

17.031　地理学想象力　geographical imagination

对地方、空间和景观在构成和引导社会生活方面重要性的一种洞察。

17.032　人种地理学　racial geography

研究以人类遗传特征为基准而划分的人种的地理分布的学科。

17.033　民族地理学　ethnic geography

研究世界各国或地区民族的形成、历史、分布、语言、信仰、文化、风俗的地域分布规律及发展演变的学科。

17.034　民俗学　folklore

通过传承和民俗资料的对比,研究整个民间生活和文化的学科。

17.035　语言地理学　linguistic geography

研究各类语言(包括方言)使用区域的产生、演变及分布特征,涉及语言的社会应用与语言同文化的关系等问题的学科。

17.036　宗教地理学　geography of religion

研究宗教的起源、分布规律和宗教信仰、宗教活动(包括习俗)、宗教建筑分布的空间特征、景观特征及其发展变化与地理环境的关系的学科。

17.037　民族学　ethnography

对人及其文化的科学描述,包括风俗、习惯、相互差异等。

17.038　种族中心主义　ethnocentrism

认为自己拥有的文化或种族优越于其他文化和种族的一种偏见。

17.039　常人方法论　ethnomethodology

强调背景决定因素来研究人们感知并适应世间生活的一种方法。着重唯一性、描述和特殊性研究。

17.040　民族主义　nationalism

属于民族的一种感情以及坚持区域和民族单元与自治统一关系同时存在的一种政治意识形态。

17.041　民族自决　national self-determination

具有某种明显领土认同感的群体决定自己命运的权力。

17.042　民族性　ethnicity

某一个体所确定个人身份的方式以及某一具有共同起源的人群所形成的社会阶层类型。

17.043　政治地理学　political geography

研究世界政治事象的分布、联系和差异形成

的规律,以及政治地域体系形成与地理环境之间关系的人文地理学分支学科。

17.044　地缘政治学　geopolitics
把空间作为理解国际关系最为重要的因素,研究解释世界地理政治秩序的一个地理学传统领域。

17.045　陆心说　heartland theory
关于心脏地带的政治地理学说,认为在经济和军事上自给自足的远离海岸的欧亚大陆是世界岛的核心。

17.046　心脏地带　heartland
地缘政治概念。指冷战时期欧亚大陆核心地区。

17.047　陆缘说　rimland theory
认为主宰世界的关键地区在陆地边缘带的观点。

17.048　国家二元论　dual theory of the state
把国家功能划分为生产政治学和消费政治学的两个部分以进行说明的理论。

17.049　多米诺理论　domino theory
研究相邻国家有如多米诺骨牌一样形成连锁反应似的倒向某一个国家的现象的理论。

17.050　世界体系分析　world-system analysis
研究社会变革的唯物主义方法。把资本主义世界经济的空间组织结构划分为核心、边缘和半边缘的三个部分,并认为主要存在于半边缘地区的停滞与竞争为世界经济重构提供了必要条件。

17.051　东方主义　Orientalism
西方对于东方的解释,是外界强加的术语,意味着神话色彩的东方。

17.052　地方主义　localism
为了保护和增进地区利益,谋求从政治角度解决地区间领土争端的运动。

17.053　自治区　autonomous region
行政区域单位。为少数民族实行区域自治所特设的地方行政单位。在中国相当于省一级。

17.054　多元论　pluralism
有时表示一个社会中的文化多样性,有时表示现代社会中权力得到扩散和均衡的组织多元化。

17.055　地理政治变迁　geopolitical transition
一个世界地理政治秩序代替另一个世界地理政治秩序的过程。

17.056　地理战略区域　geostrategic region
由若干国家组成的、具有相同政治或经济宗旨的大尺度国际性区域。

17.057　行政界线　administrative boundary
一国领土之内各级行政区域之间由中央政府及各级政府所确认的界线。

17.058　领土　territory
指主权国家管辖下的全部疆域,属于空间的范畴。包括陆地和河流、湖泊等内陆水域及其底下层,以及与陆地相连的海港、内陆湾、领空和领海。

17.059　领空　territorial sky
一国领土和领海范围内的全部上空,是一国领土的组成部分。

17.060　领土性　territoriality
通过边界划分来确定的个人或社会群体的空间组织。

17.061　内飞地　exclave
一国位于其他国家境内、或被其他国家领土所隔开而不与本国主体相毗邻的一部分领土。

17.062　外飞地　enclave
与主要地域单元相分离而被邻近国家的土地所包围的某一国家的一小部分领土。

17.063 圈地 enclosure

利用边界来勘定土地界限，通常与土地所有权或使用权的限定以及获得这些限定的过程联系在一起。

17.064 国家 state

具有国际公认而又有相对明确政治边界的某一国土区域。关于国家的学说构成政治地理学的核心。

17.065 福利国家 welfare state

由国家提供公益事业和救济保险等福利的国家。

17.066 边疆 frontier

两国间的政治分界线或一国之内定居区和无人定居区之间宽度不等的地带。

17.067 边疆学说 frontier thesis

专指美国殖民的西向推移中边疆起到了"安全阀"作用的一种学说。

17.068 殖民地 colony

在本国以外的领土的总称。以国家政策为背景的集体移民所居住的土地。

17.069 新殖民主义 neocolonialism

强大的发达经济国家对不发达国家经济及社会所采取的一种经济与政治的控制手段。

17.070 后殖民主义 post-colonialism

为消除殖民思想，向冲击非西方文化的帝国主义进行挑战的运动。

17.071 权力 power

达到某种目的的能力。多指个人之间或群体之间或国家之间的关系特征。

17.072 分权 devolution

把政治权力更多地从中央移交给地方政府的过程。

17.073 主权 sovereignty

指国家在其领土范围内掌管土地和人口的权力。

17.074 地盘政治 turf politics

邻里居民抵制改变其住地的政治活动。

17.075 政治分肥 pork barrel

特指在美国，一个政党或候选人为了增大重新当选的机会而对公共物品进行的不公平分配。

17.076 欠发达 underdevelopment

发展的妨碍因素或相反面，人类存在或变化过程处于歪曲的、有限的和日益增加的一种边际状态。有一般欠发达和不均衡欠发达之分。

17.077 非均衡发展 uneven development

经济和社会发展在时间和空间上的非均衡发展。

17.078 军事地理学 military geography

根据国家政治和军事战略的需要，全面分析与战争关系密切的自然地理因素和人文地理因素所构成的综合地理环境，以及与国防建设和军事行动之间相互制约和相互影响的关系的学科。

17.079 行为地理学 behavioral geography

人文地理学中的心理学转向，强调环境与空间行为关系中的认知与决策变量，包括认知地图、环境偏好和空间行为等主要研究领域。

17.080 行为方法 behavioral approach

援引心理学及行为学等理论与方法，重视说明人类行为的意识决策过程，从人的行为因素来解释地理现象形成的方法。

17.081 满意化行为 satisfying behaviour

按是否达到或超过一定的门槛而不是依据最大化来进行选择的行为。

17.082 行为矩阵 behavioral matrix

决策者掌握和使用信息能力与空间区位选

择之间关系的图示。

17.083 环境认知 environment cognition
个人对环境的认识、映像、意向以及赋予环境的意义、价值和符号。

17.084 认知制图 cognitive mapping
个人对日常空间环境中各种现象的相对区位及属性信息进行获取、存储、回忆和编码的一系列心理转化过程。

17.085 认知距离 cognitive distance
认知地图中两个物体之间的相对空间距离，可通过比例缩放、间隔或顺序缩放、投影、复制或者路线追踪等方法来确定。

17.086 认知空间 cognitive space
个人在日常生活中通过对客观物质环境的学习而逐步认知的空间。

17.087 探索空间 search space
个人在空间决策过程中搜寻、评价替代物的空间范围，处于认知空间与行为空间之间。

17.088 行为空间 action space
个人进行区位决策的区域。

17.089 活动空间 activity space
个人的大部分活动所在的空间，包括决定特殊区位的行为空间。

17.090 距离衰减 distance decay
事物或现象的作用力随着地理距离的增加而逐渐减少或变弱的规律。

17.091 场所 locale
社会相互作用的环境或背景。

17.092 地方效用 place utility
衡量个人对给定地方满意程度的标准。

17.093 无地方性 placelessness
对应于前工业化社会相对均质和标准化特征而言的地方特性的淡化和地方经验的多样化。

17.094 方法论的个体论 methodological individualism
把对社会的阐释简化为组成社会的个人的属性与关系，认为从个人的需求、意向和理性出发就可阐明总体社会行为。

17.095 时间地理学 time geography
强调个体行为的各种客观制约条件，研究时空间连续轴上个体行为时空间特征的人文地理学方法。

17.096 路径 path
个体在时空间活动的连续轨迹。

17.097 能力制约 capability constraint
个体活动时所受到的生理性制约及发生移动时所受到的物理性制约。

17.098 组合制约 coupling constraint
个体或集体为了从事某项活动而必须同其他个体或物的路径同时存在于同一场所的制约。

17.099 权威制约 authority constraint
法律、习惯、社会规范等把人或物从特定时间或特定空间中排除的制约。

17.100 活动日志调查 activity diaries survey
把城市交通规划中的居民出行调查与新闻媒体的生活时间调查合为一体、对居民一天24h所有活动进行的问卷调查。

17.101 时间预算 time budget
一定时间内(一般为24h)个人消费时间资源的计划或结构。

17.102 时空结构 time-space structure
时间轴上的空间结构。

17.103 时空会聚 time-space convergence
因交通工具的技术革新等使两地之间移动时间变短而表现出来的距离摩擦减弱现象。

17.104 时空压缩 time-space compression

资本主义生产制度下空间随时间而消亡的现象。

17.105 时空延展 time-space distanciation

以社会整合与系统整合为基础的时空间向度上的社会系统的延伸过程。

18. 经济地理学

18.001 经济地理学 economic geography

人文地理学最重要的分支学科之一。主要研究人类经济活动地域体系的形成过程、结构特点和发展规律。

18.002 新经济地理学 new economic geography

20 世纪 90 年代以来西方经济地理学界出现的新研究视角与研究方向;其主要标志是"文化及制度转向",即从原来单纯注重经济要素转向研究社会文化要素与经济要素的综合作用。

18.003 部门经济地理学 sectoral economic geography

研究各社会经济部门布局的特点与规律及其空间组织与空间结构的经济地理学。

18.004 区域经济地理学 regional economic geography

研究不同尺度区域经济发展的条件与方向、经济结构与布局特点、经济专业化与综合发展、经济中心的形成与经济区划分的经济地理学。

18.005 生产地理学 geography of production

研究各生产部门发展的条件、特点与布局规律,生产的空间组织、空间结构与空间类型的学科。

18.006 发展地理学 development geography

以不发达国家为研究对象,研究在这些国家特定的环境条件下,社会经济发展理论和发展战略的学科。

18.007 劳动力地理学 geography of labor

研究劳动力资源的分布、结构和利用的地域差异的学科。

18.008 信息产业地理 geography of information industry

研究信息产业的区位、空间结构及其与社会经济环境的关系。

18.009 货币与金融地理 geography of money and finance

研究货币及金融机构的区域效应,以及他们与空间和位置的关系。

18.010 贫困地理 geography of poverty

研究贫困地区的形成、分布、地理特征及其与环境的关系和消除贫困的措施。

18.011 服务业地理 geography of services

研究服务业的区位、空间结构及其与社会经济环境的关系。

18.012 传媒地理 geography of media

研究传媒产业的构成、分布及其对文化传播的影响。

18.013 区域科学 regional science

将区域作为一个有机整体(自然、社会、经济综合体)进行研究的科学。着重揭示经济社会活动的空间分布、区域矛盾和区域分异规律。

18.014 空间经济 spatial economy

不同地域范畴经济增长及其差异的形成、特点和结构演变的过程。

18.015 空间组织 spatial organization

不同地域范畴社会经济客体的结合、相互作

用及地域集聚。

18.016 空间结构 spatial structure
社会经济客体在空间中的相互作用及所形成的空间集聚程度和集聚形态。

18.017 空间差异 spatial disparity
不同地域范畴社会经济发展水平及其结构的差异。

18.018 区域开发 regional development
一般指对具有某种或某几种资源的区域进行的开发及在这个基础上的经济发展。属于区域发展早期阶段的过程。

18.019 区域发展 regional development
国家和区域的经济增长、社会发展及其地域结构的变化。

18.020 生产力布局 allocation of productive forces
物质生产及其单元(企业、设施)等的区位、地点及地区规模、部门结构及地域组织。

18.021 地域类型 areal type
在一定的地理环境和长期的历史发展过程中形成的,由若干发展条件、生产结构、发展特点和发展方向相类似的地区或单位组成并具有相对稳定性的地域单元。

18.022 地域生产综合体 territorial production complex
社会化大生产的空间组织形式。是由代表地区经济特点的专门化部门、与其协作配套的辅助性部门,以及只为地区服务的自给性部门所组成。

18.023 区域经济可持续发展 sustainable development of regional economy
在确保区域资源的可持续利用、生态环境良性循环条件下,经济的持续、健康发展。

18.024 区域发展周期 regional development cycle
区域经济发展过程中经济扩张与收缩相互交替现象,如繁荣、衰退、萧条、复苏等阶段的重复与交替出现。

18.025 经济全球化 economic globalization
地理上分散于全球的经济活动开始综合和一体化的现象,其主体一般认为是跨国公司,具体表现为资本、技术、产品等跨国快速流动或扩散以及跨国公司垄断势力的强化。

18.026 垂直外资 vertical foreign direct investment
为降低生产成本将生产过程的一部分转移到生产要素价格低廉的地方而进行的跨国投资,通常不包括产品的最后组装过程。垂直外资会促进国际贸易。

18.027 水平外资 horizontal foreign direct investment
目标为占领当地市场的跨国投资,往往包括从零部件生产到最终产品组装一系列复杂的生产过程。水平外资与进入国的贸易壁垒相关,通常会替代国际贸易。

18.028 进出口依赖度 degree of dependence on import & export
一个国家(地区)进出口总额占国内生产总值的比重。可以反映该国家(地区)参与经济全球化和国际劳动地域分工的程度。

18.029 本地化 localization
通常指外资企业在进入国(地区)生产或采购零部件和原材料的活动。本地化与进入国(地区)零部件生产水平和成本以及制度约束等因素相关。

18.030 本地化程度 local content
外资企业生产和采购的全部零部件与原材料中进入国(地区)所占比重,通常以价值计算。一般地,本地化程度越高,外资与当地的经济联系就越强。

18.031 新经济 new economy

通常指始于 20 世纪 90 年代中期,由新技术革命引起的经济增长方式、经济结构以及经济运行规则的变化。

18.032 信息化 informationalization
新的信息与通信技术普及应用导致的信息传递时空阻碍性的消失,在信息基础设施到达的地方信息可获得性趋同。也被理解为与此相伴随的社会组织之形式及其属性。

18.033 电子商务 electronic commerce
基于因特网的一种新的商业模式,其特征是商务活动在因特网上以数字化电子方式完成。

18.034 远程工作 teleworking
特指通过现代信息通信技术和服务在家庭而不在传统工作地点(单位)的工作方式。

18.035 服务远程化 tele-mediation of services
基于现代信息和通信技术的、不需要面对面的服务方式。

18.036 距离缩减 distance shrinking
交通运输和信息通信技术进步引起的人们对地理空间感知的变化,其根本原因在于不同地方之间物质和信息传递的时间大幅度缩短。

18.037 第一产业 primary industry
产品直接取自自然界的产业部门。在我国为包括种植业、林业、畜牧业和渔业在内的农业。

18.038 第二产业 secondary industry
对初级产品进行再加工的部门。在我国包括工业(采掘业、制造业、电力、煤气及水的生产和供应业)和建筑业。

18.039 第三产业 tertiary industry
在再生产过程中为生产和消费提供各种服务的部门。包括除第一和第二产业外的其他各行业。

18.040 生产专业化 specialization of production
为节约社会劳动和提高劳动生产率,将社会生产分解为许多独立的专业化生产部分。

18.041 地域专业化 areal specialization
由地区内一些专门化生产和服务部门体现的地区经济发展方向。

18.042 劳动地域分工 spatial division of labor
社会劳动分工的空间形式。指一国或一地区按照各自条件和比较优势,着重发展有竞争优势的专业化部门和在产品交换基础上的相互协作,以取得较高的劳动生产率和经济效益。

18.043 国土开发 territorial development
一般是指对一定区域范围内的自然资源进行的综合开发和利用。

18.044 国土整治 territorial management
对国土资源的开发、利用、治理、保护以及为此目的而进行的国土规划、立法与管理。

18.045 国土规划 territorial planning
根据国家社会经济发展的总目标以及区域的自然和社会经济条件,对国土开发、利用和治理、保护而进行全面的规划。

18.046 流域规划 river basin planning
以河流流域为单元而进行的资源综合开发、生产力合理布局、环境治理与生态建设的总体规划。

18.047 区域规划 regional planning
根据国家经济社会发展总的战略方向和目标,对一定地区范围内的社会经济发展和建设进行总体部署(包括区际和区内)。

18.048 经济地理条件 economic geographical conditions

影响地区经济发展与布局的区位、资源、市场、消费、基础设施及原有经济基础等条件的总和。

18.049 经济地理位置 economic geographical location

国家、区域、居民点、交通枢纽及企业等与经济区、经济中心、资源产地、交通线、工农业基地、商品市场等的空间关系。

18.050 城市化经济 urbanization economies

由城市区位所获得的优势,包括接近市场和劳动力、便利的交通、金融和商业服务等。

18.051 “点轴系统”模式 “pole-axis” model

国家或区域经济中的空间结构模式之一。即社会经济客体在空间中按照“渐进式扩散”原理以“点-轴”型式形成的社会经济空间结构。

18.052 增长极理论 growth pole theory

指社会经济客体在特定城市的集聚而使经济的高效发展,同时在这种集聚基础上又进一步向外围地区扩散,带动这些地区的发展。

18.053 梯度理论 ladder development theory

根据各地区经济、技术水平的高低和发展条件的优劣,由高到低依次分期逐步开发的理论。

18.054 跳跃理论 frog-jump development theory

根据不同时期的需要,有选择地对欠发达地区实行重点开发,使其经济和社会发展水平迅速赶上发达地区的理论。是与梯度开发理论相对的。

18.055 地理联系率 coefficient of geographical linkage

反映两种社会经济要素在地理分布上的联系程度的指标。

18.056 区位熵 quotient of location

又称“专门化率”。某地区某工业部门占全国该工业部门的比重与该区整个工业占全国工业比重之比。

18.057 集中指数 index of concentration

反映某项经济活动在地域上集中程度的指标。即某一地区的某部门按人口的产量、产值等相对数与全国或全区该经济部门相应指标的比值。

18.058 经济区位 economic location

产业、企业或者其他经济组织经济活动最适合的空间位置,是关于经济过程的一种相对区位。

18.059 区位条件 locational conditions

某地区能够促进产业发展并取得好效益的条件和因素总和。

18.060 区位选择 location selection

政府或经济组织对有经济利益的区位(点、城市、区域)的选择。

18.061 区位系数 locational coefficient

某地区特定部门的就业人数占全部经济部门就业人数的比重与大区域(全国)该特定部门就业人数占全部经济部门就业人数的比重的比值。

18.062 区位因子 locational factor

影响一个地区或地点发展条件和发展潜力的自然的、经济的和社会的条件和因素。

18.063 区位地租 location rent

区位条件造成的土地价值的差异。

18.064 国际劳动地域分工 international division of labor

一个国家依据其优势实行某一社会物质生产部门的专业化生产,它是社会劳动分工在地域上的表现形式。

18.065 边境区 transit area

又称“中转贸易区”。某些沿海国家为便利内陆邻国的进出口货运,根据双方协定,指定某些海港、河港、或国境城市作为过境货物的自由中转区。在该区对过境货物简化海关手续,免征关税或只征小额的过境税。

18.066　保税区　duty-free zone
经主权国家海关批准,在其海港、机场或其他地点设立的允许外国货物不办理进出口手续即可连续长期储存的区域。

18.067　空间结构理论　spatial structure theory
一定区域范围内社会经济各组成部分及其组合类型的空间相互作用和空间位置关系,以及反映这种关系的空间集聚规模和集聚程度的学说。

18.068　出口基础理论　export base theory
依靠出口获得经济增长所需要的资金从而扩大投资进一步发展经济的理论。

18.069　内部发展理论　internal growth theory
重点依靠区域内部的资金、生产和市场需求的循环发展经济的理论。

18.070　原料指向　material orientation
由于在生产活动中要消耗大量的原料,一些经济活动的区位趋向原料集中供给地,表现为原料地指向。

18.071　经济区划　economic regionalization
根据若干指标或指标体系对经济发展的地域进行划分,包括综合经济区划和部门经济区划。

18.072　经济区　economic region
在劳动地域分工基础上形成的、不同层次和各具特色的以地域专门化为主要特征的经济地域单元。

18.073　经济协作区　economic cooperation region
为加强中央对地区经济的宏观调控、协调区际经济的协作联系而建立的经济区域形式。

18.074　经济中心　economic center
一个特定区域范围内,在经济上起组织和领导作用、并同周围地区经济联系密切、能影响其经济发展的城市或镇。

18.075　扩散障碍　diffusion barriers
社会、经济和文化现象在地理空间转播过程中,由于自然和人为的因素而受到阻力。

18.076　发展区　developing area
由于区内外有利条件的结合而使经济增长、结构改善及人口增加的区域。

18.077　未开发区　underdeveloped area
自然资源和经济发展潜力没有开发利用的地区。一般指未进行工业化的地区。

18.078　衰落区　declining area
由于区内外的原因导致的投资不足、市场缩小、劳动力外流而进一步引起经济增长下降的区域。

18.079　萧条区　depressed area
由于区内外的原因导致的结构危机而使生产不足、经济增长停滞或下降的区域。

18.080　经济特区　special economic zone
实行特殊经济管理体制和特殊政策,用减免税收等优惠办法和提供良好的基础设施,吸引外商投资和促进出口的特定地区。

18.081　经济技术开发区　economic and technological development zone
为引进国外资本、先进技术与管理经验,发展高新技术产业并带动其他产业的发展,在一些城市和地区中划出的实行一系列类似经济特区优惠政策的地区。

18.082　经济评价　economic appraisal
从经济角度对影响生产布局的自然条件和社会经济条件进行综合性评估。

18.083 生产布局的技术经济评价 techno-economic appraisal of production allocation

在一定技术条件下,对某一地域范围内生产布局经济效果的评价。其主要任务是比较分析各种生产布局组合方案的经济效果,选择最优的布局方案。

18.084 经济距离 economic distance

以运费、时间、便利程度(或舒适程度)来表示的两地之间的距离。经济距离主要受交通运输技术进步和设施改善的影响而变化。

18.085 三大地带 the Three Regions

根据经济发展水平和在国家发展中的地位及任务的差异而划分的沿海地带、中部地带和西部地带。这种划分写入国民经济和社会发展第七个五年计划而成为我国宏观区域政策的重要地域范畴。

18.086 位置级差地租 differential land rent by site

由于距离城市中心(主要市场)的距离和位置的不同导致的土地利用纯收益的差异。在实践中这种纯收益一般表现为土地的价格。

18.087 工业地理学 industry geography

研究工业生产的地域分布及其规律结构的经济地理学分支学科。

18.088 工业布局 industrial allocation

工业在地域上的动态分布或工业生产的地域组织。

18.089 工业地域类型 industrial areal pattern

在不同地域范围内形成的各具特点和结构的综合性工业体系。

18.090 工业区 industrial zone

具有一定结构和相互联系的工业区域。包括较小范围的工业点和较大范围的工业区。

18.091 工矿区 industrial and mining area

以矿产资源开发为基础的矿业和工业区,为工业生产地域基本类型之一。

18.092 工业基地 industrial base

在一定地域范围内集中相当发达的工业和比较完整的工业生产体系,并在经济、生产、技术上对国家或一个大区起主导作用或基地作用。

18.093 工业地带 industrial belt

在面积较大的国家内、工业生产活动分布相对集中的连片地带,是社会劳动地域分工的宏观表现形式之一。一般由若干个工业地区和工业枢纽及工业城市组成。

18.094 工业枢纽 industrial junction

由两个或数个保持密切生产协作关系且相距很近的城市工业区组成的工业地域单元。

18.095 工业地域综合体 industrial territorial complex

在一定地域范围内,由许多有经济联系和生产协作关系的工业企业共同组成的综合生产体系。综合体内一般具有一个主导工业部门或企业,工业生产体系比较完整。

18.096 工业体系 industrial system

在一定地域范围内,由各工业生产部门和相关的区域性公用设施以及管理、服务、储存、销售等设施组成的具有有机联系的地域整体。可分为全国、大区、省和地区四级。

18.097 工业区位 industrial location

又称"产业区位"。某一工业活动(企业)的空间场所。它是由该工业活动与其他经济活动及影响要素的相对位置关系来决定的。这些影响要素又称为区位因素。

18.098 工业区位论 industrial location theory

研究工业企业空间位置选择规律的理论。通常以一定的经济目标(如最低生产成本或最大利润)为出发点,研究区位因素对工业企业空间位置的影响以及工业区位选择的规律。

18.099 韦伯工业区位模型 Weber's industrial location model

又称"最低成本学派"。由德国人韦伯创立的工业区位理论。该理论提出运费、劳动力成本和聚集经济三个区位因子的相互作用决定企业的空间位置。

18.100 农业区位 agricultural location

农业产业生产活动最适合的位置。

18.101 产业带区位 industrial belt location

关于产业活动的最适合位置。它是区域尺度的土地利用形式。

18.102 市场区位 market location

企业组织可以盈利的空间市场范围。

18.103 设施区位 facility location

公共设施和公共服务机构最适合的位置。

18.104 研究与开发区位 R&D location

研究与开发活动最适合的位置。

18.105 居住区位 residential location

居住设施适合的位置。

18.106 交通区位 traffic location

关于交通的位置。通常在绝对区位意义上使用这个概念。

18.107 大规模生产 mass production

20世纪最流行的资本主义生产方式。以泰勒的科学管理方法为基础,以生产过程的分解、流水线组装、标准化零部件、大批量生产和机械式重复劳动等为主要特征。

18.108 精益生产 lean production

以丰田汽车公司为代表的新的资本主义生产方式。其主要特征是对市场变化的快速反应能力、同一条流水线可以生产不同的产品、适时供应、多技能和具有团队精神的劳动力、对生产过程不断改进的动力与能力。

18.109 柔性专业化 flexible specialization

原指意大利东北部地区的中小企业保持的手工业生产时期的生产范式。主要特征是企业间高度协作与知识共享、合作发展与生产、紧密的网络化企业关系、同一领域内高度灵活的产品小批量生产等。

18.110 福特主义 Fordism

以大规模生产方式为核心的资本主义积累方式。其主要特征是大规模生产、大量消费和国家福利主义,相应的社会经济关系体现在大企业、工会组织和国家三者之间。

18.111 后福特主义 post-Fordism

以精益生产、柔性专业化等非大规模生产方式为核心的新的资本主义积累方式及其社会经济结构。其主要特征是灵活的劳动过程、网络化的生产组织、多技能的劳动力及新的劳资关系、个性化消费等。

18.112 生产链 production chain

由完成某一项生产或服务的所有步骤构成的、交易上相互连接的一系列活动之集合。其中的每一步都使该生产或服务增值。

18.113 风险资本 venture capital

通常指投资于高新技术行业中尚未成熟的企业或项目的金融资本。具有高风险和高回报的双重特点。

18.114 垂直企业 vertical corporation

基于垂直整合、等级性和明确功能区分的企业组织形式,即公司内部具有严密的技术和社会分工上的垂直等级。

18.115 水平企业 horizontal corporation

基于网络、扁平化层级和团队管理的企业组织形式,可以使企业与客户保持相对直接的联系、并保持企业内部各单元的活力。

18.116 产业联系 industrial linkage
不同生产或服务活动之间的相互关系,包括物质的、非物质和空间上的关系。

18.117 产业垂直联系 vertical industrial linkage
企业之间依据产业链的上下游配套关系而发生的生产或服务关系。

18.118 产业水平联系 horizontal industrial linkage
企业之间并非为配套而发生的生产性或服务性关系,如战略联盟、合作开发、知识共享、设施共享等。

18.119 地区竞争优势 regional comparative advantage
一个地区的自然资源、生产要素组合或技术优势所形成的专业化分工。这种分工可以使该地区出口产品或服务、并获得经济收益。

18.120 高技术产业 high-tech industry
一般指研究与开发在生产或服务中起关键作用的产业部门。在中国,被官方定义为高技术产业的部门有电子及微电子、航空航天、光机电一体化、生物工程、新材料、新能源、环保技术、海洋工程、医药及医学工程、精细化工等。

18.121 高技术园区 high-tech park
高技术产业聚集的区域。在许多国家,高技术园区特指政府为促进高技术产业发展而专门设立的特别区域,进入该区域的企业可以享受某种程度的优惠政策。

18.122 产业惯性 industrial inertia
一个国家或地区产业发展具有沿着原有轨迹的倾向,即调整发展轨迹的迟缓性。

18.123 路径依赖 path dependency
一个国家或地区经济发展与其原有经济基础、制度环境、社会结构和技术特点的密切相关性。通常用于对外来投资的分析。

18.124 技术创新 technological innovation
改进现有或创造新的产品、生产过程或服务方式的技术活动。重大的技术创新会导致社会经济系统的根本性转变。

18.125 交易成本理论 transaction cost theory
用来分析企业空间组织和对外直接投资的理论。交易成本指产品或服务从一个单位转移到另一个单位过程中产生的所有成本和代价。一般认为,市场不完善会导致交易成本升高,而这会使大公司倾向于采取垂直一体化的组织方式和进行海外直接投资。

18.126 网络理论 network theory
揭示企业间关系和产业集聚机制的重要理论之一。该理论强调经济系统的各部分存在技术上和组织上的相互依赖关系,而这种关系介于市场交换关系和垂直等级关系之间。也包括企业与公众机构、企业与政府等网络关系。

18.127 嵌入理论 embeddedness theory
强调经济活动存在与非经济因素相关的不确定性的经济社会学理论。其核心是经济活动融于具体的社会网络、政治构架、文化传统和制度基础之中,已被广泛用于经济地理学分析。

18.128 地方嵌入 local embeddedness
通常指外来投资与本地企业和非企业机构(如政府、科研机构、工会等)发生的紧密联系。

18.129 企业地理学 enterprise geography
研究多产品、多厂的企业空间行为、空间结构及其与社会经济环境关系的学科。

18.130 公司空间扩展 corporation spatial expansion
伴随着公司规模扩大而带来的公司所属机

构区位的地理扩张。

18.131 公司总部区位 headquarter location, HQ location
公司总部所在地。在公司空间结构和治理中起关键作用。

18.132 邻近扩散 contagious diffusion
经济或社会现象由近及远依次扩散的地理过程。

18.133 等级扩散 hierarchical diffusion
经济或社会现象沿着一定区域和城市等级扩散的地理过程。

18.134 新国际劳动分工理论 new international division of labor
跨国公司在全球范围内合理配置资源,寻找满意的生产地,尤其是将一些常规的、技术含量低的生产过程转移到欠发达国家,改变了以往只在这些国家进行原料生产或初级加工、而在发达国家进行最终产品生产的国际劳动分工格局。

18.135 产业集群 industrial cluster
用来定义在某一特定领域(通常以一个主导产业为主)中,大量产业联系密切的企业以及相关支撑机构在空间上集聚,并形成强劲、持续竞争优势的现象。

18.136 产业区理论 industrial district theory
阐述一个区域内中小企业集聚特点和机理的理论。

18.137 第三意大利 the Third Italy
意大利东北部和中部(亚平宁半岛北部)新兴工业化地区。为与西北部传统工业化三角区和南部落后地区相区分。

18.138 定单生产 build-to-order, BTO
企业按照订单要求制造产品,并向客户直接发货的生产组织形式。

18.139 新产业区 new industrial district
新兴工业化地区内相互联系密切的中小企业以一定规模在一定空间范围内集聚,形成具有竞争优势的产业区。

18.140 区域管制 regional governance
在一定地域界限内的正规和非正规管理形式的组织运作过程。

18.141 区域创新体系 regional innovation system
一个区域内由参与技术发展和扩散的企业、大学和研究机构组成,并有市场中介服务组织广泛介入和政府适当参与的一个为创造、储备和转让知识、技能和新产品而形成的相互作用的创新网络系统。

18.142 范畴经济 economy of scope
因同时生产(经营)几种相关的产品或服务而引起的经济效益提高。

18.143 企业空间结构 corporate spatial structure
企业内部功能单元的等级结构、地理分布及其空间联系。

18.144 绿色制造 green manufacturing
综合考虑环境影响和资源消耗的现代制造模式,其目标是使得产品从设计、制造、包装、运输、使用到报废处理的整个生命周期中,对环境负面影响最小,资源利用率最高,并使企业经济效益和社会效益协调优化。

18.145 工业分散 industrial dispersal
工业企业或工业点等散布于一定地域范围。

18.146 边缘地 peripheral area
远离社会和经济中心的地区。

18.147 “三线”工业 the “Third Front” industry
20世纪60年代中期至70年代中期,中国以国防安全为主要目标,在四川、贵州、陕西以及湘西、鄂西、豫西、陇南等地区布局的工业。

18.148　基础工业　basic industry

生产基本生产资料的工业部门的总和。包括冶金、石油、煤炭、电力、化学、机械工业等。

18.149　工业集聚　industrial agglomeration

若干工业企业集结在一个地域中心的工业生产空间集中现象。

18.150　工业扩散　industrial diffusion

工业生产的空间扩散。即由大城市向小城市(城镇)、由工业集中地区向外围地区分散的现象。

18.151　支柱产业　pillar industry

在区域经济增长中对总量扩张影响大或所占比重高的产业。

18.152　主导产业　leading industry

在区域经济增长中起组织和带动作用的产业。

18.153　市场取向工业　market-oriented industry

由于生产过程中原料指数较小,靠近市场区布局可使生产者获取较高效益的工业。

18.154　劳动力密集型工业　labor-intensive industry

生产技术装备程度低、需大量使用劳动力进行生产活动的工业部门。

18.155　资金密集型工业　capital-intensive industry

生产的技术装备程度较高、单位产品所需投资较多的工业部门。

18.156　技术密集型工业　technology-intensive industry

又称"知识密集型工业"。需要运用复杂先进的、现代化的科学技术才能进行生产的工业部门。

18.157　集聚经济　agglomeration economy

在社会经济活动中,有关生产和服务职能在地域上集中而产生的经济与社会效益。

18.158　工业化　industrialization

一个国家和地区国民经济中,工业生产活动逐步取得主导地位的发展过程。

18.159　工业生产协作　industrial production cooperation

工业部门和企业为共同生产某种产品,相互间建立的生产合作联系。

18.160　出口加工区　export processing zone

指一个国家或地区为利用外资、发展出口导向工业、扩大对外贸易而设立的以制造、加工或装配出口商品为主的特殊区域。

18.161　交通运输地理学　geography of communication and transportation

研究交通运输地域组织规律的学科。主要研究交通网(包括线网、枢纽和港站)的结构和类型及其演变规律,客流和货流的产生与变化规律,交通运输在地域生产力综合体中的地位与作用。

18.162　邮政地理学　geography of postal services

研究邮政基础设施与活动分布、布局与地域组织规律的学科。

18.163　通信地理学　geography of telecommunication

研究通信基础设施与活动分布、布局与地域组织规律的学科。

18.164　交通运输布局　allocation of communication and transportation

交通运输生产的空间分布与组合,即各种运输方式的线路和港站组成的交通运输网与客货流的地理分布。

18.165　综合交通运输网　integrated transport

network

由彼此协作、相互补充与紧密衔接、运输组织上协调的各种运输方式的交通线路、港站和枢纽共同组成的交通网络。

18.166 运输枢纽 transport junction

一种或多种运输方式干线交叉或衔接之处，共同办理客货的中转、发送、到达作业所需的多种运输设施的综合体。

18.167 货流地理 geography of goods flow

研究货流的空间分布及其形成条件、特点及演变规律，并预测其发展趋势。为交通网发展及生产力布局提供依据。

18.168 客流地理 geography of passenger flow

研究客流产生的人文经济地理基础及其空间分布的地域规律。客流的产生主要取决于人口分布、经济发展水平及其交通便捷程度。

18.169 运输弹性系数 elastic coefficient of transportation

全国或某区域一定时期内货运量增长率与经济增长率之比。经济发展初期一般该值大于1，随着经济水平提高和产业结构提升该值呈下降趋势。

18.170 交通运输区划 transportation regionalization

为揭示交通建设条件的地域差异和对运输进行合理的地域组织而进行的分区划片。主要划分依据是经济合理性、技术可行性、自然条件的有利性和相似性。

18.171 公路运输 highway transport

利用汽车在公路上运送客货的运输方式。既可供专业运输部门使用，也可以供社会和个人利用。具有机动灵活、覆盖面广和通达度深等特点。

18.172 [民用]航空运输 air transport

以飞机为运输工具，以航空港为基地，通过空中航线运送客货的运输方式。具有速度快、航线直、不受地面地形影响、适宜长距离运输等优势。

18.173 水路运输 water transport

以船舶为运输工具、以港口或港站为运输基地、以水域(海洋、河、湖)为运输活动范围的客货运输方式。具有装载量大、成本低等优势。

18.174 城市高速交通系统 urban mass transport system

由高速道路和高速轨道交通系统组成、以大运量和满足主要活动区间快速联系为特点的大城市公共交通运输系统。

18.175 交通流理论 traffic flow theory

研究道路上行人和机动车在个别或成列行动中的规律，探讨车流流量、流速和密度之间的关系，以减少时间延误和事故发生，提高道路交通设施的利用率。

18.176 出行方式 modes of trip

人们从出发地到目的地，选择不同运输工具(或步行)，经由不同线路，出行目的各异(工作、购物、娱乐等)的移动方式。

18.177 渠化导流 channelized traffic

为防止车辆无序行驶，引导交通流按指定方向通行而设立的渠化车道、渠化标线、安全岛、渠化交叉口等设施，使车辆沿着规定的车道行驶措施。可以增加交通流量和增进交通安全。

18.178 城市交通 urban transport

分为城市内部交通与对外交通。内部交通是连接城市各组成部分的各种交通的总称，城市交通网主要由道路、高速路和轨道交通组成；有的还建有市内水道网。对外交通是城市对外联系的各种交通的总称。

18.179 交通圈 transport circle

各种中心地的交通吸引范围。一般指以某地为中心在一定时间内的可及范围。

18.180 大陆桥运输 continental bridge transport

借助于不同运输方式,跨越大陆或地峡,沟通两个互不毗连的大洋或海域之间的运输形式。多为国际联运。目的是缩短运距,减少货物在途时间,节省费用。

18.181 公路主枢纽 arterial hub of highway network

位于国家干线公路的交汇处,在公路运输中具有重要集疏、中转、管理与组织功能,拥有多个大型客货站场的城市。

18.182 磁悬浮列车 maglev train, magnetic suspension train

以超导电磁铁相斥原理建设的铁路运输系统。区别于通常的轮轨黏着式铁路。其最高时速可以达到350~500km。

18.183 港口地域群体 areal combination of ports

又称“港口地域组合”。彼此靠近、具有共同吸引腹地、规模不等、作用和类型各异的港口,形成互有分工和相互配合的港口群体。

18.184 交通工程学 traffic engineering

以道路上的交通现象为对象,通过交通管理、交通安全措施、道路设计等,实现交通流安全、畅通、舒适的工程学。

18.185 运输联系 transport linkage

在社会、经济、自然诸要素综合作用下,区域间通过交通运输设施进行客货交流所产生的相互联系与作用。

18.186 综合运输 integrated transportation

依据一定的技术经济标准和组织管理机制,由各种运输方式构成的技术先进、网络布局和结构合理的运输体系。

18.187 多制式联运 inter-modism

两种或两种以上运输方式遵照统一的规章与协议联合完成某项运输任务。

18.188 可达性 accessibility

到达一个地区或一个城市的难易程度。以时间距离表达。

18.189 运输方式 transport mode

旅客和货物运输所赖以完成的手段、方法与型式。一般分铁路、公路、内河、海运、航空、管道6类常规方式。

18.190 港口集疏运系统 system of freight collection, distribution and transportation

专门为港口吞吐货物与旅客服务的陆路交通运输系统。

18.191 国道 national trunk way

连通国家重要地区、在公路网中起骨架作用的公路交通干线。

18.192 航空枢纽 air transport hub

在航空运输网络中具有重要中转功能和组织功能的大型航空港 。

18.193 轨道运输 rail transport

在人工铺设的轨道上,利用机车牵引车辆运送旅客与货物的运输方式。

18.194 轻轨交通 light rail transit

轨道运输的一种,是以电力驱动车辆与列车在特定保护下但不一定与城市道路立体交叉的轻型、便捷的城市客运方式 。

18.195 集装箱运输 container transport

把货物装入具有一定容积、坚固耐久性和功能的特制容器(集装箱)内,再用车、船、飞机载运的一种运输方式。

18.196 运输系数 coefficient of transported product

一定时期内一个地区利用某一运输方式运

输某一产品的数量占该地区同一产品产量的百分比。

18.197 滚装运输 roll-on and roll-off transportation
把装有集装箱的货车、或装有货物的带轮的托盘、或各种机动车作为货运单元,牵引进船的货舱然后进行运输的一种运输方式。

18.198 吸引区 attraction area
港口、车站、机场等交通站场或城市集散旅客和货物的地域范围。

18.199 电信网络 telecommunication network
由各种通信线、设备构成的使各级通信点相互连接的通信系统。

18.200 信息港 information hub
通信网络中信息汇集、处理、服务、传输的中心或城市。

18.201 港口综合吞吐能力 comprehensive handling capacity of port
在一定的技术装备和组织条件下,一个港口一年内可能装卸的货物的最大数量。

18.202 物流 logistics
供应链活动的一部分,是为了满足客户需要而对商品、服务以及相关信息从产地到消费地的高效、低成本流动和储存进行的规划、实施与控制的过程。

18.203 物流配送 logistics distribution
按照客户的要求,经过分货、拣选等货物配备工作,把最终产品从生产线的末端到消费者手中的移动和存储过程。

18.204 商业地理学 commercial geography
研究商品生产的地域分布、运输条件、贸易和市场等商业活动的空间特点的学科。广义上也包括零售地理。

18.205 消费地理学 consumer geography
对消费者行为的空间特征进行研究的学科。

18.206 商业网布局 allocation of commercial network
不同级别的商贸网点在地理空间上的配置。

18.207 流通网络系统 circulation network system
由商品集散地和交通、通信网所组成的系统。

18.208 商路 commercial route
商人进行远距离贩运贸易所行经的路线。特指中世纪以前的陆上通商道路。

18.209 商业中心 commercial center
商贸活动集中的地方。

18.210 市场 market
商品交换的场所。

18.211 集市 fair
在固定地点定期地举行的商贸活动,以农副产品为主,常伴有娱乐表演。

18.212 市场区 market district
环绕任何一个商贸点的地域范围,其内的居民是该商贸点的现实或潜在的顾客。

18.213 商品流 commodity flow
商品的物质实体在地理空间上运动的现象。

18.214 需求门槛 threshold of demand
为了支撑某一项经济活动所必须的最小需求量。

18.215 零售地理学 retailing geography
商业地理学的重要内容之一。研究城市零售区位,包括商店区位和商店分布模式,零售商业的空间变化,过程及影响因素等。

18.216 营销地理学 marketing geography
根据各个区域消费者的特点,采取相应的销售措施以增加销售量的研究。

18.217 零售引力模式 model of retailing gravity

借用牛顿万有引力定律,用来表示零售点与其腹地之相互作用的数学公式。是预测零售点之营业额的常用方法。

18.218 概率型商业引力模式 probabilistic formulation of business attraction

关于商业网点之腹地内各个区域的居民光顾各网点的随机数学模式。零售引力模式是其主要的一种。

18.219 市场距离 market distance

商品从提供点到它的客户住地的直线路程。是市场区范围的一种度量。

18.220 消费商品弹性值 elasticity of consumer commodity

包括需求量变化百分比与其价格变化百分比之比率,需求量变化百分比与消费者收入变化百分比之比率。

18.221 购物娱乐中心 shopping mall

设在郊区的大型综合商业中心,由一个或一群建筑物组成,有各种商店,附设相应的通道。

18.222 集市周期 periodicity of fair

集市举行的固定时间间隔。

18.223 区域商业地理学 regional commercial geography

研究世界各大洲、各国、各地区商贸活动的条件、特征和差异及空间特点的经济地理学分支学科。

18.224 国际贸易地理学 geography of international trade

从各国各地区的生产和贸易条件研究国际分工的经济地理学分支学科。

18.225 单边贸易 unilateral trade

一国推行其单方面提出的贸易条件下的国际贸易。这些条件有的有利于国际贸易,有些有损于国际贸易。

18.226 控制贸易 controlled trade

每一项交易都需要政府许可证明的国家间贸易。同时不同的交易按照不同的汇率计算,其大小取决于国家政策。

18.227 多边贸易 multilateral trade

三个或三个以上的国家为使相互间的贸易在整体上获得平衡,通过议定协议,在多边结算的基础上进行的贸易。

18.228 补偿贸易 compensatory trade

在双方商定的期限内,企业以商定的商品偿还其海外债务的出口贸易。

18.229 农业地理学 agricultural geography

经济地理学的分支学科。研究农业生产的地域差异特征及其表现形式、形成条件与发展变化规律。

18.230 农业布局 allocation of agriculture

农林牧渔各部门和各种农作物的空间配置和区域农业的总体布局。

18.231 农业地域类型 areal pattern of agriculture

在一定的地域范围内和一定的历史发展阶段,在自然、技术、经济条件综合影响下而形成的具有相对稳定性的农业生产体系。

18.232 农业区划 agricultural regionalization

按农业地域分异规律,对不同等级的农业区进行科学的划分。是因地制宜地规划和指导农业生产的科学依据。

18.233 农业区 agricultural region

农业生产上具有类似的条件、特征和发展方向的一定区域。

18.234 牧业区 pastoral region

以广大天然草地为基地,主要采取放牧方式并同人工草场相结合的经营饲养草食性家畜为主的地区。

18.235 半农半牧区 farming-pastoral region

从以农业为主地区向以牧业为主地区的过渡(或交错)地带。

18.236　林区　forest region
以生长、培育、保护和经营林业生产为主的成片原始林、次生林和人工林覆盖的地区。

18.237　土地功能　land function
土地的承载功能、生产功能与生态功能。

18.238　土地利用　land use
人类根据土地的自然特点,按一定的经济、社会目的,采取一系列生物、技术手段,对土地进行长期性或周期性的经营管理和治理改造。

18.239　土地生产力　land capacity
土地的生产能力。一般以产量表示,是鉴别土地质量的重要依据。

18.240　土地生产率　land productivity
反映土地生产能力的指标。一般以一定生产周期中单位土地面积的产量或产值指标表示。

18.241　土地评价　land appraisal
依据科学的标准,对土地的数量、质量、覆盖特征和经济特点所进行的评估。

18.242　土地特性　land characteristics
包括土地的自然属性(地理位置、地形、气候、土壤、植被、水分等)以及土地的社会经济属性(区位、人口、交通、经济和文化等)。

18.243　土地改良　land improvement
对土地施加人为的影响,使其质量提高的措施。

18.244　土地覆盖　land cover
被自然营造物和人工建造物所覆盖的地表诸要素的综合体。

18.245　土地复垦　reclamation of land
对因采掘、建材工业发展和其他工矿废弃物堆积等被占用或破坏的土地,通过整治改造使失去的生产力得到恢复再利用。

18.246　复合土地利用　multiple land use
根据农业各部门和农作物的互补性,对土地进行集约利用的形式。如农林复合系统及立体农业等。

18.247　农业区位论　agricultural location theory
以城市为中心呈同心圆状分布的农业地带,由于区位条件的差异导致土地利用方式的不同。

18.248　杜能模式　von Thünen pattern
根据杜能的农业区位理论模式而提出的以农产品的市场(城市)为中心,由内向外呈同心圆状的6个农业地带(自由农业地带、林业带、谷物业为主地带和粗放畜牧业带)。

18.249　自给性农业　subsistence agriculture
在自给自足的自然经济条件下,生产的农畜产品是为满足本国或本地区的需要,以自给性生产为主要目的一种农业。

18.250　集约农业　intensive agriculture
在一定面积的土地上投入较多的生产资料和劳动,采用新的技术措施,进行精耕细作的农业经营方式。

18.251　混合农业　mixed farming
种植业和畜牧业相互结合、兼而有之的综合性农业。即个别地区和个别农场同时生产农作物和牲畜两种产品。

18.252　兼营农业　part-time farming
农民家庭成员除从事农业生产以外,还从事二、三产业等非农业生产,以充分利用劳动力,增加收入。

18.253　商品性生产基地　commercial production base
大量稳定地为国家提供某种商品农产品的

集中产区,也是国家重点建设的商品农业生产基地。

18.254 粮食生产基地 grain production base
历来以粮食生产为主,粮田集中连片,水土条件较好,粮食商品率高,能稳定地向区外提供大量余粮的农业生产地区。

18.255 耕作制度 farming system
又称“农作制度”。是种植制度及有关技术措施的总称,根据作物的生态适应性与生产条件采用的种植方式。如复种、套种等。

18.256 大田制度 field system
耕地面积较大,以种植农作物(水稻、小麦、玉米等)为主的农业生产和管理制度。包括耕作制度、灌溉制度和栽培制度等。

18.257 种植制度 cropping system
又称“栽培制度”。一个农业地区在一定时期或者几年内适应当地条件而形成的一整套农作物种植方式。

18.258 垦殖指数 cultivation index
一国或一地区已开垦的耕地面积占其土地总面积的比例,用百分数表示,是衡量一个地区土地资源开发利用程度的指标。

18.259 复种指数 multi-cropping index
一年内农作物总播种面积与耕地面积之比,用百分数表示,是反映耕地利用程度的指标。

18.260 作物组合 crop combination
一定地区范围内各种农作物种植面积比例及其相互结合的方式,主要反映种植业内部结构的特点。

18.261 迁徙耕作 shifting cultivation
与逐水草而居的游牧相似,是耕地和住所均不固定的一种原始耕地利用方式,也是最古老的农业经营行为。

18.262 休耕 fallow
对肥力不足、地力较差的耕地,一定时期内不种农作物,但仍进行管理,以恢复地力。

18.263 作物布局 allocation of crops
农作物的地域分布,即根据区域自然经济条件,确定适应该地区的主要作物,安排种植作物的种类、面积与田块配置。

18.264 绿色革命 green revolution
20世纪中期,一些国家利用“矮化基因”和生物技术,开展培育和推广高产粮食作物品种为主要内容的生产技术改革活动。

18.265 农业地带 agricultural zone
面积广阔,与生物气候带相适应的农业生产地域,具有相似的自然条件和农业生产特征,反映大范围农业生产分布规律的地域单元。

18.266 农业产业化 agricultural industrialization
以市场为导向,提高比较效益为中心,依靠农业龙头企业带动,将生产、加工、销售有机结合,实现一体化经营的农业。

18.267 种植园 plantation
又称“殖民地种植农场”。十六、十七世纪开始,西方殖民主义者在殖民地和半殖民地国家进行经济作物生产的场地。

18.268 绿洲农业 oasis cultivation
又称“绿洲灌溉农业”。分布于干旱荒漠地区的河、湖沿岸和山麓地带等局部有水源灌溉的农业。

18.269 旱农 rainfed agriculture
干旱、半干旱和半湿润易旱地区,依靠天然降水,运用旱作农业技术措施,发展旱生或抗旱、耐旱的作物为主的农业。

18.270 工厂化农业 factory farming
采用类似工厂的生产方法,通过现代化生产设备、先进技术和管理手段,组织安排农、畜、禽等产品生产的农业经营方式。

18.271 粮林间作 inter-planting of trees and crops

在同一块土地上,为了充分利用土地、水肥、光照等生产潜力,实行粮食作物和林木相间种植的一种土地利用方式。

18.272 高山季节移牧 alpine transhumance

草原牧区的牧民随季节变化而游动放牧的一种粗放的畜牧业经营方式。如温暖季节在山区牧场放牧,寒冷季节在低地牧场放牧。

18.273 高山草场轮牧 rotation of alpine pasture

把草场划分为季节牧场和若干个放牧小区,合理安排轮回或循环放牧的一种放牧方式。

18.274 畜牧业地域类型 areal type of livestock farming

在一定地域和生产力水平下,具有类似生产条件、结构特点、经营制度、发展方向的牧业经营地域单元和生产体系。

18.275 畜牧折合系数 conversion coefficient of livestock

以某种牲畜为标准,其他各种牲畜折合为该种牲畜的比率。通常以牛和绵羊为标准牲畜,每一头大牲畜(牛)折合为5只绵羊。

18.276 农牧界线 boundary between farming and animal husbandry

是划分农区和牧区的地理界线,农区和牧区的交错过渡地带。中国农牧界线大致是大兴安岭-阴山-青藏高原东缘一线。

18.277 农区畜牧业 animal husbandry in agriculture regions

利用农区的农作物秸秆、饲料植物及农副产品等,采用舍饲或半舍饲方式,饲养生猪、牛羊和家禽为主的畜牧业。

18.278 草库伦 enclosed grassland

蒙古语意为“草圈子”,是用木杆、土墙、铁丝网等围起草场,采取改良和管理措施,以提高牧草产量。

18.279 草场载畜量 carrying capacity of pasture land

单位面积草场承载的牲畜头数,用每公顷草场平均放养的羊单位数表示,是衡量草场生产能力的一项指标。

18.280 木材蓄积量 timber storage

即一定面积森林中现存各种活立木的材积总量。通常以立方米为计量单位,是衡量森林生产能力的一项指标。

18.281 森林覆盖率 forest coverage

有林地面积占土地总面积的百分比,反映一个国家或地区森林资源的丰富程度及绿化程度。

18.282 生态农业 ecological agriculture

以生态学理论为指导,运用系统工程的方法,以合理利用自然资源与保护良好的生态环境为前提,组织进行的农业生产。

18.283 乡村景观 rural landscape

乡村地区的农田及村庄、树篱、道路、水塘等类型组合特征,是乡村经济、人文、社会、自然等现象的综合表现。

18.284 农业生态系统 agricultural ecological system

在一定农业地域,人类根据生态系统原理,利用生物技术和生态机能,进行农业生产的综合体系,是一种人工生态系统。

18.285 迁移农业 shifting agriculture

一种原始落后的农业生产方式,迁移农民通过烧荒种植,粗放经营以获取农产品,待地力耗尽则放弃耕作,再继续垦荒。

18.286 垂直农业 vertical farming

在地势起伏地区,为充分利用地面和空间,随地势变化实现多层次、多级利用的综合农业。

18.287 桑基鱼塘 mulberry fish pond

我国珠江三角洲地区,为充分利用土地而创造的一种挖深鱼塘,垫高基田,塘基植桑,塘内养鱼的高效人工生态系统。

18.288 蔗基鱼塘 fish pond surrounded by sugarcane fields

我国珠江三角洲地区,为充分利用土地而创造的一种挖深鱼塘,垫高基田,塘基种蔗,塘内养鱼的高效人工生态系统。

18.289 玉米带 maize belt

我国从东北到西南中西部交错地带的玉米集中产区。包括东北平原、黄土高原、湘鄂西部山地、四川盆地周围山区、云贵高原等地区。

18.290 坎儿井 karez, kariz

干旱地区利用地下渠道截引砾石层中的地下水,引至地面,实现地表自流灌溉的水利设施。

18.291 土地收益递减规律 decrease of marginal returns of land

在技术状况不变的情况下,对一定面积土地追加资本和劳动,超过某一限度其追加部分所得收益随投入的增加而减少。

18.292 水产业地理学 geography of fishery

农业地理学的一个分支学科。以研究水产资源的类型与分布、产业结构与布局和地域分布规律。

18.293 近海渔业 marine fishery

在离本国海岸较近的海域进行捕捞的生产事业。如渤海、黄海、东海、南海部分海区为中国近海捕捞的海区。

18.294 禁渔期 closure period of fishing

为了保护某些重要的经济鱼类资源,在鱼类产卵、繁殖和生长发育的特定时期,规定禁止捕捞或限制捕捞活动的时间。

19. 城市地理学

19.001 短期聚落 camp settlement

一种临时性聚落,多发生在旅游度假区。游客自带扎营用品,按营地规划自行选择居住地搭建临时居所,与营区公共设施共同形成的聚落。

19.002 聚落地理学 settlement geography

人文地理学的分支学科。主要研究聚落(居民点)形成、发展、形态特征、空间分布、演化趋势及其与地理环境的关系。狭义上是指对小城镇、乡村聚落的研究。

19.003 聚落类型 settlement pattern

聚落地理学中对聚落进行分类的表达方式。有城市、镇、村等。

19.004 农业村镇 agricultural town

在农村地区以农业生产方式为特征建立起来的农村居民点。一般有点式、条带式等形态特征。

19.005 流动人口 floating population

中国现阶段从农村析出的剩余劳动力。其特点是数量巨大,职业多样,城乡流动和地区流动频繁。

19.006 贫民区 slum

城市中住房破旧、缺乏管理、街道脏乱、生活在社会底层的贫困者集中居住区。

19.007 郊区化 suburbanization

指当代大城市因人口和各种职能迅速向郊区扩散转移,从而使郊区变为具有市区多种职能的城市化地域的过程。

19.008 阿隆索[地租]模型 Alonso model
由威廉·阿隆索(Alonso,1964)提出,说明城市内部地价、土地利用及土地利用强度的变化的模型。

19.009 边缘城市 edge city
随着消费和工作迁离传统的核心城市,而在大城市边缘形成的新的相对独立的人口经济集聚区。

19.010 [标准]大都市统计区 Standard Metropolitan Statistical Area, SMSA
美国管理与统计署和美国人口普查局共同划定的一种城市统计区域。它通常包括一个较大的城市及周边与之有紧密联系的一个或几个县。

19.011 城郊经济学 economics of outskirts
研究城市郊区经济活动过程及其规律的学科。主要研究城郊经济性质、特征、地位、作用、管理体制和发展战略。

19.012 城市 city
具有一定人口规模、以非农业人口为主的居民点。

19.013 城市边缘区 urban fringe
大城市建成区外围在土地利用、社会和人口统计学特征方面处于城市和乡村之间的一种过渡地带。

19.014 城市病 city disease
由于城市人口、工业、交通运输过度集中而造成的种种弊病。

19.015 城市布局 urban layout
对城市的社会、经济活动与建筑空间进行综合组织,其核心内容是城市的用地功能组织。

19.016 城市场 urban field
中心城市和与其有紧密社会经济联系的地区所形成的地域,用以表示中心城市的影响范围。

19.017 城市成长阶段 urban growth stages
城市经济成长特征划分为出口专门化、出口综合体、进口替代、区域中心和专门性经济活动五个阶段。

19.018 城市创业主义 urban entrepreneuriatism
城市创业主义的核心是"公私合作"的概念。通过公私合作,公共资金被用作吸引私人对该地区投资的杠杆。

19.019 城中村 urban village
对内城中的一种低租金社区的称呼。该社区是外来移民首次或第二次的落脚点,具有移民文化特征。

19.020 城市道路等级 urban road hierarchy
城市地域内的道路网,用于分隔不同类型的交通以提高交通流量和道路安全。

19.021 城市等级体系 urban hierarchy
国家或区域城市体系中按不同重要性区分的城市等级结构关系。主要反映层次结构的内容,如行政等级体系、规模等级体系等。

19.022 城市地理学 urban geography
研究城市地域空间组织的学科。主要研究城市形成和发展条件、空间结构与布局、城市化过程、城市体系、城市间相互作用、城市形态、城市内部土地利用和城市问题等。

19.023 城市地域结构 structure of urban area
指各种城市功能分区及其空间组合。是城市发展过程中由职能分化带动形态分化而形成的结构。

19.024 城市复兴 urban rehabilitation
与城市改造含义相近,但侧重于城市经济发展战略。

19.025 城市腹地 city hinterland

城市周围与城市具有紧密的经济、文化联系的毗邻地区。

19.026　城市感应　city perception
人们头脑中对客观城市的感觉和对城市发展过程的反应。分为体验感应、反射感应和推理感应。

19.027　城市更新　urban renewal
通过清除和改造房屋、基础设施和公共设施对衰退的邻里进行改造。

19.028　城市经理人与守门人　urban managers and gatekeepers
在美国,根据政府的议会——行政官制度,由市议会任命的管理市政府的官员。在县一级的相应官员称县行政官。

19.029　城市管理主义　urban managerialism
用于研究城市经理人和城市守门人在分配城市稀缺资源和设施中作用的一种方法。

19.030　城市管治　urban governance
在复杂的环境中,政府与其他组织和市民社会共同参与管理城市的方式。

19.031　城市规划　urban planning
研究城市的未来发展、城市的合理布局和管理各项资源、安排城市各项工程建设的综合部署。在中国,城市规划通常包括总体规划和详细规划两个阶段。

19.032　城市规划区　urban planning area
为编制城市总体规划所划定的地域范围。一般包括市区、郊区和城市发展需要控制的地区。

19.033　城市规模　city size
城市的人口数量,有时也以城市用地面积作为补充。

19.034　城市规模等级　order of urban size
在区域城市体系中,按照城市人口规模排列成的等级体系。在中国分为特大城市、大城市、中等城市和小城市四个等级。

19.035　城市规模分布　city size distribution
区域城镇体系中相对均衡、连续的城市规模分布。不同规模聚落的分布频率经常处于不同的规模等级。

19.036　城市过密　over-concentration
城市的集聚效应吸引农村人口大量流入,导致经济、文化、教育、社会活动大量地过度密集于城市。

19.037　城市合理规模　optimum city size
又称“最佳城市规模”。城市发展所产生的效益高于所需成本的一种城市规模。

19.038　城市核心　urban core
城市增长与发展赖以存在的中心区域。

19.039　城市化　urbanization
城市化是一个地区的人口在城镇和城市相对集中的过程。城市化也意味着城镇用地扩展,城市文化、城市生活方式和价值观在农村地域的扩散过程。

19.040　城市化地区　urbanized area
划定城市景观地域的一种地理统计单元,主要用于反映城市人口集中的城市联片地区。

19.041　城市化曲线　urbanization curve
反映一个国家或地区的城市化过程的变化曲线,以检验其城市化水平和过程。通常可概括为一条S型曲线,并把城市化水平的发展分成初期阶段、加速阶段和后期阶段。

19.042　城市化水平　degree of urbanization
衡量一个国家或地区的城市化最主要的指标,由城镇人口占总人口的比重表示。

19.043　城市基础设施　urban infrastructure
城市中各类设施的总称。按其服务性质分为生产基础设施、社会基础设施和制度保障机构。

19.044 城市集聚区 urban agglomeration

又称“城市群”。在一定地域范围内集中了相当数量的规模不同、既相对独立又联系密切的城市,共同组成一个相对完整的城市群体。

19.045 城市计划 urban program

用于优化城市环境、检验社会供给水平及为遭受多重剥夺的城市居民提供帮助的措施。

19.046 城市交通规划 urban traffic planning

城市总体规划的重要内容之一,对城市范围内(包括市区和郊区)各种交通作出长期全面合理安排的计划。

19.047 城市结构 urban structure

城市各组成要素间及要素内部诸特征的组合关系。包括自然、产业、经济、人口、劳动力、政治、生态环境、地域和土地利用的结构。

19.048 城市结构规划 urban structural planning

为一个城市的社会、经济、物质环境等的发展制定发展大纲,但不编制精确的规划图纸。

19.049 城市经济基础理论 urban economic base theory

通过区分城市中劳动雇佣的基本和非基本部分来研究城市与区域发展的理论。

19.050 城市经济区 urban economic region

以大城市为核心,与其紧密相连的广大地区共同组成的经济上紧密联系、生产上相互协作的城市地域综合体。

19.051 城市经济学 urban economics

用经济分析方法分析、描述和预测城市发展与问题的学科。主要研究城市经济的基本理论和具体经济问题。

19.052 城市经济职能 urban economic function

城市经济活动的作用和能力。城市经济能力的强弱决定城市辐射与吸引范围的大小。

19.053 城市扩展 urban expansion

由于城市人口增长,城市的居住和生产用地不断扩大的过程。

19.054 城市连续建成区 urban tract

城市中连续的实际建成或正在建成的、相对集中分布的地区,主要指市区集中连片的部分。

19.055 城市蔓延 urban sprawl

城市空间在无组织、无事先计划、无视交通和服务设施等需要的情况下的盲目扩张。

19.056 城市密度梯度 urban density gradient

城市土地利用强度或人口密度由中心区向边缘区的减弱程度。

19.057 城市起源 city origins

古代城市起源于历史上手工业和农业分离,现代城市的形成和发展以工业化为主要推动力。有关中国城市的起源,有三种假说:防疫说、集市说和宗教中心说。

19.058 城市区域 city region

狭义指城市内部按功能划分的小区;广义指城市发展和与之有紧密联系的周围地区构成的一种特定的地域结构体系。

19.059 城市人口 urban population

指城镇集中连片部分和它周围能够享受城镇各种生活的人口。在2000年的中国第五次人口普查中,城镇人口采用建成区人口的概念。

19.060 城市人口结构 urban population structure

城市中各种类别人口的构成情况。包括人口的职业结构、年龄结构、性别结构、文化结构和家庭组成结构。

19.061 城市人口预测 urban population projection
城市总体规划的重要内容之一,预测城市在规划期末或某一阶段的人口规模。

19.062 城市容量 urban capacity
城市合理发展的限度。结合城市所在地域的特定环境,考虑自然资源、经济、社会、文化等因素的作用来确定。

19.063 城市社会学 urban sociology
探讨城市的社会结构、社会组织、社会管理和生活方式等问题的社会学分支学科。

19.064 城市设计 urban design
为提高和改善城市空间环境质量,根据城市总体规划及城市社会生活、市民行为和空间形体艺术对城市进行的综合性形体规划设计。

19.065 城市社区 city community
城市居民共住一地,在服务性的活动和设施上有着共同利害关系的社会单元。

19.066 城市生态经济学 economics of urban ecology
研究城市生态与经济的关系及其变化规律的学科。为协调和平衡自然生态环境和经济发展提供科学依据。

19.067 城市生态系统 urban ecological system
是以城市为中心、自然生态系统为基础、人的需要为目标的自然再生产和经济再生产相交织的经济生态系统。

19.068 城市生态学 urban ecology
用生态学的概念研究城市的学科。将城市视为外部环境和聚集在城市中人口的生活支持系统。

19.069 城市生长极 urban growth pole
城市增长赖以依托的地区。

19.070 城市首位度 urban primacy ratio
一国(地区)范围内首位城市与第二位城市人口数量之比,表明某国家或地区首位城市的集聚程度。

19.071 城市首位律 law of the primate city
一个国家前三位城市人口规模存在的比例关系。

19.072 城市疏散 urban decentralization
将大城市拥挤的地区组合成若干集中单元,单元之间用保护性绿地分隔,给分散在城市系统中每个社区和居民创造宜人的环境。

19.073 城市衰退 urban decline
城市中建筑物不断老化及其社会或功能不断改变的效应。以破败的建筑物和地位下降的社区及不断贬值的房产为特征。

19.074 城市体系 urban system
又称“城镇体系”。在一定地域范围内,以中心城市为核心,由一系列不同等级规模、不同职能分工、相互密切联系的城镇组成的城镇有机整体。

19.075 城市土地经济学 economics of urban land
研究城市土地开发利用过程中的经济关系及其运动规律的学科。

19.076 城市问题 urban issues, urban problems
广义指具有城市特点的各种矛盾,包括积极的和消极的;狭义则专指城市弊病。

19.077 城市系统动力学模式 urban system dynamic model
研究城市大系统的增长、衰退和波动变化的规律,建立起城市大系统长期良性循环的协调与控制体系。

19.078 城市详细规划 urban detailed planning

根据城市总体规划,对城市整片近期建设地区或较大地段建设的各类建筑及其设施作出具体布置的计划。

19.079 城市信息系统 urban information system

计算机支持下的用以研究城市规模、功能结构、生态环境及其管理服务的综合性或专业性的信息系统。

19.080 城市形态 city form, urban morphology

主要包括城市区域内城市布局形式、城市用地外部几何形态、城市内各种功能地域分异格局以及城市建筑空间组织和面貌等。

19.081 城市性质 designated function of city

在中国城市总体规划中,根据城市的形成与发展的主导因素确定它在国家和地区的政治、经济、文化中的地位、作用及其发展方向。

19.082 城市意象 city image

由于环境对居民的影响而使居民产生的对环境直接或间接的经验认识,是居民头脑中的“主观环境”。

19.083 城市影响分析 urban impact analysis

分析国家主要发展计划对城市和区域的影响,尤其是新政策对人口、收入、就业和地方财政的影响。

19.084 城市影响区 urban shadow

北美特别是加拿大城市-乡村边缘以外的地区,城市物质景观对其的影响降到最小,但仍能感受到城市影响的存在。

19.085 城市用地评价 land evaluation for urban development

根据可能作为城市发展用地的自然和社会条件,对其工程技术上的可能性和经济性作出综合评价,以确定城市用地的不同等级和适用程度,为合理选择城市发展用地提供依据。

19.086 城市用地选择 land option for urban development

在一定区域内选择适于建设城市的位置、范围和发展用地。

19.087 城市远郊 exurban

城市连续建成区以外的区域。居住者以前往城市的通勤者为主。

19.088 城市再开发 urban redevelopment

又称“旧城改造”。结合原有的城市结构,对城市进行符合和达到现代生活要求的建设活动。

19.089 城市增长 urban growth

由城市供给和需求两方面的相互作用反映出的城市的增长状况。需求的力量创造了城市发展的初期刺激,而供给的因素则决定城市扩展的速度和持续时间。

19.090 城市职能 city function

城市在区域或国家政治、经济、文化、社会、服务等活动中承担的任务和作用。它随着社会、经济和自然条件的变化而变化。

19.091 城市职能分类 functional classification of cities

按照城市职能的相似性和差异性采用不同的方法对城市进行的分类。

19.092 城市职能指数 functional index of urban centers

描述城市某项职能在城市体系中重要性的指数。通常按该项职能就业人数百分比与整个城市体系该项职能就业人数平均百分比的比值表示。

19.093 城市专门化指数 specialization index of urban centers

用于测度某城市对一项或多项功能的依赖

程度的指数。可用多种方法来刻画。

19.094 城市总体规划 urban master planning

一定年限内对城市市区、郊区及与城市发展有关的地区各项发展建设的综合部署。

19.095 城市主义 urbanism

城市地区涉及城市居民的生活方式。

19.096 城乡交错带 rural-urban fringe

城市建成区和郊区与农村腹地之间过渡的地带。表现为土地、社会、人口等的混合特征。

19.097 城乡连续谱 rural-urban continuum

介于纯城市社会和纯乡村社区之间的连续渐变的社区类型。它既可以用来区分城市和乡村这两类社区,还可以作为描述从城市到乡村的社会生活变化。

19.098 城乡一体化 rural-urban integration

以城市为中心、小城镇为纽带、乡村为基础,城乡依托、互利互惠、相互促进、协调发展、共同繁荣的新型城乡关系。

19.099 城镇发展轴线 urban development axis

重要线状基础设施(如铁路、干线公路、主要航道)所经过,具有较大的发展潜力的线状地带。一般是区域内社会经济发展和生产力布局的主要集聚地带。

19.100 城镇景观 townscape

城市景观可见单元的分类与映射,包括土地利用和建筑形式,二战后延伸为包括社会层面的城市起源、发展和形态等内容。

19.101 城镇网络 urban network

在某一地理区域内,所有城市相互之间以及它们与周围农村地区之间的多方面联系,同时还包括与区域以外其他城市地区的联系。

19.102 城镇中的破落街区 skid row

城市中价值减低的地区。通常指靠近城市中心区,一些经济上非常拮据,并受诸如酗酒之类多种指控困扰的人集中聚居的街区。

19.103 大城市连绵区 megalopolis

又称“巨大城市带”。指许多大都市区联成一体,在经济、社会、文化等各方面活动中存在密切交互作用的巨大城市化地区。

19.104 大都市 metropolis

泛指任何大城市,但特指国家政府、教会势力或商业活动所在地。

19.105 大都市村庄 metropolitan village

又称“郊外居住区”。在城市中心区的通勤范围内,是类似城市的乡村聚落,居民多为在市内上班的长期通勤者。

19.106 大都市劳动力区 metropolitan labor area, MLA

指都市区的通勤腹地。

19.107 大都市人口普查区 census metropolitan area

用于测度城市化程度的基本区域。每一个大都市人口普查区的城市核心的人口规模要大于10万人。

19.108 大都市区 metropolitan area, metropolitan region

以中心城市为核心以及和这个核心具有紧密社会经济联系的邻接社区组合地区。一般是人口众多且稠密的地区。

19.109 大都市-卫星城假说 metropolis-satellite hypothesis

基于冲突理论提出的经济欠发达理论,包括3个假设:①大都市发展潜力无限,而依附城市发展受限;②卫星城与大都市之间的关系最弱时,发展最快;③最不发达的区域和国家是过去与大都市联系最紧密的地区。

19.110 大学城 campus town

围绕一所著名大学发展起来的郊区新城。这类新城以一个或多个校园组成,围绕校园布置生活区、运动场、研究与开发区和大片绿地等开敞空间。

19.111 大学-科学城 university-science city

集中布置高等院校和科研机构,以科研和教育为主要职能的城镇。一般人口不多,距离中心城市不远,环境优美。

19.112 带型城市 linear city

又称"线形城市"。是一种沿城市交通运输线布置的长条形建筑地带的城市形态。

19.113 带状发展 ribbon development

在城市边缘区沿通往建成区外部的道路的城市蔓延发展,并可能形成集合城市。在建成区内,常用以描述沿通往主要中心区的商业土地利用地带。

19.114 单核城市 nuclear city

城市中只有一个中心区,环绕这个中心区进行规划布局,属于一元化的城市规划结构。

19.115 等级规模法则 rank-size rule

又称"位序-规模律"。国家和区域中城市规模分布的经验规则,城市按人口从最大到最小进行等级排序。

19.116 低度城市化 under-urbanization

城镇人口的实际增长速度低于城镇工业发展所需要的人口增长速度。

19.117 第二居所 second home

一般为屋主休闲度假时居住的房屋。

19.118 地方社区 place community

大都市内的社区,其成员无论是工作还是休闲、兴趣和活动大多数集中在社区中,不参与到更大范围的城市地域中。

19.119 地级市 prefecture city

在中国行政地位相当于地区或自治州一级的建制市。1983 年正式将市分为地级市和县级市。地级市一般都设区。

19.120 定期集市体系 periodic market system

中国农村地区历史上形成了定期定点的赶集交易方式。在一定地域范围内,这些定期定点的集市自然形成体系,如 A 地逢一、四、七日为集市日,B 地逢二、五、八日为集市日。

19.121 断裂点理论 break point theory

城市与区域相互作用的理论。该理论认为城市的吸引范围是由城市的规模和相邻城市间的距离决定的。相邻两城市吸引力达到的平衡点即为断裂点。

19.122 反磁力吸引体系 theory of counter-magnetic system

为分散大城市人口和克服大城市吸引力而采取的在大城市周围建立一系列城镇作为反磁力吸引中心的方法和措施。

19.123 多核城市 multiple nuclear city

拥有多个核心的城市,每个核心分别从事某一特殊功能活动。如商业、金融、政治、教育、艺术等。

19.124 多核心模式 multiple-nuclei model

城市区域的居住区不是围绕一个中央商务区而是围绕着几个结点组织而成的。

19.125 放射走廊型城市形态 urban pattern of radiating corridor

城市地域结构的一种理论模式。沿几条发展轴呈放射状扩展的城市形态。

19.126 非基本活动 non-basic activities

满足城市内部需求、随着城市基本活动的发展而发展、有助于城市内部资金循环的经济活动。

19.127 分区制 zoning

出于某种目的，尤其是为落实公共空间的开发利用政策，而对城市地理空间进行再划分的过程。分区制通常用于土地的分类。

19.128 分散城市 dispersed city
处于大致相同等级的一群城镇，高级功能分散在这一群城镇中，其群体功能组合相当于一个更高等级的中心地。

19.129 分散集团型城市形态 urban pattern of dispersed components
城市地域结构的一种理论模式，呈松散、组团式布局的城市形态。

19.130 复合城市 conurbation
又称"集合城市"。由原先分隔开的若干个城市聚落通过各自的延伸发展而把建成区相互连接在一起的城市聚合体。

19.131 副中心 sub-center
西方大城市为了缓解城市中心区承担过多职能所产生的超额负荷而建设的新的经济行政中心。

19.132 港口城市 port city
依托港口建设起来的城市。港口按地理位置分为海港、河港、湖港和水库港等，按用途分为商港、军港、渔港、工业港和避风港等。

19.133 隔离 segregation
广义指城市地区中社会分异过程及由此产生的空间模式；狭义指城市中由于经济、语言、种族、文化等因素不同而形成的不同社会群体逐渐在不同地方集聚的现象。

19.134 隔离指数 indices of segregation
衡量较大人口范围内次一级人口分组之间居民的隔离程度。

19.135 工业城市 industrial city
工业生产活动在整个地区社会经济生活中占主导地位的城市。是工业生产地域组织类型之一。

19.136 工业园 industrial park
位于都市边缘的一块相对独立管理的土地，其中安排若干商业与工业，并常对租用者提供特殊服务和设施。

19.137 过度城市化 over-urbanization
过量的乡村人口向城市迁移、并超越国家经济发展承受能力的城市化现象。主要发生在一些发展中国家。

19.138 核心-边缘论 core-periphery theory
空间经济学发展四阶段论的第二阶段。

19.139 核心-边缘模式 core-periphery model
在经济、社会和政体权力不公平分配的情况下人类经济和社会活动的空间组织模型。核心支配者（也可能从外围支配）与边缘是依附关系。

19.140 红线 redlining
有两种用法。(1)城市规划（用红线）划定的城市用地范围。(2)城市内由金融机构（用红线）划定的居住区界线，作为衰落和不利于抵押借贷的地区。

19.141 后工业化城市 post-industrial city
服务性产业占主导，特别是基于信息技术的第四产业发展为主导型经济，专业和技术阶层突出，收入分配不平等现象显着的城市。

19.142 互补理论 trade-off theory
城市人口迁居理论。住户迁居是在房租和交通费之间进行抉择。

19.143 环形城市 ring city
似环状的城市空间结构形态。城市中心部位为公共绿地，中心区外呈环状布置其他功能区，市中心与内环、以及环与环之间以绿地区分，城市交通系统便捷、快速。

19.144 基本/非基本比率 basic to non-basic ratio

服务于基本活动的就业者与服务于非基本活动的就业者之比,反映出基本活动变化所引起的非基本活动变化的幅度。

19.145 基本活动 basic activities
为城市以外区域服务并从中获利的经济活动,是城市存在的经济基础和发展的动力。包括离心型和向心型基本活动。

19.146 极化过程 polarization process
区际发展的不平衡因市场力作用而逐步增强并趋于集中在某一些地区的现象。

19.147 集聚 agglomeration
某一确定地域中特定时间内经济、人口的快速集中现象。

19.148 集中的离心化 concentrated decentralization
将大都市人口分散到周边,集中在一些中小规模、距离市中心不远的城镇中,是解决大都市过分拥挤的一种对策。

19.149 集中度 concentration grade
对中央商务区零售业逐街研究的方法,用街道中销售耐用品商店的建筑面积占中央商务区该类建筑面积的百分比除以街道中销售便利品商店的建筑面积占中央商务区该类建筑面积的百分比表示。

19.150 集中化与中心化 concentration and centralization
是经济活动向相对少数的城市中心集中的趋势。

19.151 非法聚落 squatter settlement
外来占用者在既不拥有也不租赁的土地上非法建设的成片廉价住房区。

19.152 建成区 built-up area
指市区集中连片部分及分散在近郊与城市有密切联系、具有基本完善的市政公用设施的城市用地。

19.153 建制市 designated city
按照有关规定设有市权力机构和政府、具有法定边界的行政区。

19.154 建制镇 designated town
是农村地区与乡并列的基层政府行政单位。

19.155 交通枢纽城市 traffic hub city
由车站、港口、机场和各种线路以及为完成装卸、中转、各项技术作业所需的设备等组成发展起来的城市。

19.156 郊区 suburb
位于城市地区通勤带的外围区域,一般有独立的行政司法权。在中国,郊区是位于城市行政辖区内,市区的外围地带。

19.157 街坊 housing block
城市中由街道包围的建筑用地基本结构单元。一般概念上指规模、面积较小的供生活居住使用的地段。

19.158 街区降级 blockbusting
一个居住街区的种族构成由白人居住街区变为黑人居住街区的过程。这种情况是一些房地产机构活动的结果。

19.159 节点区 nodal region
结节点与吸引区构成结节地域,内部构造和组织较为均衡,境内存在一个或数个结节点,从这些结节点向外引发出数条流通线,联结着一定的吸引区。

19.160 结节点 nodal point
城市中具有聚集性能的特殊地段。

19.161 结节性 nodality
城市地域中某些地段对人口流动和物质能量交换所产生的聚焦作用。

19.162 距离摩擦 friction of distance
移动成本随距离的增加而增加,是相互作用中距离阻碍效应的一种度量。

19.163 居住迁移 residential mobility
是城市地域范围内以住宅位置改变为标志的人口或住户移动。

19.164 居住区规划 residential district planning
对居住区布局结构、住宅群体布置、道路交通、生活服务设施、绿地和游憩场地、市政公用设施和市政管网各个系统进行综合的具体的安排。

19.165 居住提升 incumbent upgrading
居住变化的一个亚类型,指居住在城市中衰败地区的人口,自愿而有意识地制止所居住社区的物质衰退和进行社区复兴,但社区人口不发生变化。

19.166 居住投资计划 housing investment program
由地方政府对本地住房条件进行全面分析,推动实施增加公共住房投资的相关政策和计划,给予地方政府更多地分配和使用住房资金的权利。

19.167 居住循环 residential cycle
居住社区中由于人口结构变化导致社区演变的过程。包括3个阶段:①有孩子的年轻家庭迁入;②孩子长大离开家庭,住房被出租,原住户离开;③人口不断减少,住房逐步衰败。

19.168 均质地域 homogeneous area
城市地域中出现的那些与周围毗邻地域存在着非明显职能差别的连续地段。

19.169 开敞空间 open space
在城市规划中,为了保证环境质量和景观需要,在城市地区保留一定的不得建造的空旷地段。

19.170 开发区 development area
为促进经济发展,由政府划定实行优先鼓励工业建设的特殊政策地区。

19.171 开放城市 open city
在关税、外国人出入、原料和产品进出口、土地买卖和租赁、金融货币、税收等方面享有优惠的沿海和边境口岸城市。

19.172 科学城 science town
专门设置科学研究和高等教育机构的一种卫星城。

19.173 科学园 science park
为推动技术创新和向高技术产业投资,加强大学、科研机构等与工业合作而建立的以研究和开发为特征的园区。

19.174 可达性指数 accessibility index
测度网络中可达性的简便方法,代表网络中任一结点或地点到其他结点或地点的距离的总和,可使用成本距离、时间距离或其他相关距离。

19.175 空间相互作用 spatial interaction
城市之间、城市和区域之间不断进行的物质、能量、人员和信息交流。

19.176 矿业城市 mining city
以采矿和在此基础上发展起来的加工工业为主要职能的城市。

19.177 赖利法则 Reilly's law
即城市对周围地区的吸引力与其规模成正比,与距离成反比。

19.178 离心力和向心力 centrifugal and centripetal forces
描述城市地区内部产生不同土地利用模式的两种相反作用力。

19.179 理想城市 ideal city
对城址选择、城市形态和规划布局提出的理想方案。

19.180 邻里 neighborhood
在所限定的区域内,存在确定的由其中多数居民构成的亚文化群体。

19.181 邻里单位 neighborhood unit
为适应现代城市因交通发展而带来的规划结构的变化提出的一种新的居住区规划理论。指城市中一个相对完备的居住地区。

19.182 邻里效应 neighborhood effect
地方社会环境的特点可以影响人们的思想和行为的方式。用于解释某些地理类型,例如对教育地理类型和选举的地理类型。

19.183 邻里演变 neighborhood evolution
邻里发展变化的循环模式,包含5个阶段,即邻里发生、发展、衰退直至拆除进入新的复兴再生,每个阶段都伴随着住房形式、人口、密度和家庭结构的调整。

19.184 邻里中心 neighborhood center
城市商业中心等级结构中最低级的中心,服务仅限于本地,提供最常用的商品。

19.185 旅游城市 tourist town
以景区景点为核心、以旅游产业为主体、旅游业产值超过城市GDP的7%的一类城市。

19.186 绿带 greenbelt
围绕着城市,由园林和农田等组成的带状地区。

19.187 绿地 green space
城市地区内用来种植树木、草坪、花卉的土地。

19.188 马丘比丘宪章 charter of Machupicchu
国际建筑协会于1977年底在智利首都利马会议期间发表的一份关于城市规划的纲领性文件。批评了雅典宪章对城市进行功能分区而牺牲了城市结构的有机性。

19.189 门户城市 gateway city
连接两个地区的城市,通常位于一个优越的自然条件区位,在此能够控制腹地的进口和出口。作为控制中心,这里的人类居住区通常发展成当地的首位城市。

19.190 密度梯度 density gradient
土地利用集约程度(或人口密度等)随着与某一中心点距离的增加而下降的比率。如土地利用分布的阿朗索模型和杜能模型所提出的距离衰减现象。

19.191 母城 mother city
卫星城镇所围绕的中心城市。

19.192 内城 inner city
靠近中央商务区的区域。

19.193 飞地 exclave
某国家或地区的一小部分,与主要地域单元相分隔,被邻近国家或地区的土地包围的地区。

19.194 闹市区 downtown
又称"下城区"。泛指城镇中心的商业活动区。

19.195 逆城市化 counter-urbanization
城市化后期大城市的人口和就业岗位向大都市的小城镇、非大都市区或远方较小的都市区迁移的一种分散化过程。

19.196 逆中心化 decentralization
为摆脱中央商务区的拥挤、污染和昂贵地价,中心城区人口迁往郊区和远郊区所形成的一种城市空间转换过程。

19.197 贫民窟清除 slum clearance
一种官方计划,拆除发展规划中被定义为贫民窟清除区域中不能居住的建筑,也包括改造不合标准的住房。

19.198 平衡邻里 balanced neighborhood
又称"均衡社区"。用于抵制能在城市居住形成自然区的隔离过程。作为取代社会集团分别居住在不同区域的一项措施,以使整个城市社会形成均衡的微观结构。

19.199 前工业化城市 pre-industrial city

工业革命前的所有城市。包括目前那些非工业化地区的城市。

19.200 潜在住房需求 hidden housing

没有能力获得一套独立的住房,与亲戚或其他人居住在一起的家庭或个人对住房的潜在的渴求。

19.201 侵入和演替 invasion and succession

在城市地理学中表达在居住区中社会团体相互取代的邻里变化过程。侵入和演替的过程,常常与少数民族团体迁入一个地区相关联。

19.202 倾斜点 tipping-point

侵入演替过程发生的门槛值,邻里中原住居民可以容忍的其他种族居民的数量。超过此数量,原住居民大量迁出,新居民替代迁入。

19.203 区中心 district center

次于全市性而属于分区级的城市活动中心。一般由广场、街道或街区组成。

19.204 日常城市体系 daily urban system

用来表示大都市区域内各部分之间在时空上的相互依赖程度。它是建立在以一日为单位的通勤圈基础上的城市体系组织结构。

19.205 扇形城市 sectoral urban pattern

保留同心环模式的经济地租机制,加上放射状交通运输线路的影响,使城市向外扩展的方向呈不规则。

19.206 扇形理论 sector theory

城市发展从城市中心出发,沿主要交通干线或障碍最小的方向呈扇面状向外延伸,按城市社会结构形成城市土地利用结构。

19.207 扇形模型 sectoral model

一般的居住结构是由不同质量的住宅引起的,其价值从中央商务区沿着交通线向外辐射成为扇形分布。

19.208 商业城市 commercial city

以商业、金融、贸易为主要经济活动的城市。

19.209 商业区 commercial district

城市中全市性(或区级)的商业网点比较集中的地区。

19.210 上城区 uptown

城市中远离中心闹市的地区。

19.211 少数人种聚居区 ghetto

一个绝对受保护的种族或文化群体构成的城市居民区。

19.212 设市模式 model of designated city

设置城市行政区的形式。

19.213 社区发展计划 community development project

通过中央和地方的紧密合作,全面地解决社会需求。

19.214 社区中心 community center

城市商业等级结构的第二层次,服务范围比邻里中心大,一般拥有 9 290 ~ 27 500m^2 的销售空间,为 5 万到 15 万人提供服务。

19.215 失落空间 lost space

位于城市中心地段中被弃置的或无人管理维护的无主之地。常指被废弃的停车场地、杂乱的河岸、被废弃的工厂或军事基地,以及未能进行再开发的土地。

19.216 实体规划 physical planning

对一个地区的物质环境(土地利用、交通和通勤、公用设施等)进行的规划。

19.217 世界城市 world city

随着经济全球化出现的具有国际功能和全球影响力的枢纽城市。通常是世界金融中心、跨国公司总部所在地、国际性机构集中地和主要的制造业中心,商业服务部门高速增长,城市人口达到相当大规模。

19.218 世界都市带 ecumenopolis

人类未来一种尚未定论的聚落形式。由于交通和通信手段的改进,城市不断扩大和延伸,大都市带的发展将超越国家范围而相互连接,形成更大空间尺度和更多人口的多核心的一种聚落形式。

19.219 市辖县体制 city administratively control over surrounding counties

一种由经济比较发达的城市领导和管辖附近县的行政管理体制。

19.220 市区 urban district, city proper

城市内具有不同特征的地域范围。在社会、经济和行政上形成一个整体。

19.221 市辖县 counties under the jurisdiction of municipality

又称"市带县"。是以城市为主体的一种地方行政体制。具有行政-经济区性质,目的是解决城乡分割和部门分割的矛盾,以城市带动乡村发展。

19.222 市域规划 planning of urban region

对中心城市及与其有直接社会经济联系的周围地域的社会经济发展、城镇布局、土地利用、交通、环保等进行的全面规划。

19.223 市中心 civic center

城市居民政治、经济、文化生活的中心。

19.224 首位城市 primate city

在一个相对独立的地域范围内或相对完整的城市体系中占有绝对优势地位的城市。

19.225 数字城市 digital city

以计算机技术、多媒体技术和大规模存储技术为基础,以宽带网络为纽带,运用遥感、全球定位系统、地理信息系统、遥测、仿真-虚拟等技术,对城市进行多分辨率、多尺度、多时空和多种类的三维描述,即利用信息技术手段把城市的过去、现状和未来的全部内容在网络上进行数字化虚拟实现。

19.226 社区 community

通常是集中在固定地域内的家庭间相互作用所形成的社会网络。

19.227 鬼城 ghost town

资源枯竭并被废弃的城市。

19.228 受资助城市 entitlement city

由政府规定有资格接受资助计划、项目基金或赠款的城市地区。

19.229 通勤 commuting

从业人员因工作和学习等原因往返于住所与工作单位或学校的行为。

19.230 通勤带 commuter zone, commuter belt

以特定的城市为中心,从业人员一日为周期的集中和分散的范围。

19.231 同化作用圈层 zone of assimilation

中央商务区的扩展前沿地带,典型的同化圈层位于城市中上层居民住宅区附近,以新颖别致的商店、汽车展销厅、办公机构总部及新饭店的集中发展为特征。

19.232 同心圆模式 concentric zone model

城市地域环绕市中心呈同心圆状的地带分异。从中心向外围依次为中央商业区、过渡带、工人阶级住宅区、中产阶级住宅区、高级或通勤人士住宅区。

19.233 竞租曲线 bid-rent curve

人们支付的土地租金与离城市中某些点,特别是市中心的距离之间的关系曲线,以地租为纵轴,距离为横轴。

19.234 退化作用圈层 zone of discard

中央商务区扩展和收缩过程中被弃置面临衰退的地区。通常邻近工业和批发业,靠近铁路、河流及下层居民住宅区,密集分布着当铺、廉价服装店、餐馆及汽车站等。

19.235 蛙跃发展 frog-jumped development
当城市规模发展到一定程度时,城市用地就会在与中心地区相隔一定距离的地点,有计划地成组、成团向城市外围呈蛙式跳跃发展,以减轻中心城区的负荷。

19.236 外向型城市化 exo-urbanization
原农业地区在由外资导向的以出口工业为主的经济带动下发生的城市化。

19.237 卫星城 satellite town
在大城市周围地区,为分散中心城市(母城)的人口和工业而新建或扩建的具有相对独立性的城镇。

19.238 卧城 dormitory town, bedroom town
以生活居住为主要职能的居民点或市区以外相对独立的居住区,或专指20世纪20年代以后一些大城市为缓和住宅危机,在其周围一定距离内建设的居住性小城镇。

19.239 乌尔曼相互作用理论 Ullman's bases for interaction
乌尔曼(E. L. Ullman)1956年提出的空间相互作用理论,总结了空间相互作用产生的3个条件:互补性、中介机会和可运输性。

19.240 无地方社区 non-place community, non-place realm
世界各地的不同人群通过网络相互作用而组成的一种不同寻常的社区类型,可达性取代邻近性成为地方的主要特征。

19.241 现代城市设想 conceptual modern city
1922年提出的一个300万人口的城市设想方案,设想了城市功能布局、立体式的交通体系、中心区的高层建筑、城市郊区的花园城镇、旧城改造的基本原则等,对推动现代建筑和城市规划发展具有深远的影响。

19.242 县级市 county-level city
行政地位相当于县一级的市。中国市制创立之初所设的普通市就是相当于县一级的市。

19.243 乡村城市化 rural urbanization, rurbanization
农业人口转化为非农业人口并向城镇集聚,乡村地区转变为城市地区或在乡村地域中城市要素逐渐增长的过程。

19.244 相互依赖陷阱 interdependence trap
房主看到他们的邻居任由其住房衰败,且也不会改善或维持其住房的质量。

19.245 详细规划 detail planning
城市规划区内各项建设的具体安排。规划各类用地,规定建筑物高度、密度、容积率的控制指标,确定道路红线位置、断面型式、控制点坐标和标高,并确定工程管线的走向、管径和工程设施的用地界线,同时制定相应的土地使用与建筑管理细则。

19.246 新城 new town
新城源于英国修建的两个花园城市莱奇沃思(1903年)和韦林(1920年),但真正取得进展是在1946年英国《新城法》颁布以后。

19.247 信息城市 information city
通过高技术媒介,扮演信息流枢纽作用的城市。

19.248 兴业区 enterprise zone
由政府定为“低税区”的经济不景气地区。该区可部分地免除某些规定的限制,以创造机会促进新的商业活动。

19.249 星状城市形态 constellating urban pattern
城市空间结构形似星状。城市沿着对外交通干线发展新的集中建筑地带,有几个放射方向的发展而形成星状平面。

19.250 休疗养城市 resort and recuperate town

自然环境优越、气候宜人、环境清新,以提供休养、疗养服务为主要职能的城镇。

19.251 雅典宪章 Charter of Athens

1933 年 8 月国际现代建筑协会第 4 次会议通过的关于城市规划理论和方法的纲领性文件,提出了城市功能分区和以人为本的思想。

19.252 依附带 zone of dependence

又称“城市特殊人口聚居区”。在城市核心区域中设计用以帮助救济人口的设备及空间聚集或集中居住的区域。

19.253 因子生态方法 factorial ecology approach

从人口普查资料中抽取人口特征、社会经济及房屋等指标,以人口普查小区为基本单元,研究城市社会空间结构的方法。

19.254 再城市化 re-urbanizaiton

城市出现的城市人口回流,城市中心区再现活力,而郊区出现形体再开发的过程。

19.255 暂时城市化 temporary urbanization

用于描述城市中心人口短时间膨胀这样一类定期或不定期的事件。

19.256 芝加哥学派 Chicago School

美国城市社会学一大学派。1893 年芝加哥大学设立社会学系并开展城市社会问题研究后逐步形成。

19.257 直辖市 municipality directly under the central government

又称“中央直辖市(centrally administered municipality)”。是由中央政府(国务院)直接管辖的市,其行政地位相当于省级。

19.258 指掌形城市形态 finger urban pattern

一种特定形式的城市形态。城市的发展控制在从市中心放射出来的主要交通干线的走廊之内,保持“手指”之间的是楔状绿地。

19.259 中心城市 central city

在中国,指对较大地域范围具有强大吸引力和辐射力的综合性职能的大中城市。有国家级、大区级、省区级和地区级等不同等级的中心城市。

19.260 中心地 central place

城市化地区或大都市区内占有支配地位的核心组成部分。美国 1990 年的人口普查,在定义城市化地区时已不再把核心部分称为中心城市,而改称为中心地。

19.261 中心地理论 central place theory

又称“中心地学说”。是研究城市空间组织和布局时,探索最优化城镇体系的一种城市区位理论。即假定某个区域的人口分布是均匀的,那幺为满足中心性需要,就会形成中心地商业区位的六边形网络。

19.262 中央商务区 central business district, CBD

城市中商业和商务活动集中的主要地区。

19.263 中央商务高度指数 central business height index

中央商务区建筑面积总和与总建筑基地面积的比值。

19.264 中央商务强度指数 central business intensity index

中央商务区用地建筑面积总和与城市总建筑面积的比值。

19.265 种床区位 seed bed location

具有吸引新的公司在该处建立和发展的地区。起初常形成于中央商务区边缘,近期受公共政策的影响形成于科技园区。

19.266 转换带 zone of transition, twilight

zone

中央商务区的周围地区。本是19世纪为解决居住问题而修建的住宅区,但现在大多被商业和轻工业替代,居住适宜性降低,少数民族和穷人涌入形成贫民窟。

19.267 子城 small city within larger one

古代州府城市或地区统治中心城市中,衙署等行政领导机构所在地。在其周围常筑以城墙,一般多在大城之内。

19.268 自发定居区 spontaneous settlement

同擅自占用定居区相类似,指在城市地区中未经规划的,以居住为主要功能的发展区。

19.269 自然区 natural area

城市区域内的居住区,具有独特的自然特点,特别指居民的文化和其他特点。

19.270 自下而上城市化 bottom-up urbanization

城市化的动力和机制主要来之于乡村的城市化过程。

19.271 总体规划 master plan, comprehensive plan

为整个社区或地区开发所作的综合性文件。包括图件、说明书和表格。

19.272 租界 leased territory, concession

帝国主义国家强迫半殖民地国家在通商都市内"租借"给他们做进一步侵略的据点的地区。

19.273 族群城市 cluster city

一种新的城市结构形态,其基本形态是以线型中心为骨干而向多方位多触角地蔓延扩展。

20. 资源地理学

20.001 资源地理学 resources geography

研究区域资源的数量、质量的地域组合特征、空间结构与分布规律,以及资源合理分配、合理开发、利用、保护和经济评价,并从中揭示资源利用与地理环境和经济协调发展的关系。是地理科学体系中一门应用基础学科。

20.002 国土资源 territorial resources

国家主权管辖疆域范围内由自然资源和社会经济资源组成的各种资源总称。

20.003 自然资源 natural resources

人类可以利用的自然形成的物质与能量。

20.004 社会资源 social resources

在一定时空条件下,人类通过自身劳动在开发利用自然资源过程中所提供的物质与精神财富统称。

20.005 土地资源 land resources

在当前和可预见的将来可为人类利用的土地。

20.006 水资源 water resources

可供人类直接利用、有一定数量并能不断更新的淡水。

20.007 气候资源 climatic resources

能为人类生活和生产活动提供可开发利用的气候要素的物质、能量和现象总体。

20.008 生物资源 biological resources

生物圈中植物、动物与微生物组成的各种有生命现象的资源总称。

20.009 矿产资源 mineral resources

由地质成矿作用形成的有用矿物或有用元素的含量达到具有工业利用价值的,呈固态、液态或气态赋存于地壳内的自然资源。

20.010　能量资源　energy resources

在一定技术条件下,可以直接或通过转换产生各种形式能量或可作功的物质的统称。

20.011　海洋资源　marine resources

蕴藏在海洋中人类可能利用的一切物质和能量统称。主要包括海洋生物、海洋矿物、海水化合物、海洋能以及海洋空间等自然资源。

20.012　天然药物资源　natural medicinal material resources

自然界中一切可供药用的植物(含菌物)、动物和矿物总体。

20.013　生态资源　ecological resources

能维护自然环境生态功能的物质、能量和信息等的统称。

20.014　人才资源　talent resources

国家或地区各行各业中具有一定专业技能或管理才能的劳动者总体。

20.015　信息资源　information resources

可供利用并产生效益与社会生产和生活有关的各种文字、数字、音像、图表、语言等一切信息的总称。

20.016　自然资源系统　natural resources system

各种自然资源在一定空间范围内相互联系构成的统一整体。

20.017　自然资源类型　natural resources type

根据人类生存环境组成要素的自然属性差异,划分成一系列各具特色的物质形体。

20.018　自然[地域]资源结构　natural resources structure

特定地域范围内自然资源系统组成成分的构成,及其数量与质量空间组合状况。

20.019　自然资源属性　natural resources attribute

自然资源所固有的自然和社会性质。自然属性是指组成、结构、功能和边界等自然资源系统的状态、关系等所具有的整体性、层次性、周期性、地域性等特性。社会属性是指自然资源作为人类社会生产的劳动手段和劳动对象的性质。

20.020　资源生态系统　resources ecosystem

生物资源和环境因子之间相互关联构成的生态网络系统。

20.021　资源承载力　resources carrying capacity

地球生物圈或区域的资源对人口增长和经济发展的支持能力。

20.022　资源分布　resources distribution

资源在地域上所处的位置及位置的空间特征。

20.023　资源分区　resources division

根据资源组合及其数量、质量状况、以及资源开发利用和改良措施的相似性和差异性,将特定的区域划分成不同的地域单元。

20.024　自然资源区划　regionalization of natural resources

根据自然资源系统结构特征、功能和空间分布规律、以及资源开发利用整治措施的相似性和差异性,运用地域分异理论原则划分成一系列不同等级的区域。

20.025　资源利用　resources utilization

从人类生产和生活需要出发,将各类资源运用于人类社会经济生活中并为人类带来效益的过程。

20.026　资源综合利用　integrated use of natural resources

对自然资源各组成要素进行多层次、多用途的开发利用过程。

20.027　资源开发利用　exploitation and utilization of natural resources

人类有目的把自然物质和能量通过一定的技术手段转换成生产资料和生活资料的经济活动过程。

20.028 资源可持续利用 sustainable use of natural resources

充分、合理、节约、高效利用现有资源,不断开发新的替代资源,以保证人类对资源的永续利用,满足当代与后代发展的需要,是人类开发利用资源的一种新型价值观念。

20.029 资源优化利用 optimum use of resources

将有限的资源合理配置,使各种资源要素充分发挥功能,追求的目标达到最优化的资源利用方式。

20.030 自然资源评价 natural resources evaluation

按照一定的评价原则和依据,对一个国家或地区自然资源的数量、质量、结构、地域分布和开发利用潜力、治理保护措施等进行定量或定性的评定估价。

20.031 自然资源质量评价 evaluation of natural resources quality

对某一地区各种自然资源成分或其整体在一定社会经济技术条件下能被人类开发利用所创造出的财富和价值进行定量或定性的评估。

20.032 自然资源经济评价 economic evaluation of natural resources

从经济发展和生产布局出发,对自然资源开发利用的可能性、开发利用方向,以及开发利用合理性进行综合论证与经济价值和效益评估。

20.033 区域资源综合评价 comprehensive evaluation of regional natural resources

对特定地区自然资源和社会资源的数量、质量和潜力,以及资源开发利用条件、开发效益和资源保护等进行综合分析和评估。

20.034 资源管理 resources management

对资源进行调查、评价、开发利用、保护、恢复和整治,以及资源开发利用的组织、规划、立法和监测等工作活动的总称。

20.035 资源配置 resources allocation

根据一定原则合理分配各种资源到各个用户单位的过程。

20.036 资源供需平衡 balance of natural resources between supply and demand

自然资源物质供给与需求在总量、结构、时间和空间等方面的平衡、匹配和协调状态。

20.037 资源态势 resources situation

不同尺度地域范围内资源存在、分布、地域组合和开发利用的现实状态。

20.038 资源区位 location of natural resources

自然资源系统的组成成分或组合体所在的地理位置。

20.039 资源使用价值 use value of natural resources

自然资源的产品有用性、生态功能效益的测度。

20.040 资源存在价值 existence value of natural resources

为了确保某种自然资源继续存在而自愿支付的费用。

20.041 资源潜在价值 potential value of natural resources

自然资源所固有的、但由于诸多原因而尚未发挥出来的使用价值。

20.042 资源信息管理 resources information management

通过对资源信息的采集、处理、组织、更新、集成等,实现资源信息有效管理。

21. 旅游地理学

21.001 旅游地理学 geography of tourism
研究大众旅游及各种旅游模式,以及它们对社会、经济、环境影响的学科。

21.002 旅游资源 tourist resources
通过适当的开发、管理能够成为旅游产品的自然风景、人文景观。

21.003 探险旅游 adventure tourism
以寻求一种新的体验为目的的旅游形式。这种旅游通常以奇特的自然环境为背景,而且总是伴随着一定可预知的或可控制的危险,是对个人能力的一种挑战。

21.004 农业旅游 agritourism
又称"观光农业"。居住在农庄,有时还参加农田或农场劳动的旅游,这种旅游有利于保护传统风景。

21.005 异向型游客 allocentric tourist
充满自信和好奇心、又喜好国际旅游的一类游客。

21.006 中间型游客 med-centric tourist
既不特别自信开放、又不过分封闭保守的游客。

21.007 自向型游客 psychocentric tourist
比较保守、不善于交流的游客。

21.008 替代性旅游 alternative tourism
盛行于20世纪70和80年代,与大众旅游相对的一种旅游方式。现在也指寻求用积极的新的旅游方式来改变不利于持续发展的传统旅游的运动。

21.009 旅游者期望 anticipation
旅游体验过程中的第一阶段,是游客对目的地和旅程(包括对旅游产品和服务等)的整体印象和某种期待。

21.010 仿古旅游 antique tourism
以遗址和对古代生活的再现作为游览对象的旅游。

21.011 反旅游 anti-tourism
所有对旅游者和旅游持反对和批评态度的总称。

21.012 适度旅游 appropriate tourism
顺应过去20年来政治和社会文化的需求而出现的旅游方式,作为大众旅游的对立面,具体表现为持续旅游和软旅游。

21.013 旅游吸引物 attraction
是旅游系统中的一个有机组成,不仅包括旅游景点和事件,还包括旅游者和旅游从业人员。

21.014 旅游吸引力 attractivity
反映旅游目的地或旅游设施吸引游客能力的一个量化指标。常用于引力模型中。

21.015 BB式旅馆 bed and breakfast
由家庭、农庄或酒吧兴办的向游客提供住宿和早餐服务的小型旅馆。这类旅馆都是由屋主自己经营。

21.016 经济旅馆 budget hotel
一种房价低廉,提供必要而不奢华的住宿服务的旅馆。

21.017 公务旅行 business travel
由于工作原因或工作途中非个人意愿支配的旅游活动。

21.018 露营 camping
一种暂时在野外过夜的行为。通常居住在临时性的或移动性的住宿设施中。

21.019　汽车宿营地　caravan park

游客停泊旅行交通工具的服务设施。

21.020　旅游承载力　recreational carrying capacity

在保证游客体验或环境质量的前提下,游览区所能容纳的最大游客数。

21.021　因果模型　causal model

反映 x 和 y 两个变量之间非对应关系的一种数学模型,在旅游学中有比较广泛的运用。如旅游者行为研究、目的地选择、居民对旅游发展的态度和旅游者目的地服务的感知等。

21.022　环线旅游　circuit tourism

前往两个以上目的地的旅游活动。

21.023　社区游憩　community recreation

对源于当地公园和游览设施,用于满足当地居民需求的游览活动的总称。

21.024　旅游业集中度　concentration ratio

用于衡量旅游业对一个区域潜在社会影响的简单尺度。

21.025　会议旅游　convention travel

利用参加会议、展览会、商业展示会及其他类似活动而开展的旅游。

21.026　乡村旅馆　country house hotel

特指具有民居建筑风格或具有历史意义的旅馆。

21.027　修学旅游　creative tourism

以学习专业知识和技能或增加见识为旅游动机的旅游活动。

21.028　文化旅游　cultural tourism

一种商业性的活动,游客在旅游过程中能认识其他民族生活的自然环境,并通过绘画、音乐、文学、工艺品等了解民族习俗、特征。

21.029　文化冲击　culture shock

游客进入一个不同的文化领域,或目的地居民通过与外来文化的接触,而感受到的一种特别的焦虑与压力。

21.030　示范效应　demonstration effect

游客数量的增加通常对目的地带来一定的社会、文化及经济影响。其中当地社区的一部分居民模仿游客的行为称为示范效应。

21.031　目的地选择　destination choice

是消费决策研究的主要内容,研究游客如何从众多备选项中选择目的地的行为机制。

21.032　目的地管理　destination management

对三种目的地类型(城市、景区和乡村)的管理。具体包括四个要素:目的地吸引物、客源市场研究、营销及组织机构。

21.033　游客细分　tourist differentiation

用以标明一个游客或旅游团体的特殊性,而不只是反映社会变化。

21.034　国内旅游　domestic tourism

前往本国边界内目的地的旅游形式。与入境旅游、出境旅游相对,组成旅游活动的三种主要形式。

21.035　经济漏损　economic leakage

国民收入的一部分并没有消费在国内产品或服务上。进口漏损量视国内经济的情况,特别视其生产满足游客需求和旅游业发展的产品和服务的能力而定。

21.036　封闭式旅游　enclave tourism

一种独立度假地发展形式。在地理区位上这类度假地多位于海岸地区,与大陆隔离并且远离周围的本地人群,备有供小型飞机或喷气机起降的跑道,开展的活动包括网球、高尔夫球、骑马等。

21.037　民俗旅游　ethnic tourism

一种以体验异域风俗为主要动机的旅游。

21.038　事件旅游　event tourism

世界上每天发生无数的事件,其中有一些是为了获取公众关注而有计划有目的的举行的“假事件”,旅游者为这些事件吸引而产生的旅游活动。

21.039 事件旅游管理 event management
为了使事件成为具有强烈旅游导向的吸引物、提供高质量的事件产品而进行的协调目的地规划和地方促销过程中各类不同事件的角色的过程和事务。

21.040 短途旅游者 excursionist
外出但并不在访问地过夜的游客。

21.041 探险 exploration
前往一个陌生的区域,以发现或寻找一种新奇的现象或体验为目的的行为。

21.042 第四世界 the Forth World
由各国土著或少数民族组成,他们往往居住在地理区位的边缘地带,而且政治和经济极不发达。

21.043 博彩旅游 gambling
以各种各样合法的博彩活动,包括以娱乐场为基础而开展的旅游。

21.044 禁猎保护区 game park reserve
在野生动物栖息地设立的,由私人或政府拥有的禁区,其目的是为了限制人类和野生动物之间的非经济的或经济上的联系。

21.045 高尔夫旅游 golf tourism
以高尔夫这种体育活动为基础,包括高尔夫技能讲授、专业训练和比赛等的旅游形式。

21.046 大旅游 grand tour
旧时源于英国,由富有阶层进行的欧洲环游,其目的包括了解欧洲文化、接受教育、获取健康和快乐。其目的地主要是法国、意大利和希腊等国。

21.047 绿色旅游 green tourism
是可选择旅游的一种,与乡村旅游有一定联系,具有自然旅游的环境兼容性,对目的地有很小或没有生态影响。

21.048 团体包价旅游 group inclusive tour
由旅游经营商有计划、有组织将游客组成团体进行旅游,这种方式可以降低游客在出境旅游时遭遇的风险。

21.049 硬旅游 hard tourism
又称“大众旅游(mass tourism)”。为了获取快速的经济收益而开展的旅游,与软旅游相对。

21.050 旅游旺季 high season, peak season, busy season
出游相对集中而费用较高的时期。

21.051 旅游淡季 low season
出游游客相对较少及费用较低的时期。

21.052 远足旅游 hiking
在乡村或野外进行的长距离的徒步旅行。

21.053 访古旅游 historical tourism
为探寻过去而进行的旅游,也包括其他形式旅游中的类似旅游行为。

21.054 度假营 holiday camp
一种供度假用的设施,包括一定的住宿设施、游客还可使用提供的餐饮设施和其他公共设施,参与有组织的活动。

21.055 入境旅游 inbound tourism
世界旅游组织将其定义为非本国居民前往该国进行的旅游。

21.056 奖励旅游 incentive travel
作为一种管理手段,为奖励员工完成明确的商业任务,进而提供的免费旅游。

21.057 间接旅游 indirect tourism
政府机构或非政府组织、商业机构、教会等组织出于游憩休闲以外的动机访问目的地并使用旅游设施的行为。

21.058　工业旅游　industrial tourism
这种旅游方式指对现代工业场所的参观，包括参观产品的生产和制造过程。

21.059　游客信息中心　tourist information center
是由当地、区域或国家机关经营的，向游客提供信息及目的地和旅游机构预订服务的场所。

21.060　国际旅游　international tourism
根据世界旅游组织的定义，国际旅游与国内旅游相对，包括入境旅游和出境旅游两部分。

21.061　插入机会　intervening opportunity
距离客源地市场较近的旅游目的地或吸引物容易中途截取远距离的具有竞争力的目的地的游客，从而减少他们访问后者的可能性。

21.062　丛林旅游　jungle tourism
热带地区绿色旅游的一种主要形式，指在丛林中进行的旅游。

21.063　休闲旅游者　leisure tourist
与商业旅游者相对，其出游是为了获取快乐，并无任何前往特定目的地或使用某种设施的义务。

21.064　可接受的改变限度　limit of acceptable change
在不可恢复的破坏发生以前，环境质量所能承受的变化程度。

21.065　旅游地生命周期　life cycle of destination
用于描绘目的地变化的模型。目的地演化表现为明显的周期性，呈"S"型曲线，共分为六个阶段：探查阶段、参与阶段、发展阶段、巩固阶段、停滞阶段和衰落或复苏阶段。

21.066　文学旅游　literary tourism
是以寻访与文学相关具有特殊意义的地点或场所为动机的旅游形式。

21.067　市场细分　market segmentation
按照某一标准将消费者市场细分为不同类型的消费群体，具体包括标准和相似性两种划分类型。

21.068　国家公园　national park
一种面积巨大的由中央政府划定并建立的，并且通过立法的形式对其内部的自然资源和生态进化进行保护的特殊自然保护区。既有保护或恢复自然综合体的作用，又兼有园林性的经营与管理。

21.069　自然旅游　nature tourism
又称"生态旅游(ecotourism)"。以体验动物、植物和生态环境为目的的旅游。

21.070　自然游道　nature trail
一条穿过自然区域能够体现当地的生态和地理特征的道路。

21.071　出境旅游　outbound tourism
一个国家的居民前往另一国家旅游。

21.072　户外游憩　outdoor recreation
在户外(包括从城市公园到野外的各种各样的场所)进行的有组织的和个人活动。

21.073　包价旅游　package tourism
由中间商或中介组织的一种预先支付所有费用的旅游方式。

21.074　带薪假期　paid vacation
旅游者在假期中照常享有工资。这是西方旅游大发展的一个重要因素。

21.075　推拉因素　push-pull factor
反映游客出游动机的一种模型。旅游行为的形成是以下两种因素共同作用的结果：一种是推力因素，促使游客离开居住地的个人和社会因素；另一种是拉动因素，对旅游者产生强烈吸引力的目的地的某种特征。

21.076　游憩　recreation

一种愉快的,并得到社会承认的活动。它有利于个体的恢复,并使之获得休闲体验。

21.077　游憩商业区　recreation business district

城市中受旅游业影响较大的区域。如旅馆、景区、纪念品商品较集中的区域。

21.078　游憩机会谱　recreation opportunity spectrum

是用于平衡户外游憩、旅游与生物多样性保护关系的管理工具,用以评价一个地区的旅游资源、环境条件是否适合开发为旅游产品以及能提供何种类型的产品。

21.079　旅游资源评价　tourist resources evaluation

评估不同资源在旅游业中的适用性,它是旅游规划与发展的一个重要部分。

21.080　负责任旅游　responsible tourism

与大众旅游相对,是一种减少对社会、环境负面影响,积极地营造正面影响的旅游形式。旅游者对自己的旅游行为负责,旅游开发商考虑当地居民的意见,欢迎他们的参与,并且尊重他们的权利和尊严。

21.081　狩猎旅游　safari

起源于东非,一种配备全套的安全装备、向导和食物、以狩猎为主要目的的远征旅游以及科学考察。现代意义的远征多是观察野生动物并摄像。

21.082　季节性　seasonality

正常情况下游客数量暂时、有规律的波动。

21.083　购物旅游　shopping tour

以购物为主要出游动机的旅游。

21.084　滑雪旅游　skiing

以滑雪为主要内容的旅游。

21.085　社交旅游　social tourism

社交旅游的定义往往视所要讨论的时间和地点而论。它包括为员工、家庭、机构而开展的旅游,为个人的发展、促进集体凝聚力或公众的兴趣而进行的旅游等。并以此与盈利性旅游相区别。

21.086　软旅游　soft tourism

对目的地社会文化、自然环境负面影响较小的旅游。

21.087　体育旅游　sports tourism

以体育活动作为主要内容的旅游。

21.088　可持续旅游　sustainable tourism

经过一段时期后依然能维持一个区域生存和发展能力的旅游方式。

21.089　黑色旅游　thanatourism, dark tourism

前往死亡或灾难有关的区域进行的旅游。如参观战场、墓地、名人遇害处、战争纪念遗址等。

21.090　主题公园　theme park

以某一主题或综合几种主题于一体为内容,投资量大、高度发达、收取入场费的独立的休闲娱乐场所。

21.091　时权　timeshare

购买者享有多年城市或度假地某一单元每年某一个固定时段的使用权。

21.092　旅行经销商　tour operator

办理包括交通、住宿和其他服务在内的包价旅游业务,然后再通过分销渠道销售给顾客的企业。

21.093　旅行批发商　tour wholesale

不直接与公众接触,而是通过中介机构、如旅行社来办理旅游业务的企业。

21.094　旅游美学　tourism aesthetics

研究旅游中审美活动与审美关系的学科。

21.095　旅游卫星账户　tourism satellite account

在国民账户之外设立一个虚拟账户，将所有涉及旅游的部门中由旅游引起的产出部分分离出来单列入这一账户。旅游卫星账户描绘了一个国家国民经济产业结构，估计旅游经济和服务的尺度。作为一种信息系统，它通过对相关数据和资料的分析，可预测旅游潜在的影响。

21.096　旅游系统　tourism system

这一概念来源于系统科学，旅游系统可分为两个层次。第一个层次是整个旅游系统的模型，所有与旅游相关的重要因素都列入这个模型中。第二个层次则是这些因素的分模型。

21.097　旅游空间　tourist space

为旅游者参观所划分的自然和社会区域。

21.098　旅游陷阱　tourist trap

旅游业中虚假的广告、宣传等。

21.099　旅行作家　travel writer

写作主题与旅游相关的作家。

21.100　城市旅游　urban tourism

以城市为目的地的旅游。

22. 人口地理学

22.001　人口地理学　population geography

研究在一定历史条件下人口数量与质量、人口分布、人口构成、人口变动和人口增长的时空差异及其与自然环境和社会环境之间关系的学科。

22.002　人口分布　population distribution

一定时间内人口在一定地区范围内的空间分布状况。

22.003　人口组成　population composition

依据人口的自然、社会、经济和生理等不同属性、特征，把一定地域内的人口划分成的各组成部分的所占比重。

22.004　人口密度　population density

单位面积土地上居住的人口数。是反映某一地区范围内人口疏密程度的指标。

22.005　人口金字塔　population pyramid

一种表示人口性别与年龄构成的条形统计图。可反映某一地区过去和现在的人口统计趋势。

22.006　人口潜力　population potential

对既定人群相对于某一点的接近程度或通达性的测度。

22.007　人口迁移　population migration

一定时期内人口在地区之间永久或半永久的居住地的变动。

22.008　人口流动　population flow

离家外出工作、读书、旅游、探亲和从军一段时间但未改变定居地的人口移动。

22.009　人口普查　census

各国政府以全民为对象定期实施的人口实地调查。

22.010　人口预测　population projection

以过去人口发展趋势的分析为基础来对未来人口的规模与构成进行的一种测算。

22.011　适度人口　optimum population

某地域内最适当的人口数。

22.012　移民劳动力　migrant labor

为了寻求就业岗位而迁移的工人。

22.013　同批人　cohort

同时进入生命周期某一阶段的一个群体,可作为一个完整的生命周期单元进行研究。

22.014 抚养比 dependency ratio
总人口中非劳动年龄人口与劳动年龄人口的百分比。

22.015 年龄与性别结构 age and sex structure
根据年龄与性别的人口构成。

22.016 家庭重构 family reconstitution
利用可得家庭的实际已发生事件的信息推算人口有关数据的一种人口统计分析方法。

22.017 核心家庭 nuclear family
由父母及其未婚子女所组成的家庭类型。

23. 历史地理学

23.001 历史地理学 historical geography
研究人类历史时期的各类地理问题的学科。特别关注历史中的地理演变与地理过程。

23.002 沿革地理学 evolution of past geography, evolutionary geography
对历史上一些地理现象如政区变化、地名演变、交通路线、河道变化等分别进行复原考察,以恢复该现象的历史真实面貌的学科。

23.003 地理学史 history of geography
地理知识的记录积累、地理知识表示形式、地理问题的提出与研究的历史发展过程。

23.004 历史地理知识论 historical geosophy
地理学思想史研究中的重要概念,关注历史时期地理知识的哲学性质。

23.005 地理大发现 the great discoveries of geography
西方历史学中对15~17世纪欧洲航海者发现新航路的通称。

23.006 地图学史 history of cartography
地图编制的历史。包括内容特点、符号系统、投影制图技术的发展。

23.007 历史地图 historical map
今人编制的表现历史时期各类与人类活动有关的具有空间分布和地域差异现象的地图。

23.008 环境史 environmental history
人类对于环境的认知的历史。

23.009 方志 gazetteer, record of local geography
又称“地方志”。全面、系统、综合记述特定地方、特定区域的自然与社会各个方面在空间及时间上发展、变化的著作。

23.010 历史景观 historical landscape
历史时期形成的、其主要特征保留下来的景观。

23.011 历史生态 historical ecology
特定历史时期的生物与环境的协调关系。

23.012 历史文化生态 historical cultural ecology
历史时期人与自然环境的协调关系。

23.013 往日地理 past geography
过去某一时间的地理景观。因不强调地理过程,故与历史地理有别。

23.014 历史环境 historical environment
历史上社会人文活动的具体环境。

23.015 环境变迁 environmental changes
历史时期的环境演变,有些演变是在人的作用下发生的。

23.016 序列剖面 sequence cross-section

对特定时刻的景观的描述可看作一个“剖面”。英国历史地理学家达比将此方法推广到历史地理学研究,用连续时段的序列剖面表示对过去的地理的重构。

23.017 景观复原 reconstruction of landscape
运用室内研究及田野调查的方法对已经失去的景观进行恢复重建。

23.018 农业革命 agricultural revolution
某个时期内所发生的具有重要意义的农业变化。

23.019 城市革命 urban revolution
在原始社会向文明国家发展进程中的城市的形成,无城市社会因此变为有城市社会。

23.020 氏族社会 clan society
以血缘关系结成的社会经济单位。可包括氏族、胞族、部落等一系列组织结构。

23.021 酋邦 chiefdom
原始社会晚期的大型社会组织,部落联盟酋长具有统治权,其形态已近于国家形态下的国王,但该社会的政治机构并不完善。

23.022 城邦 city-state
古代城市国家,通常由一个中心城市和其周围的村镇构成。

23.023 领土扩张 territorial expansion
国家、或团体、或个人通过政治、军事、经济等手段获得的所占据空间的扩大。

23.024 领土割让 cession of territory
由于政治、军事、经济等原因,领土的所有者将自己的一部分领土正式转让给另一领土所有者。

23.025 海外领土 overseas territory
一国位于其他国家境内、或被其他国家领土所隔开而不与本国主体相毗邻的一部分领土。

23.026 疆界 boundary
由边界两方通过某种形式认可的空间分界线。

23.027 政区 administrative region
国家政府在自己领土之内划分的不同层次的行政管理区域。

23.028 监察区 supervisory region
国家政府设立的在全国范围内对地方行政管理进行监督的机构所分管的地区。

23.029 分封制 system of enfeoffment
古代皇帝或国王分封诸侯的制度。被封诸侯有自己的领地,在诸侯领地内皇帝或国王并没有直接的权力。

23.030 郡县制 system of prefectures and counties
古代中央集权体制的地方管理制度,郡、县长官均由朝廷任免,代表皇帝或国王对地方进行管理。

23.031 京 capital of a country
又称“都”。王朝或国家的首都。

23.032 陪都 auxiliary capital
因政治地理原因或其他政治军事形势的原因,朝廷或国家在正式首都之外选择特定地理位置所建立的辅助性首都。

23.033 郭 outer walled part of a city
又称“廓”,“郛”。在较大的有城墙城市中,以城墙分割为两个或两个以上的部分,其中核心的部分为内城,外围的部分为郭。

23.034 镇 town
在历史中有不同的含义。后来主要指较小的城市聚落。

23.035 邑 town-settlement
在历史上有不同含义,一般为城的别称。

23.036 聚落 settlement

有集中修建的房屋住所的人类日常聚居的地方。

23.037 村落 village
农村聚落,居民主要是在周围土地耕作的农民。

23.038 里坊 residential area, neighborhood
古代城市里面的居民区。

23.039 通商口岸城市 port city
与外国进行商业贸易的城市基地。

23.040 边疆城市 frontier city
在边疆地带的城市。其经济、文化发展水平较内地为低。

23.041 城址选择 selection of city site
城市建设决策者在特定的自然、人文地理环境中对城市位置的确定过程。

23.042 城址转移 change of city site
由于自然、人文地理条件的改变,或直接的战争、灾害等原因,使城市从原来的位置向新的地点转移。

23.043 古城遗址 ruins of ancient city
废弃而不再使用的城市的废墟。

23.044 城市中轴线 central axis of urban planning
在城市的核心部分,由系列建筑或街道显示的一条规划直线,在城市整体平面布局中居于控制性的地位。

23.045 宫城 imperial palace
王朝时代在都城中由城墙围绕的皇家宫殿区。

23.046 皇城 imperial city
在王朝都城之内,一般包围在宫城之外,也有城墙环绕四周。主要是为宫廷服务的机构设施以及朝廷的办事机构。

23.047 皇家园林 royal garden
直接为皇帝服务的风景园林。可在都城之内,也可在都城之外。

23.048 历史墓葬区 historical grave area
墓葬集中分布的考古遗址,或地面有明显标志的古代陵墓区。

23.049 历史墓碑 historical tombstone, gravestone
古代陵墓前的石碑。一般刻有碑文记述墓主人的功德或后人的怀念。

23.050 历史陵区 historical mausoleum area
古代有平面规划的陵墓区。有的陵区只是一座陵墓,有的陵区有多座陵墓。

23.051 封土 grave mound
陵墓在地面以上由土堆累而成的部分。

23.052 陵寝 imperial mausoleum
古代帝王陵墓。

23.053 陵邑 mausoleum town
古代帝王陵墓旁专门为守陵人设立的聚落。在某些时代,这类聚落可发展为小城市。

23.054 世界文化遗产 cultural heritage of the world
由联合国教科文组织确认的具有科学、审美、文化价值的自然景观与人类历史遗存。

23.055 畿 environs of capital city
古代在行政上由京城管理的整个地区。

23.056 郊 suburbs, outskirts
在不同历史时期有不同的概念,其性质、功能与严格性均有不同。一般指城市外围在日常活动上与城市内部保持密切的必要联系的地区。

23.057 田猎区 hunting area
为王或皇帝专设的行猎区。

23.058 御路 imperial road
为王或皇帝专设的或在特定活动中供其专

门使用的大道。

23.059　驿道　post road
古代设置驿站的通途大道。

23.060　驿舍　post house
又称“驿站”。古代供传递公文的人或来往官员途中歇宿、换马的处所。

23.061　漕运　grain transporting
古代由官方督管的水道运输。

23.062　漕河　waterway of grain transporting
主要由人工开挖、疏浚的用以通漕运的河道。

23.063　关　mountain pass, check point
要塞、出入的要道,或交通运输的检查站。

23.064　陉　mountain pass
出入山区的要道。

23.065　津　ferry
水上渡口。

23.066　薮　marsh, swamp
多草的湖泽。

23.067　泽　lake
湖泊。

23.068　岳　sacred mountain
在王朝时代由朝廷确认的具有神圣意义的名山。有时也作为高山的泛称。

23.069　渎　sacred river, great river
在王朝时代由朝廷确认的具有神圣意义的大河。

23.070　形胜　advantageous terrain
对一些重要社会活动(如政治、军事等)具有战略优势的地理地带。

23.071　长城　the Great Wall
中国古代由大小王朝所修建的用于军事防御的城墙,其连续不断绵延达数千公里。

24. 社会与文化地理学

24.001　社会地理学　social geography
从地理学的观点,研究各种人类社会现象、社会特征和社会集团的区域分布及差异,并比较各种社会集团类型形成过程与空间结构的学科。

24.002　乡村社区　rural community
生活在同一乡村地区并具有社会互动的人口集合体。

24.003　社会区分析　social area analysis
城市内部居住空间结构研究的一种方法,从社会经济地位、家庭状况与种族状况等三个侧面划分和认识城市中的社会区。

24.004　非法占用　squatting
个人或群体以常规之外的方法占用空房(多为荒废的空房)。

24.005　棚户区　squatter settlement
在城市中个人或群体以非常规方法占用空地及空房而造成某一区域的发展。

24.006　地域社会指标　territorial social indicator
对特定地域内的社会福祉的度量标准。

24.007　救济区　zone of dependence
在城市中为帮助服务依赖群体而设置的设施以及服务依赖群体的集中居住地区。

24.008　区域阶级联盟　regional class alliance
一个区域的不同阶级对该区域经济问题所做出的团结一致的反应。

24.009 区域趋同 regional convergence
一国内的区域收入或生活水平随时间发展变得更为均等化的趋势。

24.010 分类与区划 classification and regionalization
将人口按独立观测值进行分类。包括人口类别与区域分类。

24.011 社会距离 social distance
两个或多个社会群体由于相互有分离意愿或相互歧视所造成的分离。

24.012 社会公正 social justice
对社会福利与负担的分配以及这种分配的产生方式的评价。

24.013 社会网络 social network
由于相同的价值观、态度、抱负而把一个人同其亲戚、邻居和朋友等社会性地联系起来的方式。

24.014 人类能动性 human agency
人类的能动性能力,尤其指在客观限制性条件面前发挥经验意识与主观意志的能动能力。

24.015 因子生态 factorial ecology
应用因子分析或主成分分析对城市内部居住小区进行的分类。

24.016 空间 space
地球表面的一部分,有绝对空间与相对空间之分。

24.017 空间性 spatiality
空间的人文与社会内涵。

24.018 公共空间 public space
一般社会成员均可自由进入并不受约束地进行正常活动的地方场所。

24.019 空间不均衡性 spatial inequality
人、资源、生活品的不均衡空间分布或空间关系。

24.020 空间崇拜 spatial fetishism
一种赋予空间以产生某种结果的力量的观念。

24.021 空间偏好 spatial preference
个体或群体对空间吸引和空间选择的价值判断。

24.022 超空间 hyperspace
后现代主义空间观念,指超越自我定位,利用感觉组建周边环境,以意识划定位置。

24.023 社会空间 social space
被社会群体感知和利用的空间。

24.024 社会反常状态 anomie
一种规范标准缺失的社会状态。

24.025 多元社会 plural society
共存在同一政治单元中但宗教、文化、语言、思想方式却并不同的人类团体。

24.026 城市社会运动 urban social movement
不满国家提供的城市社会服务制度及环境政策而产生的抗议行动。

24.027 社会达尔文主义 social Darwinism
达尔文进化论在社会经济及政治事物中的应用。

24.028 社会物理学 social physics
使用物理学理论和规律来解释和预测社会空间中的问题。

24.029 社会运动 social movement
因特殊原因而形成的群体运动。

24.030 搜索行为 search behavior
空间决策过程中的找寻与评价行为。

24.031 习性 habitus
协调社会结构与实践活动的主观性情系统,

或指阐述共同社会生活的方法。

24.032 想当然的世界 taken-for-granted world
以自身日常经验为基准的世界观。

24.033 社会福祉 social well-being
又称“福祉”。一个社会中人们的需要与欲望的满足程度。

24.034 生活质量 quality of life
以明确指标显示的个人或团体的社会福利状况。

24.035 生命周期 life cycle
人所经历的生长、成年和老年的过程,其每一阶段都与不同的社会、经济和政治行为相关联。

24.036 家庭类型 family types
由有血缘或婚姻关系的亲属的数量及亲密程度所产生的家庭的不同类型。

24.037 公民权 citizenship
一个政治单位(通常是国家)的成员的称谓。成员对该政治单位负有一定义务,政治单位保障成员的特定权利。

24.038 公平 equity
人类的公平或公正,通常应用于收入和其他生活机会方面的分配。

24.039 区域公正 territorial justice
应用于区域单元的社会公平原则。

24.040 绅士化 gentrification
相对富裕的人重构邻里的过程。包括替代低收入群体和居住投资。

24.041 客居工人 Gastarbeiter(德)
外来工人,或城市中的移民劳动者。

24.042 贫困的循环 cycle of poverty
自身延续的贫困。剥夺在一代人与下一代人中延续。

24.043 链式迁移 chain migration
依靠亲属关系或其他关系来维持迁移活动的过程。

24.044 民族聚居区 ethnic enclaves
非主导地位的民族在主导民族环境中的集中居住区。两者间存在明显的文化差异或景观差异。

24.045 社会性别 gender
人的性别被从自然属性转变为文化属性,而成为社会角色。

24.046 个案研究 case study
研究具体地方的具体事件,在充分认识问题的特殊性的基础上来考虑普遍性的意义。

24.047 面谈 interviewing
一种野外调查方法,对当事者进行当面访问调查。

24.048 风水 geomancy
又称“堪舆”。以占验方式对宅院、聚落、陵墓等的营建所进行的凶吉预测与设置安排。

24.049 神圣空间与世俗空间 sacred and profane space
分别指在宗教研究与宗教经验中具有超越性精神属性的空间与物体和不具备此种属性的空间与物体。

24.050 [连续]占据 [sequent] occupancy
人类长期在特定地理区域、环境中占据活动,必然形成既具阶段性又具完整性的变化特征。

24.051 核心区 core area
一个国家中经济增长领先的、最富有持久活力的地区。

24.052 世界岛 world island
谁控制这个地区,谁就可以控制整个世界。

24.053 文化地理学 cultural geography

研究文化现象(包括物质的与非物质的)在地理空间中的形成、分布、组合、演变及其与环境关系的人文地理学分支学科。

24.054 文化政治学 cultural politics
研究权力的不均衡分布以及意义的产生与变异的文化研究领域。

24.055 文化生态学 cultural ecology
研究特定人类文化群体在特定地理环境中的发展特征,并注意文化与环境的动态和谐的学科。

24.056 文化决定论 cultural determinism
认为人类文化是影响人类社会发展的决定性因素的理论。

24.057 文化动力学 cultural dynamics
研究人类文化对人类社会发展的积极推动作用的学科。

24.058 多元文化主义 multiculturalism
强调一个特定社会中存在多种文化体系的理论。

24.059 文化源地 cultural hearth
一个特定人类文化群体所产生的核心区域,具有该文化的典型景观特征。

24.060 文化进化 cultural evolution
又称"文化演化"。一个特定人类群体中文化特征的发展演变。

24.061 文化融合 culture fusion
不同人类文化间的交流、相互接纳以及趋于统一的过程。

24.062 文化适应 cultural adaptation
在特定环境中人类文化与环境的和谐发展。

24.063 文化趋同 cultural convergence
不同人类文化之间趋于融合的发展过程。

24.064 文化衍生 cultural involution
人类文化的再产生过程。

24.065 文化整合 cultural integration
人类不同文化的彼此结合而成为一个完整体系。

24.066 文化过程 cultural process
人类社会或社会某个方面发展的文化表现。

24.067 文化边际 cultural margin
文化区域或文化群体的边缘部分。

24.068 文化区位 cultural setting
对某种文化的发生发展有重要意义的地理区位。

24.069 文化特质 cultural traits
人类文化内涵的核心要素,或体现该文化特征的主要内容。

24.070 文化景观 cultural landscape
在特定文化背景下和具体的自然环境基础上,在人的作用下形成的地表文化形态的地理复合体。

24.071 文化区 culture area
具有相同文化特征的地理区域。

24.072 文化圈 culture circle
具有相同文化特征,或包含相同文化要素的地理区域的最大范围。

24.073 文化岛 cultural island
一种文化在其他文化的包围中。一般来说该文化与周围文化之间有较明显的区别。

24.074 文化模式 cultural pattern
文化中一些重要因素、重要价值的特定组合形式。

24.075 文化综合体 cultural complex
一个包含多种文化的和谐的人类群体或社会实体。

24.076 文化资本 cultural capital
由于文化差别而造成不同社会地位的情况。

24.077　文化因子　cultural factor
文化体系中的重要因素,有时伴以特定的表现形式。

24.078　文化群体　cultural groups
以文化特征界定的人类群体。

24.079　文化转移　cultural transfer
一种文化向另一个文化区域或文化群体中的移动。

24.080　文化归化　cultural naturalization
某文化群体移入另一文化群体之中,并对新的文化表示尊重和服从。

24.081　文化通道　cultural channel
文化传播的路径。

24.082　文化接触　culture contact
不同文化在达到一定的发展阶段后在空间上以某种形式相遇。

24.083　文化汇融　transculturation
不同文化间的交流与融合。

24.084　文化核心区　cultural core area
某种文化特征最典型、因素最密集、形式最完整的分布地区。这些地区往往是该文化起源的地理区位。

24.085　文化控制区　cultural dominating region
区别于文化核心区,一般在文化核心区的外围,是某种文化特征占主导地位的地区,但在文化的典型性与完整性上,不如文化核心区。

24.086　文化影响区　cultural effect region
区别于文化控制区,一般在文化控制区的外围,包含某种文化的一些特征的地区,在这个区域该文化不占主导地位。

24.087　文化汇融区　transculturational region
不同文化相互接触、交流、融合的特定地区。

24.088　文化功能区　functional region
文化的某些要素或表现方式占主导地位,产生明显的文化特性的特定区域。

24.089　文化边界　cultural boundary
不同文化因素或文化综合现象空间分布的界线。

24.090　地方文化　local culture
与特定区域相联系的文化。一般来说其范围有限,并可能与整个社会的主流文化不同或为其分支。

24.091　民间文化　folk cultural
在社会基层的人类群体文化,这类文化的产生和流传不受上层社会机构的影响。

24.092　民间文化地理学　folk cultural geography
研究社会基层的人类文化群体的空间分布、变异与发展的文化地理学分支。

24.093　文化霸权　cultural hegemony
处于主导地位的文化群体,通过非正规权力机构所产生的控制力量,多表现在意识形态与价值观念上。

24.094　文化遗产　cultural heritage
从历史、艺术或科学角度看,具有突出的普遍价值的建筑物、文物、遗址。

24.095　自然与文化混合遗产　natural and cultural heritage, mixed heritage
兼有文化遗产与自然遗产属性的地理区域。

24.096　人类共同遗产　common heritage of humanity
在世界范围内具有突出的普遍价值的文化和自然遗产。

24.097　濒危遗产　heritage in danger
受到大规模公共或私人工程(如迅速发展的旅游业)以及自然灾害威胁的自然遗产与文化遗产。

24.098 完整性 integrity
确定自然遗产的基本条件,应包含所有相互依存构成的自然面貌的要素,或展示生态系统和生物多样性的关键要素,或保持自然美。

24.099 方言 dialect
同一语言中因地理区域不同而表现出不同的发音与日常用语。

24.100 语言区 language area
具有相同语言的人文地理区域。

24.101 语言接触 language contact
不同语言的人类群体在空间上以某种形式相遇。

24.102 语言演变 language change
由于历史、社会、文化诸方面的原因所导致的语言方面的变化。

24.103 古语遗留区 area of survival archaic language
一些在日常使用的语言中保留古代语言(口语)的某些重要特征的地区。

24.104 乡土景观 vernacular landscape
在特定区域内反映该区域中自然环境与社会生活、风俗特点的景观。

24.105 普通景观 ordinary landscape
人类日常活动场所的景观。与专业性的、纪念性的场所的景观相区别。

24.106 共同景观 common landscape
在人类日常生活场所中多见的景观类型。与独特性的景观相区别。

24.107 理想景观 ideal landscape
在某种特定思想观念影响下形成的能够最完美体现该观念价值的景观。

24.108 城市景观 townscape
由各类城市建筑物、各类城市活动所构成的景观形态。

24.109 景观解读 interpretation of landscape
对景观的社会背景、社会含义、社会价值所进行的阐述、解释。

24.110 景观评估 landscape evaluation
依照特定的社会、文化与思想标准等对景观特定价值的确认和评价。

24.111 景观建设 landscape architecture
依照特定的思想内涵、审美趋向、社会功能而有计划的建设起来的景观工程。

24.112 景观设计 landscape design
依照特定的思想内涵、审美趋向、社会功能所做的景观规划。

24.113 符号景观 symbolic landscape
与特定含义相联系、相对应的景观形态。可以是复杂因素的组合形态,也可以是单因素的景观形态。

24.114 保护 preservation
对具有特殊价值(如历史价值、文化价值等)的人文景观或其遗迹的保护,特别是对建筑环境的保护。

24.115 敬地情结 geopiety
因人对自然界和地理空间的认识而产生对它们的深切的敬重之情。

24.116 恋地情结 topophilia
地理意识和地理研究中的美学的、感觉的、怀旧的和乌托邦式的层面,是地方与景观象征意义产生的基础。

24.117 地方感 sense of place
有两重含义,一是地方固有的特征,二是人们对一个地方在某种意义上的依附感。这两点是互相关联的。

24.118 地方认同 place identification
个人或团体与特定地方、地点的特殊关联

性,这种关联性包括文化、价值、意义的认同。

24.119 感觉区 recognized region
人内心中由于价值、观念、认知的作用而产生的区域概念,具有行为意义。

24.120 行为环境 behavioral environment
人内心的感知环境,具有概念化的特征,并具有依赖特定文化背景的意义与价值。

24.121 环境感知 environmental perception
环境中的行为者由于价值、观念、认知的作用而产生的环境决策行为。

24.122 现象环境 phenomenal environment
存在于个人感知之外的自然和文化环境。它们只有通过社会和文化价值的过滤才能构成行为环境。

25. 数量地理学

25.001 数量地理学 quantity geography
又称"计量地理学"。最初指基于数据分析与统计方法的地理学分析学科。现在泛指运用数学方法的地理学方法论学科。

25.002 计算地理学 computation geography
基于计算技术与方法的地理学分析学科。

25.003 数理地理学 mathematical geography
早期这个词用于指对地球形态、大小、时间带和天文运动的数学研究。在现代间或被用于数学模型和统计方法对地理问题的研究。

25.004 地学统计 geostatistics
针对地理学、地质学问题的统计方法与算法的研究,目的是对变量在空间上的相互关系和格局推断、统计和估计。

25.005 地学计算 geocomputation
又称"地理计算"。针对地理学、地质学问题的建模与计算分析方法、信息处理技术与其他计算机技术问题、数字技术(包括遥感)的研究与应用。

25.006 算法 algorithm
模型分析的一组可行的、确定的和有穷的规则。

25.007 计量革命 quantitative revolution
在20世纪50~60年代地理学中引进统计方法的学术运动。这场运动实际上带来了地理学研究的数学分析、计算机分析的研究模式。

25.008 人地关系动力学 environmental-societal dynamics
研究地球环境与人类社会性活动相互作用的动态过程的学科。

25.009 环境动力学 environmental dynamics
研究地球环境动态过程的学科。

25.010 区域动力学 regional dynamics
研究区域以经济为核心的动态过程的学科。

25.011 孤立系统 isolated system
与外围环境没有物质、能量交流的系统。

25.012 封闭系统 closed system
一个不能和环境发生物质交流但能发生能量交流的系统。

25.013 地理控制论 geo-control theory
以系统科学和地理学为基础,研究地理系统的自控行为与人工调控机制的理论、方法和技术。

25.014 地理系统分析 geographic system analysis
应用系统科学针对地理现象与地理建设的

系统分析。

25.015　地理系统工程　geo-system engineering

建立在系统科学基础上的,运用系统工程的思想研究地理系统调控、区域开发与规划的技术。

25.016　动态系统　dynamical system

状态变量可能随时间发生演化的系统。即状态变量被定义为时间函数的系统。这里的状态指足以描述系统过去与现在演化特性的性状的最小集合。

25.017　控制系统　control system

状态变量演化受到控制变量作用的动态系统。

25.018　宏系统　macro-system

大量单元合成并且单元总体表现出稳定统计规律的系统。

25.019　巨系统　huge system

多单元合成且单元相互可识别、未表现出稳定统计规律的系统。

25.020　复杂系统　complex system

具有变量来自不同标度层次的结构,或者大量相互之间有差别的单元构成的动态系统。通常表现出复杂性,但也可能出现简单性。

25.021　混杂系统　hybrid system

系统同时具有几种类型状态变量,这些变量来自不同标度层次(如宏观、微观层次)的,而且其中至少一类变量受到另一类变量调制,但是前者对后者不可约化。

25.022　分布式系统　distributed system

多个系统的集合,其中亚系统平行地相互作用。

25.023　递阶系统　hierarchical system

多个系统的集合,其中亚系统分层次地相互作用。

25.024　网格系统　grid system

以节点为基础形成具有节点动态参与的一个体系,节点之间具有某种平等性和并行运行特点。也特指具有这种动态、平等特征的并行计算的分布式系统,相应的计算为网格计算。

25.025　状态空间　state space

又称“相空间(phase space)”。系统状态变量和变量变化率为坐标轴构成的空间。

25.026　复杂性　complexity

系统不可逆性、不可预报性以及状态涌现、结构可突变特性的统称。

25.027　不确定性　uncertainty

系统状态过程随机或者无规律可循。

25.028　风险　risk

不确定性的一种。但已知不确定状态服从某种概率分布。

25.029　自主体　agent

具有各自可识别的一定独特性特征的多单元系统的个体。

25.030　均衡　equilibrium

系统状态的一种动态平衡。在这种情形下,状态不随时间变化。

25.031　平衡　balance

状态保持不变或相关量平行变化以至于某个量恒定。

25.032　平衡点　equilibrium point

又称“均衡点”。存在系统演化中系统状态保持不变的状态点。当系统受到干扰时状态可自行恢复到平衡点时也被特别地称为稳定平衡点,不然是不稳定的。

25.033　极限环　limit cycle

在系统过程结构中,系统正向或逆向演化趋向的状态周期轨道。

25.034 稳态 steady state
系统的均衡状态。而且系统在受到小的干扰后可以自发恢复到这个状态。

25.035 分叉 bifurcation
一种类型过程向它种类型过程的变化。

25.036 混沌 chaos
对初始状态敏感,表现似周期、非周期和不可预报性的过程。

25.037 时空复杂性 spatiotemporal complexity
系统或者过程的空间状态随时间变化表现出的突变、涌现和不可逆等的性质。

25.038 网络 network
由具有无结构性质的节点与相互作用关系构成的体系。

25.039 信息空间 cyberspace
最初从电子信息技术引出的具有节点及其联系关系的虚拟空间,与一般说的网络空间不同在于后者一般是物理的、现实的。

25.040 博弈论 game theory
又称"对策论"。一种处理竞争与合作问题的数学决策方法。

25.041 信息论 information theory
关于信息量度量和信息编码、信号处理和分析的科学理论。

25.042 平均信息域 mean information field, MIF
一个空间单元,相对于主体的空间运动,它在统计分析的意义上已经不可再划分而成为具有一致统计特征的单元。

25.043 域元 field pixel
对特定地理过程或地理观察再划分已经没有意义的空间单元。

25.044 随机过程 stochastic process
演化状态服从概率分布的过程。

25.045 数学规划 mathematical programming
在给定约束条件下求目标函数最大或最小,常用于线性规划、非线性规划。

25.046 分形 fractal
以非整数维形式充填空间的形态特征。

25.047 假设 hypothesis
约定的模型建立的前提条件,它们来自经验观察。

25.048 模型 model
用以分析问题的概念、数学关系、逻辑关系和算法序列的表示体系。

25.049 建模 modeling
建立概念关系、数学和/或计算机模型的过程。

25.050 模拟 simulation
应用模型和计算机开展地理过程数值和非数值分析。

25.051 全球模型 global model
虽然不是面面俱到而是针对特定的地理过程的,但在空间上包含了整个地球区域的模型。

25.052 地方模型 local model
考虑地理过程的某个或几个方面时,在空间上仅仅包含局部地区的模型。

25.053 局部模型 local model
关于某种地理过程的部分过程、部分状态空间范围的模型。

25.054 概念模型 conceptual model
关于地理现象与过程的逻辑关系清楚的概念阐述模型。

25.055 可计算模型 computable model
关于地理现象与过程的可以应用计算机模拟或者计算处理的模型。

25.056　类比模型　analogue model
借用类似形象或过程但不是对建立在分析现象与机理认识基础上的模型。

25.057　经验模型　experiential model
根据经验数据归纳特别是统计得到的模型。

25.058　物理模型　physical model
又称"机制模型"。建立在分析现象与机理认识基础上的模型。

25.059　概率模型　probability model
不给出准确预报而是状态可能性的模型。

25.060　候选模型　candidate model
用以分析问题需要进一步实验挑选或理论甄别的模型。

25.061　模式识别　pattern recognition
一类与计算机技术结合使用数据分类及空间结构识别方法的统称。

25.062　参数化　parameterization
对模型中某些变化很快或者很慢的变量用常数代替。

25.063　尺度分析　scale analysis
分析模型考虑的时间范围、空间范围,确定时间、空间分辨率。

25.064　敏感性分析　sensitivity analysis
对模型中参数的小变化可能导致的状态变化的研究。

25.065　符号模型　symbolic model
描述有联系的对象相对性的数学表示。

25.066　随机模型　stochastic model
包含了随机作用项的数学模型。

25.067　统计模型　statistical model
以数据统计分析为基础的地理变量关系的模型类型。

25.068　动力学模型　dynamical model
刻画了地理过程动态机制的模型。

25.069　混杂模型　hybrid model
包含不同尺度机制的模型,其中宏观层次的变量受到微观层次变量的调制,但是微观变量部分地表现出参数化特征。

25.070　数字模型　digital model
对地理事物特别是诸如城市、流域这样的实体的数据表达形成的某种数据集合。可以通过计算处理显示事物特征。

25.071　数值模型　numeral model
又称"数值模式"。对地理事物数值分析的模型体系。

25.072　模型拟合优势度　model goodness-of-FIT
统计模型估计时是否可用已知分布拟合现实数据的判别标准。

25.073　模型误导　model misspecification
由于建模错误导致的结论。

25.074　数值方法　numerical method
求解有方程描述过程与现象的基于代数运算的计算方法。

25.075　非数值方法　non-numerical approximation
针对欠方程描述的问题的基于比较关系运算的计算方法。

25.076　元胞自动机　cellular automaton
一种利用简单编码与仿细胞繁殖机制的非数值算法空间分析模式。

25.077　受限扩散生长　diffusion-limited growth
一种模拟不断创生的粒子在空间游走、定居的非数值算法空间分析模式。其游走、定居概率与邻近的粒子位置有关。

25.078　计算复杂性　computational complexity

使用数字计算机解决各种算法问题困难度，它经常被用于度量模型或算法的可计算性。

25.079 地学数据处理 geo-data processing

地学数据的数据管理、统计、可视化显示的统称。

25.080 地学数据同化 geo-data assimilation

糅合地学观测数据与模型解析解作为计算分析结果。

25.081 时空数据 spatio-temporal data

同时包含时间-空间特征的地学数据。

25.082 抽样技术 technique of sampling

从地理过程或主体间断地获取实测数据。

25.083 空间统计 spatial statistics

对具有空间分布特征数据的统计分析理论和方法。

25.084 均值 mean

表示一系列数据或统计总体的平均特征的值。

25.085 方差 variance

表示一系列数据或统计总体的分布特征的值。

25.086 变差系数 coefficient of variation

数据集合的标准差(分子)相对算术平均值(分母)的百分率。

25.087 中位数 median

对长度为 n 的系列数据，根据数据大小排列得到的位于$[(n+1)/2]$位置上的数据。

25.088 贝叶斯推理 Bayesian inference

基于对贝叶斯准则的统计推断。

25.089 相关 correlation

存在于两个或两个以上变量的统计联系。

25.090 回归 regression

一种统计方法，它通过计算变量之间的相关系数进而估计他们之间的联系公式。

25.091 多元统计 multivariate statistical analysis

对多变量依据统计模型开展数据处理提取信息特征的方法总称。

25.092 地理加权回归 geographic weighted regression

用回归原理研究具有空间(或区域)分布特征的两个或多个变量之间数量关系的方法，在数据处理时考虑局部特征作为权重。

25.093 空间自相关 spatial autocorrelation

地理事物或现象的相似性与其在空间上的距离密切相关；通常由空间自相关系数定量描述。

25.094 时间序列分析 time series analysis

对沿一个方向演化形成的数据序列特征的统计分析。

25.095 时空序列分析 spatiotemporal series analysis

同时考虑对空间各个方向上各点沿时间演化形成的数据序列的演化特征的统计分析。

25.096 判别分析 discriminant analysis

按照某种准则(常用贝叶斯准则)以概率风险较小对数据点分类。

25.097 聚类分析 cluster analysis

按照某种距离算法对数据点分类。

25.098 动态聚类 dynamic clustering

聚类分析的一种，在数据点分类过程中按照某种准则动态调整数据点类型归属。

25.099 系统聚类 hierarchical clustering

聚类分析的一种，在数据点分类过程中按照某种距离模式对数据点类型归属一次性判别。

25.100 主成分分析 principal component analysis

一种统计方法,它对多变量表示数据点集合寻找尽可能少的正交矢量表征数据信息特征。

25.101 因子分析 factor analysis

对主成分分析的基标准化后的一种统计方法。

25.102 范畴数据分析 categorical data analysis

范畴数据指有限和可数个数据并可以划分为若干范畴组,范畴组的变量取值为离散的。范畴数据分析是针对范畴数据的统计方法。

25.103 显着性检验 significance test

假设数据分布服从某种分布(通常为正态分布),比较经验频率与理论出现概率,判别是否服从假设分布。

25.104 克里金法 Kriging method

基于一般最小二乘算法的随机插值技术,用方差图作为权重函数;这一技术可被应用于任何需要用点数据估计其在地表上分布的现象。

25.105 莫兰 I 数 Moran I

空间自相关系数的一种,其值分布在[-1,1],用于判别空间是否存在自相关。

25.106 吉尔里 C 数 Geary C

空间自相关系数的一种,其数值的分布范围为[0,2],数学期望为 1,用于判别空间自相关程度。

25.107 广义 G 统计 general G statistic

测度空间自相关的全局统计量,G 统计能够检测区分出空间上的高值区低值区域聚集引起的相关。

25.108 局部 G 统计 local G statistic

空间自相关指标,用于测度在给定的阈值距离内某一面积单元和周围面积单元的相关程度。

25.109 样方分析 quadrate analysis

空间分布的识别特征技术,分析中面积被划分为大小相同的单元,统计分析单元内部的关注点数与假设的差距。

25.110 尺度效应 scale effect

随着空间尺度的改变空间数据经过聚合或分组后对分析结果产生影响的过程。

25.111 划带效应 zoning effect

在同一粒度或聚合水平上,由于不同的聚合方式(区域划分)而导致的分析结果的变化。

25.112 局部分析 local analysis

建立在存在空间差异性条件下的空间统计分析方法,着眼于空间局部特征的分析而不是全局的规律性。

25.113 邻域分析 neighbor analysis

点状地理实体空间分布的测度,通过最邻近点的平均距离与已知点分布型的平均距离来比较判别空间分布型。

25.114 探索空间数据分析 exploratory spatial data analysis, ESDA

用一定程度上的先验模式并采用图形可视、数值分析、非数值分析、统计等方法探索空间数据包含的空间结构、空间形态、空间趋势和异常点。

25.115 傅里叶变换 Fourier translation, FT

以三角函数为基对数据过程或数据系列变换以发现它的频谱的特征,从而实现数据处理。

25.116 小波变换 wavelet transformation

以某些特殊函数为基将数据过程或数据系列变换为级数系列以发现它的类似频谱的特征,从而实现数据处理。

25.117 洛伦茨曲线 Lorenz curve

一个福利或者人口空间分布的累积频率曲线,通常由区域(空间)作为自变量。吉尼系数、怀特系数是它的两种测度。

25.118 数据包络分析 DEA analysis

以数据点的外包络面为基础的数学规划方法。

25.119 李雅普诺夫指数 Lyapunov exponent

判断序列混沌性的特征量,n 维序列有 n 个李雅普诺夫指数,当至少有一个指数大于 0 时,判断序列具有混沌特征。

25.120 曼-肯德尔算法 Mann-Kendall method

分析数据序列突变的典型的统计算法。

25.121 可计算一般均衡 computable general equilibrium, CGE

刻画一般均衡框条件下经济系统的可计算模型体系。

25.122 环境可计算一般均衡 environmental computable general equilibrium

刻画包含环境经济内容的一般均衡框条件下经济系统的可计算模型体系。

25.123 空间可计算一般均衡 spatial computable general equilibrium

刻画包含空间经济内容的一般均衡框条件下经济系统的可计算模型体系。

25.124 区域可计算一般均衡 regional computable general equilibrium

刻画包含区域经济内容的一般均衡框条件下区域经济系统的可计算模型体系。

25.125 纳维-斯托克斯方程 Navier-Stokes equation

描述一般流体过程的方程。地理学中常用它们研究流体作用下的地貌过程。

25.126 欧拉方程 Euler equation

纳维-斯托克斯方程在流体无黏性条件下的形式,适合研究水文和流水地貌过程。

25.127 浅水方程 shallow water equation

考虑有限水深的流体力学方程,它考虑了地转偏向力,用于研究潮波和河口过程。

25.128 河道流床方程 river bed equation

关于流水过程和泥沙启动、输运过程统一描述的一组方程,适合分析河道演变和流水坡面过程。

25.129 一般气候模型 general climate model, GCM

关于气候过程的一组方程,涉及大气的流体力学特征和热力学特征,被用于模拟气候变化。

25.130 0 维气候模型 0 dimension climate model

最经典的气候系统模型,它假设气候系统是 0 维热力学系统。

25.131 简化生物圈模型 simplified biosphere model

关于全球变化对全球环境影响的一组方程,它涉及气候系统、土壤-植被系统的内部过程。

25.132 状态并发模型 state-contingent model

关于减排温室气体对气候和经济影响的一组方程。它涉及气候系统、宏观经济系统的内部过程,可以分析不同控制对策情景。

25.133 竺可桢曲线 Zhu's curve

关于中国最近 5 000 年气温变化定量水平的一个经典模型。它由中国历史资料整理得出。

25.134 黄秉维模型 Huang's model

关于区域农业生产潜力估计的一个经典模型。取生产潜力为年辐射量、年均温、水分与土壤有效系数乘积的函数。

25.135 隔室模型 compartment model

环境分析中将系统分成有输入输出的相互作用的功能单元的系统分析模型。

25.136 箱间扩散模型 box-diffusion model

将环境或区域建模成为若干串联的箱,物质、信息等从一个箱向另一箱扩散。

25.137 马尔萨斯模型 Malthusian model

关于人口或种群增长的模型。它发现人口/种群成指数增长。

25.138 逻辑斯谛模型 logistic model

关于人口或种群增长的模型。它发现人口/种群增长会因为受到资源限制而达到某个极限。

25.139 宋健-于景元模型 Song-Yu's model

关于人口控制的双线性系统控制模型。

25.140 洛特卡-沃尔泰拉模型 Lotka-Volterra model

种群系统的一般增长模型。

25.141 渔猎模型 fishing model

一个关于对可更新资源系统开发时考虑资源有繁殖和死亡行为的最优控制模型。

25.142 捕食者-被捕食者模型 prey-predator model

一类种群相互依赖和竞争的模型总称。

25.143 草场模型 pasture model

一类种群相互依赖但不竞争的模型总称

25.144 传染病模型 infection model

描述一般扩散影响的地理单元或者感染体累积量变化过程的模型。多用于文化地理分析。

25.145 反应扩散模型 reaction-diffusion model

一个同时考虑扩散、迁移和增长的模型。通常用于分析空间经济过程。

25.146 基础宏观经济模型 macro economy base model

关于产出、消费、储蓄、投资、税收、进出口和福利效用相互关系的模型。通常采用消费率、税率等为参数。最简单模型只有产出、消费,储蓄因子和效用。

25.147 小国开放经济模型 small open economy model

一个简化的有对外贸易的区域宏观经济系统模型。在这个模型中商品价格是有外部经济给定的。

25.148 科布-道格拉斯生产函数 Cobb-Douglas production function

一个由劳动力、资本等投入以带幂次形式相乘得到产出的函数,它具有规模不变性。

25.149 劳里模型 Lowry model

关于城市土地利用、城市总人口以及第一、第二和第三产业结构演化的模型。

25.150 经济活动布局模型 activity allocation model

基于规划论产业资源分配的最优化模型。

25.151 货郎行程问题 traveling salesman problem

一个网络上的最优路线问题,它寻求货郎走过网络上的所有点的路线最短。

25.152 偏离-份额分析 shift-share analysis

分析区域产业部门成分、产业结构变化及其地方优势的模型。

25.153 引力模型 gravity model

空间相互作用模型的一种说法,或者特指用类似万有引力公式的模型。

25.154 最大熵模型 maximum entropy model

空间相互作用模型的一种形式,其作用强度衰减按指数形式。

25.155 反距离律 inverse distance law
地理现象的空间影响随距离衰减。

25.156 距离阻尼 friction of distance
产生空间衰减的阻尼因子,表现为空间相互作用模型的参数。

25.157 断裂点 breaking point
一种沉降作用结束而另一种沉降作用开始的那个点,或者两个城市中间的市场界点。

25.158 齐普夫规则 Zipf rule
城市或资源大小连续分布的城镇体系或资源规模分布模型,区域中城镇体系人口数量按城市的级别的幂指数值反比例下降。

25.159 丁伯根城镇体系模型 Tinbergen's model of city system
递阶的城镇体系模型。0 级城市为农村,产品集合$\langle m \rangle$仅由 m 级城市供应,$\langle m \rangle$的产品仅出口到 0 到 $m-1$ 级城市,农村向城市提供产品,系统达到一般均衡。

25.160 贝克曼城镇体系模型 Beckmann model of city system
递阶的城镇体系模型。0 级城市为农村,产品集合$\langle m \rangle$可以由 m 至 N 级城市供应,$\langle m \rangle$的产品仅出口到 0 到 $m-1$ 级城市,农村向城市提供产品,系统达到一般均衡。

25.161 经济增长模型 economic growth model
关于经济增长学说的模型。通常包括宏观基本方程的变量和人口变量,有的包括地理要素。

25.162 区域长程增长模型 long-run regional growth model
关于区域人口、价格体系等发生变化的经济增长模型。

25.163 区域短程增长模型 short-run regional growth model
关于区域人口、价格体系等至少有一个不发生变化的经济增长模型。

25.164 区域长期发展模型 long-term region development model
关于区域社会、经济状况的长期变化模型。

25.165 空间增长模型 spatial growth model
关于空间范围经济、人口增长情况,特别是城市的发展状况的模型。

25.166 区域平衡增长 regional balanced growth
区域人口和资本存量、消费平行增长以至于不发生危机的增长过程。

25.167 区域专业化模型 regional specialization model
由于存在区域间的绝对利益、比较利益或者内生技术进步等导致区域产业部门发生产品和技术专业化,形成专业化区(分工)的经济地理模型及学说。

25.168 区域联盟化模型 regional unification model
阐述区域各专业化亚区形成一体化经济体系和政治体系的经济地理模型及学说。

25.169 区域进化模型 regional evolution model
阐述区域从早期经济,到市场化生产、专业化分工,最后发生一体化的过程的经济地理学说与模型。

25.170 区域技术缺口 regional technology gap
区域之间知识与技术水平的差距,这个差距对区域溢出强度有决定性作用。

25.171 区域溢出 regional spillover
区域间技术、经济、环境和资源的外部学习、市场开拓和污染等影响与创新的外部效应,使得相互之间受益或受害。

25.172 蒙代尔–弗莱明模型 Mundell-Fleming model

以溢出理论为基础的开放经济下的国家(地区)间经济相互影响的可计算模型,有多种形式。

25.173 康利–利根模型 Conley-Ligon model

解释索罗残差为区域间作用结果的考虑了空间衰减的区域经济增长相互影响的统计模型。

25.174 投入产出分析 input-output analysis

经济体系中在一般均衡下产业投入与产出的转化关系分析,为此编制了投入产出矩阵。

25.175 城市密度梯度律 urban density gradient law

在一个城市中,人口密度分布是随离市中心的距离呈指数下降的规律。

25.176 胡焕庸线 Hu's line

关于中国人口地理分布密度特征的一个经典模型。此线北起黑龙江省黑河,南达云南省腾冲划分中国人口分布为两个密度特征区。

25.177 绝对距离 absolute distance

用长度单位度量的空间距离。

25.178 相对距离 relative distance

用非长度单位度量的空间距离的总称。

25.179 花费距离 cost distance

用运费度量的空间距离。

25.180 时间距离 time distance

用行走时间度量的空间距离。

25.181 路径距离 route distance

由道路长度计算的距离。

25.182 直线距离 linear distance

由地球表面大圆曲线长度计算的距离。

25.183 便捷距离 convenience distance

出行方便的距离范围

25.184 有效距离 effective distance

地理现象溢出能影响到的空间范围半径。

25.185 葩嵌 patch

空间结构中具有决定性意义、导向性作用的空间单元。

25.186 廊道 corridor

空间结构中具有流通、阻隔作用的线状单元。

25.187 基底 base

空间结构中起背景作用的单元。可以是面状、线状和点状的,但是均为大量分布的。

25.188 网络密度 network density

网络中线路总长度与面积的比。

25.189 网络指数 network index

度量网络连通程度的指标,有多种形式。

25.190 阿尔法数 alpha index

网络中实际的环数与最大可能环数的比。

25.191 贝塔数 beta index

网络中边数与节点数的比。

25.192 伽马数 gamma index

网络中实际的边数与最大可能边数的比。

25.193 伊塔数 eta index

网络中全部边的长度与全部边数的比。

25.194 网络流 network flow

网络上流动的物资、人口等。

25.195 网络动力学 network dynamics

关于网络系统的由网络流量作为状态量的动力学。

25.196 网络分析 network analysis

关于网络的图论分析、最优化分析以及动力

学分析的总称。

25.197　连带数　associated number
网络中一个节点的连带数就是从这个节点到离它最远的节点的边数。

25.198　空间均衡　spatial equilibrium
空间的经济供应与需求平衡,由它分析空间结构。

25.199　空间惯性　spatial inertia
在区位已经不适合某产业或者企业的发展条件下,阻碍企业不改变自己的位置的因素。

25.200　空间聚集　spatial aggregation
产业、资本、人口向空间的集中。

25.201　空间竞争　spatial competition
企业组织对空间市场、资源的竞争行为。

25.202　空间配置　spatial configure
企业、城市在空间形成空间结构的分布。

25.203　空间缘线　spatial margin
离开工厂一定距离、成本等于收益且没有利润产生的空间界限。

25.204　空间划分　spatial segregation
空间因为人口、种族、经济、文化、环境特征而划分类型区。也用在地理信息系统图像图形分析中作为图形代数的运算单元。

25.205　空间同质性　spatial homogeneity
对某种地理过程的构成一致特征的空间背景是空间同质的,否则是异质的。

25.206　空间点模式　spatial point pattern
空间点分布形成的结构模式或者概率密度分布。

25.207　均质区域　homogeneous region
在分析中作为一个面单元的区域,它对关注地理过程响应行为一致。

25.208　线形市场　linear market
空间经济分析中,线状分布的市场。

25.209　极化　polarization
空间经济得到的点激励,它使得空间局部范围具葩嵌的活化性质。

25.210　模式生成　pattern formation
空间结构从极化到形成稳定空间分布模式格局的过程。

25.211　递阶扩散　hierarchic diffusion
城市或文化中心形成等级系列,创新从中心城市或文化中心有序的从高级中心向低级中心扩散。

25.212　层叠扩散　cascade diffusion
创新不断涌现的递阶扩散。

25.213　跳跃扩散　jump diffusion
空间上不连续的扩散,是扩展扩散与递阶扩散的复合。

25.214　迁移扩散　relocation diffusion
特指创新中心发生迁移的扩散。

25.215　受限扩散　diffusion-limited
个体在扩散过程中按它与其他个体关系依一定概率定居、游走的扩散。

25.216　扩展扩散　expansion diffusion
由于扩散效应导致的地理现象在空间连续地无方向地从中心向周边地区的展开。

25.217　扩散曲线　diffusion curve
扩散影响的地理单元或者感染体累积量随时间变化的曲线。通常呈 S 形。

25.218　廖什模型　Lösch model
计算区位的数学模型。它假设运费与距离成正比,利润等于离岸价扣除成本与运费。

25.219　杜能模型　von Thünen model
因为到中心城市距离远近产生运费差异而导致在连续背景的空间形成不同的产业带

和土地利用形式的区位模型。

25.220 韦伯模型 Weber model
在离散空间分布有市场、资源时的企业、设施的区位模型。

25.221 帕兰德模型 Palander model
离散分布企业或城市竞争连续分布的市场或腹地的区位模型

25.222 霍特林过程 Hotelling process
离散分布企业或城市空间竞争过程的一种理论描述。

25.223 克鲁格曼空间过程 Krugman spatial process
人口、产业在空间发生聚集发育城市过程的一种理论描述。

25.224 冰山运输模型 iceberg form of transport
说明经济地理差异的模型。它认为产品从产地运达消费地的途中有损耗,这种运输成本导致产品价格出现区域差异,由此引发了本地市场效应和价格指数效应,产生经济地理差异。

25.225 绝对区位 absolute location
表示地理事物在地球上的几何位置。特别是经纬度坐标,或者是地貌部位。

25.226 相对区位 relative location
地理事物相对于某种地理事物的位置。这种位置可以是人文地理的,也可以是自然地理的。

25.227 区位比 location rate
在同一位置两个产业同样投资规模利润的比。

25.228 区位共轭 location consistent conjugation
又称"区位依存(location interdependence)"。企业或者城市等经济组织的空间经济位置相互影响并且达到某种平衡的现象。

25.229 区位-布局模型 location-allocation model
设施或者企业的区位选择模型。它在顾客需求、设施能力、道路花费等约束下到达最优。

25.230 沃罗诺伊图 Voronoi diagram
一种充满空间的凸多边形结构,常常用以市场域分析与地理信息系统的图像分析。

25.231 沃罗诺伊模式 Voronoi pattern
又称"克里斯泰勒结构"。一种空间结构模式,它形成连续的环绕中心的凸多边形市场分布。

25.232 K 值 K-value
克里斯泰勒结构类型的一种度量指标,表示中心地城市的与下级城市地关联特征。

25.233 供应域 supply area
由于空间相互作用的存在,为空间中的经济组织等提供资源供给的区域范围。

25.234 市场域 market area
由于空间相互作用的存在,位于空间中的一个设施、一个企业等作为供给中心主要供应的市场范围。

25.235 市场位势 market potential
区域和市场可能的联系强度,是各个市场到这个区域的相互作用的和。

25.236 市场超叠 market overlap
市场域重叠现象。

25.237 枢纽-网络模型 hinge-network model
以中心地为葩嵌,网络为基础的空间结构。中心地与网络节点间存在以中心为主导(所谓龙头)的物流和其他文化、技术联系。

25.238 核心-腹地模型 core-hinterland

model

以中心地为葩嵌具有连续基底为腹地的空间结构。中心地与腹地之间存在供应域与市场域关系,或者中心存在聚集动力。

25.239 区位三角形 location triangle

产业区位的模型,两个原材料供应地与一个市场地分别位于三角形顶点,求最优企业位置。

25.240 多元韦伯问题 multisource Weber problem

具有多个市场和/或原料供应地和/或多个布局点的韦伯区位问题。

25.241 设施区位问题 facility location problem

关于设施在空间最优化布局的区位分析问题,它的算法复杂性往往成为 NP 完全问题。

25.242 p 重心问题 p median problem

选择 p 个设施的区位,使所有需求点得到服务,并且所有需求点到其最近设施的按需求加权距离总和最小。

25.243 p 中心问题 p center problem

选择 p 个设施的区位,使所有需求点得到服务,并且每个需求点到其最近设施的最大距离最小。当变形为这种距离小于一个外生给定的距离阈值,最小化设施配置花费,就是所谓的覆盖问题。

25.244 地球模拟器 Earth simulator

一个基于高性能集群计算的模拟地球的自然地理过程的集成计算环境。

25.245 地学集成计算环境 integrated geo-computational environment

针对地学问题的基于 Web 的一些远程的对象协同工作的分布式计算方式形成的计算体系。

26. 地球信息科学

26.001 地球信息科学 geo-information science

由全球定位系统(GPS)、地理信息系统(GIS)、遥感(RS)、计算机技术和数字传输网络等一系列现代技术高度集成,及在信息科学与地球系统科学交叉基础上形成的,以信息流为手段,研究地球系统内部物质流、能量流和人流运动规律的一门应用科学。

26.002 地理信息科学 geographic information science

研究地理信息采集、分析、存储、显示、管理、传播与应用,及研究地理信息流的产生、传输和转化规律的一门科学。

26.003 对地观测系统 earth observation system

由陆地卫星、海洋卫星、气象卫星等系列遥感卫星及地面各类地球观测数据收集平台等所组成的系统,其数据分析与处理的地理信息系统是全方位的、多学科的地球观测的科学技术体系。

26.004 地球观测系统计划 plan earth observing system

由美国地球科学界和宇航局提出并得到欧洲空间局及一些国家支持的巨大的国际综合性空间计划。核心是把地球作为一个复杂的集合体,从地圈、水圈、大气圈、冰雪圈和生物圈等多学科领域,采用先进的对地观测技术,分析研究和解决地球系统的重大科学问题。

26.005 全球定位系统 global positioning

system, GPS

美国国防部为军事需要而建立的全球定位导航系统。它利用卫星的信号,准确测定待定点的位置,可用于舰船、飞机、车辆导航和各类测量的精确定位。

26.006 空间大地测量 space geodesy

利用核外射电源、月球和人造地球卫星的观测资料,研究和测量地球形状和大小、地球重力场、地面点位置,以及测量地球定向和形变的学科。

26.007 地学信息分析 geo-information analysis

通过地学各类信息的定性与定量的综合与集成,以地学分析模型为基础,进行模拟、仿真与动态再现,为地球科学的研究与应用提供依据。

26.008 地学数据挖掘 geo-data mining

由已知的地学数据经过分析对比或处理来产生新的地学数据或新的地学知识的过程。

26.009 地学知识发现 geo-knowledge discovery

在地学数据挖掘的基础上,通过地学分析与地学认知,发现新的知识与新的认识。

26.010 地理环境虚拟 virtual geographical environment

又称“*虚拟地理环境*”。应用虚拟技术在数字地图的基础上建立的,能逼真地描述地球表面及其现象的实时、交互的三维地理场景。

26.011 地理信息服务体系 geographic information service system

包括由数据库、软件、模型和网络系统组成的服务于用户的完整的 WebGIS 体系。

26.012 地学信息平台 geo-information platform

由统一标准的各类地学数据所构成的信息共享平台。

26.013 地学信息共享 geo-information sharing

在地学信息的标准化、规范化的基础上,通过互联网,实现地学信息资源的社会化与互相利用。

26.014 数字地球 digital earth

一个以地球坐标为依据的、具有多分辨率的海量数据和多维显示的地球虚拟系统。

26.015 国家空间信息基础实施 national spatial information infrastructure

大容量通信网络设备以及相关的技术系统等硬件与软件设施构成的地球空间数据框架、空间数据协调、管理与分发体系,空间数据交换网站和空间数据转换标准。

26.016 数字中国 digital China

以整个中国作为对象的数字地球技术体系。

26.017 数字省 digital province

综合运用全球定位系统(GPS)、遥感(RS)、地理信息系统(GIS)、宽带网络、多媒体及虚拟现实等技术,实现全省政务信息化管理及全省资源、环境、经济、社会的数字化与社会信息共享的技术体系。

26.018 数字区域 digital region

运用全球定位系统(GPS)、遥感(RS)、地理信息系统(GIS)、宽带网络、多媒体及虚拟现实等技术,实现区域资源、环境、经济、社会数字化与网络信息共享。

26.019 数字环境 digital environment

运用全球定位系统(GPS)、遥感(RS)、地理信息系统(GIS)、宽带网络、多媒体及虚拟现实等技术,实现对生态环境信息的动态监测和决策支持与管理及互联网络信息共享的技术体系。

26.020 全数字化测图系统 digital mapping

system

又称“数字摄影测量系统(digital photogrammetric system)”、“软件拷贝摄影测量系统”。利用数字影像进行量测和测图的摄影测量系统。

26.021　对地观测集成技术　integrated technology for the earth observation

又称“3S 技术”。即 GPS(全球定位系统)、RS(遥感)、GIS(地理信息系统)这三种对地观测技术一体化信息获取与处理应用技术的简称,是将“3S”有机地结合一体而形成的新型综合技术体系。

26.022　地球信息机理　geo-informatics

各类地球信息形成特点、时空演化、传输、转换的运行机制与分布规律。

26.023　图像信息学　iconic informatics

研究各种图像数据的获取、传输、存储、加工、信息提取、表达和应用的一门科学技术。

26.024　地学信息图谱　geo-informatic atlas

由遥感、地图数据库、地理信息系统与数字地球等大量地学信息,经过图形思维与抽象概括,图形与谱系相结合,并以计算机多维动态可视化技术,显示和揭示地球系统及各要素和现象时空变化规律的一种手段与方法。

26.025　地圈-生物圈计划　geosphere-biosphere plan

由国际科学联合会发起组织的重大前沿科学计划,1990 年开始正式实施。其目标是描述和理解控制整个地球系统的关键的、相互作用的物理、化学和生物学过程,支持生命的独特地球环境,发生在地球系统中的重大全球变化及人类活动的影响方式。应用目标是增强对未来几十年至百年重大全球变化的预测能力,为国家一级的资源管理、环境决策服务。

26.026　全球制图计划　global mapping plan

由国际组织发起,一部分国家参与按统一规范完成全球基础地理信息或全球环境信息的制图计划。

26.027　对地观测卫星　earth observation satellite

用于对地球进行遥感的各种人造地球卫星和航天器。包括气象卫星、陆地卫星、海洋卫星、专门用途的卫星、各种航天与空间实验站、航天飞机等。

26.028　陆地卫星系列　landsat series

美国用于探测地球资源与环境的系列地球观测卫星系统。从 1972 年至 1978 年先后发射 1 ~ 3 号陆地卫星的 4 个波段、分辨率 80m 的 MSS 影像,到 6 ~ 7 号卫星的 7 个波段、分辨率 30m 的 TM 影像及 15m 的全色波段,成为世界各国主要的遥感应用卫星系列。

26.029　气象卫星系列　weather satellite series

采用紫外、可见、红外和微波波段的遥感仪器,对大气和地球表面特征进行遥感遥测的卫星系列,包括极轨气象卫星和静止气象卫星,分别用以中长期天气预报和短期、短时天气预报及台风、暴雨等的监视与预报。

26.030　海洋卫星系列　seasat series

用于海洋遥感的地球观测卫星系列之一,装备海流、海浪、海面温度、湿度、风向、风速等自动观测仪器,全天候定时提供全球海洋信息。

26.031　地球资源卫星　earth resources satellite

从调查与观测地球资源(包括土地、水、生物、矿产等)及生态环境为目的的卫星。

26.032　地球物理卫星　geophysic satellite

以调查与观测地球物理各因素(地震、地磁、重力等)为目的的对地观测卫星之一。

26.033 全球环境遥感监测 remote sensing monitoring of global environment

利用卫星遥感技术对全球大气、海洋污染和地震、洪涝、干旱等灾害及森林火灾等进行动态监测并适时作出预测与预警。

26.034 资源动态监测信息系统 information system for resources dynamic monitoring

包括土地、水、动植物、气候与矿产资源在内的数据库及高分辨率的遥感数据、数字地形模型,并能进行资源信息的动态监测与数据更新,实现资源的查询、检索、评价、调控的管理与决策支持系统。

26.035 全球环境变化信息系统 global environment change information system

将计算机技术、遥感技术和地理信息系统技术相结合,应用于全球环境变化研究的应用技术系统。即利用有关全球变化的数据和信息及分析模型,通过信息系统进行查询、检索、多维、多因素综合分析、评价以及辅助决策。

27. 地 图 学

27.001 地图学 cartography

研究地图及其制作与应用的理论、方法与技术的学科。

27.002 地图 map

按照一定的数学法则,使用地图语言,经过制图概括,缩小表示地球上各种自然和社会经济现象的图。他反映各种自然和社会经济现象的空间分布、组合、联系及其动态变化。

27.003 普通地图 general map

以相对平衡的详细程度综合地反映制图区域内各种自然和社会经济现象一般特征的地图。包括地形、水系、居民地、交通线、境界、土质与植被等内容。

27.004 普通地理图 general geographic map

根据地图用途着重表示制图区域整体特征和各制图要素分布规律的普通地图。

27.005 地形图 topographic map

根据国家制定的规范图式测制或编绘,具有统一的大地控制基础、投影及分幅编号,内容详细完备的大、中比例尺普通地图。

27.006 地籍图 cadastral map

以土地权属、面积、利用状况等地籍要素为主题内容的地图,是地籍管理的基础资料。

27.007 专题地图 thematic map

根据不同专业的需求,突出而深入地表示制图区域某一自然或社会经济主题的地图。

27.008 普通地图学 general cartography

研究普通地图理论、方法及其编制与应用的地图学分支学科。

27.009 专题地图学 thematic cartography

研究专题地图理论、方法及其编制与应用的地图学分支学科。

27.010 理论地图学 theoretical cartography

研究地图与地图学的概念、特性、原理与方法论的地图学分支学科。

27.011 应用地图学 applied cartography

研究地图设计、编制与分析利用及地图在各领域应用的原理与方法的地图学分支学科。

27.012 系统地图学 systematic cartography

研究地理系统的制图原理与方法的地图学分支学科。

27.013 数学地图学 mathematical cartography

研究解决地球椭球面与平面之间的变换而构成地图数学基础的各种理论和方法,以及地图编制与应用中的数学方法的地图学分支学科。

27.014 元地图学 metacartography

又称“超地图学”。现代地图学中从哲学角度抽象研究地图学理论与方法论的一个学派。

27.015 比较地图学 comparative cartography

对不同国家或地区的地图生产技术的发展、地图内容的变化和不同社会对地图认识的差异进行分析比较的理论和方法的学科。

27.016 专用地图 special use map

根据某些部门或用户的特殊要求进行内容与形式设计的具有专门用途的地图。

27.017 特种地图 special purpose map

利用特殊介质制成或以特殊形式显示的地图。

27.018 古地图 ancient map

历代制作的各种地图。包括保存下来的文献中有所记载的地图及石碑上刻制的地图。

27.019 范围图 areal map

表示制图现象的分布区域范围的一种图型。

27.020 类型图 type map

表示制图对象质量特征的类型划分及其地理分布的一种图型。

27.021 区划地图 regionalization map

根据自然或社会经济现象在地域上总体和部分之间的差异性与相似性,划分不同区域的地图。

27.022 等值线图 isoline map

用一组相等数值点的连线表示连续分布且逐渐变化现象的数量特征的一种图型。

27.023 点值图 dot map

用大小与形状相同且代表一定数值的点表示分散分布现象的分布范围、数量和密度的一种图型。

27.024 动线地图 arrowhead map

用不同宽度与长度的箭形符号表示制图对象的运动方向、路线、质量、数量和结构等特征的一种图型。

27.025 统计地图 statistic map

运用统计数据,以图形与图表形式表示统计单元内制图对象数量特征的一种图型。

27.026 网格地图 grid map

又称“栅格地图”。以网格为单元表示制图对象质量或数据特征空间分布的一种图型。

27.027 规划地图 planning map

用于反映区域经济与社会发展,自然资源与生态环境利用、保护和治理等发展规划方案的地图。

27.028 心象地图 mental map

又称“意境地图”。人通过多种手段获取地理环境信息后,在头脑中形成的关于认知环境的空间概念。

27.029 认知地图 cognitive map

根据人类对客观世界的内部表征其存贮在记忆中的空间属性所反映出的地图。

27.030 拓扑地图 topologic map, topological map

以结点、弧段和多边形表示制图对象之间连通、邻接、关联、包含等图形拓扑关系及数量对比的一种简单图形,不涉及其地图量度。

27.031 综合评价地图 comprehensive evaluation map

对资源或环境进行综合性分析并评价出优劣等级的一种专题地图。

27.032 预测地图 forecast map

对未知事物或现象未来变化作出分析与估计的地图。

27.033 预报地图 prognostic map
根据制图对象变化趋势对未来发展做出估计与展示的地图。

27.034 动态地图 dynamic map
表示制图对象时空动态变化的地图。

27.035 动画地图 animated map
由一系列连续显示具有时间维的地图。其地图内容随着动画的进程而改变。

27.036 地理制图 geographic mapping
地理环境各要素和现象制图的总称。

27.037 自然地图 physical map
反映自然环境各种要素和现象的质量与数量特征、空间分布规律、区域差异及其相互关系与动态变化的各种专题地图的总称。

27.038 人文地图 human map
反映社会经济和上层建筑各个领域的事物和现象，即人文现象的质量与数量特征、部门结构、区域分异、相互联系及动态变化的各种专题地图的总称。

27.039 经济地图 economic map
反映制图区域内一定时期经济活动的特点、经济现象的分布、规模、结构、演变和相互关系的地图。

27.040 资源地图 resources map
反映各类资源种类、分布、数量及其开发利用前景的地图。

27.041 生态地图 ecological map
反映动植物和人类生存环境和条件的地图。

27.042 环境地图 environmental map
反映自然环境的现状、人类活动对自然环境的影响、环境对人类的危害及环境治理措施等内容的地图。

27.043 地球化学景观制图 geochemistry landscape mapping
反映地球化学元素分布及其景观特征的地图。

27.044 环境污染地图 environmental pollution map
反映环境污染状况，包括大气、水体、土壤、作物等污染源、污染元素及其含量的地图。

27.045 环境质量评价图 environmental quality assessment map
对环境质量及其污染程度作出评价的一种专题地图。

27.046 疾病医疗地图 medical disease map
反映使人体致病、致畸、致残的各种疾病患病率的地理分布及其环境因素的一类地图。

27.047 灾害地图 disaster map
反映自然灾害分布范围、危害程度及其成因的一类专题地图。

27.048 视觉立体地图 stereoscopic map
通过特殊技术方法使地图在人的视觉中产生立体感觉的地图。

27.049 互补色立体地图 anaglyphic stereoscopic map
将两组透视图像或正射影像的像对，分别用两种互补色按视差错位套印在一张图纸上，通过互补色眼镜可观察出其地面立体起伏的地图。

27.050 三维地图 three-dimensional map
表示平面(X, Y)与高程(Z)三维空间分布的地图。

27.051 触觉地图 tactile map, tactual map
用凸凹的点状、线状和面状纹理符号构成的，盲人用手触觉感受的地图。

27.052 鸟瞰图 bird's eye map
用高视点透视法绘制的地图。使视线与水

平线有一俯角,读者似从高处俯视制图区。

27.053 航空地图 aeronautical chart
用于航空领航和地面导航的专用地图的总称。

27.054 航海地图 nautical map
用于航海定向定位,领航与航行安全的海洋专用地图的总称。

27.055 宇航地图 astronavigation map
用于人造卫星轨道设计、运行指挥以及宇宙航行定向定位的专用地图。

27.056 军用地图 military map
为军事需要制作的各种地图的总称。

27.057 教学地图 school map
按教学大纲和教学方法的要求编制,供学校教学用的各种地图。

27.058 旅游地图 tourist map
主要反映与旅游有关的风景名胜、交通住宿、地方特产及各项服务设施等内容,为旅游业和旅游者使用的地图。

27.059 城市地图 urban map, city map
反映城市自然环境、社会经济发展、城市建设与各项设施,供城市行政管理、城市规划建设等使用的地图的总称。

27.060 交通运输地图 transportation map
反映各类交通路线、客货运输状况以及通达程度为主要内容的一类专题地图。

27.061 综合制图 complex mapping
同时反映多种要素和现象及其相互联系的制图方法。是地学综合研究的重要手段。

27.062 遥感信息制图 remote sensing information mapping
利用遥感信息编制的各类地图的总称。

27.063 系列地图 series maps
按照一定主题和统一的制图方法与规范编制的反映同一制图区域多种要素或现象的一组地图。

27.064 遥感系列制图 remote sensing series mapping
在一定的制图区域内,利用统一的遥感图像资料和多专业联合调查,相互参证,综合分析,按照统一的比例尺、分类原则和制图单元编制的成套专题地图。

27.065 多要素地图 multicomponent map
反映多种要素和现象的地图。

27.066 合成地图 synthetic map
表示多种相关要素与现象或一种要素多项指标合成结果的地图。

27.067 派生地图 derivative map
按一定的原则方法由综合性地图分别编制出的单要素或分析性的地图。

27.068 地图集 atlas
具有统一的设计原则和编制体例,有机联系与统一协调的一定数量地图的系统汇编。

27.069 世界地图集 world atlas
系统地反映世界总体概貌和各部分及各个国家基本概况的地图集。

27.070 国家地图集 national atlas
全面系统地反映一个国家疆域内的自然、人口、经济、社会与文化历史全貌,并由权威性机构编制出版的大型综合地图集。

27.071 国家地图集信息系统 national atlas information system
为编制国家地图集建立的地图集数据库及其分析利用与管理的信息系统。

27.072 区域地图集 regional atlas
系统反映自然或行政区域自然条件与自然资源、人口、经济与社会发展概况及其区域特点的地图集。

27.073　城市地图集　urban atlas

以城市及所辖郊区为范围,包括其人口、经济、文化、教育、环境、设施等内容的地图集。

27.074　综合地图集　complex atlas, comprehensive atlas

以自然、人口、社会、经济、文化、历史等各类地图综合反映一个区域或某一领域各方面特征,且有机联系、相互补充,内容与形式统一协调的地图集。

27.075　普通地图集　general atlas

以普通地图为主构成的地图集。

27.076　专题地图集　thematic atlas

以某类自然或社会经济内容为主题的地图集。

27.077　自然地图集　physical atlas

以自然环境各种要素及自然资源、自然灾害等为主要内容的地图集。

27.078　人口地图集　population atlas

反映人口的自然特征、社会特征与民族特征及人口迁移变动等专题内容的地图集。

27.079　经济地图集　economic atlas

综合地反映制图区域内一定时期的经济发展水平与规模、各部门结构及其相互联系等专题内容的地图集。

27.080　农业地图集　agricultural atlas

以农业自然条件与资源、农业经济结构与农业生产水平、技术条件与经营管理等为主要内容的专题地图集。

27.081　工业地图集　industrial atlas

以工业发展水平、部门结构、规模、产值、效益等为主要内容的专题地图集。

27.082　历史地图集　historical atlas

综合反映各历史时期的疆域版图、朝代更换、军事战争、经济状况、自然环境演变以及重大历史事件等内容的专题地图集。

27.083　教育地图集　education atlas

全面反映各类教育发展状况的专题地图集。

27.084　全球制图　global mapping

由国际组织统一规范,按百万分之一分幅,由各国参与编制,反映全球基础地理信息的电子地图。

27.085　地图投影　map projection

运用一定的数学法则,将地球椭球面的经纬线网相应地投影到平面上的方法。即将椭球面上各点的地球坐标变换为平面相应点的直角坐标的方法。

27.086　投影变换　projection change, projection alteration

将一种地图投影点的坐标变换为另一种地图投影点的坐标的过程。

27.087　圆锥投影　conical projection

以圆锥面作为投影面,按一定的条件,将地球椭球面上的经纬线投影于圆锥面上,然后沿着某一条母线展开成平面的一种投影。

27.088　圆柱投影　cylindrical projection

以圆柱面作为投影面,按某种投影条件,将地球椭球面上的经纬线投影于圆柱面上,然后展开成平面的一种投影。

27.089　方位投影　azimuthal projection

假想用一平面切(割)地球,然后按一定的数学方法将地球面投影在平面上,即得到方位投影。

27.090　等角投影　equiangle projection

又称“正形投影”。在一定的范围内,投影面上任何点上两个微分线段组成的角度投影前后保持不变的一类投影。

27.091　等距投影　equidistant projection

沿某一特定方向之距离,投影前后保持不变的一种任意投影。

27.092　等积投影　equiareal projection

投影面上的任意图形面积与地球椭球面上相应的图形面积相等的投影。

27.093 高斯-克吕格投影 Gauss-Krüger projection

由高斯拟定的,后经克吕格补充、完善,即等角横切椭圆柱投影。设想一个椭圆柱横切于地球椭球某一经线(称“中央经线”),根据等角条件,用解析法将中央经线两侧一定经差范围内地球椭球体面上的经纬网投影到椭圆柱面上,并将此椭圆柱面展为平面所得到的一种等角投影。

27.094 墨卡托投影 Mercator projection

由荷兰地图学家墨卡托(C. Mercator)于1569年创拟即正轴等角圆柱投影。假想一个与地轴方向一致的圆柱体面切于地球,将经纬网投影到圆柱面上,将圆柱面展开为平面所得到的一种等角投影。

27.095 投影变形 projection distortion

地球表面为不可展表面,无论用什么方法把地球表面展开在平面上,都不可避免地产生失真现象。

27.096 地图坐标网 map graticule

地图上用来确定点位坐标的格网。

27.097 经纬网格 fictitious graticule

又称“地理坐标网”。以一定经纬度间隔将地球椭球面上的经线和纬线,按某种地图投影方法描绘到平面上所构成的网格,注有经纬度,便于确定点位的地理坐标。

27.098 直角坐标 rectangular coordinate

用平面上 X,Y 的长度值表示地面点位置的坐标。

27.099 标准纬线 standard parallel

地图上经投影后保持无变形的纬线。

27.100 中央经线 central meridian

高斯投影中投影带中央的经线,或小比例尺地图图幅正中的经线。中央经线投影为直线且其长度不变。

27.101 地图设计 cartographic design, map design

通过创意、实验,确定新编地图的内容、表现形式、编制方法、技术及工艺流程的过程。

27.102 地图信息 cartographic information

地图上表示的可以被读者认识、理解并获得新知识的事物和现象及其时、空关系的内容与数据。

27.103 地图潜在信息 cartographic potential information

通过对地图深入分析、判读才能获得的对制图对象分布规律与相互关系新认识的一类信息。

27.104 地图编辑 map editing

制定地图成图技术方案并负责指导地图设计、编辑与生产全过程的工作。

27.105 地图刻绘 map scribing, cartographic scribing

地图清绘方法之一。按照地图质量和照相制版要求,使用刻图工具,对用地图原稿或编绘原图所复制的刻膜蓝图进行刻制,从而获得印刷原图的过程。

27.106 地图注记 map lettering

地图上文字和数字的通称。

27.107 地图复制 map reproduction

又称“地图制版印刷”。采用印刷的方法,将出版原图复制成大量的地图成品的过程。

27.108 地图生产 map production

从地图编绘到地图制版印刷生产的全过程。

27.109 地理底图 geographic base map, cartographic base

编制专题地图的数学与地理控制基础。一般除经纬网格以外,还有表示水系、居民点、交通线、境界线等基础地理要素。

27.110　地图分幅　sheet line system

为便于地图的制作和使用,按一定方式将大范围、大幅面的地图划分成尺寸适宜的若干单幅地图。

27.111　地图语言　cartographic language

由图形符号、色彩与文字构成的表示空间信息的图形视觉语言。包括地图句法、语义和语用三要素。

27.112　地图句法　cartographic syntax

地图语言三要素之一。地图符号系统的特性与构成的规则,反映地图符号的空间分布和相互关系。

27.113　地图语义　cartographic semantics

地图语言三要素之一。地图符号所代表的信息含义,反映地图符号与所表示的客观对象之间的对应关系。

27.114　地图语用　cartographic pragmatics

地图语言三要素之一。地图符号的实用性,包括辨别性、易懂性、易记忆等,反映地图符号与使用者之间的关系。

27.115　地图符号　cartographic symbol, map symbol

表示地图要素的空间位置、质量和数量特征的特定图形记号或文字。

27.116　地图色标　map color standard

对地图规定的设色标准。供地图设计与地图制版、印刷时衡量色调用。

27.117　地图色谱　map color atlas

用标准青、品红、黄、黑四色油墨或由专色油墨按不同网点百分比叠印,供地图设计和印刷选用参考的各种色彩块汇集。

27.118　地图整饰　map decoration

指地图表现形式设计与生产中美化地图外貌及规格化的工作。

27.119　地图表示手段　means of cartographic representation

地图表现形式的基本手段。包括图形符号、色彩与文字。

27.120　地图表示方法　cartographic representation

地图上表达各类制图质量与数量及动态变化特征的基本方法。

27.121　质量底色法　qualitative color base method

简称“质底法”。用不同的底色或花纹表示连续而布满整个制图区域的制图对象质量特征的一种专题地图表示方法。

27.122　数量底色法　quantitative color base method

表示连续而布满整个制图区域的制图对象数量特征的一种专题地图表示方法。

27.123　点状符号法　dot symbol method

以个体符号表示呈固定点位分布的地物与制图对象质量与数量特征的地图表示方法。

27.124　线状符号法　line symbol method

以线形符号表示呈固定线状分布的制图对象质量与数量特征的表示方法。

27.125　范围法　area method

用轮廓线、色彩、晕线、注记和符号,表示呈间断面状分布制图现象的分布范围的方法。

27.126　等值线法　isoline method

用一组相同数值点的连线表示连续而布满整个制图区域的制图对象数量特征的表示方法。

27.127　点值法　dot method

用代表一定数值的点状符号,表示分散分布的制图对象的分布范围、数量和密度的方法。

27.128　运动线法　arrowhead method, flowing

method

用不同宽度和长度的箭形符号表示自然或社会经济现象的移动变迁方向、路线及其数量特征的方法。

27.129 定点统计图表法 locating diagram method

又称“定位图表法”。根据某固定地点的统计资料,用图表形式表示该地点某种现象的数量特征及其结构或过程的方法。

27.130 分区统计图表法 regional diagram method, cartodiagram method, cartogram method

用统计图表反映各统计区划单位内制图对象的数量总和及其内部结构的方法。

27.131 分区分级统计图法 regional classified statistic graph method

按照各统计区划单位内制图对象的平均数值划分等级,用深浅不同的颜色或疏密不同的晕线表示其相对数量差异的方法。

27.132 网格法 grid method

在制图区域内以网格为单位用色彩或网纹表示制图对象质量或数量特征的方法。

27.133 晕滃法 hachure method, hachuring

用不同长短、粗细和疏密的线条表示地势起伏的方法。

27.134 晕渲法 hill shading, shaded-relief method

用明晴或深浅不同的色调表示地势起伏与形态结构的方法。

27.135 分层设色法 hypsometric method

将地势按高程划分为若干带,以不同且渐变的色调表示地势起伏的方法。

27.136 图例 legend

地图上所用符号和色彩所表示特征的释义和说明。

27.137 地图图型 map form

以不同表示方法和手段表示地图科学内容的地图基本类型。

27.138 地图规范 cartographic specifications

由权威部门制定的指导某种地图设计与编制的统一标准与规程。

27.139 地图功能 map function

地图效能与作用的抽象概括。包括信息传输功能、信息载负功能、模拟功能与认知功能等。

27.140 地图分类 map classification

分别以地图的内容、比例尺、制图区域范围、用途、显示介质和使用方式等作标志,将地图划分或归并成各种类型或类别。

27.141 地图更新 map revision

根据地图所表示的制图区域内各地物和要素的现实变化,补充与修正地图内容以保持地图现势性的工作。

27.142 地图概括 cartographic generalization

又称“制图综合”。根据地图比例尺和地图用途,对地图内容按照一定的法则进行选取和概括,用以反映制图对象的典型特征和分布规律及同其他要素联系的地图制图过程。

27.143 地图选取 cartographic selection

地图概括方法之一。根据地图概括指标选择与舍去所表示的地物的过程。

27.144 图形简化 graphic simplicity

地图概括方法之一。根据地图概括指标将线状图形和面状轮廓界线的细节进行化简处理的过程。

27.145 地图统一协调性 map unity and concert

地图集与系列地图有关地图之间在形式上的统一和内容的有机联系与相互协调。

27.146 指标图 indicatrix

根据对某制图对象制图区域的地理研究和资料分析的结果,表示其形态特征的数量、质量指标的略图。用以指导地图内容的具体取舍与简化。

27.147 地图方法 cartographic method
利用地图分析、研究和应用空间信息的方法。包括地图阅读、分析、判读方法和地图的具体应用。

27.148 地图利用 map use
为某种目的而分析、使用地图的过程。

27.149 地图分析 cartographic analysis
对地图上所表示的各种要素和内容进行分析的方法。主要有目视、图解、量算、数理统计与建立数学模式等方法。

27.150 地图评价 map evaluation, map critique
对地图质量进行分析和鉴别,评定地图质量的优劣,以确定地图的适应范围和程度。

27.151 地图判读 cartographic interpretation, map interpretation
对地图所表示的内容进行较深入的阅读与分析,从而获得对制图对象质量与数量特征及其分布规律的认识。

27.152 地图可视化 cartographic visualization
以计算机科学、地图学、认知科学与地理信息系统为基础,以屏幕地图形式,直观、形象与多维、动态地显示空间信息的方法与技术。

27.153 地图认知 cartographic cognition
与地图阅读和判读有关的心理活动。包括地图的初步感受、先前的经验和记忆,获取关于人类生存环境中的事物和现象的相对位置、依存关系及变化规律知识的过程。

27.154 地图归纳法 cartographic induction method
通过由分析性地图归纳成综合性地图并形成对制图对象质量与数量特征及其分布规律的总体认识。

27.155 地图演绎法 cartographic deduction method
通过由综合性地图、演绎派生单要素地图形成对制图对象各组成部分质量与数量特征及其分布规律的认识。

27.156 地图容量 map capacity
又称“地图负载量(map load)”。地图上所含的内容与信息的数量,通常以地图单位面积内的线划、符号和注记面积的总和及其占地图总面积的比率来表达。

27.157 地图易读性 map readability, map legilicity
地图通过自己的语言表达的信息,被用图者所接受的程度,即阅读与分析地图的难易程度。是地图质量的重要标志之一。

27.158 地图量算 map measurement
在地图上对有关要素进行量测和计算,以获取其数量特征的一种方法。

27.159 地图可靠性 map reliability
地图内容与现实情况的符合程度,即在地图上表示内容的可靠程度。是评价地图科学性的重要标准之一。

27.160 制图精度 cartographic accuracy
地图绘制各工序,包括数学基础建立、地图编绘、整饰和地图概括及地图制版印刷的精确程度。是衡量地图质量的重要标志。

27.161 地理精度 geographic accuracy
又称“地理准确性”。地图上所表示的内容与实际的地理分布相对应的准确程度,或经地图概括后地理分布规律体现的程度。

27.162 地图信息论 cartographic information

theory

研究地图图形显示、转换、传递、存储、处理和利用空间信息的理论。

27.163 地图模式论 cartographic modeling theory

又称“地图模型论”。把地图作为一种形象-符号模型和图形数学模型及地图数字模型来看待,并以模型来认识地图的性质与功能,解释地图的制作和应用的理论。

27.164 地图传输论 cartographic communication theory

研究地图信息的传输过程和方法的理论。即以制图者对客观世界的认识,通过地图通道传递给用图者,而用图者经过对地图的识别与分析,形成对客观世界的认识。

27.165 地图感受论 cartographic experiences theory, cartographic perception theory

研究地图使用者对地图图形的视觉感受过程及其特点、图像感受的生理与心理因素及如何提高地图的视觉感受效果的理论。

27.166 地图符号学 map semiology

用符号学的基本概念和原理来研究地图符号的特征、规律和本质的理论,包括符号系统的结构、意义与实用性。

27.167 地图用户 cartographic user

通过使用地图获得空间知识的任何人。

27.168 超图 hypergraph

地理参考的多媒体系统,点击地图上的要素并得到该要素及其他与该要素有关的信息。

27.169 地形模型 relief model

以石膏或塑料根据等高线按一定比例缩小塑造或压膜成型的表示地形起伏的实物模型。

27.170 块状图 block diagram

用透视方法表示地表与地下地质、地貌三维分布的局部块状图形。

27.171 矢量地图 vector map

用矢量数据表示地图要素的图形位置和颜色的数据集合。

27.172 电子地图 electronic map

具有地图的符号化数据特征,并能实现计算机屏幕快速显示,可供人们阅读的有序数据集合。

27.173 多媒体电子地图集 multimedia electronic atlas

运用多媒体技术,集地图、影像、文字、声音、视频等多种信息于一体,并具备检索、与分析功能的电子地图的系统集成。

27.174 屏幕地图 screen map

以计算机屏幕显示的地图,其信息存储于计算机或其他介质和载体。

27.175 有声地图 talking map

根据数字地图屏幕显示的特点,采用计算机汉语语音合成技术,根据输入的汉字注记和文字说明,在屏幕显示地图的同时,自动输出语言,实现地图的有声化。

27.176 缩微地图 microfilm map

利用缩微技术将地图高倍缩摄或激光缩小至1到若干平方厘米的胶片上,便于保存、携带与远距离传递。

27.177 虚拟地图 virtual map

存储于人脑或电脑中的地图。即可指导人的空间认知能力和行为或据以生成实地图的知识和数据。

27.178 因特网地图 Internet map

通过因特网传递并在屏幕上显示阅读或下载打印与存储的电子地图。

27.179 计算机地图出版系统 computer map publish system

通过计算机地图设计与编辑并自动输出分

色挂网胶片,制版上机印刷的全数字化地图生产系统。

27.180 地图信息系统 cartographic information system
以研究地图信息的获取、传递、转换、储存、显示和分析利用等为主要目标的信息系统。

27.181 自动化地图制图 automatic cartography
利用计算机和图形输入、输出等设备,运用数字制图的原理和方法,从事地图的设计、编绘和印前制版等工作,实现地图设计与生产的自动化。

27.182 计算机地图制图 computer cartography
利用计算机的分析处理功能和绘图装置实现地图的设计与编制的一种地图生产方法。

27.183 地图数字化 map digitizing
实现从模拟地图到数字信息转换的过程。

27.184 地图跟踪数字化 map scout digitizing
地图数字化的方法之一。利用跟踪数字化仪或在计算机屏幕上,将地图图形转换成矢量数据的方法。

27.185 地图扫描数字化 map scanning digitizing
地图数字化的方法之一。使用扫描数字化仪对地图沿 X 或 Y 方向进行连续扫描,获取二维矩阵的像元要素,形成栅格数据结构。

27.186 图面自动注记 automatic map lettering
使用字符信息处理系统自动实现地图注记的过程。

27.187 地图输出 map output
将数字地图或经过计算机编辑和地图概括处理的空间信息,采用绘图仪、喷墨打印机等输出地图图形。

27.188 数字地图 digital map
以数字形式记录和存储的地图。

27.189 交互地图 alternant map, interactive map
计算机制图或制版过程中通过人机对话形式产生的地图。

27.190 地图模型 map model
地图作为一种反映客观世界物质的、数字的和认识概念的模型,是地图功能之一。

27.191 地图数学模型 map mathematic model
描绘地图内容和制作过程的数学逻辑方法。

27.192 万维网地图 Web map
在万维网上浏览、制作和使用的地图。

27.193 多边形地图 polygon map
以矢量数据为基础,轮廓界线为多边形的一类地图。

27.194 地图特征码 map feature code
用来表示地图要素类别、级别等分类、分级特征和其他质量、数量特征的代码。

27.195 地图文字库 map verbal bank
专门设计制作供地图注记和图例及地图说明时选用的各类汉字或外文字母的数据库。

27.196 地图符号库 map symbols bank
专门设计制作的各种符号(点状、线状、面状)供地图绘制随时选用的数据库。

27.197 地图色彩库 map color bank
专门设计制作的供地图色彩设计时选用的各种色调的数据库。

27.198 地图数据结构 map data structure
构成地图内容诸要素的数据集之间的相互关系和数据记录的编排组织方式。

27.199 地图编辑系统 cartographic editing system

具有联机编辑存储于计算机的数字地图功能的软件系统。

27.200 绘图程序库 plot program bank

具有绘制各种地图图形程序的并可随时选用的软件系统。

27.201 计算机地图概括 computer map generalization

通过建立一定的数学模型和人机对话,进行地图要素分类与分级归并和压缩,实现对地图内容与图形自动取舍概括的过程和方法。

27.202 地图制图专家系统 map mapping expert system

利用人工智能技术,将地图制图专家的知识和经验形成规则与算法,输入计算机,建立知识库与推理机,以辅助地图设计与制作的软件系统。

28. 地 名 学

28.001 地名学 toponomanistics, toponomy

研究地名的起源、语词特征、语音结构、语义演变、分布规律、标准化及其应用的学科。

28.002 地名 geographical name

人们赋予地理环境中具有方位意义的各种具体地理实物的名称。

28.003 惯用名 conventional name

与地名标准化规则不一致,但已广泛使用,是历史上形成的、约定俗成的习惯名称。

28.004 外来名 exonym

一国的地名受外来影响(沦为殖民地、外国占领、外国人探险等)而由外国人命名、改名或按外国称谓而使用的地名。

28.005 地理通名 general geographical name

地名中用于说明地物、地貌特点的通用名称。如“山”、“河”、“市”、“县”等。

28.006 地理专名 specific geographical name

区别共性的地理实体的特定名称。如“黑龙江”的黑龙、“青海湖”的青海、“郑州市”的郑州等均为地理专名。

28.007 地名标准化 standardization of geographical name

使地名消除叫法和拼写上的分歧和混乱现象,逐步达到统一的进程。

28.008 地名正名 orthography of geographical name

将以讹传讹或被有意篡改的地名更正过来,恢复其原来名称的过程。

28.009 地名罗马化 romanization of geographical name

为使用非罗马字母语言的国家提供一种罗马字母的地名拼写形式。

28.010 地名调查 names survey

对地名进行实地查访、登记、核实的工作。

28.011 音译 transcription

翻译地名时,根据当地人对地名的读音,用另一种语言文字尽可能准确地反映出来的方法。

28.012 意译 translation

翻译地名时,以原文的含义翻译地名的方法。

28.013 地名雅化 names refinement

用较文雅的名称取代粗俗的名称。

28.014 地名译写 names conversion

又称“地名转写”。地名书面翻译时采用字母对译的方法,即翻译地名时原文字的一个字母由另一文字中的字母或字母组合所代替。

28.015 地名准则 toponymic guidelines
地名命名的标准和原则。

28.016 地名录 gazetteer
又称“地名手册”。按一定体系和选取指标把经过标准化的地名用表格形式编辑成册。

28.017 地名索引 gazetteer index, names index
为检索地图上的各类地名所在位置,按一定顺序编排的地名清单。通常附于地图集后面,供查找用。

28.018 地名数据库 toponymic database
关于地名信息文件的集合。包括地名、历史名、地理坐标、质量特征、数量特征、行政隶属等信息。

28.019 异地同名 homonym
不同地区采用了相同的地名。

28.020 历史地名 historical name
历史时期留传下来的地名,或历史时期曾使用过的地名。

28.021 外来语地名 exonym
以外来语命名的地名。

28.022 当地地名 local name
当地使用的地名。

28.023 海域地名 maritime name
海域范围的地名。

28.024 少数民族地名 minority name
少数民族居住地区,以少数民族语言命名的地名。

28.025 别名 name alternative
正式地名以外的名称。

29. 遥 感 应 用

29.001 遥感 remote sensing
非接触的,远距离的探测技术。一般指运用传感器/遥感器对物体的电磁波的辐射、反射特性的探测,并根据其特性对物体的性质、特征和状态进行分析的理论、方法和应用的科学技术。

29.002 遥感机理 mechanism of remote sensing
地物的电磁波的发射、辐射、经大气的传输过程以及遥感器对它的探测、处理、分析及其应用等全部过程的机制或原理。

29.003 遥感技术 remote sensing technology
从地面到高空各种对地球、天体观测的遥感综合性技术的总称。由遥感平台、遥感仪器、信息处理、接收与分析应用等组成。

29.004 遥感应用 remote sensing application
运用遥感技术对资源、环境、灾害、区域、城市等进行调查、监测、分析和预测、预报等方面的工作。

29.005 航天遥感 space remote sensing
又称“卫星遥感(satellite remote sensing)”。以轨道平台,如各类卫星、航天器/飞船等作为遥感器运载平台的遥感技术。

29.006 航空遥感 aerial remote sensing
运用飞机、飞艇、气球等飞行器平台搭载遥感器,进行对地观测的遥感技术系统。

29.007 可见光遥感 visual remote sensing
运用地表物体对0.4~0.7μm可见光波段的反射特征进行目标地物探测的遥感技术。

29.008 红外遥感 infrared remote sensing

运用红外线敏感元件探测地表物体的红外辐射特征的遥感技术。

29.009 多谱段遥感 multispectral remote sensing

将电磁波谱中的某一谱段细分割成4个,7个,11个等波段对目标地物进行探测的遥感技术。

29.010 激光遥感 laser remote sensing

运用紫外、可见光和红外的激光器作为遥感仪器进行对地观测的遥感技术。

29.011 主动遥感 active remote sensing

运用人工产生的特定电磁波照射目标物,再根据接收到的从目标物反射回来的电磁波特征来分析目标物的性质、特征和状态的遥感技术。如合成孔径雷达(SAR),激光雷达遥感技术等。

29.012 被动遥感 passive remote sensing

运用遥感器接收来自目标物的反射和辐射电磁波谱,并根据其特征对目标物探测的遥感技术。

29.013 微波遥感 microwave remote sensing

运用波长为1~1 000mm的微波电磁波的遥感技术。包括通过接收地面目标物辐射的微波能量,或接收遥感器本身发射出的电磁波束的回波信号,根据其特征来判别目标物的性质,特征和状态,包括被动遥感和主动遥感技术。

29.014 全球遥感 global remote sensing

用于探测全球性资源与环境的遥感技术。

29.015 区域遥感 regional remote sensing

用于探测区域的遥感技术。

29.016 城市遥感 urban remote sensing

以城市作为探测对象的遥感技术。

29.017 资源遥感 resources remote sensing

以资源作为探测对象的遥感技术。

29.018 环境遥感 environmental remote sensing

以环境作为探测对象的遥感技术。

29.019 大气遥感 atmospheric remote sensing

以大气作为探测对象的遥感技术。又分为地面大气遥感和气象卫星遥感两大类。

29.020 海洋遥感 oceanographical remote sensing

以海洋和海岸带作为探测范围,以海洋环境为探测目标的遥感技术。

29.021 农业遥感 agricultural remote sensing

以农作物分类及播种面积,长势及估产等为探测目标的遥感技术。

29.022 林业遥感 forestry remote sensing

以林地的类型,长势及病虫害状况等作为探测目标的遥感技术。

29.023 水利遥感 hydrographic remote sensing

以水资源与水环境作为探测目标的遥感技术。

29.024 地质遥感 geological remote sensing

以地质作为探测目标的遥感技术。包括地质遥感调查,地质资源遥感调查和灾害地质(地质环境)遥感调查等。

29.025 地热遥感 geothermal remote sensing

应用于地热场和地热资源探测的遥感技术。一般应用热红外波段的遥感探测技术。

29.026 像元 pixel

遥感图像组成的基本单元,也就是采样单位。

29.027 混合像元 mixed pixel

在一个像元内只含一种类型地物称为纯像元,包含两种以上地物的像元称为混合像元。

29.028 次像元 subpixel
又称“亚像元”。小于一个像元面积的影像单元。

29.029 灰阶 grey scale
地物电磁波辐射强度表现在黑白影像上的色调深浅的等级,是划分地物波谱特征的尺度。

29.030 分辨率 resolution
分辨物理量细节的能力。

29.031 空间分辨率 spatial resolution
遥感器具有的分辨空间细节能力的技术指标。

29.032 地面分辨率 ground resolution
在遥感影像上能区分相邻两个目标物在地面上所对应的实际最小距离。

29.033 光谱分辨率 spectral resolution
遥感器能分辨的最小波长间隔,是遥感器的性能指标。遥感器的波段划分得越细,光谱的分辨率就越高,遥感影像区分不同地物的能力越强。

29.034 时间分辨率 temporal resolution
遥感重复成像时间的间隔。

29.035 温度分辨率 temperature resolution
在(热)红外遥感影像上,以灰度差别的等级来代表温度差别的程度。是遥感器的一项技术指标。能分辨的最小温度差。

29.036 灰度分辨率 greyscale resolution
灰阶的详细程度,或灰阶的级差数目。

29.037 综合分辨率 synthetic resolution
为光学遥感器的一种应用性能指标。包括接收元件,遥感器光学系统,运载工具的速度和高度,遥感器的像移补偿程度及大气湍流等因素综合影响下的影像分辨率值。

29.038 摄影测量 photogrammetry
运用摄影机和胶片组合测量目标物的形状、大小和空间位置的技术。

29.039 遥测 telemetry
对被控对象的某些物质运动参数进行远距离测量的技术。量测目标是某一有限目标和特定的项目。

29.040 电磁波 electromagnetic wave
物体所固有的发射和反射在空间传播交变的电磁场的物理量。

29.041 电磁辐射 electromagnetic radiation
在遥感中常指电磁波。它指电磁波通过空间或媒质传递能量的一种物理现象。

29.042 辐射 radiation
由电磁波或机械波,或大量的微粒子(如质子,α 粒子)由发射体出发,在空间或媒质中向各个方向的传播过程,也可指波动能量或大量微粒子本身。

29.043 电磁场 electromagnetic field
由相互依存的电磁和磁场的总和构成的一种物理场。电场随时间变化时产生磁场,磁场随时间变化时又产生电场,两者互为因果,形成电磁场。

29.044 电磁波谱 electromagnetic spectrum
电磁辐射波长或频率按序排列的总范围。

29.045 紫外光 ultraviolet light
波长在 4 ~380nm 范围的电磁波。

29.046 可见光 visible light
波长在 380 ~780nm 范围能引起视觉的电磁波。

29.047 近红外 near infrared
波长在 780 ~3 000nm 范围的电磁波。对植物十分敏感。

29.048 反射红外 reflective infrared
由于遥感器在近红外波段接收到的能量主

要来自地物反射太阳能量。

29.049 中红外 middle infrared
波长在3 000～6 000nm的电磁波。在遥感中用于监测森林火灾等。

29.050 远红外 far infrared
波长在6 000～15 000nm的电磁波。用于探测目标自身发射电磁波的通道。

29.051 热红外 thermal infrared
波长在3 000～15 000nm的电磁波。

29.052 热辐射 thermal radiation
任何物体只要处于绝对零度(-273℃)以上,其原子、分子都在不断地热运动,都会进行红外辐射,并可以用红外辐射计进行探测。

29.053 微波 microwave
波长为1mm到1m波段的无线电波。它具有很强的穿透云雾的能力,并可用于全天候遥感。

29.054 波长 wave length
波在一个振动周期内传播的距离。它可以用相邻两个波峰或波谷之间的距离来表达。

29.055 反射 reflection
波在传播过程中从一种媒质射向另一种媒质时,在两种媒质的界面上有部分波返回原媒质的现象。

29.056 散射 scattering
电磁波辐射在非均匀媒质或各向异性媒质中传播时多方位、多角度地改变原来传播方向的现象。

29.057 光谱 spectrum
按波长或频率次序排列的电磁波序列。

29.058 光谱图 spectrogram
用摄谱仪获得的光谱记录。

29.059 吸收率 absorptivity
又称“吸收系数”。物质吸收的辐射通量与总入射辐射通量之比值。

29.060 透射率 transmissivity
透过物体的电磁波强度与入射波强度之比。

29.061 反射率 reflectance
物体表面的反射波强度与入射波强度之比。

29.062 热惯量 thermal inertia
度量物质热惯性大小的物理量。

29.063 黑体 black body
在任何温度下,对于各种波长的电磁波的吸收系数恒等于1的物体。

29.064 灰体 grey body
对于各种波长的电磁波的吸收系数为常数且与波长无关的物体,其吸收系数介于0与1之间的物体。

29.065 大气窗 atmospheric window
大气对电磁波传输不产生强烈吸收作用的一些电磁波波段,即能够通过大气层的电磁波波段。如0.30～2.5μm,3.5～4.2μm,8～14μm等。

29.066 天空光 skylight
由大气中的颗粒对太阳光进行散射及本身的热辐射而形成的天空中的光。

29.067 反演 inversion
根据由地物电磁波特征产生的遥感影像特征反推其形成过程中的电磁波状况的技术。

29.068 灰卡 grey chip
由白到黑的序列卡。它以一定的明度排列代表反射系数大小的基准灰度标尺。

29.069 假彩色 false color
遥感影像采用截止滤光技术、假彩色胶片摄影或经彩色合成后形成颜色,它并非该物体的天然颜色。如绿色植物变成了红色。

29.070 多谱段扫描仪 multispectral scanner, MSS

陆地卫星系列上的主要扫描成像的遥感器,具有4个对地探测波段。

29.071 专题制图仪 thematic mapper, TM

一种具有较高空间分辨率的成像多谱段扫描仪。具有7个对地探测波段。

29.072 成像光谱仪 imaging spectrometer

一种几十个至几百个波段可以同时谱像合一的遥感器。

29.073 水平极化 horizontal polarization

电磁波的电场矢量与地面平行的极化方式。

29.074 垂直极化 vertical polarization

电磁波的电场矢量与地面相垂直的极化方式。

29.075 成像雷达 imaging radar

产生高分辨率目标图像的雷达系统。

29.076 合成孔径雷达 synthetic aperture radar, SAR

一种利用合成无线电技术获得高方位分辨率的相干成像雷达。

29.077 航天飞机成像雷达 shuttle imaging radar, SIR

美国航天飞机上用的合成孔径雷达。具有SIR-A,B,C,D四种型号。

29.078 微波辐射计 microwave radiometer

能定量探测目标物的低电平微波辐射的高灵敏度的接收装置。

29.079 雷达测高仪 radar altimeter

装在飞行器上用以测量飞行器至地面的高度的测距雷达。

29.080 雷达阴影 radar shadow

在雷达影像上由雷达与目标之间的障碍物而出现的无回波区,即无讯号的区域。

29.081 气象卫星 meteorological satellite

用于探测和监测全球大气和海洋气象状况的专用卫星技术。

29.082 极轨气象卫星 polar-orbiting meteorological satellite

沿着南北方向圆形轨道运行的气象卫星。如TIROS和NOAA卫星。

29.083 同步气象卫星 synchronous meteorological satellite

美国宇航局(NASA)发射的试验气象卫星。一种24h对大西洋的大气、气象和海洋进行监测的卫星。

29.084 海洋卫星 sea sat

专门探测全球海洋表面状况与监测海洋动态的卫星。

29.085 制图卫星 map sat

具有立体制图能力的专用卫星。

29.086 雷达卫星 radar sat

由加拿大发射的装有多波束合成孔径雷达和散射计的遥感卫星。

29.087 图像 image

遥感器对地表物体进行探测所获得的电磁波特征的模拟记录。

29.088 图像处理 image processing

对于遥感图像进行各种加工技术的统称。包括校正、增强、压缩和复原、分类和识别等技术。

29.089 数字图像 digital image

以二维数字组形式表示的图像。其数字单元为像元。

29.090 字符图像 symbol image

由打印机字符组成的图。它是经处理后分类图像的输出形式。

29.091 图像质量 image quality

遥感图像反映地表目标物的正确程度。包

括它们的几何形状,位置及属性的正确性。

29.092 图像压缩 image data compression
以尽可能少的比特数代表图像或图像中所包含的信息量的技术。

29.093 数据压缩比 data compression ratio
为衡量数据压缩器压缩效率的质量指标。是指数据被压缩的比例。

29.094 图像复原 image restoration
被经压缩处理的图像恢复成未经压缩处理前的原样的图像处理技术。

29.095 几何校正 geometric correction
原始遥感图像一般都存在着不同程度的几何畸变,采用多种方法消除图像几何畸变的同时将其变换到所选定投影平面的相应位置上的技术方法。

29.096 几何畸变 geometric distortion
图像中的几何图形与该物体在选定投影中几何图形的差异,或与地面实况的差异。几何畸变主要是由于遥感器姿态角的变化,物镜系统的光学畸变,扫描速度不稳定,地球自转,地面曲率、地形起伏等引起的。

29.097 系统畸变 systematic distortion
遥感图像的具有系统性和规则性的变形。

29.098 随机畸变 random distortion
遥感图像的无规律的变形。

29.099 图像变换 image transformation
按一定规则的,从一幅图像加工成另一幅图像的处理过程。如由模拟图像变换成数字图像,由一种投影变换成另一种投影等。

29.100 K-L 变换 K-L transform
是由卡尔胡宁(Karhumen)与勒夫(Loeve)分别提出,它是一种图像变换方法。

29.101 密度分割 density slicing
遥感图像的光密度是与相应地物的光谱密切相关的,将图像的光密度分成若干等级并给予特定的编码,是一种分类方法。

29.102 图像增强 image enhancement
一种运用计算机或光学设备改善图像视觉效果的处理方法。如对比度扩展增强,彩色增强等。

29.103 反差增强 contrast enhancement
即对比度增强,增大代表不同地类的图像亮度值差异的处理方法。

29.104 阈值 threshold
输入图像像元密度值(灰度、亮度值)按对数函数关系变换为输出图像。

29.105 对数变换 logarithmic transform
输入图像像元亮度值(灰度)按对数函数关系变换为输出图像。

29.106 指数变换 exponential transform
输入图像像元亮度值(灰度)按指数函数关系变换为输出图像。

29.107 边缘增强 edge enhancement
通过光学或计算机技术提高图像边界、细节信息的观察效果。

29.108 数字滤波器 digital filter
实现修改图像频谱或图像数据的函数式、算子。

29.109 彩色增强 color enhancement
将单波段或多波段的黑白图像转变为彩色图像的处理技术。提高图像的分辨率。

29.110 彩色合成 color composite
将多谱段黑白图像采用红、绿、蓝三色合成,变为彩色图像的处理技术。

29.111 分类图 classification map
遥感影像经过分类处理后得到的图件。

29.112 图像识别 image recognition
将遥感图像进行分类的技术。

29.113 判别函数 discriminant function

分类处理中进行判别的函数表达式或解析式。

29.114 监督分类 supervised classification

在遥感影像的计算机分类过程中,采用一定数量的影像分类标准样板,作为计算机分类的训练基准的技术,即一种有已知类别标准的分类方法,或具有先验知识的分类方法。

29.115 非监督分类 unsupervised classification

在遥感影像的计算机分类过程中,无需采用训练样板的分类技术,或没有先验知识的分类方法。

29.116 模-数转换 analog to digital conversion

将连续变化的模拟量转换成离散的数字量的过程。

29.117 数-模转换 digital to analog conversion

将离散的数字量恢复成模拟量的过程。

29.118 图像漫游 image roam

图像在荧光屏上移动的一种操作技术。

29.119 正射影像地图 orthophotomap

正射投影的影像地图。在正射影像地图上,地物影像的平面位置、高程、注记等与地图的性质相同。

29.120 遥感信息 remote sensing information

运用遥感技术获得的地物电磁波特征的信息。它能正确反映地物的属性、形状和位置。

29.121 遥感影像 remote sensing image

地物电磁波特征信息的载体。包括胶片、磁带等为载体的地物的摄影照片或扫描照片。

29.122 扫描影像 scan image

由扫描成像系统所记录的影像。

29.123 摄影影像 photographic image

由摄影机对地物获取可见光的反射光在感光材料上记录的影像。

29.124 雷达影像 radar image

运用雷达向目标物发射无线电波,并接收从目标物产生的反向、散射回波所形成的影像。

29.125 多谱段影像 multispectral image

运用多波段遥感器对同一目标地区一次同步获取的若干幅波段的影像。

29.126 真彩色影像 true color image

比较真实地反映地物原来彩色的影像。

29.127 假彩色合成影像 false color image

多波段黑白影像经配红、绿、蓝三色合成后,产生与原来真实颜色不相一致的影像。

29.128 判读 interpretation

对遥感影像的解释,或识别的过程,即进行分类的过程。

29.129 定性判读 qualitative interpretation

在遥感图像上仅识别某种地物的类型和位置形状的过程。

29.130 定量判读 quantitative interpretation

在定性判读的基础上,再进一步识别地物的数量、长度、高度等定量的指标。

29.131 专题判读 thematic interpretation

在遥感图像上进行专题或专业性的识别。如耕地或农作物、林地与森林类型的识别等。

29.132 遥感专题图 thematic atlas of remote sensing

遥感图像通过判读形成的不同专业的地图。如植被图,土壤图及地貌图等。

29.133 土地资源遥感 remote sensing of land resources

用于土地资源调查和监测的遥感技术。

30. 地理信息系统

30.001 弧段 arc
有序的坐标集合,用于表示在给定的比例尺上窄到无法表示为面的地理要素。

30.002 属性 attribute
描述地理要素的特点、性质或特征。在关系数据模型中描述某个实体的一种事实,相当于关系表中的一个栏。

30.003 属性数据 attribute data
地理要素具有描述性属性,与空间数据相对应的描述性数据。

30.004 图层 coverage
在地理信息系统中由地图数字化形成的矢量数据存储的基本单元。图层存储了主要地理要素(如弧段、节点、多边形、标识点等)和次要要素(如图幅范围、连接以及注释等),是一组与主题相关的数据单元。

30.005 图层元素 coverage element
图层的组成部分。它对涉及图层的每个属性都赋予单一的值。

30.006 图层范围 coverage extent
由坐标定义的图层的最小有界矩形。

30.007 图层更新 coverage update
以新的数据项或记录,替换图层文件中与之相对应的旧数据项或记录的过程。

30.008 边缘弧 border arc
一个多边形图层外围边界的弧。

30.009 断线 breakline
用光滑度和连续性来定义和控制不规则三角网(TIN)表面形态的一个线性要素。在三角网中,断线总是作为线性要素来维护的。包含 x,y,z 值的三维数字化要素。

30.010 缓冲区 buffer zone
围绕图层中某个点、线或面周围一定距离范围的多边形。相应地形成点缓冲区、线缓冲区和面缓冲区。

30.011 地理信息 geographic information
与地球表面空间位置直接或间接相关的事物或现象的信息。

30.012 地籍信息 cadastral information
有关土地及其附属物的位置、面积、质量、权属、利用现状等的信息。

30.013 计算机制图图元文件 computer graphic metafile, CGM
用于图形描述信息存储和传输的一种标准的文件格式规范(ISO 8632)。

30.014 坐标几何 coordinate geometry, COGO
一系列编码和操作过程,把测量数据的方位、距离和角度转换为坐标数据。

30.015 数据层 data layer
具有相同特征、存储在一起的数据。

30.016 数据字典 data dictionary
数据库中所有对象及其关系的信息集合。

30.017 数据集系列 dataset series
具有共同主题,执行相同产品规范的数据集的集合。

30.018 数字高程模型 digital elevation model, DEM
定义在 x,y 域离散点(规则或不规则)上,以高程表达地面起伏形态的数字集合。

30.019 派生数据 derived data
由其他数据产生的、非原始的数据,是某些

空间分析的结果。

30.020　描述数据　descriptive data
描述地理要素特征的二维表格数据。可以包括数字,文字,图像以及要素的计算机辅助设计图等。

30.021　数字地理空间数据框架　digital geo-spatial data framework
主要包括数字化的地形、地名、行政境界、道路交通、水系、土地覆盖、地籍、居民地等。为其他自然、人文、经济和环境等信息提供进一步的空间定位、嵌入或配准。

30.022　数字化　digitizing
把模拟形式的数据转换为计算机可以读取的数字形式。

30.023　数字化图层　digital map layer
以数字形式存储在计算机内的地图图层。

30.024　数字表面模型　digital surface model, DSM
物体表面形态数字表达的集合。

30.025　数字地形模型　digital terrain model, DTM
描述地面特性的空间分布的有序数值阵列。

30.026　实体　entity
具有相同属性描述的对象(人、地点、事物)的集合。

30.027　实体属性　entity attribute
实体要素的描述。

30.028　实体类型　entity type
具有共同要素的实体的集合。关系数据库中对象类的集合。

30.029　要素码　feature code
地理要素的描述或分类的文字或数字代码。

30.030　要素标识符　feature-ID
由用户指定的与单个地理要素的惟一码。

30.031　概念模式　conceptual schema
对象数据的内容、结构及约束的抽象描述与定义。

30.032　地理数据集　geographic data set
隐含或明确关联于地球某个地点的可标识的相关数据的集合。

30.033　地理实体　geographic entity
占据一定空间的地物或现象。

30.034　地理标识符　geographic identifier
用来识别惟一一个(或一组)地理要素项的标记,并附加在要素所在地上。

30.035　地理坐标参考系　geo-reference system
通常采用以经纬线网格为基础赋以数字代码的方法。

30.036　图形分辨率　graphics resolution
单位图形线性尺寸内所包含的像素数目。

30.037　格网　grid
由一种规则或近似规则棋盘状镶嵌表面组成的格网或点的集合。

30.038　格网坐标　grid coordinate
用地图上的格网来确定和表示的坐标。

30.039　格网数据　grid data
计算机中以栅格结构存储的地图数据。

30.040　格网间距　grid interval
格网中纵线或横线之间的距离。

30.041　格网参照　grid reference
用格网坐标表示的地图上点的位置。

30.042　接口　interface
对实体行为特征的操作集的命名。

30.043　互操作　interoperability
当用户不了解各种功能单元独立特征或对其知之甚少时,各种功能单元之间的通信、执行程序或转换数据的能力。

30.044 层 layer
可用的数据集的子集，通常包含如河流层、道路层或地层等对象。

30.045 标注 label
数字图层中地理要素或对象的文本描述。

30.046 元数据 metadata
用于描述要素、数据集或数据集系列的内容、覆盖范围、质量、管理方式、数据的所有者、数据的提供方式等有关的信息。

30.047 开放式数据库互连 Open Data Base Connectivity，ODBC
由微软公司开发的用来与数据库管理系统通信的一个标准的应用程序接口(API)。

30.048 开放式地理信息系统协会 Open GIS Consortium，OGC
由许多私人公司、政府机构、学术团体咨询机构组成的一个国际性会员组织，致力于地理空间数据与地理处理标准的开发，其首要任务是建立一个开放式的地理数据互操作规范。

30.049 对象链接与嵌入 Object Linking and Embedding，OLE
微软操作系统中用于工具与应用开发的对象技术规范。OLE 是组件式软件交互与协作的基础，可以方便地从不同的应用中创建包含多种信息来源的混合文档。

30.050 对象管理组 Object Management Group，OMG
成立于 1989 年，目前有 800 多个会员单位的开放的、非盈利的组织，它的宗旨是致力于制订、采纳和吸收异构环境下面向对象、分布式应用的开发和集成的标准。

30.051 开放性地理数据互操作规范 Open Geo-data Interoperability Specification，OGIS
由开放式地理信息系统协会正在制定的支持不同计算机环境下的地理信息系统互操作规范。

30.052 空间数据 spatial data
用于描述有关空间实体的位置、形状和相互关系的数据，以坐标和拓扑关系的形式存储。

30.053 坐标控制点 tic
图层上代表地面已知位置的配准点或地理控制点。

30.054 时空分辨率 temporal-spatial resolution
反映现象或事物随时间与空间变化细节的能力。通常为单位时间内现象或事物重现的次数与单个栅格单元所表达的地球表面实地面积。

30.055 专题属性 thematic attribute
在地理数据库中由用户定义的实体的某一个方面特征。用户可以通过数据库名称、要素类型、要素属性以及要素分类表等多种方法来定义一个专题的属性。

30.056 不规则三角网 triangular irregular network，TIN
由不规则空间取样点和断线要素得到的一个对表面的近似表示，包括点和与其相邻的三角形之间的拓扑关系。

30.057 矢量数据 vector data
以矢量方式存储的数据，它由表示位置的标量和表示方向的矢量两部分构成。在地理信息系统空间数据库中，矢量数据用于表达既有标量属性又有方向属性的地理要素。

30.058 工作空间 workspace
含有地理数据集的目录，可以保存本次打开的所有数据源和数据集，以后打开此工作空间，则该工作空间所包括的所有数据源和数据集会全部自动打开。

30.059 ARC宏语言 ARC Macro Language, AML

用户利用ArcGIS语言开发的,地理信息系统应用的一种高级计算机语言。它包括一套扩展的命令,可以交互式使用于AML程序中,或用于报告ArcInfo环境变量的设置。它具备创建屏幕菜单、使用和分配变量、控制语句执行等能力。

30.060 地理查询语言 geographic query language, GQL

对地理数据集进行定义和操作的语言。

30.061 数字地图交换格式 digital cartographic interchange format, DCIF

不同地理信息系统之间或地理信息系统与其他信息系统之间,实现数字地图双向交换时所采用的数据格式。

30.062 数字线划图数据格式 digital line graph, DLG

由美国地质调查局(USGS)发布的用于交换地图数据文件的矢量数据标准格式。

30.063 双重独立地图编码文件 Dual Independent Map Encoding, DIME

美国人口普查局1980年人口普查时制订的数据结构。该类文件提供了一个城市的街道、地址范围的示意图和对应于普查局表格型统计数据的地理统计编码。当街道分段被赋予地理坐标时也称之为地理基本文件或双重独立地图编码。

30.064 空间数据基础设施 spatial data infrastructure, SDI

地理空间数据获取、处理、访问、分发以及有效利用所需的技术、政策、标准、基础数据集和人力资源。包括数据交互网络体系、作为空间数据分析与应用基础的一系列基础空间数据集、法规、标准和机构体系等多方面的内容。

30.065 面向对象关系数据库 object oriented relational database

由关系模型和面向对象模型混合组成的数据库。

30.066 分布式数据库 distributed database, DDB

数据分存在计算机网络中的各台计算机上的数据库。

30.067 标准交换格式 standard interchange format, SIF

用于在计算机系统之间交换图形文件的标准格式或中间标准格式。

30.068 结构化查询语言 structured query language, SQL

一种对关系数据库中的数据进行定义和操作的句法,为大多数关系数据库管理系统所支持的工业标准。

30.069 拓扑统一地理编码参考文件 Topologically Integrated Geographic Encoding and Referencing, TIGER

1990年美国人口普查局用于支持人口普查程序和进行调查分析所使用的数据结构。TIGER文件包含街道地址范围和调查区边界。这种描述性数据被用来把地址信息和普查数据与图层特征联系起来。

30.070 应用模式 application schema

满足一种或多种应用需求的数据的概念模式。

30.071 弧-结点拓扑关系 arc-node topology

一种拓扑数据结构,用来表示弧和结点之间的连接性,支持线状要素和多边形边界的定义,支持网络分析等功能。

30.072 组件对象模型 component object model, COM

微软公司开发的一种对象结构和规范,用以建立软件模块之间的通讯。

30.073 矢量数据模型 vector data model
以矢量方式组织数据、用于对实际地理空间的现象和特征进行模拟和演示的数据模型。

30.074 概念模式语言 conceptual schema language
以概念形式为基础,达到表达概念模式目的的规范语言。

30.075 统一建模语言 unified modeling language, UML
是一种面向对象的建模语言,它是运用统一的、标准化的标记和定义实现对软件系统进行面向对象的描述和建模。

30.076 一致性测试 conformance testing
按所要求的特征对待测产品进行的测试,以便确定该产品一致性实现的程度。

30.077 可扩展标记语言 extensible markup language, XML
用于标记电子文件使其具有结构性的标记语言,可以用来标记数据、定义数据类型,是一种允许用户对自己的标记语言进行定义的源语言。

30.078 数据访问安全性 data access security
信息系统用于控制用户浏览和修改数据能力的方法。这些方法包括对数据逻辑视图的浏览,以及单独用户或用户群获取数据的授权。

30.079 数据可访问性 data accessibility
信息系统用户进行查询和修改数据的能力。

30.080 数据质量模型 data quality model
用于标识和评定质量信息的形式结构。

30.081 数据完整性 data integrity
确保数据库中包含的数据尽可能地准确和一致的数据性质。

30.082 数据模型 data model
对客观事物及其联系的逻辑组织描述。

30.083 数据可操作性 data manipulability
对数据进行分类、归并、排序、存取、检索和输入、输出等操作的程度。

30.084 数据质量 data quality
数据满足明确或隐含需求程度的指标。

30.085 数据质量控制 data quality control
采用一定的工艺措施,使数据在采集、存储、传输中满足相应的质量要求的工艺过程。

30.086 数据精确度 data accuracy
一种对避免误差的定性估计,或对误差大小的定量度量,表示为一个相对误差的函数。

30.087 数据冗余 data redundancy
同一数据存储在不同的数据文件中的现象。

30.088 数据粒度 data granularity
包含在数据单元中的细节级别。越细节的数据粒度级越低,越综合的数据粒度级越高。

30.089 数据规范 data specification
数据集中实体的抽象表达的描述。

30.090 数据标准化 data standardization
研究、制定和推广应用统一的数据分类分级、记录格式及转换、编码等技术标准的过程。

30.091 数据编码 data encoding
根据数据结构特点和使用目标需求,将数据转换为代码的过程。

30.092 地理关系模型 geo-relational model
将地理要素作为互相联系的空间数据和描述性的属性数据的集合,采用文件形式管理空间数据,关系数据库管理系统管理属性数据,二者通过要素标识联系起来的 GIS 模型。

30.093 拓扑关系 topological relationship

空间关系的一种,描述特征之间连接、相邻等拓扑的属性。

30.094 拓扑结构 topological structure

根据拓扑关系进行空间数据的组织方式。

30.095 矢量数据结构 vector data structure

以矢量方式存储的数据,它由表示位置的标量和表示方向的矢量两部分构成。

30.096 实体关系模型 entity relationship model

简称"E-R 模型"。该模型直接从现实世界中抽象出实体类型和实体间联系,然后用实体联系图(E-R 图)表示数据模型,是描述概念世界,建立概念模型的实用工具。

30.097 地址地理编码 address geo-coding

建立地理位置坐标与给定地址一致性的过程。

30.098 地址匹配 address matching

使用地址作为关联字段来关联两个文件的一种机制。

30.099 缓冲区分析 buffer analysis

针对点、线、面实体,自动建立起周围一定宽度范围以内的缓冲区多边形,通常用于确定地理空间目标的一种影响范围或服务范围。

30.100 属性查询 attribute search

根据属性表中的字段构造查询条件来查询某一属性表特定的记录。

30.101 自动矢量化 automated vectorization

按照一定方法把数据自动转变成用点、线和面表示的数据形式。

30.102 自动数据处理 automated data processing

按照一定的流程设计相应的算法,将原始数据进行自动处理,以形成目标数据或者期望达到的结果的过程。

30.103 自动数字化 automated digitizing

采用一定的方法将地图转化为数字地图,转化中很少或不用操作者干预的过程。如扫描数字化和矢量线跟踪数字化。

30.104 自动特征识别 automated feature recognition

利用计算机软件和模式识别技术对地图特征进行自动辨认的过程。

30.105 边缘匹配 border matching

又称"接边"。利用一定的算法对矢量要素的边缘进行识别、处理和融合的过程。

30.106 边界/区域参考索引 boundaries/districts reference index

把区域(面)或者闭合的边界(多边形)作为单独的对象,设置不能重复的 ID 号码来建立标识。

30.107 地理数据计算机处理 computer manipulation of geographic data

对数据量大、算法比较复杂的地理数据的处理,先将其设计成软件或固化在硬件中,以便于对这些数据进行处理。

30.108 空间建模 spatial modeling

对地理实体进行简单化和抽象化表示的过程。

30.109 动态数据交换 dynamic data exchange

由微软公司开发的基于 WINDOWS 应用程序的 IAC 协议。它允许一个应用程序从其他应用程序中发送或接受信息和数据。

30.110 数字图像处理 digital image processing

用计算机对数字图像所进行的各种几何和辐射处理。

30.111　数字化编辑　digitizing edit

在数字化过程当中对地理数据进行删除、修改、合并等的一系列操作。

30.112　数字地图配准　digital map registration

将一张数字化的地图根据一定的参照数据(往往是该地区的地形图,或者是参照点的记录),按照一定的算法对其进行坐标转换的过程。

30.113　数字制图　digital mapping

通过计算机存储、处理和显示地理数据的过程。

30.114　数据采集　data capture

数字化、电子扫描系统的记录过程以及内容和属性的编码过程。

30.115　数据压缩　data compression

按照一定的算法对数据进行重新组织,减少数据的冗余和存储的空间。数据压缩包括有损压缩和无损压缩。

30.116　数据控制安全性　data control security

在数据的使用和交换过程中,采用一定的安全机制,按照不同等级的权限对数据进行处理,保护数据生产者的权益。

30.117　数据转换　data conversion

数据从一种系统转移到另一种系统的时候,需要将数据转换到系统能够识别的格式。

30.118　数据分发/访问控制　data dissemination/access control

对数据访问用户的数量、操作和使用以及安全方面的管理。

30.119　数据提取　data extraction

从原始数据中抽取出感兴趣数据的过程,对地理数据的提取基于数据的属性值、空间范围以及地理特征。

30.120　数据叠加　data overlay

将数据放在统一的坐标系统中进行叠加显示和操作的过程。

30.121　数据检索　data retrieval

从文件、数据库或存储装置中查找和选取所需数据的过程。

30.122　数据结构转换　data structure conversion

从一种形式的数据结构到另一种数据结构的转换,使两种不同的数据能够相互识别与兼容。

30.123　数据更新　data update

以新数据项或记录,替换数据文件或数据库中与之相对应的旧数据项或记录。

30.124　数据矢量化　data vectorization

将地理数据由硬拷贝类型或栅格数据类型转化为矢量数据类型的过程。

30.125　视点　viewpoint

在空间数据模型中指考虑问题的出发点或对客观现象的总体描述。

30.126　视野图　viewshed

从预选的视点描绘所有可见位置,是一种对地形表面分析而得到的多边形。

30.127　空间关系　spatial relationship

空间位置的地理要素之间的关系。包括拓扑关系、顺序关系、度量关系、集合关系、相离关系、邻近关系、模糊与不确定空间关系等。

30.128　空间相关　spatial correlation

空间上相关的一系列对象表现出的特殊的统计性联系。

30.129　地理编码　geo-coding

在含地址的表格数据与相关图层之间建立联系,把地理坐标分配给含相应地址的表格数据记录,并为其创建一个相应的点要素图层。

30.130　分类码　classification code
用一个或一组数字、字符,或数字、字符混合标记不同类别信息的代码。分类码多采用线分类法,形成串、并联结合的树形结构。

30.131　网络拓扑[结构]　network topology
在计算机网络中指定设备和线路的安排或布局;在地理网络中指网络要素之间的连接关系。

30.132　图形叠置　graphic overlay
将同一地区的图形数据放在统一的坐标系统中,并精确叠合在同一图面上的处理方法。

30.133　图形校正　graphic rectification
利用图的复比或透视对应关系,建立相应的射线束或透视格网进行转绘的作业过程。

30.134　格网-弧数据格式转换　grid to arc conversion
根据弧的拓扑关系将格网转变为弧的过程。

30.135　格网-多边形数据格式转换　grid to polygon conversion
根据多边形的拓扑关系将格网转变为多边形的过程。

30.136　地图叠置分析　map overlay analysis
将两层或多层地图要素进行叠加产生一个新要素层,他将原来要素分割生成新的要素,新要素综合了原来两层或多层要素所具有的属性,产生了新的空间关系和属性关系。

30.137　区中点运算　point-in-polygon operations
一种拓扑叠加过程,用于决定点与多边形的空间一致性。

30.138　多边形-弧段拓扑数据结构　polygon-arc topology
一种拓扑数据结构,ArcInfo 用来表示组成多边形的弧段间的连接性。它支持多边形的定义和拓扑叠加等分析功能。

30.139　邻近分析　proximal analysis
决定点、线、面邻近区域的要素项之间关系的过程。

30.140　空间查询　spatial query
利用空间索引机制,从数据库中找出符合该条件的空间数据。包括几何查询、属性查询与时态查询等。

30.141　空间索引　spatial index
为便于空间目标的定位及各种空间数据操作,按要素或目标的位置和形状或空间对象之间的某种空间关系来组织和存储数据的结构。

30.142　空间数据库引擎　Spatial Database Engine, SDE
使空间数据可在工业标准的数据库管理系统中存储、管理和快速查询检索的客户/服务器软件。它将空间数据加入到扩展关系数据库管理系统中,并提供对空间、非空间数据进行有效地管理、高效率操作与查询的数据库接口。

30.143　拓扑错误　topological error
表示矢量数据与地理信息系统软件的要求在几何形态上的不一致性。

30.144　拓扑叠加　topological overlay
将一系列图层按照统一参考系进行叠合,生成新的属性表,并对新产生的图层重新建立拓扑关系的过程。

30.145　栅格数据结构　raster data structure
图形数据按统一的格网或像素存储,采用连续平铺的规则格网来描述空间现象或要素实体的镶嵌数据模型。

30.146　矢量-栅格转换　vector to raster

conversion

通过一定算法完成由点、线、面组成的矢量数据转换到有特定值的一系列栅格数据的过程。

30.147 模糊容限 fuzzy tolerance

由于计算机算法精度不够引起的交叉点位置不确定而引起的一种微小距离。

30.148 路径搜索 path-finding

在源地与目的地间查找一条最低消耗路径的过程。

30.149 多源空间数据 multi-dimensional data

多尺度、多时相、多类型的空间数据。

30.150 无缝集成 seamless integration

一种无须数据格式转换，直接访问来自多种不同数据源数据格式的高级数据集成技术。

30.151 加拿大地理信息系统 Canada Geographic Information System, CGIS

1962 年，Tomlinson 提出利用计算机处理和分析大量的土地利用地图数据，并建议加拿大土地调查局建立加拿大地理信息系统，以实现专题地图的叠加、面积量算等。1972 年，加拿大地理信息系统全面投入运行与使用，成为世界上第一个运行型的地理信息系统。

30.152 土地信息系统 land information system, LIS

把各种土地信息按照空间分布及属性，以一定格式输入、处理、管理、分析与输出的技术系统。

30.153 数字正射影像图 Digital Orthophoto Map, DOM

由于传感器倾斜和地形起伏而引起的图像位移进行纠正处理后的遥感影像地图。

30.154 桌面地理信息系统 desktop GIS

一个易于使用、视窗风格的计算机用户界面，对地理信息系统的操作变得相对方便。

30.155 万维网地理信息系统 WebGIS

用户和服务器可以分布在不同地点和不同的计算机平台上，实现在任意一个节点上浏览检索 Web 上的各种地理信息和进行各种地理空间分析与预测、空间推理和决策支持等功能的系统。

30.156 实体关系建模 entity-relationship modeling

一种自顶向下的数据建模方法，先区分所有重要的实体，然后找出它们之间的关系，最终结果是建立一个实体关系模型。

30.157 地理可视化 geographic visualization

指生成地图以及其他地理信息的表现形式。

30.158 GIS Web 服务 GIS Web Services

通过网络发布、访问和动态调用的自包含的模块化的组件和应用。

30.159 地理信息网络 geography network, g. net

把地理信息及未经加工的数据、地图或一些与此相关的服务放在服务器上，利用联机目录提供可用地理信息和服务的索引，用户可通过浏览器或该网络认可的桌面地理信息系统对其进行访问。

30.160 地理信息系统 geographic information system, GIS

在计算机软件、硬件及网络支持下，对有关空间数据进行预处理、输入、存储、查询检索、处理、分析、显示、更新和提供应用以及在不同用户、不同系统、不同地点之间传输地理数据的计算机信息系统。

30.161 地理数据库管理系统 geographic database management system

对各类地理数据进行统一处理、存储、维护和管理的软件系统。

30.162　城市地理信息系统　urban GIS, UGIS

地理信息技术及其他相关信息技术在城市政府、企业的管理与决策及市民生活中的应用。

30.163　数据共享　data sharing

不同的系统与用户使用非己有数据并进行各种操作运算与分析。

30.164　空间数据挖掘　spatial data mining

将空间数据仓库中的原始数据转化为更为简洁的信息,发现隐含的、有潜在用途的空间或非空间模型和普遍特征的过程。

30.165　地理空间数据仓库　geo-spatial data warehouse

面向主题的、集成的、动态更新的、持久的空间数据集合。

30.166　地球空间信息学　geoinformatics

研究空间信息的结构、性质、获取、分类、存储、处理、描绘、传播并确保其优化使用的科学。

30.167　4D 产品　DLG、DOM、DEM and DTM products

通过一系列地理信息系统分析处理得到的数字线划地图(DLG)、数字正射影像图(DOM)、数字高程模型(DEM)和数字地形模型(DTM)等信息产品。

30.168　虚拟现实　virtual reality

存在于计算机系统中的逻辑环境,通过输出设备模拟显示现实世界中的三维物体和它们的运动规律和方式。

英 汉 索 引

A

abandoned sea cliff　*死海蚀崖　15.066
abiogenic landscape　非生源景观　10.011
ablation area of glacier　冰川消融区　11.030
abrasion　磨蚀作用　03.050
abrasion platform　海蚀台[地]，*磨蚀台[地]　15.062
abrupt change of climate　气候突变　04.145
absolute age of soil　土壤绝对年龄　07.028
absolute distance　绝对距离　25.177
absolute geographical space　绝对地理空间　01.016
absolute location　绝对区位　25.225
absolute position　绝对位置　01.163
absolute sea level change　绝对海[平]面变化　15.136
absorption　吸收　09.052
absorptivity　吸收率，*吸收系数　29.059
abyssal deep　海渊　15.154
abyssal plain　深海平原　15.155
accelerated erosion　加速侵蚀　03.178
acceptable erosion　允许侵蚀量　03.180
accessibility　可达性　18.188
accessibility index　可达性指数　19.174
acclimatization　驯化　06.032
accumulated temperature　积温　04.111
accumulation area of glacier　冰川积累区　11.029
accumulation terrace　堆积阶地　03.124
acid rain　酸雨　09.084
acid sulphate soil　酸性硫酸盐土　07.132
Acrisol　低活性强酸土　07.173
action space　行为空间　17.088
active dispersal　主动散布　06.073
active layer　活动层　12.034
active remote sensing　主动遥感　29.011
active sea cliff　*活海蚀崖　15.066
active tectonics　活动构造　03.254
active volcano　活火山　03.296
activity allocation model　经济活动布局模型　25.150
activity diaries survey　活动日志调查　17.100
activity space　活动空间　17.089
adaptation　适应　06.033
adaptive radiation　适应辐射　06.034
address geo-coding　地址地理编码　30.097
address matching　地址匹配　30.098
adfreeze strength　冻结力　12.082
administrative boundary　行政界线　17.057
administrative region　政区　23.027
adret　阳坡　02.093
adsorption　吸附　09.053
advantageous terrain　形胜　23.070
adventive　重归　06.035
adventure tourism　探险旅游　21.003
aeolian accumulation　风成堆积　13.013
aeolian deposit　风成沉积　13.010
aeolian dune　[风成]沙丘　13.016
aeolian dynamics　风沙动力学　13.012
aeolian landform　风成地貌　13.011
aeolian processes　风成过程　13.014
aeolian sand　风成沙　13.015
aeolian sand landform　风沙地貌　13.022
aeolian sandy soil　风沙土　13.028
aeolian soil　风积土　13.019
aeration zone　包气带　05.168
aerial　气生的　06.097
aerial migratory element　气迁移元素　10.037
aerial remote sensing　航空遥感　29.006
aeroclimatology　高空气候学　04.012
aerodynamics roughness　空气动力学粗糙度　13.060
aeronautical chart　航空地图　27.053
aeronautical climatology　航空气候学　04.009
aestivation　夏蛰　06.211
afforestation of sands　固沙造林　13.049
age and sex structure　年龄与性别结构　22.015
agent　自主体　25.029
agglomeration　集聚　19.147
agglomeration economy　集聚经济　18.157
aggradation　加积作用　03.110

anticyclone 反气旋 04.097
anti El Niño ＊反厄尔尼诺 04.119
antique tourism 仿古旅游 21.010
anti-tourism 反旅游 21.011
application schema 应用模式 30.070
applied cartography 应用地图学 27.011
applied climatology 应用气候学 04.006
applied geography 应用地理学 01.074
applied geomorphology 应用地貌学 03.013
applied physical geography 应用自然地理学 02.004
appropriate tourism 适度旅游 21.012
aquatic faunal group on the land 陆上水域动物 06.191
aquatic humic substances 水生腐殖质 09.070
aqueous migratory element 水迁移元素 10.038
aquifer 含水层 05.144
arc 弧段 30.001
archipelago 群岛 15.012
archipelago state 群岛国 15.030
ARC Macro Language ARC 宏语言 30.059
arc-node topology 弧-结点拓扑关系 30.071
arctic circle 北极圈 01.120
area 地区 01.156
areal 分布区 06.010
areal center 分布区中心 06.011
areal combination of ports 港口地域群体，＊港口地域组合 18.183
areal disjunction 分布区间断 06.014
areal map 范围图 27.019
areal pattern of agriculture 农业地域类型 18.231
areal specialization 地域专业化 18.041
areal type 分布区型 06.012，地域类型 18.021
areal type of livestock farming 畜牧业地域类型 18.274
area method 范围法 27.125
area of survival archaic language 古语遗留区 24.103
Arenosol 砂性土 07.166
arete 刃脊 11.088
argillaceous desert 泥漠 02.104
arid climate 干旱气候 04.066
aridification 干旱化 13.042
Aridisol 干旱土 07.149
aridity 干燥度 04.039
aridity climate ＊干燥气候 04.066
arid region 干旱区 13.043
arid region hydrology 干旱区水文 05.012
arid zone 干旱区 13.043
arrowhead map 动线地图 27.024
arrowhead method 运动线法 27.128
arsenicosis 地方性砷中毒 08.044
arterial hub of highway network 公路主枢纽 18.181
artesian basin 自流水盆地 05.152
artificial groundwater recharge 地下水人工回灌 05.167
artificially frozen soil 人工冻土 12.026
artificial microclimate 人工小气候 04.030
artificial wetland 人工湿地 14.031
aspect 坡向 02.092
associated number 连带数 25.197
astroclimate 天文气候 04.019
astrogeography 天体地理学 01.140
astrolomico-eustatism 天文作用型海面变化 15.129
astronavigation map 宇航地图 27.055
ataxitic cryostructure 杂状冷生构造 12.048
Atlantic-type coastline ＊大西洋型岸线 15.116
atlas 地图集 27.068
atmosphere 大气圈 01.104
atmospheric center of action 大气活动中心 04.079
atmospheric pollution 大气污染 09.027
atmospheric remote sensing 大气遥感 29.019
atmospheric window 大气窗 29.065
atoll 环礁 15.111
attraction 旅游吸引物 21.013
attraction area 吸引区 18.198
attractivity 旅游吸引力 21.014
attribute 属性 30.002
attribute data 属性数据 30.003
attribute search 属性查询 30.100
Australian kingdom 澳大利亚植物区 06.116
Australian realm 澳大利亚界 06.204
authority constraint 权威制约 17.099
autochthonous species 土著种 06.092
automated data processing 自动数据处理 30.102
automated digitizing 自动数字化 30.103
automated feature recognition 自动特征识别 30.104
automated vectorization 自动矢量化 30.101
automatic cartography 自动化地图制图 27.181
automatic map lettering 图面自动注记 27.186
autonomous region 自治区 17.053
autotrophy 自养 06.132
auxiliary capital 陪都 23.032

auxiliary landscape ＊从属景观 10.013
available soil moisture 土壤有效含水量 05.176
azimuthal projection 方位投影 27.089
azonality 非地带性 02.038
azonal soil 泛域土 07.037

B

backshore 后滨 15.043
badland 劣地 03.184
Baijiang soil 白浆土 07.105
bailongdui 白龙堆 13.001
balance 平衡 25.031
balanced neighborhood 平衡邻里，＊均衡社区 19.198
balance of natural resources between supply and demand 资源供需平衡 20.036
bar 沙坝 15.093
barbed drainage pattern 倒钩状水系格局 03.293
barchan 新月形沙丘 13.115
barchan bridge 新月形沙垄 13.117
barchan chain 新月形沙丘链 13.116
bare karst 裸露型喀斯特 03.209
bare peat 裸露泥炭 14.078
barrier island 沙坝岛 15.099
barrier reef 堡礁 15.110
basal surface of weathering 风化基面 03.061
base 基底 25.187
base flow 基流 05.095
base level of erosion 侵蚀基准面 03.104
baseline of territorial sea 领海基线 15.021
basic activities 基本活动 19.145
basic industry 基础工业 18.148
basic to non-basic ratio 基本/非基本比率 19.144
basin 盆地 03.033
basin-and-range geomorphic landscape 盆岭地貌 03.270
basin divide 流域分水线 05.039
basin evapotranspiration 流域蒸发 05.198
bathyphreatic cave 深潜流带溶洞 03.234
bay 海湾 15.008
bay bar 拦湾坝 15.095
Bayesian inference 贝叶斯推理 25.088
beach 海滩 15.069
beach berm 滩肩，＊海滩台 15.071
beach cusp 滩角 15.072
beach maintenance 海滩养护 15.157
beach nourishment 海滩喂养 15.158
beach replenishment 海滩喂养 15.158
beach ridge 滩脊 15.073
beach rock 海滩岩 15.070
Beckmann model of city system 贝克曼城镇体系模型 25.160
bed and breakfast BB 式旅馆 21.015
bedrock 基岩 03.045
bedroom town 卧城 19.238
behavioral approach 行为方法 17.080
behavioral environment 行为环境 24.120
behavioral geography 行为地理学 17.079
behavioral matrix 行为矩阵 17.082
beheaded river 断头河，＊被夺河 03.314
belt 带 01.147
belt of no erosion 无显露侵蚀带 03.179
bench 岩滩 15.060
Bergmann's rule 伯格曼定律 06.213
beta-diversity β 多样性 06.048
beta index 贝塔数 25.191
bid-rent curve 竞租曲线 19.233
bifurcation 分叉 25.035
bight 海湾 15.008
bioaccumulation 生物积累 09.056
bioavailability 生物可利用性 09.054
biochore 生物分布 06.009
bioclimate 生物气候 06.028
bioclimatic law 生物气候定律 04.152
bioclimatology 生物气候学 04.005
bioconcentration 生物富集 09.055
bio-enrichment coefficient 生物富集系数，＊生物吸收系数 10.057
biogenic coast 生物海岸 15.105
biogeochemical province 生物地球化学省 10.017
biogeochemistry 生物地球化学 09.004
biogeoclimate 生物地理气候 06.029

C

cadastral information 地籍信息 30.012
cadastral map 地籍图 27.006
calcification 钙积作用 07.053
calciphyte 喜钙植物 06.135
Calcisol 钙积土 07.168
Cambisol 雏形土 07.167
camping 露营 21.018
camp settlement 短期聚落 19.001
campus town 大学城 19.110
Canada Geographic Information System 加拿大地理信息系统 30.151
canal 运河 05.055
cancer distribution 癌症分布 08.019
candidate model 候选模型 25.060
canyon 峡谷 03.038
capability constraint 能力制约 17.097
cape 地角 15.018
Cape kingdom 好望角植物区 06.117
capital-intensive industry 资金密集型工业 18.155
capital of a country 京，*都 23.031
capturing river 袭夺河 03.117
caravan park 汽车宿营地 21.019
carbonate bounded form 碳酸盐结合态 10.049
carbonate weathering crust 碳酸盐风化壳 10.024
cardiovascular distribution 心血管病分布 08.021
carrying capacity of pasture land 草场载畜量 18.279
carrying capacity of region 区域承载力 01.057
cartodiagram method 分区统计图表法 27.130
cartogram method 分区统计图表法 27.130
cartographic accuracy 制图精度 27.160
cartographic analysis 地图分析 27.149
cartographic base 地理底图 27.109
cartographic cognition 地图认知 27.153
cartographic communication theory 地图传输论 27.164
cartographic deduction method 地图演绎法 27.155
cartographic design 地图设计 27.101
cartographic editing system 地图编辑系统 27.199
cartographic experiences theory 地图感受论 27.165
cartographic generalization 地图概括，*制图综合 27.142
cartographic induction method 地图归纳法 27.154
cartographic information 地图信息 27.102
cartographic information system 地图信息系统 27.180
cartographic information theory 地图信息论 27.162
cartographic interpretation 地图判读 27.151
cartographic language 地图语言 27.111
cartographic method 地图方法 27.147
cartographic modeling theory 地图模式论，*地图模型论 27.163
cartographic perception theory 地图感受论 27.165
cartographic potential information 地图潜在信息 27.103
cartographic pragmatics 地图语用 27.114
cartographic representation 地图表示方法 27.120
cartographic scribing 地图刻绘 27.105
cartographic selection 地图选取 27.143
cartographic semantics 地图语义 27.113
cartographic specifications 地图规范 27.138
cartographic symbol 地图符号 27.115
cartographic syntax 地图句法 27.112
cartographic user 地图用户 27.167
cartographic visualization 地图可视化 27.152
cartography 地图学 27.001
cascade diffusion 层叠扩散 25.212
case study 个案研究 24.046
catastrophe theory in geography 地理突变论 01.062
categorical data analysis 范畴数据分析 25.102
causal model 因果模型 21.021
cave breccia *洞穴角砾岩 03.244
cave deposit 洞穴堆积 03.235
cave notch 洞壁凹槽 03.248
cavity ice 洞穴冰 12.058
CBD 中央商务区 19.262
cellular automaton 元胞自动机 25.076
cement ice formation 胶结成冰 12.067
Cenozoic decline 新生代衰落 16.056
census 人口普查 22.009
census metropolitan area 大都市人口普查区 19.107
center of diversity 多样性中心 06.018
center of specialization 特化中心 06.017

central axis of urban planning 城市中轴线 23.044
central business district 中央商务区 19.262
central business height index 中央商务高度指数 19.263
central business intensity index 中央商务强度指数 19.264
central city 中心城市 19.259
central effect in geography 地理中心效应 01.048
centrally administered municipality *中央直辖市 19.257
central meridian 中央经线 27.100
central place 中心地 19.260
central place theory 中心地理论，*中心地学说 19.261
centrifugal and centripetal forces 离心力和向心力 19.178
centrifugal drainage pattern *离心式水系格局 03.289
centripetal drainage pattern *向心式水系格局 03.290
cession of territory 领土割让 23.024
CGE 可计算一般均衡 25.121
CGIS 加拿大地理信息系统 30.151
CGM 计算机制图图元文件 30.013
chain migration 链式迁移 24.043
chain reaction of geosystem 地理系统的连锁反应 01.067
change of city site 城址转移 23.042
channel bar 滨河床沙坝 03.131
channel gradient 河道坡降 05.044
channelized traffic 渠化导流 18.177
channel order 河道等级 05.046
chaos 混沌 25.036
chaparral 查帕拉尔群落 06.177
Charter of Athens 雅典宪章 19.251
charter of Machupicchu 马丘比丘宪章 19.188
check point 关 23.063
chemical denudation 化学剥蚀 10.030
chemical dune stablization 化学固沙 13.057
chemical geography 化学地理学 10.001
chemical migration 化学迁移 10.031
chemical runoff 化学径流 10.053
chemical weathering 化学风化作用 03.055
chemicogeography of life elements 生命元素化学地理 10.006
chemico-resistance 化学抗性 08.032
chenier 滩脊[型]潮滩，*蛤蛎堤 15.074
chenier plain 滩脊[型]潮滩平原 15.075
chernozem 黑钙土 07.109
chestnut soil 栗钙土 07.110
Chicago School 芝加哥学派 19.256
chiefdom 酋邦 23.021
chorography 地志学 01.076
chromosome geography 染色体地理学 06.008
cinnamon-red soil 褐红土 07.093
cinnamon soil 褐土 07.101
circuit tourism 环线旅游 21.022
circulation network system 流通网络系统 18.207
circumboreal 环北方 06.119
cirque 冰斗 11.086
cirque glacier 冰斗冰川 11.055
citizenship 公民权 24.037
city 城市 19.012
city administratively control over surrounding counties 市辖县体制 19.219
city community 城市社区 19.065
city disease 城市病 19.014
city form 城市形态 19.080
city function 城市职能 19.090
city hinterland 城市腹地 19.025
city image 城市意象 19.082
city map 城市地图 27.059
city origins 城市起源 19.057
city perception 城市感应 19.026
city proper 市区 19.220
city region 城市区域 19.058
city size 城市规模 19.033
city size distribution 城市规模分布 19.035
city-state 城邦 23.022
civic center 市中心 19.223
cladistics 进化枝 06.085
clan society 氏族社会 23.020
Clark value 克拉克值 10.028
classification and regionalization 分类与区划 24.010
classification code 分类码 30.130
classification map 分类图 29.111
classification of geosystem 地理系统分类 01.053
classification of glacier 冰川分类 11.038
classification of sand dune 沙丘分类 13.101
clastic cave sediment 洞穴碎屑沉积 03.244

clastic weathering crust 碎屑风化壳 10.023
clayification 黏化[作用] 07.064
cliff 崖 03.035
climate 气候 04.018
climate optimum ＊气候最宜期 16.057
climate regionalization 气候区划 04.038
climatic anomaly 气候异常 04.146
climatic assessment 气候评价 04.068
climatic change 气候变化 04.140
climatic classification 气候分类 04.036
climatic diagnosis 气候诊断 04.035
climatic disaster 气候灾害 04.098
climatic element 气候要素 04.031
climatic feedback mechanism 气候反馈机制 04.137
climatic fluctuation 气候振动 04.142
climatic formation factor 气候形成因子 04.020
climatic geomorphology 气候地貌学 03.007
climatic index 气候指数 04.042
climatic monitoring 气候监测 04.033
climatic prediction 气候预测 04.034
climatic reconstruction 气候重建 04.144
climatic region 气候区 04.044
climatic resources 气候资源 20.007
climatic revolution 气候演变 04.143
climatic simulation 气候模拟 04.130
climatic system 气候系统 04.148
climatic trend 气候趋势 04.147
climatic type 气候型 04.062
climatic variation 气候变迁 04.141
climatic zone 气候带 04.043
climatography 气候志 04.067
climatological observation 气候观测 04.032
climatology 气候学 04.001
climax community 顶极群落 06.150
climax soil 顶极土壤 07.026
climbing dune 爬升沙丘 13.070
cline 渐变群 06.090
closed basin 闭合盆地 05.040
closed system 封闭系统 25.012
closed-system freezing 封闭系统冻结 12.045
closed talik 非贯通融区 12.094
closure period of fishing 禁渔期 18.294
cluster analysis 聚类分析 25.097
cluster city 族群城市 19.273
coarse granulization 粗化 13.007
coastal dune 海岸沙丘 15.102
coastal geomorphology 海岸地貌学 15.007
coastal landform 海岸地貌 15.006
coastal ocean 近岸[大]洋 15.002
coastal placer 海滨砂矿 15.144
coastal plain 海滨平原 15.104
coastal sea 近岸海 15.003
[coastal] setback zone [海岸]后置带 15.156
coastal terrace 海岸阶地 15.145
coastal water 近岸海 15.003
coastal wetland 海岸湿地 14.034
coastal zone 海岸带 15.039
coastline 海岸线 15.038
Cobb-Douglas production function 科布-道格拉斯生产函数 25.148
cockpit ＊石灰岩坑地 03.226
coefficient of aqueous migration 水迁移系数 10.056
coefficient of geographical linkage 地理联系率 18.055
coefficient of transported product 运输系数 18.196
coefficient of variation 变差系数 25.086
coevolution 协同进化 06.089
cognitive distance 认知距离 17.085
cognitive map 认知地图 27.029
cognitive mapping 认知制图 17.084
cognitive space 认知空间 17.086
COGO 坐标几何 30.014
cohort 同批人 22.013
cold belt 寒带 01.148
cold damage 冷害 04.114
cold desert 寒漠 13.052
cold front 冷锋 04.088
cold glacier 冷冰川 11.041
cold wave 寒潮 04.106
cold zone 寒带 01.148
collapse 滑塌 03.195
colonization 拓殖 06.134
colony 殖民地 17.068
color composite 彩色合成 29.110
color enhancement 彩色增强 29.109
column 石柱 03.239
COM 组件对象模型 30.072
combating desertification 沙漠化防治 13.086
commensalism 偏利共生 06.101

commercial center　商业中心　18.209
commercial city　商业城市　19.208
commercial district　商业区　19.209
commercial geography　商业地理学　18.204
commercial production base　商品性生产基地　18.253
commercial route　商路　18.208
commodity flow　商品流　18.213
common heritage of humanity　人类共同遗产　24.096
common landscape　共同景观　24.106
community　社区　19.226
community center　社区中心　19.214
community development project　社区发展计划　19.213
community recreation　社区游憩　21.023
commuter belt　通勤带　19.230
commuter zone　通勤带　19.230
commuting　通勤　19.229
comparative cartography　比较地图学　27.015
comparative geography　比较地理学　01.009
comparative hydrology　比较水文学　05.003
comparative watershed　对比流域　05.214
compartment model　隔室模型　25.135
compensatory trade　补偿贸易　18.228
competitive exclusion　竞争排斥　06.091
complementation theory of similarity and variability in geography　地理同异互补论　01.040
complex atlas　综合地图集　27.074
complex climatology　综合气候学　04.015
complex dunes　复合型沙丘　13.041
complexity　复杂性　25.026
complex mapping　综合制图　27.061
complex microelement fertilizer of peat　泥炭多元微肥　14.089
complex response　复杂响应　03.091
complex system　复杂系统　25.020
component object model　组件对象模型　30.072
composite coast　复式岸　15.141
compound dunes　复合沙丘　13.040
compound proluvial fan　复合[型]洪积扇　03.285
compound terrace　复合[型]阶地　03.279
comprehensive atlas　综合地图集　27.074
comprehensive evaluation map　综合评价地图　27.031
comprehensive evaluation of regional natural resources　区域资源综合评价　20.033
comprehensive handling capacity of port　港口综合吞吐能力　18.201
comprehensive plan　总体规划　19.271
compression index of peat　泥炭收缩系数　14.095
computable general equilibrium　可计算一般均衡　25.121
computable model　可计算模型　25.055
computational complexity　计算复杂性　25.078
computation geography　计算地理学　25.002
computer cartography　计算机地图制图　27.182
computer graphic metafile　计算机制图图元文件　30.013
computer manipulation of geographic data　地理数据计算机处理　30.107
computer map generalization　计算机地图概括　27.201
computer map publish system　计算机地图出版系统　27.179
concentrated decentralization　集中的离心化　19.148
concentration　浓集　09.047
concentration and centralization　集中化与中心化　19.150
concentration grade　集中度　19.149
concentration ratio　旅游业集中度　21.024
concentric zone model　同心圆模式　19.232
conceptual model　概念模型　25.054
conceptual modern city　现代城市设想　19.241
conceptual schema　概念模式　30.031
conceptual schema language　概念模式语言　30.074
concession　租界　19.272
concordant coastline　*整合[型海]岸线　15.115
cone karst　峰丛　03.226
confined groundwater　承压地下水　05.149
conformance testing　一致性测试　30.076
conical projection　圆锥投影　27.087
coniferous and broad-leaved mixed forest　针阔叶混交林　06.158
coniferous forest　针叶林　06.156
Conley-Ligon model　康利-利根模型　25.173
consequent river　顺向河　03.300
consequent stream　*顺向谷　03.300
conservation biology　保护生物学　06.041
constellating urban pattern　星状城市形态　19.249
consumer　消费者　06.103
consumer geography　消费地理学　18.205
contagious diffusion　邻近扩散　18.132

container transport 集装箱运输 18.195
contextual theory 背景理论 17.003
contiguous zone 毗连区 15.023
continent 大陆 01.141，洲 01.142
continental bridge transport 大陆桥运输 18.180
continental climate 大陆性气候 04.063
continental facies sedimentation 陆相沉积，*大陆沉积 03.062
continental faunal regionalization 陆地动物区划 06.197
continental hydrology 陆地水文学 05.002
continental ice sheet 大陆冰盖 11.047
continental island 大陆岛 15.013
continentality 大陆度 04.040
continental rise *大陆隆 15.150
continental sedimentation 陆相沉积，*大陆沉积 03.062
continental shelf 大陆架 15.025
continental slope 大陆坡 15.027
continuity theory of geography 地理连续过渡说 01.041
continuous permafrost 连续多年冻土 12.015
contrast enhancement 反差增强 29.103
controlled trade 控制贸易 18.226
control of sandy desert 沙漠治理 13.099
control system 控制系统 25.017
conurbation 复合城市，*集合城市 19.130
convenience distance 便捷距离 25.183
conventional name 惯用名 28.003
convention travel 会议旅游 21.025
convergent drainage pattern 辐聚式水系格局 03.290
convergent evolution 趋同进化 06.088
conversion coefficient of livestock 畜牧折合系数 18.275
coordinate geometry 坐标几何 30.014
Cope's rule 科普定律 06.214
coppice dune 灌丛沙堆 13.050
coprolite 粪化石 06.215
coral reef coast 珊瑚礁海岸 15.108
core area 核心区 24.051
core-hinterland model 核心-腹地模型 25.238
core-periphery model 核心-边缘模式 19.139
core-periphery theory 核心-边缘论 19.138
corporate spatial structure 企业空间结构 18.143
corporation spatial expansion 公司空间扩展 18.130
corrasion *刻蚀 03.077
correlating sediment ［侵蚀］相关沉积 03.065
correlation 相关 25.089
corridor 廊道 25.186
corrosion 溶蚀 03.211
cosmopolitan species 世界种 06.060
cost distance 花费距离 25.179
counter-urbanization 逆城市化 19.195
counties under the jurisdiction of municipality 市辖县，*市带县 19.221
country house hotel 乡村旅馆 21.026
county-level city 县级市 19.242
coupling constraint 组合制约 17.098
coverage 图层 30.004
coverage element 图层元素 30.005
coverage extent 图层范围 30.006
coverage update 图层更新 30.007
covered karst 覆盖型喀斯特 03.210
crater lake 火山口湖 03.160
creative tourism 修学旅游 21.027
crescent dune 新月形沙丘 13.115
crevasse 冰川裂隙 11.032
critical region of biodiversity 生物多样性关键区 06.051
critter crust 生物结皮 13.105
crop-climatical potential productivity 作物-气候生产潜力 02.024
crop combination 作物组合 18.260
cropping system 种植制度，*栽培制度 18.257
crumbling 块状崩落 03.189
cryolic ground 寒土 12.007
cryolithozone 冻土区 12.011
cryopeg 湿寒土 12.008
cryoplanation 冷生夷平 12.098
cryosphere 冷圈 11.107
cryostructure 冷生构造 12.047
cryotexture 冷生结构 12.049
cryoturbation 融冻扰动 12.075
cryptic species 隐存种 06.086
cuesta 单面山 03.258
cultivated soil 耕作土壤 07.018
cultivation index 垦殖指数 18.258
cultural adaptation 文化适应 24.062
cultural biogeography 文化生物地理学 06.004
cultural boundary 文化边界 24.089

D

DDB 分布式数据库 30.066
DEA analysis 数据包络分析 25.118
debris flow 泥石流 03.197
decalcification 脱钙作用 07.055
decentralization 逆中心化 19.196
deciduous and evergreen broadleaved forest 落叶阔叶与常绿阔叶混交林 06.160
deciduous broadleaved forest 落叶阔叶林，* 夏绿林 06.159
declining area 衰落区 18.078
decomposer 分解者 06.104
decrease of marginal returns of land 土地收益递减规律 18.291
deep karst 深部喀斯特 03.206
deep phreatic water 深层地下水 05.146
deep pool 深槽 03.145
defaunation 毁动物群 06.207
deflation 吹蚀 13.008
deflation hollow 风蚀洼地 13.037
deformation till 变形碛 11.080
deglaciation 冰川消退 11.013
degradation 凌夷作用 03.111，降解 09.051
degradation of wetland ecosystem 湿地生态系统退化 14.006
degree of dependence on import & export 进出口依赖度 18.028
degree of sandy desertification 沙漠化程度 13.084
degree of urbanization 城市化水平 19.042
delta 三角洲 03.156
delta-diversity δ多样性 06.050
DEM 数字高程模型 30.018
demonstration effect 示范效应 21.030
dendritic dune 树枝状沙垅 13.110
dendroclimatology 树木年轮气候学 04.017
density compensation 密度补偿 06.105
density gradient 密度梯度 19.190
density of gully 沟谷密度 03.183
density overcompensation 全密度补偿 06.106
density slicing 密度分割 29.101
dentric drainage pattern 树枝状水系格局 03.287
denudation 剥蚀作用 03.048
denudation surface 剥蚀面 03.075
dependency ratio 抚养比 22.014
depletion of ozone layer 臭氧层损耗 09.091
deposit 堆积物 03.063
deposition 堆积作用 03.052
deposition island 堆积岛 15.015
deposit of peat 泥炭矿床 14.086
deposit rate of peat 泥炭沉积率 14.076
depressed area 萧条区 18.079
depression 洼地 03.042，填洼 05.188
depth hoar 深霜 11.020
depth of zero annual amplitude 年变化深度，* 零较差深度 12.037
derivative map 派生地图 27.067
derived data 派生数据 30.019
desalinization 脱盐作用 07.051
descriptive data 描述数据 30.020
desert 荒漠 02.051
desert climate 荒漠气候 04.045
desert environment 风沙环境 13.025
desert faunal group 荒漠动物 06.194
desert geomorphology 沙漠地貌 13.082
desertification 荒漠化 02.084
desertification-prone land 潜在沙漠化土地 13.073
desert landform 沙漠地貌 13.082
desert pavement 漠境砾幕 13.069
desert soil 荒漠土壤 07.021
desert steppe 荒漠草原 06.171
desert varnish 荒漠漆 13.054
designated city 建制市 19.153
designated function of city 城市性质 19.081
designated town 建制镇 19.154
desilicification 脱硅[作用] 07.058
desktop GIS 桌面地理信息系统 30.154
desquamation * 剥落 03.188
destination choice 目的地选择 21.031
destination management 目的地管理 21.032
detailed soil survey 土壤详查 07.186
detail planning 详细规划 19.245
developing area 发展区 18.076
development area 开发区 19.170
development geography 发展地理学 18.006
devolution 分权 17.072
diagnostic characteristics 诊断特性 07.078
diagnostic horizon 诊断层 07.077
dialect 方言 24.099
diastrophico-eustasy 地动型海面变化 15.132

differential land rent by site　位置级差地租　18.086
diffusion　扩散　09.044
diffusion barriers　扩散障碍　18.075
diffusion curve　扩散曲线　25.217
diffusion-limited　受限扩散　25.215
diffusion-limited growth　受限扩散生长　25.077
digital cartographic interchange format　数字地图交换格式　30.061
digital China　数字中国　26.016
digital city　数字城市　19.225
digital earth　数字地球　26.014
digital elevation model　数字高程模型　30.018
digital environment　数字环境　26.019
digital filter　数字滤波器　29.108
digital geo-spatial data framework　数字地理空间数据框架　30.021
digital image　数字图像　29.089
digital image processing　数字图像处理　30.110
digital line graph　数字线划图数据格式　30.062
digital map　数字地图　27.188
digital map layer　数字化图层　30.023
digital mapping　数字制图　30.113
digital mapping system　全数字化测图系统，*软件拷贝摄影测量系统　26.020
digital map registration　数字地图配准　30.112
digital model　数字模型　25.070
Digital Orthophoto Map　数字正射影像图　30.153
digital photogrammetric system　*数字摄影测量系统　26.020
digital province　数字省　26.017
digital region　数字区域　26.018
digital surface model　数字表面模型　30.024
digital terrain model　数字地形模型　30.025
digital to analog conversion　数-模转换　29.117
digitizing　数字化　30.022
digitizing edit　数字化编辑　30.111
dilution　稀释　09.046
diluvium　坡水堆积物　03.192
DIME　双重独立地图编码文件　30.063
0 dimension climate model　0 维气候模型　25.130
direct environmental gradient　直接环境梯度　06.148
disaster from snow and ice　冰雪灾害　11.098
disaster map　灾害地图　27.047
discharge　流量　05.089，[废水]排放　09.036
discontinuous permafrost　不连续多年冻土　12.016
discordant coastline　*不整合[型海]岸线　15.116
discriminant analysis　判别分析　25.096
discriminant function　判别函数　29.113
disease area with high incidence　高发病区　08.025
disease area with low incidence　低发病区　08.026
disease belt　病带　08.027
disease re-diffusion　疾病再扩散　08.034
dispersal barriers　散布阻限　06.187
dispersal center　扩散中心　06.016
dispersed city　分散城市　19.128
dispersed element　分散元素　10.043
dispersion　分散　09.045
dispersion halo　分散晕　10.052
distance decay　距离衰减　17.090
distance shrinking　距离缩减　18.036
distributed database　分布式数据库　30.066
distributed system　分布式系统　25.022
distribution and transportation　港口集疏运系统　18.190
distribution pattern　分布型　06.013
district　小区　01.157
district center　区中心　19.203
diverted river　改向河　03.309
divide　分水岭　03.101
DLG　数字线划图数据格式　30.062
DLG、DOM、DEM and DTM products　4D 产品　30.167
doline　溶[蚀漏]斗　03.217
DOM　数字正射影像图　30.153
dome shaped dune　穹状沙丘　13.075
domestic tourism　国内旅游　21.034
domestic wastewater　生活废水　09.076
domino theory　多米诺理论　17.049
dormant volcano　休眠火山　03.297
dormitory town　卧城　19.238
dot map　点值图　27.023
dot method　点值法　27.127
dot symbol method　点状符号法　27.123
downcutting　下切侵蚀　03.114
downtown　闹市区，*下城区　19.194
drainage basin　流域　05.038
drainage density　河网密度　05.051
drainage networks　河网　05.050
drainage offset　水系[水平]错位　03.307
drainage pattern　水系格局　03.286

driving force 驱动力 02.087
drought 干旱 04.102
drought damage 旱灾 04.103
drought index 干旱指数 13.044
drumlin 鼓丘 11.092
dry delta 干三角洲，＊陆上三角洲 03.157
dry deposition 干沉降 09.048
dry-hot wind 干热风 04.112
dry permafrost 干寒土 12.009
dry red soil 燥红土 07.090
dry valley 干谷 03.222
DSM 数字表面模型 30.024
DTM 数字地形模型 30.025
Dual Independent Map Encoding 双重独立地图编码文件 30.063
dual-texture 二元结构 03.129
dual theory of the state 国家二元论 17.048
dune crest 沙脊 13.079
dune field 沙丘地 13.100
dune morphology 沙丘形态 13.102
dune movement 沙丘移动 13.103
dune ridge 沙垅 13.080
dune stabilization ＊沙丘固定 13.064
dust fall 雨土 16.036
dust storm 沙[尘]暴 04.107
duty-free zone 保税区 18.066
dynamical model 动力学模型 25.068
dynamical system 动态系统 25.016
dynamic clustering 动态聚类 25.098
dynamic data exchange 动态数据交换 30.109
dynamic geomorphology 动力地貌学 03.008
dynamic geosystem 地理动态系统 01.054
dynamic map 动态地图 27.034
dynamics of groundwater 地下水动力学 05.162

E

earth 地球 01.097
earth observation satellite 对地观测卫星 26.027
earth observation system 对地观测系统 26.003
earth resources satellite 地球资源卫星 26.031
earth revolution 地球公转 01.133
earth rotation 地球自转 01.132
earth's axis 地轴 01.134
earth's core 地核 01.135
earth's crust 地壳 01.136
Earth simulator 地球模拟器 25.244
earth's mantle 地幔 01.137
earth surface system 地球表层系统 01.100
earth system 地球系统 01.098
ecochemicogeography 生态化学地理 10.004
ecodistrict 生态小区 02.108
ecogeography 生态地理学 02.107
ecological agriculture 生态农业 18.282
ecological biogeography 生态生物地理学 06.002
ecological critical zone 生态脆弱带 02.111
ecological hydrology 生态水文学 05.020
ecological map 生态地图 27.041
ecological resources 生态资源 20.013
ecological water consumption 生态耗水 05.225
ecological water need 生态需水 05.223
ecological water requirement 生态需水 05.223
ecological water use 生态用水 05.224
ecology of health 健康生态学 08.015
ecology security of wetland 湿地生态安全 14.008
economic and technological development zone 经济技术开发区 18.081
economic appraisal 经济评价 18.082
economic atlas 经济地图集 27.079
economic center 经济中心 18.074
economic cooperation region 经济协作区 18.073
cconomic distancc 经济距离 18.084
economic evaluation of natural resources 自然资源经济评价 20.032
economic geographical conditions 经济地理条件 18.048
economic geographical location 经济地理位置 18.049
economic geography 经济地理学 18.001
economic globalization 经济全球化 18.025
economic growth model 经济增长模型 25.161
economic leakage 经济漏损 21.035
economic location 经济区位 18.058
economic map 经济地图 27.039
economic region 经济区 18.072
economic regionalization 经济区划 18.071

economics of outskirts　城郊经济学　19.011
economics of urban ecology　城市生态经济学　19.066
economics of urban land　城市土地经济学　19.075
economy of scope　范畴经济　18.142
ecoregion　生态区域　06.065
ecosection　生态地段　02.110
ecosite　生态点　02.109
ecosystem　生态系统　06.022
ecosystem function of wetland　湿地生态系统功能　14.005
ecosystem geography　生态系统地理学　06.006
ecosystem structure of wetland　湿地生态系统结构　14.004
ecotone　生态过渡带　06.039
ecotope　生态区　06.026
ecotourism　*生态旅游　21.069
ecumenopolis　世界都市带　19.218
edaphology　耕作土壤学　07.005
edge city　边缘城市　19.009
edge effect　边缘效应　06.066
edge enhancement　边缘增强　29.107
education atlas　教育地图集　27.083
effective distance　有效距离　25.184
elastic coefficient of transportation　运输弹性系数　18.169
elasticity of consumer commodity　消费商品弹性值　18.220
electoral geography　选举地理学　17.013
electromagnetic field　电磁场　29.043
electromagnetic radiation　电磁辐射　29.041
electromagnetic spectrum　电磁波谱　29.044
electromagnetic wave　电磁波　29.040
electronic commerce　电子商务　18.033
electronic map　电子地图　27.172
element abundance　元素丰度　10.027
element antagonism　元素拮抗作用　10.061
elementary landscape　单元景观　10.013
element bio-absorbing series　元素生物吸收序列　10.059
element enrichment　元素富集，*元素累积　10.055
element migrational ability　元素迁移能力　10.054
element migrational series　元素迁移序列　10.058
element synergism　元素协同作用　10.060
element transportation and transformation　元素迁移转化　10.051
elevation　拔河　03.029
El Niño　厄尔尼诺　04.118
eluvial landscape　残积景观，*自成景观　10.014
eluviation　淋溶作用　07.042
eluviation-illuviation　淋淀作用　07.046
eluvium　残积物，*残积层　03.059
embayed coast　港湾岸　15.117
embeddedness theory　嵌入理论　18.127
emerged coast　上升岸　15.138
emission　［废气］排放　09.037
enclave　外飞地　17.062
enclave tourism　封闭式旅游　21.036
enclosed grassland　草库伦　18.278
enclosure　圈地　17.063
endemic disease　地方病　08.017
endemic species　特有种　06.061
endocrine disrupter　内分泌干扰物，*环境激素　09.080
endogenic agent　内营力　03.005
endogenic process　内营力作用　03.006
endorheic basin　*内流盆地　03.267
endorheic lake　内陆湖　05.126
energy resources　能量资源　20.010
energy transformation on earth surface　地表能量转换　02.034
engineering geocryology　工程冻土学　12.003
enterprise geography　企业地理学　18.129
enterprise zone　兴业区　19.248
Entisol　新成土　07.151
entitlement city　受资助城市　19.228
entity　实体　30.026
entity attribute　实体属性　30.027
entity relationship model　实体关系模型，*E-R 模型　30.096
entity-relationship modeling　实体关系建模　30.156
entity type　实体类型　30.028
entropy in geomorphology　地貌熵　03.094
environmental abnormality　环境异常　09.016
environmental capacity　环境容量　09.014
environmental carrying capacity　环境承载力　09.015
environmental changes　环境变迁　23.015
environmental chemistry　环境化学　09.006
environmental climatology　环境气候学　04.014

environmental computable general equilibrium 环境可计算一般均衡 25.122
environmental consciousness 环境意识 09.022
environmental criteria 环境基准 09.018
environmental degradation 环境退化 09.013
environmental determinism 环境决定论 01.096
environmental dynamics 环境动力学 25.009
environmental ecotoxicology 环境生态毒理学 09.007
environmental effect 环境效应 09.081
environmental element 环境要素 09.010
environmental ethnics 环境伦理 09.023
environmental fate 环境归宿 09.043
environmental geochemistry 环境地球化学 09.003
environmental geography 环境地理学 09.001
environmental geoscience 环境地学 09.002
environmental health risk assessment 环境健康风险评价 08.051
environmental history 环境史 23.008
environmental hydrology 环境水文学 05.019
environmental impact 环境影响 09.082
environmental impact assessment 环境影响评价 09.066
environmental legislation 环境法规 09.024
environmental management 环境管理 09.058
environmental map 环境地图 27.042
environmental modeling 环境模型 09.059
environmental monitoring 环境监测 09.060
environmental perception 环境感知 24.121
environmental planning 环境规划 09.067
environmental policy 环境政策 09.021
environmental pollution 环境污染 09.026
environmental pollution map 环境污染地图 27.044
environmental protection 环境保护 09.011
environmental quality 环境质量 09.019
environmental quality assessment map 环境质量评价图 27.045
environmental quality index 环境质量指数 09.032
environmental quality statement 环境质量报告 09.020
environmental regionalization 环境区划 09.069
environmental remote sensing 环境遥感 29.018
environmental risk 环境风险 09.088
environmental self-purification 环境自净 09.031
environmental simulation 环境模拟 09.061
environmental-societal dynamics 人地关系动力学 25.008
environmental standard 环境标准 09.017
environmental stress 环境胁迫 09.012
environmental structure 环境结构 09.009
environmental system 环境系统 09.008
environmental threshold 环境阈值 09.025
environment cognition 环境认知 17.083
environs of capital city 畿 23.055
eolian sandstone ＊风砂岩 15.103
ephemeral lake 季节性湖泊 05.133
epidemiologic transition 流行病学转型，＊疾病转型 08.035
epigenetic permafrost 后生多年冻土 12.023
epigeosphere 地球表层 01.099
epipedon 表土层 07.073
epiphreatic cave 浅潜流带溶洞 03.232
epiphyte 附生植物 06.130
equator 赤道 01.122
equatorial belt 赤道带 01.152
equatorial convergence belt ＊赤道辐合带 04.082
equatorial zone 赤道带 01.152
equiangle projection 等角投影，＊正形投影 27.090
equiareal projection 等积投影 27.092
equidistant projection 等距投影 27.091
equilibrium 均衡 25.030
equilibrium line 冰川平衡线，＊冰川上的雪线 11.011
equilibrium of coast 海岸平衡剖面 15.118
equilibrium point 平衡点，＊均衡点 25.032
equilibrium profile 平衡剖面，＊均衡剖面 03.107
equity 公平 24.038
eremology 沙漠学 13.097
ergodic assumption in geomorphology 地貌空代时假定 03.093
ergodicity ＊各态遍历性 03.093
erosion 侵蚀作用 03.049
erosional terrace 侵蚀阶地 03.123
erosion cycle 侵蚀循环 03.085
erosion surface 侵蚀面 03.076
ESDA 探索空间数据分析 25.114
esker 蛇形丘 11.093
estuarine bar 拦门沙，＊河口沙坝 15.092
estuary 河口湾 15.090
estuary hydrology 河口水文 05.015
eta index 伊塔数 25.193

etched plain 刻蚀平原 03.078
etched [planation] surface 刻蚀夷平面 03.079
etching 刻蚀作用 03.077
ethnic enclaves 民族聚居区 24.044
ethnic geography 民族地理学 17.033
ethnicity 民族性 17.042
ethnic tourism 民俗旅游 21.037
ethnocentrism 种族中心主义 17.038
ethnography 民族学 17.037
ethnomethodology 常人方法论 17.039
Euler equation 欧拉方程 25.126
eurythermal organism 广温性生物 06.030
eurytopic 广适性的 06.054
eurytopic distribution 广域分布 06.068
eustasy 水动型海面变化, *冰川作用型海面变化 15.130
eutrophication 富营养化 09.085
eutrophic marsh *富营养沼泽 14.053
evaluation of natural resources quality 自然资源质量评价 20.031
evaporation 蒸发 05.189
evapotranspiration 总蒸发, *蒸散发 05.191
even-odd regulation 偶奇规则 10.029
event management 事件旅游管理 21.039
event tourism 事件旅游 21.038
evergreen broadleaved forest 常绿阔叶林 06.161
evolutionary geography 沿革地理学 23.002
evolution of past geography 沿革地理学 23.002
evolution of sandy desert 沙漠演变, *沙漠演化 13.098
excess ice 过剩冰 12.060
exchangeable form 可交换态 10.047
exclave 内飞地 17.061, 飞地 19.193
exclusive economic zone 专属经济区 15.024
excursionist 短途旅游者 21.040
exfoliation 页状剥落 03.188
existence value of natural resources 资源存在价值 20.040
exogenic agent 外营力 03.003
exogenic process 外营力作用 03.004
exonym 外来名 28.004, 外来语地名 28.021
exorheic lake 外流湖 05.127
exotic species 外来种 06.063
exo-urbanization 外向型城市化 19.236
expansion diffusion 扩展扩散 25.216
experiential model 经验模型 25.057
experimental geomorphology 实验地貌学 03.011
experimental plot 实验小区 05.213
experimental watershed 实验流域 05.212
exploitation and utilization of natural resources 资源开发利用 20.027
exploration 探险 21.041
exploratory spatial data analysis 探索空间数据分析 25.114
exponential transform 指数变换 29.106
export base theory 出口基础理论 18.068
export processing zone 出口加工区 18.160
exposure 暴露 09.050
extensible markup language 可扩展标记语言 30.077
extinct lake 干涸湖 05.134
extinct volcano 死火山 03.298
extraterrestrial solar radiation 天文辐射 04.123
exurban 城市远郊 19.087

F

facies 相 02.056
facility location 设施区位 18.103
facility location problem 设施区位问题 25.241
factor analysis 因子分析 25.101
factorial ecology 因子生态 24.015
factorial ecology approach 因子生态方法 19.253
factory farming 工厂化农业 18.270
fair 集市 18.211
fallow 休耕 18.262
false color 假彩色 29.069
false color image 假彩色合成影像 29.127
family reconstitution 家庭重构 22.016
family types 家庭类型 24.036
far infrared 远红外 29.050
farming-pastoral region 半农半牧区 18.235
farming system 耕作制度, *农作制度 18.255
fault-block mountain 断块山 03.260
fault escarpment 断层崖 03.271

fault-folded mountain 断褶山 03.262
fault line scarp 断层线崖 03.272
fault sag lake 断塞湖 03.311
fault sag pond ＊断塞塘 03.311
fault scarp 断层崖 03.271
fault valley 断层谷 03.274
fauna 动物区系 06.185
faunal group 动物群，＊生态地理动物群落 06.189
featherlike drainage pattern 羽毛状水系格局 03.292
feature code 要素码 30.029
feature-ID 要素标识符 30.030
feminist geography 女权主义地理学 17.014
Fengcong 峰丛 03.226
Fenglin 峰林 03.225
ferrallitic-rich weathering crust 富铁铝风化壳 10.026
ferrallitization 铁铝化[作用] 07.061
Ferralsol 铁铝土 07.178
ferruginization 铁质化[作用] 07.063
ferry 津 23.065
fictitious graticule 经纬网格，＊地理坐标网 27.097
field microclimate 农田小气候 04.029
field moisture capacity 田间持水量 05.173
field pixel 域元 25.043
field system 大田制度 18.256
film water migration 薄膜水迁移 12.064
finger urban pattern 指掌形城市形态 19.258
firn 粒雪 11.021
firn basin 粒雪盆 11.022
firn line 粒雪线 11.023
fishing model 渔猎模型 25.141
fish pond surrounded by sugarcane fields 蔗基鱼塘 18.288
fission-track dating 聚变径迹测年 16.050
fissured water 裂隙水 05.148
fixation of shifting sand 流沙固定 13.064
fixed sand dune 固定沙丘 13.002
fjard 峡江 15.126
fjard[-type] coast ＊峡江[型]海岸 15.126
fjord 峡湾 15.125
fjord[-type] coast ＊峡湾[型]海岸 15.125
flash flood 暴发洪水 05.075
flat area hydrology 平原水文 05.014
flexible specialization 柔性专业化 18.109
floating population 流动人口 19.005
floating swamp 颤沼 14.070
flood 涝灾 04.101，洪水 05.076
flood damage 水灾 04.100
floodplain 河漫滩 03.127
floodplain swamp 河漫滩沼泽 14.059
flood stage 洪水位 05.098
flood survey 洪水调查 05.215
flora 植物区系 06.110
flow concentration 汇流 05.205
flowing method 运动线法 27.128
flow of glacier 冰川运动 11.016
flowstone 流石 03.243
flow till 流碛 11.077
fluorosis 地方性氟中毒 08.043
fluvial deposit 河流沉积 03.128
fluvial geomorphology 流水地貌学 03.096
fluvial landform 流水地貌 03.097
fluvial process 河床演变 03.100
fluviokarst 流水喀斯特 03.207
Fluvisol 冲积土 07.162
fluvo-aquic soil 潮土 07.129
föhn 焚风 04.077
folded mountain 褶皱山 03.261
folk cultural 民间文化 24.091
folk cultural geography 民间文化地理学 24.092
folklore 民俗学 17.034
Forbes bands 冰肋 11.034
Fordism 福特主义 18.110
forecast map 预测地图 27.032
fore dune 前沿沙丘，＊过渡带 13.074
foreshore 前滨 15.042
forest climate 森林气候 04.052
forest coverage 森林覆盖率 18.281
forest faunal group 森林动物 06.192
forest hydrology 森林水文学 05.007
forest limit 林线 02.053
forest paludification 森林沼泽化 14.047
forest region 林区 18.236
forestry remote sensing 林业遥感 29.022
forest soil 森林土壤 07.019
forest steppe 森林草原 06.168
forest swamp 森林沼泽 14.067
forest upper limit 森林上限 06.182
forest wetland 森林湿地 14.038

fork factor 分岔系数 05.047
fossil dune 古沙丘 13.048
Fourier translation 傅里叶变换 25.115
fractal 分形 25.046
frazil ice 水内冰 11.061
frazil jam 冰塞 11.064
free water surface evaporation 水面蒸发 05.196
freeze-thaw cycle 冻融循环 12.039
freezing damage 冻害 04.117
freezing front 冻结锋面 12.043
freezing index 冻结指数 12.040
freezing rain 冻雨 04.116
freezing rate 冻结速度 12.044
frequency curve 频率曲线 05.070
freshwater lake 淡水湖 05.128
fresh water swamp 淡水沼泽 14.062
friction of distance 距离摩擦 19.162，距离阻尼 25.156
fringing reef 岸礁 15.109
frog-jump development theory 跳跃理论 18.054
frog-jumped development 蛙跃发展 19.235
front 锋 04.087
frontier 边疆 17.066
frontier city 边疆城市 23.040
frontier thesis 边疆学说 17.067
frost action 冻融作用 12.071
frost crack 寒冻裂缝 12.103
frost cracking 冻缩开裂 12.078
frost-free period 无霜期 04.110
frost heaving 冻胀 12.077
frost heaving force 冻胀力 12.081
frost jacking 冻拔 12.102
frost mound 冻胀丘 12.106
frost sorting 冻融分选 12.076
frost-susceptible ground 冻结敏感土 12.079
frost weathering 寒冻风化 12.072
frozen fringe 冻结缘 12.042
frozen ground 冻土 12.006
FT 傅里叶变换 25.115
functional classification of cities 城市职能分类 19.091
functional index of urban centers 城市职能指数 19.092
functional region 文化功能区 24.088
fuzzy tolerance 模糊容限 30.147

G

gambling 博彩旅游 21.043
game park reserve 禁猎保护区 21.044
game theory 博弈论，＊对策论 25.040
gamma-diversity γ多样性 06.049
gamma index 伽马数 25.192
Gastarbeiter(德) 客居工人 24.041
gateway city 门户城市 19.189
Gauss-Krüger projection 高斯-克吕格投影 27.093
gazetteer 方志，＊地方志 23.009，地名录，＊地名手册 28.016
gazetteer index 地名索引 28.017
GCM 大气环流模式 04.135，一般气候模型 25.129
Geary C 吉尔里C数 25.106
gender 社会性别 24.045
gender geography 性别地理学 17.015
general atlas 普通地图集 27.075
general atmospheric circulation 大气环流 04.071
general base level 总侵蚀基准面 03.105
general cartography 普通地图学 27.008
general circulation model 大气环流模式 04.135
general climate model 一般气候模型 25.129
general detailed soil survey 土壤普查 07.187
general geocryology 普通冻土学 12.002
general geographical name 地理通名 28.005
general geographic map 普通地理图 27.004
general geography 普通地理学 01.071
general G statistic 广义G统计 25.107
generalized soil survey 土壤概查 07.185
general map 普通地图 27.003
general physical geography 普通自然地理学 02.003
gentrification 绅士化 24.040
geochemical barriers 地球化学屏障 10.019
geochemical ecology 地球化学生态学 10.007
geochemical landscape 地球化学景观 10.010
geochemical link 地球化学联系 10.020
geochemistry landscape mapping 地球化学景观制图 27.043
geo-coding 地理编码 30.129

geocomputation　地学计算，＊地理计算　25.005
geo-control theory　地理控制论　25.013
geocryology　冻土学　12.001
geo-data assimilation　地学数据同化　25.080
geo-data mining　地学数据挖掘　26.008
geo-data processing　地学数据处理　25.079
geoecology　地生态学　02.036
geographic accuracy　地理精度，＊地理准确性　27.161
geographical boundary　地理界线　01.082
geographical coordinate　地理坐标　01.084
geographical coordinate net　地理坐标网格　01.083
geographical cycle　地理循环　01.092
geographical dissipative structure　地理耗散结构　01.038
geographical distribution　地理分布　01.081
geographical dualism　地理学二元论　01.003
geographical education　地理教育　01.012
geographical elements　地理要素　01.080
geographical entropy　地理熵　01.027
geographical environment　地理环境　01.078
geographical factors　地理因子　01.079
geographical feedback　地理反馈　01.052
geographical field　地理场　01.034
geographical flow　地理流　01.028
geographical forecasting　地理预测　01.022
geographical function　地理功能　01.051
geographical imagination　地理学想象力　17.031
geographical landscape　地理景观　01.095
geographically disadvantaged state　地理不利国　15.034
geographical methodology　地理学方法论　01.008
geographical model　地理模型　01.020
geographical moment　地理矩　01.030
geographical name　地名　28.002
geographical optimization　地理优化　01.024
geographical ordering　地理有序性　01.036
geographical parameter　地理参数　01.065
geographical philosophy　地理学哲学　01.002
geographical position　地理位置　01.085
geographical potential　地理势　01.029
geographical process　地理过程　01.018
geographical rhythm　地理节律性　01.043
geographical set　地理集　01.025
geographical simulation　地理模拟，＊地理仿真　01.021
geographical space　地理空间　01.015
geographical spectrum　地理谱　01.031
geographical structure　地理结构　01.019
geographical survey　地理考察　01.087
geographical synthesis　地理综合　01.086
geographical system　地理系统　01.101
geographical threshold　地理阈值，＊地理临界值　01.059
geographical unit　地理单元　01.014
geographic base map　地理底图　27.109
geographic database management system　地理数据库管理系统　30.161
geographic data set　地理数据集　30.032
geographic entity　地理实体　30.033
geographic feature　地理要素　01.080
geographic-genetic classification　地理发生分类　07.084
geographic identifier　地理标识符　30.034
geographic information　地理信息　30.011
geographic information science　地理信息科学　26.002
geographic information service system　地理信息服务体系　26.011
geographic information system　地理信息系统　30.160
geographic latitude　地理纬度　01.114
geographic longitude　地理经度　01.115
geographic mapping　地理制图　27.036
geographic object　地理对象　01.164
geographic query language　地理查询语言　30.060
geographic system analysis　地理系统分析　25.014
geographic visualization　地理可视化　30.157
geographic weighted regression　地理加权回归　25.092
geography　地理学　01.069
geography and justice　地理学与公正　17.030
geography network　地理信息网络　30.159
geography of communication and transportation　交通运输地理学　18.161
geography of crime　犯罪地理学　17.023
geography of disease　疾病地理　08.002
geography of education　教育地理学　17.020
geography of famine　饥饿地理　08.007
geography of fishery　水产业地理学　18.292
geography of goods flow　货流地理　18.167
geography of health　健康地理　08.003
geography of health and health care　健康与保健地理学　17.019
geography of health care　保健地理　08.004
geography of information industry　信息产业地理　18.008

geography of international trade　国际贸易地理学　18.224
geography of labor　劳动力地理学　18.007
geography of law　法律地理学　17.022
geography of leisure　休闲地理学　17.018
geography of media　传媒地理　18.012
geography of money and finance　货币与金融地理　18.009
geography of nutrition　营养地理　08.006
geography of passenger flow　客流地理　18.168
geography of pathogenic microbe　病原菌地理　08.008
geography of policing　治安地理学　17.024
geography of postal services　邮政地理学　18.162
geography of poverty　贫困地理　18.010
geography of production　生产地理学　18.005
geography of public administration　公共管理地理学　17.025
geography of public finance　公共财政地理学　17.026
geography of public policy　公共政策地理学　17.027
geography of public services　公共服务业地理学　17.028
geography of religion　宗教地理学　17.036
geography of sanatorium　疗养地理　08.005
geography of services　服务业地理　18.011
geography of spectacle　展示地理学　17.029
geography of sports　体育地理学　17.017
geography of telecommunication　通信地理学　18.163
geography of tourism　旅游地理学　21.001
geography of tropical disease　热带病地理　08.009
geoid　地球体　01.113
geo-informatic atlas　地学信息图谱　26.024
geo-informatics　地球信息机理　26.022，地球空间信息学　30.166
geo-information analysis　地学信息分析　26.007
geo-information platform　地学信息平台　26.012
geo-information science　地球信息科学　26.001
geo-information sharing　地学信息共享　26.013
geo-knowledge discovery　地学知识发现　26.009
geological cycle　地质大循环　10.062
geological remote sensing　地质遥感　29.024
geological time scale　地质年代表　16.018
geomancy　风水，*堪舆　24.048
geometric correction　几何校正　29.095
geometric distortion　几何畸变　29.096
geomorphic equilibrium　地貌平衡　03.090
geomorphic system　地貌系统　03.089
geomorphic threshold　地貌临界　03.088
geomorphochronology　地貌年代学　03.015
geomorphological level surface　地貌水准面　03.087
geomorphological process　地貌过程　03.044
geomorphology　地貌学，*地形学　03.001
geophysic satellite　地球物理卫星　26.032
geopiety　敬地情结　24.115
geopolitical transition　地理政治变迁　17.055
geopolitics　地缘政治学　17.044
geo-reference system　地理坐标参考系　30.035
geo-relational model　地理关系模型　30.092
geo-spatial data warehouse　地理空间数据仓库　30.165
geosphere　地圈　01.108
geosphere-biosphere plan　地圈-生物圈计划　26.025
geostatistics　地学统计　25.004
geostrategic region　地理战略区域　17.056
geosystem　地系统　01.050
geo-system engineering　地理系统工程　25.015
geothermal remote sensing　地热遥感　29.025
ghetto　少数人种聚居区　19.211
ghost town　鬼城　19.227
GIS　地理信息系统　30.160
GIS Web Services　GIS Web 服务　30.158
glacial debris flow　冰川泥石流　11.071
glacial erosion lake　冰蚀湖　03.162
glacial fluctuation　冰川变化　11.012
glacial geology　冰川地质学　11.006
glacial lake outburst flood　冰湖溃决洪水　11.070
glacial landform　冰川地貌　11.082
glacial stria　冰擦痕　11.090
glacial wind　冰川风　11.035
glacial zone　冰川带　11.018
glaciation　冰川作用　11.008
glacier　冰川　11.007
glacier advance　冰川前进　11.014
glacier-dammed lake　冰川阻塞湖　11.069
glacier ice　冰川冰　11.025
glacier ice texture　冰川冰结构　11.027
glacier inventory　冰川编目　11.009
glacier mass-balance　冰川物质平衡　11.010
glacier melt water runoff　冰川融水径流　11.037
glacier motion　冰川运动　11.016

glacier retreat　冰川后退　11.015
glacier surging　冰川跃动　11.017
glacier tongue　冰舌　11.031
glaciochemistry　冰雪化学　11.003
glacioclimatology　冰川气候学　11.004
glacio-eustasy　*冰动型海面变化　15.130
glaciofluvial deposit　冰水沉积　11.072
glaciohydrology　冰川水文学　11.005
glacio-lacustrine deposit　冰湖沉积　11.074
glaciology　冰川学　11.001
glacio-river deposit　冰河沉积　11.073
gley horizon　潜育层　14.081
gleyization　潜育作用　07.056
gleyization mire　潜育沼泽　14.061
Gleysol　潜育土　07.163
global circulation model　全球环流模式　04.136
global climate　全球气候　04.022
global environment change information system　全球环境变化信息系统　26.035
global hydrology　全球水文　05.010
global mapping　全球制图　27.084
global mapping plan　全球制图计划　26.026
global model　全球模型　25.051
global physical geography　全球自然地理学　02.005
global positioning system　全球定位系统　26.005
global radiation　总辐射　04.124
global remote sensing　全球遥感　29.014
global sealevel change　全球[性]海[平]面变化　15.134
global warming　全球变暖　04.139
globe　地球仪　01.013
G.M.T　格林尼治平时　01.131
g.net　地理信息网络　30.159
gobi　戈壁　13.046
golf tourism　高尔夫旅游　21.045
Gondwana land　冈瓦纳古陆　16.003
gorge　峡谷　03.038
GPS　全球定位系统　26.005
GQL　地理查询语言　30.060
graded profile of coast　海岸平衡剖面　15.118
grain production base　粮食生产基地　18.254
grain transporting　漕运　23.061
grand tour　大旅游　21.046
graphic overlay　图形叠置　30.132
graphic rectification　图形校正　30.133
graphic simplicity　图形简化　27.144
graphics resolution　图形分辨率　30.036
grass pane sandfence　草方格沙障　13.006
grass swamp　草丛沼泽　14.066
grass wetland　草丛湿地　14.040
gravel desert　砾漠　02.103
gravelification　砾质化　13.062
gravel wave　砾浪　13.061
grave mound　封土　23.051
gravestone　历史墓碑　23.049
gravitational landform　重力地貌　03.186
gravity model　引力模型　25.153
Great Barrier Reef　大堡礁　15.112
great river　渎　23.069
greenbelt　绿带　19.186
greenhouse effect　温室效应　04.132
greenhouse gases　温室气体　04.131
greenhouse gas of wetland　湿地温室气体　14.022
green island effect　绿岛效应　13.065
green manufacturing　绿色制造　18.144
green revolution　绿色革命　18.264
green space　绿地　19.187
green tourism　绿色旅游　21.047
Greenwich Mean Time　格林尼治平时　01.131
grey body　灰体　29.064
grey-brown desert soil　灰棕漠土　07.114
grey chip　灰卡　29.068
grey cinnamon soil　灰褐土　07.106
grey desert soil　灰漠土　07.113
grey forest soil　灰黑土　07.107
grey scale　灰阶　29.029
greyscale resolution　灰度分辨率　29.036
greyzem　灰黑土　07.107
grid　格网　30.037
grid coordinate　格网坐标　30.038
grid data　格网数据　30.039
grid interval　格网间距　30.040
grid map　网格地图，*栅格地图　27.026
grid method　网格法　27.132
grid reference　格网参照　30.041
grid system　网格系统　25.024
grid to arc conversion　格网-弧数据格式转换　30.134
grid to polygon conversion　格网-多边形数据格式转换

H

hypothesis 假设 25.047
hypsometric curve 地势曲线，*陆高海深曲线 03.031
hypsometric method 分层设色法 27.135

I

ice age 冰期 11.099
iceberg 冰山 11.051
iceberg deposit 冰海沉积 11.075
iceberg form of transport 冰山运输模型 25.224
ice cap 冰帽 11.053
ice content 含冰量 12.062
ice core 冰芯 11.095
ice core dating 冰芯定年 11.096
ice core record 冰芯记录 11.097
ice fabric diagram 冰组构图 11.028
icefall 冰瀑布 11.033
ice field 冰原 11.052
ice formation 土体成冰 12.066
ice lens 冰透镜体 12.052
ice phenomena 冰情 11.063
ice-rich permafrost 富冰冻土 12.024
ice-rich soil 富冰冻土 12.024
ice segregation 分凝成冰 12.069
ice shelf 冰架 11.049
ice stream 冰流 11.050
ice wedge *冰楔 12.057
ice wedge cast 冰楔假型 12.109
iconic informatics 图像信息学 26.023
ideal city 理想城市 19.179
ideal landscape 理想景观 24.107
identification of geosystem 地理系统识别 01.055
illuviation 淀积作用 07.045
image 图像 29.087
image data compression 图像压缩 29.092
image enhancement 图像增强 29.102
image processing 图像处理 29.088
image quality 图像质量 29.091
image recognition 图像识别 29.112
image restoration 图像复原 29.094
image roam 图像漫游 29.118
image transformation 图像变换 29.099
imaging radar 成像雷达 29.075
imaging spectrometer 成像光谱仪 29.072
imbricated proluvial fan 叠瓦型洪积扇 03.283
imperial city 皇城 23.046
imperial mausoleum 陵寝 23.052
imperial palace 宫城 23.045
imperial road 御路 23.058
imprisoned lake 堰塞湖 03.161
inbound tourism 入境旅游 21.055
incentive travel 奖励旅游 21.056
Inceptisol 始成土 07.153
incised meander 深切曲流 03.144
incision 下切侵蚀 03.114
incumbent upgrading 居住提升 19.165
index of concentration 集中指数 18.057
indicator community 指示群落 06.125
indicator plant 指示植物 06.124
indicatrix 指标图 27.146
indices of segregation 隔离指数 19.134
indirect environmental gradient 间接环境梯度 06.149
indirect tourism 间接旅游 21.057
industrial agglomeration 工业集聚 18.149
industrial allocation 工业布局 18.088
industrial and mining area 工矿区 18.091
industrial areal pattern 工业地域类型 18.089
industrial atlas 工业地图集 27.081
industrial base 工业基地 18.092
industrial belt 工业地带 18.093
industrial belt location 产业带区位 18.101
industrial city 工业城市 19.135
industrial cluster 产业集群 18.135
industrial diffusion 工业扩散 18.150
industrial dispersal 工业分散 18.145
industrial district theory 产业区理论 18.136
industrial inertia 产业惯性 18.122
industrialization 工业化 18.158
industrial junction 工业枢纽 18.094
industrial linkage 产业联系 18.116
industrial location 工业区位，*产业区位 18.097
industrial location theory 工业区位论 18.098
industrial park 工业园 19.136
industrial production cooperation 工业生产协作 18.159

industrial system 工业体系 18.096
industrial territorial complex 工业地域综合体 18.095
industrial tourism 工业旅游 21.058
industrial wastewater 工业废水 09.077
industrial zone 工业区 18.090
industry geography 工业地理学 18.087
infection model 传染病模型 25.144
infectious disease distribution 传染病分布 08.018
infectious parasitic diseases distribution 寄生虫病分布 08.020
infiltration 入渗 05.199
informationalization 信息化 18.032
information city 信息城市 19.247
information hub 信息港 18.200
information resources 信息资源 20.015
information system for resources dynamic monitoring 资源动态监测信息系统 26.034
information theory 信息论 25.041
infrared remote sensing 红外遥感 29.008
inhalable particles 可吸入颗粒物, *漂尘 09.092
initial infiltration 初渗 05.200
in-laid terrace 内叠阶地 03.277
inland 内陆 01.145
inland basin 内陆盆地 03.267
inland wetland 内陆湿地 14.035
inner city 内城 19.192
inner sea *内海 15.022
inner waters 内水 15.022
inorganic pollutant 无机污染物 09.041
input-output analysis 投入产出分析 25.174
insequent river 任向河, *偶向河 03.304
inset proluvial fan 嵌入型洪积扇 03.282
inset terrace 嵌入阶地 03.276
insular slope 岛坡 15.028
integrated coastal zone management 海岸带综合管理 15.162
integrated geo-computational environment 地学集成计算环境 25.245
integrated physical geography 综合自然地理学 02.002
integrated physical regionalization 综合自然区划 02.045
integrated technology for the earth observation 对地观测集成技术, *3S 技术 26.021
integrated transportation 综合运输 18.186
integrated transport network 综合交通运输网 18.165
integrated use of natural resources 资源综合利用 20.026
integrity 完整性 24.098
intensive agriculture 集约农业 18.250
interactive map 交互地图 27.189
interaquifer flow 层间流 05.151
interception 截留 05.187
interdependence trap 相互依赖陷阱 19.244
interdunal corridor *丘间走廊 13.076
interdunal depression 丘间低地 13.076
interface 接口 30.042
interflow 壤中流 05.183
interglacial period 间冰期 11.100
intermittent stream 间歇河 05.053
inter-modism 多制式联运 18.187
intermountain basin 山间盆地 03.034
internal growth theory 内部发展理论 18.069
international division of labor 国际劳动地域分工 18.064
international sea bed 国际海底 15.032
international tourism 国际旅游 21.060
Internet map 因特网地图 27.178
interoperability 互操作 30.043
inter-planting of trees and crops 粮林间作 18.271
interpluvial 间雨期 16.038
interpretation 判读 29.128
interpretation of landscape 景观解读 24.109
intersected erosion surface *交切侵蚀面 03.312
intersected plantain surface 交切夷平面 03.312
intertidal zone 潮间带 15.077
intertropical convergence zone 热带辐合带 04.082
intervening opportunity 插入机会 21.061
interviewing 面谈 24.047
intrazonality 隐域性 02.041
intrazonal soil 隐域土 07.036
intrusive ice 侵入冰 12.054
intrusive ice formation 侵入成冰 12.068
invasion 入侵 06.064
invasion and succession 侵入和演替 19.201
inverse distance law 反距离律 25.155
inversion 反演 29.067
inversion of landform 地貌倒置 03.071
iodine deficient disorder 碘缺乏病 08.040

J

K

L

lessivage [机械]淋移作用 07.044
liang 黄土墚 03.170
lianos 利亚诺斯群落 06.174
life cycle 生命周期 24.035
life cycle of destination 旅游地生命周期 21.065
life element 生命元素 10.045
life expectance 人口预期寿命 08.047
life form 生活型 06.121
life-form spectrum 生活型谱 06.123
life-support system 生命支持系统 01.056
life zone 生命带 06.138
light rail transit 轻轨交通 18.194
liman coast 溺谷型海岸 15.124
limit cycle 极限环 25.033
limit of acceptable change 可接受的改变限度 21.064
limnology 湖沼学 05.006
linear city 带型城市，*线形城市 19.112
linear distance 直线距离 25.182
linear market 线形市场 25.208
linear sand dune 线性沙丘，*纵向沙丘 13.114
line symbol method 线状符号法 27.124
linguistic geography 语言地理学 17.035
LIS 土地信息系统 30.152
literary tourism 文学旅游 21.066
lithosphere 岩石圈 01.102
little climate optimum *小最宜期 16.058
little ice age 小冰期 11.102
littoral current 沿岸流 15.048
littoral zone 潮间带 15.077
living space 生存空间 01.091
Lixisol 低活性淋溶土 07.171
local analysis 局部分析 25.112
local base level 局部侵蚀基准面 03.106
local circulation 局地环流 04.078
local content 本地化程度 18.030
local culture 地方文化 24.090
locale 场所 17.091
local embeddedness 地方嵌入 18.128
localism 地方主义 17.052
locality 地方性 02.042
localization 本地化 18.029
local model 地方模型 25.052，局部模型 25.053
local name 当地地名 28.022
local G statistic 局部 G 统计 25.108
local time 地方时 01.130
locating diagram method 定点统计图表法，*定位图表法 27.129
locational coefficient 区位系数 18.061
locational conditions 区位条件 18.059
locational factor 区位因子 18.062
location-allocation model 区位-布局模型 25.229
location consistent conjugation 区位共轭 25.228
location interdependence *区位依存 25.228
location of natural resources 资源区位 20.038
location rate 区位比 25.227
location rent 区位地租 18.063
location selection 区位选择 18.060
location triangle 区位三角形 25.239
lodgement till 滞碛 11.079
loess 黄土 13.055
loessal soil 黄绵土 07.124
loess deposit 黄土沉积 13.056
loess hill 黄土峁 03.171
loess landform 黄土地貌 03.168
loess ridge 黄土墚 03.170
loess tableland 黄土塬 03.169
logarithmic transform 对数变换 29.105
logistic model 逻辑斯谛模型 25.138
logistics 物流 18.202
logistics distribution 物流配送 18.203
longevous area 长寿区 08.052
longitudinal coastline 纵向岸线 15.115
longitudinal dune 线性沙丘，*纵向沙丘 13.114
longitudinal erosion 纵向侵蚀 03.112
longitudinal valley 纵谷 03.120
long-run regional growth model 区域长程增长模型 25.162
longshore current 沿岸流 15.048
longshore drift 沿滨泥沙流 15.053
long-term region development model 区域长期发展模型 25.164
Lorenz curve 洛伦茨曲线 25.117
Lösch model 廖什模型 25.218
lost space 失落空间 19.215
Lotka-Volterra model 洛特卡-沃尔泰拉模型 25.140
lowland 低地 03.019
low limit of permafrost 多年冻土下界 12.030
lowmoor 低位沼泽 14.053

M

marine erosion terrace 海蚀阶地 15.146
marine facies sedimentation 海相沉积，*海洋沉积 03.064
marine faunal group 海洋动物 06.190
marine fishery 近海渔业 18.293
marine function area 海洋功能区 15.161
marine function zone 海洋功能区 15.161
marine geography 海洋地理学 15.001
marine landform 海洋地貌 15.004
marine pollution 海洋污染 09.028
marine resources 海洋资源 20.011
marine state territory *海洋国土 15.035
marine terrace 海岸阶地 15.145
maritime glacier 海洋性冰川 11.044
maritime name 海域地名 28.023
market 市场 18.210
market area 市场域 25.234
market distance 市场距离 18.219
market district 市场区 18.212
marketing geography 营销地理学 18.216
market location 市场区位 18.102
market-oriented industry 市场取向工业 18.153
market overlap 市场超叠 25.236
market potential 市场位势 25.235
market segmentation 市场细分 21.067
marsh 沼泽 14.042，薮 23.066
marsh revolution 沼泽演化 14.043
Marxist geography 马克思主义地理学 17.011
mass extinction 集群灭绝 06.094
massive ice 大块冰 12.051
mass movement 块体运动 03.187
mass production 大规模生产 18.107
mass tourism *大众旅游 21.049
mass wasting 物质坡移 12.073
master plan 总体规划 19.271
material orientation 原料指向 18.070
mathematical cartography 数学地图学 27.013
mathematical geography 数理地理学 25.003
mathematical programming 数学规划 25.045
matter cycle on earth surface 地表物质循环 02.035
matter migration on earth surface 地表物质迁移 02.033
mature soil 成熟土壤 07.027
Matuyama reversed polarity chron 松山反向极性期 16.046
mausoleum town 陵邑 23.053
maximum entropy model 最大熵模型 25.154
meadow 草甸 06.181
meadow paludification 草甸沼泽化 14.046
meadow soil 草甸土 07.128
meadow steppe 草甸草原 06.169
mean 均值 25.084
meander 曲流 03.134
meander core 离堆山 03.137
meandering river channel 蜿蜒型河道 03.142
meander spur 离堆山 03.137
mean information field 平均信息域 25.042
mean sea level *平均海平面 15.127
means of cartographic representation 地图表示手段 27.119
mechanical eluviation [机械]淋移作用 07.044
mechanical migration 机械迁移 10.032
mechanical weathering *机械风化作用 03.054
mechanics of frozen ground 冻土力学 12.004
mechanism of remote sensing 遥感机理 29.002
med-centric tourist 中间型游客 21.006
median 中位数 25.087
medical disease map 疾病医疗地图 27.046
medical geography 医学地理学 08.001
medical meteorology 医学气象学 08.013
medieval warm period 中世纪暖期 16.058
Mediterranean climate 地中海气候 04.048
megadune 沙山 13.104
megafauna 巨动物群 06.206
megalopolis 大城市连绵区，*巨大城市带 19.103
megathermal 全新世暖期 16.057
Meiyu 梅雨 04.109
meltout 融出碛 11.078
membership function of geomorphic types 地貌类型隶属函数 03.095
mental map 心象地图，*意境地图 27.028
Mercator projection 墨卡托投影 27.094
meridian line 子午线，*真子午线 01.116
meridional circulation 经向环流 04.081
mesa 方山 03.263
mesoclimate 中气候 04.024
Mesolithic Age 中石器时代 16.014
mesophyte 中生植物 06.128
meso-regional distribution of soils 土壤中域分布

mountain sickness distribution 高山病分布 08.023
mountain soil 山地土壤 07.024
mountain spur 山嘴 03.032
mountain swamp 山地沼泽 14.055
mountain-valley breeze 山谷风 04.075
MSL *平均海平面 15.127
MSS 多谱段扫描仪 29.070
mudflow 泥流 03.198
mud volcano 泥火山 03.299
mulberry fish pond 桑基鱼塘 18.287
multicomponent map 多要素地图 27.065
multi-cropping index 复种指数 18.259
multiculturalism 多元文化主义 24.058
multi-dimensional data 多源空间数据 30.149
multilateral trade 多边贸易 18.227
multimedia electronic atlas 多媒体电子地图集 27.173
multiple land use 复合土地利用 18.246
multiple nuclear city 多核城市 19.123
multiple-nuclei model 多核心模式 19.124
multisource Weber problem 多元韦伯问题 25.240
multispectral image 多谱段影像 29.125
multispectral remote sensing 多谱段遥感 29.009
multispectral scanner 多谱段扫描仪 29.070
multivariate statistical analysis 多元统计 25.091
Mundell-Fleming model 蒙代尔-弗莱明模型 25.172
municipality directly under the central government 直辖市 19.257
mutualism 互惠共生 06.100
mycorrhiza 菌根 06.133

N

name alternative 别名 28.025
names conversion 地名译写，*地名转写 28.014
names index 地名索引 28.017
names refinement 地名雅化 28.013
names survey 地名调查 28.010
national atlas 国家地图集 27.070
national atlas information system 国家地图集信息系统 27.071
nationalism 民族主义 17.040
national park 国家公园 21.068
national self-determination 民族自决 17.041
national spatial information infrastructure 国家空间信息基础实施 26.015
national trunk way 国道 18.191
natural and cultural heritage 自然与文化混合遗产 24.095
natural area 自然区 19.269
natural attribute of land 土地自然属性 02.070
natural bridge 天生桥 03.229
natural calendar 自然历 04.153
natural complex 自然综合体，*自然地理综合体 02.009
natural environment of disease 疾病自然环境 08.029
natural epidemic focus 自然疫源地 08.024
natural erosion 自然侵蚀 03.177
natural hazard 自然灾害 02.028
natural landscape 自然景观 02.057
natural levee 天然堤，*自然堤 03.133
natural medicinal material resources 天然药物资源 20.012
natural preservation 自然保持 02.030
natural resources 自然资源 20.003
natural resources attribute 自然资源属性 20.019
natural resources evaluation 自然资源评价 20.030
natural resources structure 自然[地域]资源结构 20.018
natural resources system 自然资源系统 20.016
natural resources type 自然资源类型 20.017
natural seasonal phenomena 自然物候 04.155
natural selection 自然选择 06.081
natural soil 自然土壤 07.016
natural synoptic season 自然天气季节 04.070
natural-technical geosystem 自然-技术地理系统 02.010
natural wetland 自然湿地 14.030
nature conservation 自然保育 02.029
nature tourism 自然旅游 21.069
nature trail 自然游道 21.070
nautical map 航海地图 27.054
Navier-Stokes equation 纳维-斯托克斯方程 25.125
near infrared 近红外 29.047
nearshore 近滨 15.044

needle ice 冰针 12.059
negative landform 负地貌，＊逆地貌 03.069
neighbor analysis 邻域分析 25.113
neighborhood 邻里 19.180，里坊 23.038
neighborhood center 邻里中心 19.184
neighborhood effect 邻里效应 19.182
neighborhood evolution 邻里演变 19.183
neighborhood unit 邻里单位 19.181
Neoarctic realm 新北界 06.199
neocolonialism 新殖民主义 17.069
neoendemic 新特有种 06.079
Neogene 新近纪，＊新第三纪 16.009
neoglaciation 新冰期 11.103
Neolithic Age 新石器时代 16.015
neotectonic movement 新构造运动 16.041
Neotropic kingdom 新热带植物区 06.115
Neotropic realm 新热带界 06.202
net primary productivity 净初级生产力 02.021
network 网络 25.038
network analysis 网络分析 25.196
network density 网络密度 25.188
network dynamics 网络动力学 25.195
network flow 网络流 25.194
network index 网络指数 25.189
network theory 网络理论 18.126
network topology 网络拓扑[结构] 30.131
neutral coast 中性岸 15.140
new economic geography 新经济地理学 18.002
new economy 新经济 18.031
new industrial district 新产业区 18.139
new international division of labor 新国际劳动分工理论 18.134
new town 新城 19.246
niche 生态位 06.027
Nitisol 黏绨土 07.177
nival belt 雪带 02.097
nivation 雪蚀 12.074
nodality 结节性 19.161
nodal point 结节点 19.160
nodal region 节点区 19.159
noise 噪声 09.090
non-basic activities 非基本活动 19.126
non-numerical approximation 非数值方法 25.075
non-place community 无地方社区 19.240
non-place realm 无地方社区 19.240
nonpoint source 非点源 09.034
nonuniform flow 非均匀流 05.082
noosphere 智能圈 01.107
normal landform 正常地貌 03.070
northern hemisphere 北半球 01.109
north pole 北极 01.118
nuclear city 单核城市 19.114
nuclear family 核心家庭 22.017
numeral model 数值模型，＊数值模式 25.071
numerical classification of soil 土壤数值分类 07.086
numerical method 数值方法 25.074
nutritional disease distribution 营养病分布 08.022

O

oasis 绿洲 02.106
oasis cultivation 绿洲农业，＊绿洲灌溉农业 18.268
oasis development 绿洲开发 13.066
oasis soil 绿洲土壤 13.067
Object Linking and Embedding 对象链接与嵌入 30.049
Object Management Group 对象管理组 30.050
object oriented relational database 面向对象关系数据库 30.065
obsequent river 逆向河 03.302
obstructive coefficient of debris flow 泥石流堵塞系数 03.202
occasional distribution 偶然分布 06.208
occluded front 锢囚锋 04.090
ocean 洋 01.143
ocean basin 洋盆 15.029
ocean current 洋流 15.051
oceanic island 海洋岛 15.014
oceanic ridge 海岭 15.152
oceanographical remote sensing 海洋遥感 29.020
ODBC 开放式数据库互连 30.047
offset ridge 断错脊 03.310
offshore 外滨 15.045
offshore bar 滨外坝 15.096

offshore permafrost 海底多年冻土 12.019
off shore slope 水下岸坡 15.046
OGC 开放式地理信息系统协会 30.048
OGIS 开放性地理数据互操作规范 30.051
ogives 冰肋 11.034
OLE 对象链接与嵌入 30.049
oligotrophic mire *贫营养沼泽 14.051
OMG 对象管理组 30.050
on-laid terrace 上叠阶地 03.278
open channel 明渠 05.083
open city 开放城市 19.171
Open Data Base Connectivity 开放式数据库互连 30.047
Open Geo-data Interoperability Specification 开放性地理数据互操作规范 30.051
Open GIS Consortium 开放式地理信息系统协会 30.048
open space 开敞空间 19.169
open-system freezing 开敞系统冻结 12.046
open talik 贯通融区 12.093
optimum city size 城市合理规模，*最佳城市规模 19.037
optimum population 适度人口 22.011
optimum use of resources 资源优化利用 20.029
order of urban size 城市规模等级 19.034
ordinary landscape 普通景观 24.105
organic matter-sulfide bounded form 有机质-硫化物结合态 10.050
organic pollutant 有机污染物 09.040
Orientalism 东方主义 17.051
Oriental realm 东洋界 06.203
original type of Quaternary deposit 第四纪沉积类型 16.033
orthography of geographical name 地名正名 28.008
orthophotomap 正射影像地图 29.119
outbound tourism 出境旅游 21.071
outdoor recreation 户外游憩 21.072
outer walled part of a city 郭，*廓，*郛 23.033
outlet glacier 溢出冰川 11.048
outskirts 郊 23.056
over-concentration 城市过密 19.036
overland flow 坡面流 05.207
overseas territory 海外领土 23.025
over-urbanization 过度城市化 19.137
oxbow lake 牛轭湖 03.136
Oxisol 氧化土 07.155
oyster reef 牡蛎礁 15.063

P

Pacific-type coastline *太平洋型岸线 15.115
package tourism 包价旅游 21.073
paddy soil 水稻土 07.134
paid vacation 带薪假期 21.074
Palaearctic realm 古北界 06.198
Palaeolithic Age 旧石器时代 16.013
Palaeotropic realm 旧热带界，*埃塞俄比亚界 06.201
Palander model 帕兰德模型 25.221
paleochannels 古河道 16.028
paleoclimate 古气候 16.025
paleoclimate modeling 古气候模拟 16.059
paleocoast line 古海岸线 16.029
paleoecology 古生态 16.024
paleoendemic 古特有种 06.078
paleoflora 古植物区系 06.147
Paleogene 古近纪，*老第三纪 16.008
paleogeography 古地理学 16.001
paleohydrology 古水文学 05.021，古水文 16.026
paleokarst 古喀斯特 16.030
paleolatitude 古纬度 16.023
paleomagnetism 古地磁 16.022
paleomonsoon 古季风 16.027
paleosol 古土壤 07.034
paleotemperature 古温度 16.031
Paleotropic kingdom 古热带植物区 06.114
pampas 潘帕斯群落 06.173
Pangaea 泛大陆 16.002
Pantropical 泛热带 06.113
parabolic dune 抛物线形沙丘 13.071
parallel drainage pattern 平行式水系格局 03.288
parallel evolution 平行进化 06.082
parameterization 参数化 25.062
paramo 帕拉莫群落 06.176

parasite 寄生植物 06.131
part-time farming 兼营农业 18.252
passive dispersal 被动散布 06.074
passive remote sensing 被动遥感 29.012
past geography 往日地理 23.013
pastoral region 牧业区 18.234
pasture degradation 草地退化 13.005
pasture model 草场模型 25.143
patch 葩嵌 25.185
path 路径 17.096
path dependency 路径依赖 18.123
path-finding 路径搜索 30.148
pathogenic factor 致病因子 08.031
patterned ground 成型土 12.108
pattern formation 模式生成 25.210
pattern recognition 模式识别 25.061
p center problem p 中心问题 25.243
peak 峰 03.025
peak discharge 洪峰流量 05.077
peak season 旅游旺季 21.050
peat 泥炭 14.075
peat ash 泥炭[总]灰分 14.093
peat bath 泥炭浴 14.087
peat classification 泥炭分类 14.091
peat formation 泥炭形成[作用] 07.048
peat heat capacity 泥炭热容[量] 14.085
peat hill 泥炭丘 14.082
peat humic acid 泥炭腐殖酸 14.088
peatland 泥炭地 14.077
peat microbe 泥炭微生物 14.090
peat production 泥炭制品 14.094
peat soil 泥炭土 07.126
pediment 山麓[侵蚀]面 03.080
pediplain 山麓侵蚀平原 03.082
pediplanation 山麓夷平作用 03.081
pedochemicogeography 土壤化学地理 10.003
pedohydrology 土壤水水文学 05.017
pedology 发生土壤学 07.004
pedon 单个土体 07.067
pedosphere 土壤圈 01.105
peneplain 准平原 03.074
peninsula 半岛 15.016
peninsula effect 半岛效应 06.075
pereletok 隔年冻土 12.013
perennially frozen ground 多年冻土 12.014
periglacial 冰缘 12.095
periglacial involution 融冻褶皱 12.104
periglacial landform 冰缘地貌 12.097
periglacial process 冰缘作用 12.096
periglacial tor 冰缘岩柱 12.101
periodicity of fair 集市周期 18.222
periodic law of geographic zonality 地理地带性周期律 02.032
periodic market system 定期集市体系 19.120
peripheral area 边缘地 18.146
permafrost 多年冻土 12.014
permafrost aggradation 多年冻土进化 12.027
permafrost base 多年冻土下限 12.033
permafrost degradation 多年冻土退化 12.028
permafrost dynamics 冻土动力学 12.005
permafrost facies analysis 冻土相分析 12.031
permafrost table 多年冻土上限 12.032
permeability coefficient 渗透系数 05.158
persistent organic pollutant 持久性有机污染物 09.073
phaeozem 黑土 07.108
phase space ＊相空间 25.025
phenology 物候学 04.016
phenomenal environment 现象环境 24.122
phenospectrum 物候谱 04.154
phenotype 表型 06.083
phospho-calcic soil 磷质石灰土 07.125
photochemical smog 光化学烟雾 09.083
photogrammetry 摄影测量 29.038
photographic image 摄影影像 29.123
photosynthesis-temperature potential productivity 光温潜力 02.026
photosynthetic potential productivity 光合潜力 02.025
phreatic water 潜水 05.145
phsico-dynamical climatology 物理动力气候学 04.003
physical atlas 自然地图集 27.077
physical geographic boundary 自然地理界线 02.015
physical geographic dynamics 自然地理动态 02.013
physical geographic environment 自然地理环境 02.008
physical geographic interface 自然地理界面 02.016
physical geographic process 自然地理过程 02.014
physical geographic structure 自然地理结构 02.011
physical geographic system 自然地理系统 02.012
physical geography 自然地理学 02.001

physical geography of city 城市自然地理学 02.007
physical map 自然地图 27.037
physical model 物理模型，*机制模型 25.058
physical planning 实体规划 19.216
physical regionalization 自然区划 02.044
physical weathering 物理风化作用 03.054
physico-geographic zone 自然地带 02.048
physics of glacier 冰川物理学 11.002
physiographic stages 地文期 16.042
physiography 地文学 03.016
phytogeography 植物地理学 06.109
phytoremediation 植物修复 09.064
piedmont 山麓 03.026
piedmont glacier 山麓冰川 11.058
piedmont plain 山麓平原 03.027
piedmont treppen 山麓梯地 03.083
pillar industry 支柱产业 18.151
pingo 多年生冻胀丘 12.107
pinnacle karst 石林 03.227
pipkrake(法) 冰针 12.059
piston flow 活塞流 05.184
pixel 像元 29.026
place community 地方社区 19.118
place identification 地方认同 24.118
placelessness 无地方性 17.093
place utility 地方效用 17.092
plain 平原 03.018
plain coast 平原海岸 15.114
plain swamp 平原沼泽 14.054
planation 夷平作用，*均夷作用 03.072
planation surface 夷平面 03.073
plan earth observing system 地球观测系统计划 26.004
planetary geography 行星地理学 01.006
planetary permafrost 行星多年冻土 12.020
planetary wind system 行星风系 04.092
plankton 浮游生物 06.059
planning map 规划地图 27.027
planning of urban region 市域规划 19.222
Planosol 黏磐土 07.174
plant association 植物群丛 06.144
plantation 种植园，*殖民地种植农场 18.267
plant community 植物群落 06.143
plant formation 植物群系 06.145
plastic frozen soil 塑性冻土 12.025
plateau 高原 03.036
plateau climate 高原气候 04.053
plateau monsoon 高原季风 04.061
plateau swamp 高原沼泽 14.056
platform 台地 03.041
playa(西班牙语) 干盐湖 13.119
Pleistocene Epoch 更新世 16.011
Plinthosol 聚铁网纹土 07.179
plot program bank 绘图程序库 27.200
plum rain 梅雨 04.109
pluralism 多元论 17.054
plural society 多元社会 24.025
pluvial 雨期 16.037
pluvial lake 雨期湖 16.039
p median problem p重心问题 25.242
PMF 可能最大洪水 05.117
PMP 可能最大降水 05.116
Podzol 灰壤 07.176
podzolic soil 灰化土 07.104
podzolization 灰化[作用] 07.059
Podzoluvisol 灰化淋溶土 07.175
poikilotherm 变温有机体 06.058
point bar 凸岸坝 03.132
point-in-polygon operations 区中点运算 30.137
point source 点源 09.033
polar climate 极地气候 04.046
polar day 极昼 01.127
polar faunal group 极地动物 06.196
polar glacier 极地冰川 11.039
polarity reversion 极性倒转 16.020
polarization 极化 25.209
polarization process 极化过程 19.146
polar night 极夜 01.128
polar-orbiting meteorological satellite 极轨气象卫星 29.082
polar wandering 极移 16.021
“pole-axis” model “点轴系统”模式 18.051
political geography 政治地理学 17.043
polje 喀斯特河谷盆地，*坡立谷 03.219
pollen diagram 孢粉图谱 16.053
pollution chemistry 污染化学 09.005
pollution index 污染指数 09.038
pollution load 污染负荷 09.039
polygon-arc topology 多边形-弧段拓扑数据结构

Q

quadrate analysis 样方分析 25.109
quaking swamp 颤沼 14.070
qualitative color base method 质量底色法，*质底法 27.121
qualitative interpretation 定性判读 29.129
quality of life 生活质量 24.034
quantitative color base method 数量底色法 27.122
quantitative geomorphology 数量地貌学 03.010
quantitative interpretation 定量判读 29.130
quantitative revolution 计量革命 25.007
quantity geography 数量地理学，*计量地理学 25.001
quasi-stationary front 准静止锋 04.091
Quaternary glacial 第四纪冰期 16.032
Quaternary glaciation 第四纪冰川作用 11.101
Quaternary loess 第四纪黄土 16.034
Quaternary loess of China 中国第四纪黄土 16.035
Quaternary Period 第四纪 16.010
Quaternary sea level change 第四纪海[平]面变化 16.040
quotient of location 区位熵，*专门化率 18.056

R

racial geography 人种地理学 17.032
radar altimeter 雷达测高仪 29.079
radar image 雷达影像 29.124
radar sat 雷达卫星 29.086
radar shadow 雷达阴影 29.080
radial drainage pattern 放射状水系格局 03.289
radiation 辐射 29.042
radiation balance 辐射平衡，*净辐射 04.126
radical geography 激进地理学 17.012
radioactive waste 放射性废物 09.078
radiocarbon dating 放射性碳测年 16.054
rail transport 轨道运输 18.193
raindrop erosion 雨滴侵蚀 03.172
rainfed agriculture 旱农 18.269
rain shadow 雨影 04.095
random distortion 随机畸变 29.098
range 岭 03.024
rank-size rule 等级规模法则，*位序-规模律 19.115
rare element 稀有元素 10.044
raster data structure 栅格数据结构 30.145
rate of swamp 沼泽率 14.074
ravine 沟谷 03.039
R&D location 研究与开发区位 18.104
reaction-diffusion model 反应扩散模型 25.145
realm 生物地理大区 06.042
recalcification 复钙作用 07.054
recession curve 退水曲线 05.065
reclamation of land 土地复垦 18.245
recognized region 感觉区 24.119
reconstruction geography 建设地理学 01.005
reconstruction of landscape 景观复原 23.017
record of local geography 方志，*地方志 23.009
recreation 游憩 21.076
recreational carrying capacity 旅游承载力 21.020
recreation business district 游憩商业区 21.077
recreation opportunity spectrum 游憩机会谱 21.078
rectangular coordinate 直角坐标 27.098
red earth 红壤 07.089
redlining 红线 19.140
red soil 红壤 07.089
redundant level of geosystem 地理系统的冗余水平 01.068
reef 礁[石] 15.017
reemergence of disease 疾病再现 08.033
reflectance 反射率 29.061
reflection 反射 29.055
reflective infrared 反射红外 29.048
refugium 生物庇护所 06.019
regelation 复冰作用 12.080
regenerated glacier 再生冰川 11.059
region 区域 01.154

regional analysis　区域分析　01.088
regional atlas　区域地图集　27.072
regional balanced growth　区域平衡增长　25.166
regional chemicogeography　区域化学地理　10.005
regional class alliance　区域阶级联盟　24.008
regional classified statistic graph method　分区分级统计图法　27.131
regional climate　区域气候　04.023
regional climatology　区域气候学　04.010
regional commercial geography　区域商业地理学　18.223
regional comparative advantage　地区竞争优势　18.119
regional computable general equilibrium　区域可计算一般均衡　25.124
regional convergence　区域趋同　24.009
regional development　区域开发　18.018, 区域发展　18.019
regional development cycle　区域发展周期　18.024
regional diagram method　分区统计图表法　27.130
regional differentiation　区域分异　01.089
regional dynamics　区域动力学　25.010
regional economic geography　区域经济地理学　18.004
regional evolution model　区域进化模型　25.169
regional geography　区域地理学　01.090
regional geomorphology　区域地貌学　03.009
regional governance　区域管制　18.140
regional hydrology　区域水文　05.011
regional innovation system　区域创新体系　18.141
regionalization　区划　01.146
regionalization map　区划地图　27.021
regionalization of chemicogeography　化学地理区划　10.008
regionalization of natural resources　自然资源区划　20.024
regional medico-geography　区域医学地理　08.010
regional physico-geography　区域自然地理学　02.031
regional planning　区域规划　18.047
regional remote sensing　区域遥感　29.015
regional science　区域科学　18.013
regional sea level change　地区性海[平]面变化　15.135
regional specialization model　区域专业化模型　25.167
regional spillover　区域溢出　25.171
regional technology gap　区域技术缺口　25.170
regional unification model　区域联盟化模型　25.168
regolith　风化层　03.057
Regosol　疏松岩性土　07.164
regression　回归　25.090
regulation school　管制学派　17.007
rehabilitation　生境修复　06.108
Reilly's law　赖利法则　19.177
rejuvenation　回春作用　03.086
relative age of soil　土壤相对年龄　07.029
relative distance　相对距离　25.178
relative geographical space　相对地理空间　01.017
relative height　相对高度　03.030
relative location　相对区位　25.226
relative position　相对位置　01.162
relative sea level change　相对海[平]面变化　15.137
relic factor　残留因素　02.091
relict permafrost　残余多年冻土　12.021
relict soil　残遗土　07.033
relict species　残遗种　06.043
relief model　地形模型　27.169
relocation diffusion　迁移扩散　25.214
remain analysis of peat plant　泥炭植物残体分析　14.092
remote sensing　遥感　29.001
remote sensing application　遥感应用　29.004
remote sensing hydrology　遥感水文　05.025
remote sensing image　遥感影像　29.121
remote sensing information　遥感信息　29.120
remote sensing information mapping　遥感信息制图　27.062
remote sensing monitoring of global environment　全球环境遥感监测　26.033
remote sensing of land resources　土地资源遥感　29.133
remote sensing series mapping　遥感系列制图　27.064
remote sensing technology　遥感技术　29.003
rendzina　黑色石灰土　07.096
repeated ice segregation　重复分凝成冰　12.070
repeated vein ice　重复脉冰　12.057
rescue effect　营救效应　06.076
resequent river　再顺[向]河　03.303
reservoir　水库　05.136
residential area　里坊　23.038
residential cycle　居住循环　19.167
residential district planning　居住区规划　19.164
residential location　居住区位　18.105
residential mobility　居住迁移　19.163

residual soil　残积土　03.058
resolution　分辨率　29.030
resort and recuperate town　休疗养城市　19.250
resources allocation　资源配置　20.035
resources carrying capacity　资源承载力　20.021
resources distribution　资源分布　20.022
resources division　资源分区　20.023
resources ecosystem　资源生态系统　20.020
resources geography　资源地理学　20.001
resources information management　资源信息管理　20.042
resources management　资源管理　20.034
resources map　资源地图　27.040
resources remote sensing　资源遥感　29.017
resources situation　资源态势　20.037
resources utilization　资源利用　20.025
responsible tourism　负责任旅游　21.080
restoring ecology　恢复生态学　13.058
retailing geography　零售地理学　18.215
retarding effect in geography　地理迟滞效应　01.047
re-urbanizaiton　再城市化　19.254
reversing of sandy desertification　沙漠化逆转　13.089
rheological properties of frozen soil　冻土流变性　12.083
Ria coastline　里亚型海岸　15.123
ribbon development　带状发展　19.113
ridge　岭　03.024
riffle　浅滩　03.146
rill　细沟　03.182
rimland theory　陆缘说　17.047
rimstone　边石　03.242
ring city　环形城市　19.143
riparian biota　河岸生物群　06.044
rip current　离岸流　15.049
rip current channel　裂流沟道　15.052
rise　海隆　15.150
risk　风险　25.028
risk assessment　风险评价　09.068
risk decision-making in geography　地理风险决策　01.023
river　河流　05.041
river basin planning　流域规划　18.046
river bed　河床，*河槽　03.130
riverbed deformation　河床变形　05.045
river bed equation　河道流床方程　25.128
river capture　河流袭夺　03.116
river channel　河床，*河槽　03.130
river channel landform　河床地貌　03.099
river deflection　河流偏移　03.308
river feeding　河流补给　05.073
river hydraulic geometry　河相关系　03.147
river mouth　河口　15.089
river mouth bar　拦门沙，*河口沙坝　15.092
river paludification　河流沼泽化　14.048
river pattern　河型　03.138
river sediment concentration　河流含沙量　05.104
river sediment discharge　河流输沙量　05.105
river system　河流系统　03.103，水系　05.042
river terrace　河流阶地　03.122
river terrace swamp　河流阶地沼泽　14.058
river valley landform　河谷地貌　03.098
river wetland　河流湿地　14.036
roche moutonnee　羊背石　11.091
rock fall　岩崩　03.196
rock glacier　石冰川　12.105
rock-seated terrace　基座阶地　03.125
rocky desert　岩漠　02.102
roll-on and roll-off transportation　滚装运输　18.197
romanization of geographical name　地名罗马化　28.009
root layer　根系层　14.080
rotation of alpine pasture　高山草场轮牧　18.273
roughness　粗糙度　04.134
route distance　路径距离　25.181
royal garden　皇家园林　23.047
r-selection　r选择　06.071
ruins of ancient city　古城遗址　23.043
rule of causation in geography　地理因果律　01.026
rule of physical territorial differentiation　自然地域分异规律　02.018
rule of territorial differentiation　地域分异规律　01.161
runoff　径流量　05.090
runoff annual distribution　径流年内分配　05.067
runoff coefficient　径流系数　05.093
runoff depth　径流深度　05.091
runoff formation process　径流形成过程　05.094
runoff generation　产流　05.202
runoff generation from excess rain　超渗产流　05.203
runoff generation under saturated condition　蓄满产流　05.204

runoff interannual variation　径流年际分配　05.068
runoff modulus　径流模数　05.092
runoff variability　径流变率，*模比系数　05.066
rural community　乡村社区　24.002
rural landscape　乡村景观　18.283
rural-urban continuum　城乡连续谱　19.097
rural-urban fringe　城乡交错带　19.096
rural-urban integration　城乡一体化　19.098
rural urbanization　乡村城市化　19.243
rurbanization　乡村城市化　19.243

S

sacred and profane space　神圣空间与世俗空间　24.049
sacred mountain　岳　23.068
sacred river　渎　23.069
safari　狩猎旅游　21.081
Saint-Venant equations　圣维南方程　05.087
saline-alkaline marsh　盐碱沼泽　14.063
saline-alkaline wetland　盐碱湿地　14.033
saline lake　盐湖　05.130
salinization　盐化[作用]　07.049
salt-affected soil　盐渍土壤　07.023
salt balance　盐分平衡　05.113
salt desert　盐漠　02.105
salt lake　盐湖　05.130
saltwater lake　咸水湖　05.129
sand bar　滨河床沙坝　03.131
sand-controlling barrier　*沙障　13.039
sand-driving wind　起沙风　13.072
sand dune　[风成]沙丘　13.016
sand dune rock　沙丘岩　15.103
sand flow rate　输沙率　13.109
sand-laden wind　风沙流　13.027
sand-laden wind engineering　风沙工程学　13.023
sand land　沙地　13.024
sand ripple　沙波纹　13.078
sandstorm　沙[尘]暴　04.107
sand wedge　砂楔　12.110
sandy desert　沙漠　13.081
sandy desert climate　沙漠气候　13.094
sandy desert farming　沙漠农业　13.093
sandy desert formation　沙漠形成　13.096
sandy desertification　沙漠化　13.083
sandy desertification control　沙漠化防治　13.086
sandy desertification evaluation　沙漠化评价　13.090
sandy desertification indicator　沙漠化指标　13.092
sandy desertification land　沙漠化土地　13.091
sandy desertification monitory　沙漠化监测　13.088
sandy desertification process　沙漠化过程　13.087
SAR　合成孔径雷达　29.076
satellite climatology　卫星气候学　04.011
satellite remote sensing　*卫星遥感　29.005
satellite town　卫星城　19.237
satisfying behaviour　满意化行为　17.081
saturated soil moisture　土壤饱和含水量　05.174
saturated zone　饱和带　05.169
savanna　萨瓦纳　06.165
savanna climate　萨瓦纳气候　04.050
savanna red soil　燥红土　07.090
scale analysis　尺度分析　25.063
scale effect　尺度效应　25.110
scales in physical geography　自然地理尺度　02.017
scallop　流痕　03.249
scan image　扫描影像　29.122
scarp　崖　03.035
scattering　散射　29.056
school map　教学地图　27.057
science park　科学园　19.173
science town　科学城　19.172
sclerophyllous forest　硬叶林　06.163
screen map　屏幕地图　27.174
scroll pattern　迂回扇　03.135
SDE　空间数据库引擎　30.142
SDI　空间数据基础设施　30.064
sea　海　01.144
sea arch　海穹，*海蚀拱桥　15.067
sea bottom desertification　海底荒漠化　15.160
sea breeze　*海风　04.076
sea cave　海蚀洞　15.065
sea cliff　海蚀崖　15.066
sea coast　海岸　15.037
sea-land breeze　海陆风　04.076
sea level　海[平]面　15.127
sea level change　海[平]面变化　15.128

sea level datum　*海平面基面　15.127
seamless integration　无缝集成　30.150
[sea] notch　海蚀龛，*海蚀穴　15.064
search behavior　搜索行为　24.030
search space　探索空间　17.087
sea sat　海洋卫星　29.084
seasat series　海洋卫星系列　26.030
seasonality　季节性　21.082
seasonally frozen ground　季节冻土　12.012
seasonally frozen layer　季节冻结层　12.036
seasonally thawed layer　季节融化层　12.035
sea stack　海蚀柱　15.068
seawater intrusion into aquifer　海水入侵含水层　05.166
secondary coast　次生岸　15.143
secondary industry　第二产业　18.038
secondary pollution　次生污染，*二次污染　09.035
secondary succession　次生演替　06.153
second home　第二居所　19.117
sectoral economic geography　部门经济地理学　18.003
sectoral model　扇形模型　19.207
sectoral urban pattern　扇形城市　19.205
sectorial geography　部门地理学　01.011
sectorial physical regionalization　部门自然区划　02.046
sector theory　扇形理论　19.206
sedge mire　苔草沼泽　14.069
sediment　沉积物　09.071
sedimentary facies　沉积相　03.066
sedimentation　沉积作用　03.053
sediment balance　沙量平衡　05.112
sediment-delivery ratio　泥沙输移比　03.148
sediment flux　泥沙流通量，*沉积物流通量　15.054
sediment movement　泥沙运动　05.100
sedimento-eustasy　沉积作用型海面变化　15.131
sediment production rate　产沙率　05.103
sediment transport modulus　输沙模数　05.106
sediment yield　产沙量　05.102
seed bed location　种床区位　19.265
segregated ice　分凝冰　12.055
segregation　隔离　19.133
segregation potential　分凝势　12.065
selection of city site　城址选择　23.041
self-mulching　自幂作用　07.065
self-swallowing　自吞作用　07.066
semiaquatic　半水生　06.098
semifixed dune　半固定沙丘　13.003
sense of place　地方感　24.117
sensitivity analysis　敏感性分析　25.064
sensitivity of geosystem　地理系统敏感性　01.061
sequence cross-section　序列剖面　23.016
[sequent] occupancy　[连续]占据　24.050
series maps　系列地图　27.063
settlement　聚落　23.036
settlement geography　聚落地理学　19.002
settlement pattern　聚落类型　19.003
seventy-two pentads　七十二候　04.151
sewage　生活污水　09.074
sexuality and geography　性与地理学　17.016
shaded-relief method　晕渲法　27.134
shady slope　阴坡　02.094
shaft　竖井　03.216
Shajiang black soil　砂姜黑土　07.130
shallow water equation　浅水方程　25.127
sheet erosion　片[状侵]蚀　03.174
sheet line system　地图分幅　27.110
shelf-locked state　*陆架闭锁国　15.034
shifting agriculture　迁移农业　18.285
shifting cultivation　迁徙耕作　18.261
shift-share analysis　偏离-份额分析　25.152
shopping mall　购物娱乐中心　18.221
shopping tour　购物旅游　21.083
shore　海滨　15.040
shoreline　海滨线　15.041
short-run regional growth model　区域短程增长模型　25.163
shrubbery-laden desertification　灌丛沙漠化　13.051
shuga　冰花　11.062
shuttle imaging radar　航天飞机成像雷达　29.077
siallitic weathering crust　硅铝风化壳　10.025
siallitization　硅铝化[作用]　07.060
sierozem　灰钙土　07.112
SIF　标准交换格式　30.067
significance test　显着性检验　25.103
silicification　硅化[作用]　07.057
simplified biosphere model　简化生物圈模型　25.131
simulation　模拟　25.050
sinkhole　落水洞　03.215
sinter deposition　泉华沉积　03.245
SIR　航天飞机成像雷达　29.077

SIS 土壤信息系统 07.014
skid row 城镇中的破落街区 19.102
skiing 滑雪旅游 21.084
skylight 天空光 29.066
slope 坡地 03.043
slope deposit 坡积物 03.191
slopeland 坡地 03.043
slope process 坡面过程 03.185
slum 贫民区 19.006
slum clearance 贫民窟清除 19.197
small city within larger one 子城 19.267
small open economy model 小国开放经济模型 25.147
SMSA [标准]大都市统计区 19.010
snow avalanche 雪崩 11.065
snow cover 积雪, *雪盖 11.019
snow drift 吹雪 11.066
snow hydrology 积雪水文学 05.138
snow line 雪线 11.024
snowmelt runoff 融雪径流, *冰雪融水径流 05.139
snowstorm 雪暴 11.067
social area analysis 社会区分析 24.003
social Darwinism 社会达尔文主义 24.027
social distance 社会距离 24.011
social economic attribute of land 土地社会经济属性 02.071
social environment of disease 疾病社会环境 08.030
social geography 社会地理学 24.001
social justice 社会公正 24.012
social medical geography 社会医学地理 08.014
social movement 社会运动 24.029
social network 社会网络 24.013
social physics 社会物理学 24.028
social resources 社会资源 20.004
social space 社会空间 24.023
social tourism 社交旅游 21.085
social well-being 社会福祉, *福祉 24.033
soft tourism 软旅游 21.086
Sohmidt diagram 冰组构图 11.028
soil 土壤 07.001
soil amelioration 土壤改良 07.012
soil and water conservation 水土保持 07.013
soil and water loss 水土流失 05.216
soil association 土壤组合 07.196
soil cartography 土壤制图 07.188
soil catena 土链 07.198
soil class 土纲 07.138
soil classification 土壤分类 07.081
soil complex 土壤复区 07.197
soil cover 土被 07.199
soil cover structure 土被结构 07.200
soil creep 土体蠕动 03.193
soil degradation 土壤退化 07.007
soil distribution 土壤分布 07.191
soil ecology 土壤生态学 07.006
soil erosion 土壤侵蚀 07.008
soil evaporation 土壤蒸发 05.193
soil evaporation between plants 棵间蒸发 05.192
soil family 土族 07.145
soil formation 土壤形成 07.039
soil formation factor 土壤形成因素 07.040
soil formation process 土壤形成过程 07.041
soil genetic classification 土壤发生分类 07.083
soil genetic horizon 土壤发生层 07.071
soil genus 土属 07.142
soil geography 土壤地理学 07.003
soil group 土类 07.140
soil horizontal zonality 土壤水平地带性 07.193
soil hydraulic conductivity 土壤水力传导度 05.177
soil information system 土壤信息系统 07.014
soil intrusions 土壤侵入体 07.080
soil landscape 土壤景观 07.015
soil layer 土[壤]层[次] 07.072
soil local type 土种 07.143
soil management 土壤管理 07.010
soil map 土壤图 07.189
soil mapping unit 土壤制图单元 07.190
soil moisture 土壤水 05.170
soil moisture characteristic curve 土壤水分特征曲线 05.179
soil new growth 土壤新生体 07.079
soil order 土纲 07.138
soil phase 土相 07.147
soil pollution 土壤污染 09.030
soil profile 土壤剖面 07.069
soil resources 土壤资源 07.009
soil science 土壤学 07.002
soil series 土系 07.146
soil subunit 土壤亚单元 07.161

species pool 物种库 06.077
species richness 物种丰富度 06.053
specific geographical name 地理专名 28.006
specific yield 给水度 05.159
spectral resolution 光谱分辨率 29.033
spectrogram 光谱图 29.058
spectrum 光谱 29.057
speleology 洞穴学 03.230
speleothem 洞穴化学淀积物 03.236
spit 沙嘴 15.100
splash erosion 溅蚀 03.173
Spodosol 灰土 07.156
spontaneous settlement 自发定居区 19.268
sports tourism 体育旅游 21.087
spring 泉 05.153
SQL 结构化查询语言 30.068
squatter settlement 非法聚落 19.151，棚户区 24.005
squatting 非法占用 24.004
stability of geosystem 地理系统稳定性 01.060
stable infiltration 稳渗 05.201
stage-discharge relation 水位流量关系 05.061
stage of succession 演替阶段 06.154
stagnogley 滞水潜育土 07.183
stagnogley soil 滞水潜育土 07.183
stalactite 钟乳石 03.237
stalacto-stalagmite 石柱 03.239
stalagmite 石笋 03.238
standard interchange format 标准交换格式 30.067
standardization of geographical name 地名标准化 28.007
standardized mortality 标准化死亡率 08.046
Standard Metropolitan Statistical Area ［标准］大都市统计区 19.010
standard parallel 标准纬线 27.099
standard time 标准时，*区时 01.129
star dune *星状沙丘 13.059
state 国家 17.064
state-contingent model 状态并发模型 25.132
state space 状态空间 25.025
state variable of geosystem 地理状态变量 01.066
statistical climatology 统计气候学 04.004
statistical model 统计模型 25.067
statistic map 统计地图 27.025
status-pressure-response 状态-压力-响应 02.088
steady flow 稳定流 05.079
steady state 稳态 25.034
stenothermal organism 狭温性生物 06.031
stenotopic 狭适性的 06.055
steppe 草原 02.052
steppe climate 草原气候 04.051
steppe faunal group 草原动物 06.193
steppe soil 草原土壤 07.020
stereoscopic map 视觉立体地图 27.048
stochastic hydrology 随机水文学 05.022
stochastic model 随机模型 25.066
stochastic process 随机过程 25.044
stone circle 石环 12.111
stone forest 石林 03.227
stone nest 石窝 13.108
stone net 石网 12.112
stone stream 石河 12.100
stone teeth 石牙 03.214
stony desertification 石漠化 13.107
stony desert 石漠 13.106
storm deposit 风暴潮沉积 15.088
storm flow 暴雨径流 05.096
storm surge 风暴潮 15.087
straight river channel 顺直型河道 03.139
strait 海峡 15.009
stratified lake 层结湖 05.124
strength of frozen soil 冻土强度 12.084
stress of geographical environment 地理环境应力 01.037
strongly mobile element 强移动元素，*活跃迁移元素 10.034
structural basin 构造盆地 03.268
structural functionalism 结构功能主义 17.005
structural geomorphology 构造地貌学 03.251
structural landform 构造地貌 03.252
structural terrace 构造阶地 03.275
structuration theory 结构化理论 17.006
structured query language 结构化查询语言 30.068
structure of urban area 城市地域结构 19.023
subalpine belt 亚高山带 02.100
subaqual landscape 水下景观 10.016
subaqueous delta 水下三角洲 15.091
sub-center 副中心 19.131
subclass 亚纲 07.139

subcontinental glacier 亚大陆性冰川 11.045
subglacial channel 冰下河道 11.036
subgroup 亚类 07.141
sublimation till 升华碛 11.081
sublittoral zone 潮下带 15.079
submarine bar 水下沙坝 15.094
submarine canyon 海底峡谷 15.149
submarine coastal slope 水下岸坡 15.046
submarine landform 海底地貌 15.005
submarine sand ridge ＊水下沙堤 15.094
submarine terrace 水下阶地，＊海底阶地 15.148
submerged coast 下降岸 15.139
subnival belt 亚雪带 02.098
suborder 亚纲 07.139
subpixel 次像元，＊亚像元 29.028
sub-polar glacier 亚极地冰川 11.040
subsea permafrost 海底多年冻土 12.019
subsequent river 次成河 03.301
subsistence agriculture 自给性农业 18.249
subsoil karst ＊表层喀斯特 03.210
subsoil layer 心土层 07.074
substratum 底土层 07.075
subsurface erosion 潜蚀 03.176
subtidal zone 潮下带 15.079
subtropical anti-cyclone ＊副热带反气旋 04.083
subtropical belt 亚热带 01.151
subtropical high 副热带高压 04.083
subtropical zone 亚热带 01.151
suburb 郊区 19.156
suburbanization 郊区化 19.007
suburbs 郊 23.056
succession 演替 06.151
summer monsoon 夏季风 04.059
summit surface 山顶面 03.084
sun 太阳 01.138
sunny slope 阳坡 02.093
sunshine 日照 04.138
superaqual landscape 水上景观 10.015
supercontinental glacier 极大陆性冰川 11.046
superimposed ice 附加冰 11.026
superimposed river 叠置河 03.306
superimposed terrace 上叠阶地 03.278
supervised classification 监督分类 29.114
supervisory region 监察区 23.028
supply area 供应域 25.233
supralittoral zone 潮上带 15.078
surf 激浪，＊拍岸浪 15.047
surface soil layer 表土层 07.073
surface water 地表水 05.056
suspended load 悬移质 05.101
suspended solid 悬浮物 09.072
sustainable development of regional economy 区域经济可持续发展 18.023
sustainable tourism 可持续旅游 21.088
sustainable use of natural resources 资源可持续利用 20.028
swallow hole 落水洞 03.215
swamp 沼泽 14.042，薮 23.066
swamp classification 沼泽分类 14.050
swamp ecosystem 沼泽生态系统 14.065
swamp environment 沼泽环境 14.064
swamp grass hill 沼泽草丘 14.071
swampiness of forest 森林沼泽化 14.047
swampiness of lake 湖泊沼泽化 14.049
swampiness of land 陆地沼泽化 14.045
swampiness of meadow 草甸沼泽化 14.046
swampiness of river 河流沼泽化 14.048
swampiness of water 水体沼泽化 14.044
symbiont 共生生物 06.056
symbiosis 共生 06.099
symbolic landscape 符号景观 24.113
symbolic model 符号模型 25.065
symbol image 字符图像 29.090
synchronous meteorological satellite 同步气象卫星 29.083
synclinal basin 向斜盆地 03.269
synergetics in geography 地理协同论 01.063
syngenetic permafrost 共生多年冻土 12.022
synoptic climatology 天气气候学 04.002
synthetic aperture radar 合成孔径雷达 29.076
synthetic map 合成地图 27.066
synthetic resolution 综合分辨率 29.037
systematic cartography 系统地图学 27.012
systematic distortion 系统畸变 29.097
systematic geography 系统地理学 01.072
systematic hydrology 系统水文学 05.023
system of enfeoffment 分封制 23.029
system of freight collection 港口集疏运系统 18.190

system of geographical sciences　地理学体系　01.077
system of prefectures and counties　郡县制　23.030

T

tableland　台地　03.041
table mountain　*桌状山　03.263
tactile map　触觉地图　27.051
tactual map　触觉地图　27.051
taiga　泰加林　06.157
taken-for-granted world　想当然的世界　24.032
takyr　龟裂土　07.116
talent resources　人才资源　20.014
talik　融区　12.092
talking map　有声地图　27.175
talus　倒石堆　03.190
technique of sampling　抽样技术　25.082
techno-economic appraisal of production allocation　生产布局的技术经济评价　18.083
technological innovation　技术创新　18.124
technology-intensive industry　技术密集型工业，*知识密集型工业　18.156
tectonic basin　构造盆地　03.268
tectonic lake　构造湖　03.159
tectonic landform　构造运动地貌　03.253
tectono-eustasy　*构造运动型海面变化　15.132
telecommunication network　电信网络　18.199
tele-mediation of services　服务远程化　18.035
telemedical geography　远程医学地理　08.011
telemetry　遥测　29.039
teleworking　远程工作　18.034
temperate belt　温带　01.149
temperate glacier　温冰川　11.042
temperate zone　温带　01.149
temperature inversion　逆温　04.094
temperature resolution　温度分辨率　29.035
temporal and spatial coupling in geography　地理时空耦合　01.045
temporal resolution　时间分辨率　29.034
temporal-spatial resolution　时空分辨率　30.054
temporary urbanization　暂时城市化　19.255
terminal moraine　终碛垄　11.085
terrace　阶地　03.040
terrace deformation　阶地变形　03.280
terrace dislocation　阶地错位　03.281
terrace displacement　阶地错位　03.281
terra fusca　棕色石灰土　07.095
terrain　土地　02.066
terrain characteristics　土地属性　02.069
terra rossa　红色石灰土　07.094
territorial development　国土开发　18.043
territorial expansion　领土扩张　23.023
territoriality　领域性　06.209，领土性　17.060
territorial justice　区域公正　24.039
territorial management　国土整治　18.044
territorial planning　国土规划　18.045
territorial process　地域过程　01.159
territorial production complex　地域生产综合体　18.022
territorial resources　国土资源　20.002
territorial sea　领海　15.020
territorial sky　领空　17.059
territorial social indicator　地域社会指标　24.006
territorial structure　地域结构　01.158
territorial system　地域系统　01.160
territory　国土　01.155，领土　17.058
tertiary industry　第三产业　18.039
Tertiary Period　第三纪　16.019
test of geographical model　地理模型检验　01.064
Tethys　特提斯海　16.005
thanatourism　黑色旅游　21.089
thaw compressibility　融化压缩　12.089
thaw consolidation　融化固结　12.088
thawed soil　融土　12.010
thawing index　融化指数　12.041
thaw settlement　融化下沉　12.090
thaw slumping　热融滑塌　12.086
the Forth World　第四世界　21.042
the great discoveries of geography　地理大发现　23.005
the Great Wall　长城　23.071
thematic atlas　专题地图集　27.076
thematic atlas of remote sensing　遥感专题图　29.132
thematic attribute　专题属性　30.055
thematic cartography　专题地图学　27.009
thematic interpretation　专题判读　29.131
thematic map　专题地图　27.007

thematic mapper 专题制图仪 29.071
theme park 主题公园 21.090
theoretical cartography 理论地图学 27.010
theoretical geography 理论地理学 01.073
theory of counter-magnetic system 反磁力吸引体系 19.122
theory of human-nature 人地关系论 17.002
theory of island biogeography 岛屿生物地理学 06.007
theory of minimum energy dissipation in geomorphology 地貌最小功原理 03.092
therapeutic landscape 治疗景观 08.050
thermal contraction cracking 冻缩开裂 12.078
thermal erosion 热侵蚀 12.091
thermal inertia 热惯量 29.062
thermal infrared 热红外 29.051
thermal radiation 热辐射 29.052
thermokarst 热喀斯特 12.085
thermoluminescence dating 热释光测年 16.051
thermophilic organisms 喜温有机体 06.057
the "Third Front industry" "三线"工业 18.147
the Third Italy 第三意大利 18.137
the Three Regions 三大地带 18.085
three-dimensional map 三维地图 27.050
three dimensional zonality 三维地带性 02.040
threshold 阈值 29.104
threshold of demand 需求门槛 18.214
threshold value of wetland development 湿地开发阈值 14.011
threshold wind velocity *起动风速 13.072
throughflow 壤中流 05.183
through talik 贯通融区 12.093
thunderstorm 雷暴 04.108
tic 坐标控制点 30.053
tidal channel 潮汐通道 15.084
tidal creek 潮沟 15.083
tidal current 潮流 15.050
tidal current limit 潮流界 15.081
tidal delta 潮汐三角洲 15.085
tidal estuary 有潮河口 05.141
tidal flat 潮滩 15.076
tidal inlet 潮汐通道 15.084
tidal limit 潮区界 15.080
tidal prism 纳潮量 15.082
tidal ridge 潮流沙脊 15.086
tier soil 塿土 07.123
TIGER 拓扑统一地理编码参考文件 30.069
timber storage 木材蓄积量 18.280
time budget 时间预算 17.101
time distance 时间距离 25.180
time geography 时间地理学 17.095
time series analysis 时间序列分析 25.094
timeshare 时权 21.091
time-space compression 时空压缩 17.104
time-space convergence 时空会聚 17.103
time-space distanciation 时空延展 17.105
time-space geography 时空地理学 01.010
time-space structure 时空结构 17.102
time zone 时区 01.125
TIN 不规则三角网 30.056
Tinbergen's model of city system 丁伯根城镇体系模型 25.159
tipping-point 倾斜点 19.202
TM 专题制图仪 29.071
tombolo 连岛坝 15.097
tombolo island 陆连岛 15.098
topoclimate 地形气候 04.028
topoclimatology 地形气候学 04.013
topographic map 地形图 27.005
topological error 拓扑错误 30.143
Topologically Integrated Geographic Encoding and Referencing 拓扑统一地理编码参考文件 30.069
topological map 拓扑地图 27.030
topological overlay 拓扑叠加 30.144
topological relationship 拓扑关系 30.093
topological space in geography 地理拓扑空间 01.039
topological structure 拓扑结构 30.094
topologic map 拓扑地图 27.030
toponomanistics 地名学 28.001
toponomy 地名学 28.001
toponymic database 地名数据库 28.018
toponymic guidelines 地名准则 28.015
topophilia 恋地情结 24.116
top soil 表土层 07.073
tourism aesthetics 旅游美学 21.094
tourism satellite account 旅游卫星账户 21.095
tourism system 旅游系统 21.096
tourist differentiation 游客细分 21.033
tourist information center 游客信息中心 21.059

tourist map 旅游地图 27.058
tourist resources 旅游资源 21.002
tourist resources evaluation 旅游资源评价 21.079
tourist space 旅游空间 21.097
tourist town 旅游城市 19.185
tourist trap 旅游陷阱 21.098
tour operator 旅行经销商 21.092
tour wholesale 旅行批发商 21.093
tower karst 峰林 03.225
town 镇 23.034
townscape 城镇景观 19.100，城市景观 24.108
town-settlement 邑 23.035
toxic element 有毒元素 10.046
trace element 微量元素 10.041
trade-off theory 互补理论 19.142
trades 信风 04.093
traditional diseases 传统病 08.037
traffic engineering 交通工程学 18.184
traffic flow theory 交通流理论 18.175
traffic hub city 交通枢纽城市 19.155
traffic location 交通区位 18.106
transaction cost theory 交易成本理论 18.125
transcription 音译 28.011
transculturation 文化汇融 24.083
transculturational region 文化汇融区 24.087
transeverse coastline 横向岸线 15.116
transit area 边境区，* 中转贸易区 18.065
transitional fen 中位沼泽 14.052
translation 意译 28.012
transmissivity 透射率 29.060
transpiration 蒸腾 05.194
transportability of sediment 输沙能力 05.107
transportation 搬运作用 03.051
transportation map 交通运输地图 27.060
transportation regionalization 交通运输区划 18.170
transport circle 交通圈 18.179
transport junction 运输枢纽 18.166
transport linkage 运输联系 18.185
transport mode 运输方式 18.189
transverse dune 横向沙丘 13.053
transverse valley 横谷 03.121
traveling salesman problem 货郎行程问题 25.151
travel writer 旅行作家 21.099
travertine 结晶灰华 03.246
tree line 树线 06.183
trellis drainage pattern 方格状水系格局 03.291
trench 海沟 15.153
trend to stability in geography 地理趋稳性 01.042
triangular facet ［断层］三角面 03.273
triangular irregular network 不规则三角网 30.056
tributary 支流 05.052
trophic levels in biosphere 生物圈中的营养级 02.020
tropical belt 热带 01.150
tropical rainforest ［热带］雨林 06.166
tropical rainforest climate 热带雨林气候 04.049
tropical zone 热带 01.150
Tropic of Cancer 北回归线 01.123
Tropic of Capricorn 南回归线 01.124
true color image 真彩色影像 29.126
tufa 石灰华 03.247
tundra 苔原，* 冻原 06.155
tundra climate 苔原气候 04.047
turbulent flow 湍流，* 紊流 05.085
turf politics 地盘政治 17.074
twenty-four solar terms 二十四节气 04.150
twilight zone 转换带 19.266
type map 类型图 27.020
typhoon 台风 04.104
typical steppe 典型草原 06.170
typical year 典型年 05.072
typomorphic element 标型元素 10.012

U

ubac 阴坡 02.094
UGIS 城市地理信息系统 30.162
Ullman's bases for interaction 乌尔曼相互作用理论 19.239
Ultisol 老成土 07.157
ultraviolet light 紫外光 29.045
UML 统一建模语言 30.075
uncertainty 不确定性 25.027
underdeveloped area 未开发区 18.077
underdevelopment 欠发达 17.076

V

W

warm front 暖锋 04.089
warm lake 热[带]湖 05.135
warning stage 警戒水位 05.099
wastewater irrigation 污水灌溉 09.042
water balance 水量平衡 05.059
water body 水体 05.035
water color 水色 05.110
water demand 需水量 05.221
water demand management 需水管理 05.226
water divide 分水岭 03.101
water exchange 水量交换 05.060
waterfall 瀑布 05.054
water hemisphere 水半球 01.112
water level 水位 05.088
waterlogging 涝 05.078
water mass 水团 05.036
water paludification 水体沼泽化 14.044
water pollution 水污染，*水体污染 09.029
water quality 水质 05.222
water resources 水资源 20.006
water resources assessment 水资源评价 05.219
water resources supporting capacity 水资源承载力 05.228
water-rock flow 水石流 03.199
watershed 分水岭 03.101
watershed flow concentration 流域汇流 05.206
watershed management 流域管理 05.217
watershed model 流域模型 05.115
watershed morphology 流域形态 05.043
water source protection 水源保护 05.218
water stage 水位 05.088
water supply 供水量 05.220
water supply and demand balance 水资源供需平衡 05.227
water table stream cave *潜水位溶洞 03.232
water temperature 水温 05.111
water transport 水路运输 18.173
waterway of grain transporting 漕河 23.062
water wetland 淡水湿地 14.032
water yearbook 水文年鉴 05.031
water yield 产水量 05.074
wave base 浪蚀基面 15.055
wave-built terrace 浪积台[地] 15.061
wave erosion 波浪侵蚀 05.142
wave-form sand 波状沙地 13.004
wave length 波长 29.054
wavelet transformation 小波变换 25.116
weakly mobile elements 弱移动元素，*微活跃迁移元素 10.035
weather 天气 04.069
weathered crust 风化壳 03.060
weathering 风化作用 03.047
weather satellite series 气象卫星系列 26.029
weather system 天气系统 04.085
Weber's industrial location model 韦伯工业区位模型，*最低成本学派 18.099
Weber model 韦伯模型 25.220
WebGIS 万维网地理信息系统 30.155
Web map 万维网地图 27.192
welfare geography 福利地理学 17.021
welfare state 福利国家 17.065
wet damage 湿害，*渍害 04.115
wetland 湿地 14.001
wetland biogeochemistry 湿地生物地球化学 14.027
wetland classification in single element 湿地单要素分类 14.012
wetland conservation 湿地保护 14.009
wetland construction 湿地建设 14.019
wetland economics 湿地经济 14.028
wetland ecosystem 湿地生态系统 14.003
wetland environment 湿地环境 14.023
wetland evolution 湿地演化 14.029
wetland hydrology 湿地水文 14.026
wetland investigation 湿地调查 14.015
wetland landform 湿地地貌 14.025
wetland landscape classification 湿地景观[生态]分类 14.013
wetland loss 湿地丧失 14.014
wetland management 湿地管理 14.007
wetland pollution 湿地污染 14.016
wetland process 湿地过程 14.020
wetland rejuvenation 湿地恢复 14.018
wetland resources 湿地资源 14.024
wetland science 湿地学 14.002
wetland sediment 湿地沉积 14.021
wetland soil 湿地土壤 07.022
wetland swamp coast 湿地沼泽海岸 15.106
wetland utilization 湿地利用 14.010

X

Y

Z

汉 英 索 引

A

阿尔卑斯运动　Alpine orogeny　16.006
阿尔法数　alpha index　25.190
阿隆索[地租]模型　Alonso model　19.008
*埃塞俄比亚界　Palaeotropic realm　06.201
癌症分布　cancer distribution　08.019
岸礁　fringing reef　15.109
暗沃土　Mollisol　07.154
暗棕壤　dark brown forest soil, dark brown soil　07.102
澳大利亚界　Australian realm　06.204
澳大利亚植物区　Australian kingdom　06.116

B

拔河　elevation, height above mean river level　03.029
白浆土　Baijiang soil　07.105
白龙堆　bailongdui　13.001
搬运作用　transportation　03.051
半岛　peninsula　15.016
半岛效应　peninsula effect　06.075
半固定沙丘　semifixed dune　13.003
半农半牧区　farming-pastoral region　18.235
半水生　semiaquatic　06.098
包价旅游　package tourism　21.073
包气带　aeration zone　05.168
孢粉图谱　pollen diagram　16.053
雹灾　hail damage　04.099
饱和带　saturated zone　05.169
保护　preservation　24.114
保护生物学　conservation biology　06.041
保健地理　geography of health care　08.004
保税区　duty-free zone　18.066
堡礁　barrier reef　15.110
暴发洪水　flash flood　05.075
暴露　exposure　09.050
暴雨径流　storm flow　05.096
北半球　northern hemisphere　01.109
北方带　boreal　06.120
*北方针叶林　boreal coniferous forest　06.157
北回归线　Tropic of Cancer　01.123
北极　north pole　01.118
北极圈　arctic circle　01.120
北美草原　prairie　06.172
贝克曼城镇体系模型　Beckmann model of city system　25.160
贝塔数　beta index　25.191
贝叶斯推理　Bayesian inference　25.088
背风坡　leeward slope　02.096
背景理论　contextual theory　17.003
被动散布　passive dispersal　06.074
被动遥感　passive remote sensing　29.012
*被夺河　beheaded river　03.314
本初子午线　prime meridian　01.117
本地化　localization　18.029
本地化程度　local content　18.030
比较地理学　comparative geography　01.009
比较地图学　comparative cartography　27.015
比较水文学　comparative hydrology　05.003
闭合盆地　closed basin　05.040
边疆　frontier　17.066
边疆城市　frontier city　23.040
边疆学说　frontier thesis　17.067
边界/区域参考索引　boundaries/districts reference index　30.106
边境区　transit area　18.065
边石　rimstone　03.242
边缘城市　edge city　19.009
边缘地　peripheral area　18.146
边缘弧　border arc　30.008
边缘匹配　border matching　30.105
边缘效应　edge effect　06.066
边缘增强　edge enhancement　29.107

便捷距离　convenience distance　25.183
变差系数　coefficient of variation　25.086
K-L 变换　K-L transform　29.100
变温有机体　poikilotherm　06.058
变形碛　deformation till　11.080
* 变性土　Vertisol　07.158
辫状河　braided stream　03.141
标型元素　typomorphic element　10.012
标注　label　30.045
[标准]大都市统计区　Standard Metropolitan Statistical Area, SMSA　19.010
标准化死亡率　standardized mortality　08.046
标准交换格式　standard interchange format, SIF　30.067
标准时　standard time　01.129
标准纬线　standard parallel　27.099
* 表层喀斯特　subsoil karst　03.210
表土层　surface soil layer, top soil, epipedon　07.073
表型　phenotype　06.083
别名　name alternative　28.025
滨河床沙坝　channel bar, sand bar　03.131
滨外坝　offshore bar　15.096
濒危遗产　heritage in danger　24.097
冰擦痕　glacial stria　11.090
冰川　glacier　11.007
冰川编目　glacier inventory　11.009
冰川变化　glacial fluctuation　11.012
冰川冰　glacier ice　11.025
冰川冰结构　glacier ice texture　11.027
冰川补给　alimentation of glacier　05.140
冰川带　glacial zone　11.018
冰川地貌　glacial landform　11.082
冰川地质学　glacial geology　11.006
冰川分类　classification of glacier　11.038
冰川风　glacial wind　11.035
冰川后退　glacier retreat　11.015
冰川积累区　accumulation area of glacier　11.029
冰川裂隙　crevasse　11.032
冰川泥石流　glacial debris flow　11.071
冰川平衡线　equilibrium line　11.011
冰川气候学　glacioclimatology　11.004
冰川前进　glacier advance　11.014
冰川融水径流　glacier melt water runoff　11.037
* 冰川上的雪线　equilibrium line　11.011
冰川水文学　glaciohydrology　11.005
冰川物理学　physics of glacier　11.002
冰川物质平衡　glacier mass-balance　11.010
冰川消融区　ablation area of glacier　11.030
冰川消退　deglaciation　11.013
冰川学　glaciology　11.001
冰川跃动　glacier surging　11.017
冰川运动　glacier motion, flow of glacier　11.016
冰川阻塞湖　glacier-dammed lake　11.069
冰川作用　glaciation　11.008
* 冰川作用型海面变化　eustasy　15.130
* 冰动型海面变化　glacio-eustasy　15.130
冰斗　cirque　11.086
冰斗冰川　cirque glacier　11.055
冰海沉积　iceberg deposit　11.075
冰河沉积　glacio-river deposit　11.073
冰后期　post-glacial age　11.104
冰湖沉积　glacio-lacustrine deposit　11.074
冰湖溃决洪水　glacial lake outburst flood　11.070
冰花　shuga　11.062
冰架　ice shelf　11.049
冰肋　ogives, Forbes bands　11.034
冰流　ice stream　11.050
冰帽　ice cap　11.053
冰瀑布　icefall　11.033
冰期　ice age　11.099
冰碛　moraine　11.076
冰碛阻塞湖　moraine-dammed lake　11.068
冰情　ice phenomena　11.063
冰塞　frazil jam　11.064
冰山　iceberg　11.051
冰山运输模型　iceberg form of transport　25.224
冰舌　glacier tongue　11.031
冰蚀湖　glacial erosion lake　03.162
冰水沉积　glaciofluvial deposit　11.072
冰透镜体　ice lens　12.052
冰下河道　subglacial channel　11.036
* 冰楔　ice wedge　12.057
冰楔假型　ice wedge cast　12.109
冰芯　ice core　11.095
冰芯定年　ice core dating　11.096
冰芯记录　ice core record　11.097
冰雪化学　glaciochemistry　11.003
* 冰雪融水径流　snowmelt runoff　05.139
冰雪灾害　disaster from snow and ice　11.098

冰原　ice field　11.052
冰缘　periglacial　12.095
冰缘地貌　periglacial landform　12.097
冰缘岩柱　periglacial tor　12.101
冰缘作用　periglacial process　12.096
冰针　needle ice, pipkrake(法)　12.059
冰组构图　ice fabric diagram, Sohmidt diagram　11.028
病带　disease belt　08.027
病原菌地理　geography of pathogenic microbe　08.008
波长　wave length　29.054
波浪侵蚀　wave erosion　05.142
波状沙地　wave-form sand　13.004
*剥落　desquamation　03.188
剥蚀面　denudation surface　03.075
剥蚀作用　denudation　03.048
伯格曼定律　Bergmann's rule　06.213
博彩旅游　gambling　21.043
博弈论　game theory　25.040
薄层土　Leptosol　07.165
薄膜水迁移　film water migration　12.064
补偿贸易　compensatory trade　18.228
捕食者-被捕食者模型　prey-predator model　25.142
不规则三角网　triangular irregular network, TIN　30.056
不连续多年冻土　discontinuous permafrost　12.016
不确定性　uncertainty　25.027
*不整合[型海]岸线　discordant coastline　15.116
布吕克纳周期　Brückner cycle　16.047
布容正向极性期　Brunhes normal polarity chron　16.045
部门地理学　sectorial geography　01.011
部门经济地理学　sectoral economic geography　18.003
部门自然区划　sectorial physical regionalization　02.046

C

彩色合成　color composite　29.110
彩色增强　color enhancement　29.109
菜园土　vegetable garden soil　07.135
参数化　parameterization　25.062
*残积层　eluvium　03.059
残积景观　eluvial landscape　10.014
残积土　residual soil　03.058
残积物　eluvium　03.059
残留因素　relic factor　02.091
残丘　monadnock　03.313
残遗土　relict soil　07.033
残遗种　relict species　06.043
残余多年冻土　relict permafrost　12.021
漕河　waterway of grain transporting　23.062
漕运　grain transporting　23.061
槽谷　box valley　03.223
草场模型　pasture model　25.143
草场载畜量　carrying capacity of pasture land　18.279
草丛湿地　grass wetland　14.040
草丛沼泽　grass swamp　14.066
草地退化　pasture degradation　13.005
草甸　meadow　06.181
草甸草原　meadow steppe　06.169
草甸土　meadow soil　07.128
草甸沼泽化　meadow paludification, swampiness of meadow　14.046
草方格沙障　grass pane sandfence　13.006
草库伦　enclosed grassland　18.278
草原　steppe　02.052
草原动物　steppe faunal group　06.193
草原气候　steppe climate　04.051
草原土壤　steppe soil　07.020
侧碛垄　lateral moraine　11.084
侧向侵蚀　lateral erosion　03.113
层　layer　30.044
层叠扩散　cascade diffusion　25.212
*层盖喀斯特　mantled karst　03.210
层间流　interaquifer flow　05.151
层结湖　stratified lake　05.124
层流　laminar flow　05.084
插入机会　intervening opportunity　21.061
查帕拉尔群落　chaparral　06.177
产流　runoff generation　05.202
4D 产品　DLG, DOM, DEM and DTM products　30.167
产沙量　sediment yield　05.102
产沙率　sediment production rate　05.103
产水量　water yield　05.074
产业垂直联系　vertical industrial linkage　18.117
产业带区位　industrial belt location　18.101
产业惯性　industrial inertia　18.122

臭氧层损耗　depletion of ozone layer　09.091
出境旅游　outbound tourism　21.071
出口基础理论　export base theory　18.068
出口加工区　export processing zone　18.160
出行方式　modes of trip　18.176
初级生产力　primary productivity　06.137
初渗　initial infiltration　05.200
雏形土　Cambisol　07.167
触觉地图　tactile map, tactual map　27.051
传媒地理　geography of media　18.012
传染病分布　infectious disease distribution　08.018
传染病模型　infection model　25.144
传统病　traditional diseases　08.037
吹蚀　deflation　13.008
吹雪　snow drift　11.066
垂直地带　altitudinal belt　02.050
垂直地带性　altitudinal zonality　02.039
垂直极化　vertical polarization　29.074
垂直农业　vertical farming　18.286
垂直企业　vertical corporation　18.114
垂直外资　vertical foreign direct investment　18.026
磁悬浮列车　maglev train, magnetic suspension train　18.182
次成河　subsequent river　03.301
次生岸　secondary coast　15.143
次生污染　secondary pollution　09.035
次生演替　secondary succession　06.153
次像元　subpixel　29.028
＊从属景观　auxiliary landscape　10.013
丛林旅游　jungle tourism　21.062
粗糙度　roughness　04.134
粗化　coarse granulization　13.007
村落　village　23.037

D

达尔马提亚型海岸　Dalmatian coastline　15.122
达西定律　Darcy's law　05.157
大堡礁　Great Barrier Reef　15.112
大城市连绵区　megalopolis　19.103
大都市　metropolis　19.104
大都市村庄　metropolitan village　19.105
大都市劳动力区　metropolitan labor area, MLA　19.106
大都市区　metropolitan area, metropolitan region　19.108
大都市人口普查区　census metropolitan area　19.107
大都市-卫星城假说　metropolis-satellite hypothesis　19.109
大骨节病　Kaschin-Beck disease　08.042
大规模生产　mass production　18.107
大块冰　massive ice　12.051
大量元素　major element　10.040
大陆　continent　01.141
大陆冰盖　continental ice sheet　11.047
＊大陆沉积　continental sedimentation, continental facies sedimentation　03.062
大陆岛　continental island　15.013
大陆度　continentality　04.040
大陆架　continental shelf　15.025
＊大陆隆　continental rise　15.150
大陆坡　continental slope　15.027
大陆桥运输　continental bridge transport　18.180
大陆性气候　continental climate　04.063
大旅游　grand tour　21.046
大气窗　atmospheric window　29.065
大气候　macroclimate　04.021
大气环流　general atmospheric circulation　04.071
大气环流模式　general circulation model, GCM　04.135
大气活动中心　atmospheric center of action　04.079
大气圈　atmosphere　01.104
大气污染　atmospheric pollution　09.027
大气遥感　atmospheric remote sensing　29.019
大田制度　field system　18.256
＊大西洋型岸线　Atlantic-type coastline　15.116
大学城　campus town　19.110
大学-科学城　university-science city　19.111
＊大众旅游　mass tourism　21.049
带　zone, belt　01.147
带薪假期　paid vacation　21.074
带型城市　linear city　19.112
带状发展　ribbon development　19.113
丹霞地貌　Danxia landform　03.257
单边贸易　unilateral trade　18.225
单个土体　pedon　07.067
单核城市　nuclear city　19.114

单面山　cuesta　03.258
单位过程线　unit hydrograph　05.063
单元景观　elementary landscape　10.013
淡水湖　freshwater lake　05.128
淡水湿地　water wetland　14.032
淡水沼泽　fresh water swamp　14.062
当地地名　local name　28.022
岛架　island shelf　15.026
岛坡　insular slope　15.028
岛[屿]　island　15.011
岛屿生物地理学　theory of island biogeography　06.007
倒钩状水系格局　barbed drainage pattern　03.293
倒石堆　talus　03.190
等积投影　equiareal projection　27.092
等级规模法则　rank-size rule　19.115
等级扩散　hierarchical diffusion　18.133
等角投影　equiangle projection　27.090
等距投影　equidistant projection　27.091
等流时线　isochrones　05.062
等位基因　allele　06.084
等值线法　isoline method　27.126
等值线图　isoline map　27.022
低地　lowland　03.019
低度城市化　under-urbanization　19.116
低发病区　disease area with low incidence　08.026
低活性淋溶土　Lixisol　07.171
低活性强酸土　Acrisol　07.173
低位沼泽　lowmoor　14.053
低硒带　low selenium belt　08.039
底土层　substratum　07.075
地表面热量平衡　heat balance of the earth's surface　04.127
地表能量转换　energy transformation on earth surface　02.034
地表水　surface water　05.056
地表物质迁移　matter migration on earth surface　02.033
地表物质循环　matter cycle on earth surface　02.035
地带　zone　01.153
地带性　zonality　02.037
地动型海面变化　diastrophico-eustasy　15.132
地方　mestnost　02.054
地方病　endemic disease　08.017
地方感　sense of place　24.117
地方模型　local model　25.052
地方嵌入　local embeddedness　18.128
地方认同　place identification　24.118
地方社区　place community　19.118
地方时　local time　01.130
地方文化　local culture　24.090
地方效用　place utility　17.092
地方性　locality　02.042
地方性氟中毒　fluorosis　08.043
地方性砷中毒　arsenicosis　08.044
* 地方志　gazetteer, record of local geography　23.009
地方主义　localism　17.052
地核　earth's core　01.135
地级市　prefecture city　19.119
地籍图　cadastral map　27.006
地籍信息　cadastral information　30.012
地角　cape　15.018
地理边缘效应　boundary effect in geography　01.046
地理编码　geo-coding　30.129
地理标识符　geographic identifier　30.034
地理不利国　geographically disadvantaged state　15.034
地理参数　geographical parameter　01.065
地理查询语言　geographic query language, GQL　30.060
地理场　geographical field　01.034
地理迟滞效应　retarding effect in geography　01.047
地理大发现　the great discoveries of geography　23.005
地理单元　geographical unit　01.014
地理底图　geographic base map, cartographic base　27.109
地理地带性周期律　periodic law of geographic zonality　02.032
地理动态系统　dynamic geosystem　01.054
地理对象　geographic object　01.164
地理发生分类　geographic-genetic classification　07.084
地理反馈　geographical feedback　01.052
* 地理仿真　geographical simulation　01.021
地理分布　geographical distribution　01.081
地理风险决策　risk decision-making in geography　01.023
地理功能　geographical function　01.051
地理关系模型　geo-relational model　30.092
地理过程　geographical process　01.018
地理耗散结构　geographical dissipative structure　01.038
地理环境　geographical environment　01.078
地理环境虚拟　virtual geographical environment　26.010

地理环境应力　stress of geographical environment　01.037
地理集　geographical set　01.025
＊地理计算　geocomputation　25.005
地理加权回归　geographic weighted regression　25.092
地理教育　geographical education　01.012
地理节律性　geographical rhythm　01.043
地理结构　geographical structure　01.019
地理界线　geographical boundary　01.082
地理经度　geographic longitude　01.115
地理精度　geographic accuracy　27.161
地理景观　geographical landscape　01.095
地理矩　geographical moment　01.030
地理考察　geographical survey　01.087
地理可视化　geographic visualization　30.157
地理空间　geographical space　01.015
地理空间对策　spatial strategy in geography　01.049
地理空间数据仓库　geo-spatial data warehouse　30.165
地理空间效应　spatial effect in geography　01.035
地理控制论　geo-control theory　25.013
地理连续过渡说　continuity theory of geography　01.041
地理联系率　coefficient of geographical linkage　18.055
＊地理临界值　geographical threshold　01.059
地理流　geographical flow　01.028
地理模拟　geographical simulation　01.021
地理模型　geographical model　01.020
地理模型检验　test of geographical model　01.064
地理谱　geographical spectrum　01.031
地理趋稳性　trend to stability in geography　01.042
地理熵　geographical entropy　01.027
地理时空耦合　temporal and spatial coupling in geography　01.045
地理实体　geographic entity　30.033
地理势　geographical potential　01.029
地理数据集　geographic data set　30.032
地理数据计算机处理　computer manipulation of geographic data　30.107
地理数据库管理系统　geographic database management system　30.161
地理通名　general geographical name　28.005
地理同异互补论　complementation theory of similarity and variability in geography　01.040
地理突变论　catastrophe theory in geography　01.062
地理拓扑空间　topological space in geography　01.039
地理纬度　geographic latitude　01.114
地理位置　geographical position　01.085
地理系统　geographical system　01.101
地理系统边界　boundary of geosystem　01.058
地理系统的连锁反应　chain reaction of geosystem　01.067
地理系统的冗余水平　redundant level of geosystem　01.068
地理系统分类　classification of geosystem　01.053
地理系统分析　geographic system analysis　25.014
地理系统工程　geo-system engineering　25.015
地理系统敏感性　sensitivity of geosystem　01.061
地理系统识别　identification of geosystem　01.055
地理系统稳定性　stability of geosystem　01.060
地理协同论　synergetics in geography　01.063
地理信息　geographic information　30.011
地理信息服务体系　geographic information service system　26.011
地理信息科学　geographic information science　26.002
地理信息网络　geography network, g. net　30.159
地理信息系统　geographic information system, GIS　30.160
地理学　geography　01.069
地理学二元论　geographical dualism　01.003
地理学方法论　geographical methodology　01.008
地理学史　history of geography　23.003
地理学思想史　history of geographic thought　01.001
地理学体系　system of geographical sciences　01.077
地理学想象力　geographical imagination　17.031
地理学与公正　geography and justice　17.030
地理学哲学　geographical philosophy　01.002
地理循环　geographical cycle　01.092
地理要素　geographical elements, geographic feature　01.080
地理因果律　rule of causation in geography　01.026
地理因子　geographical factors　01.079
地理优化　geographical optimization　01.024
地理有序性　geographical ordering　01.036
地理预测　geographical forecasting　01.022
地理阈值　geographical threshold　01.059
地理战略区域　geostrategic region　17.056
地理政治变迁　geopolitical transition　17.055
地理制图　geographic mapping　27.036
地理中心效应　central effect in geography　01.048

地理专名　specific geographical name　28.006
地理状态变量　state variable of geosystem　01.066
＊地理准确性　geographic accuracy　27.161
地理综合　geographical synthesis　01.086
地理坐标　geographical coordinate　01.084
地理坐标参考系　geo-reference system　30.035
＊地理坐标网　fictitious graticule　27.097
地理坐标网格　geographical coordinate net　01.083
地幔　earth's mantle　01.137
地貌　landform　03.002
地貌倒置　inversion of landform　03.071
地貌过程　geomorphological process　03.044
地貌空代时假定　ergodic assumption in geomorphology　03.093
地貌类型隶属函数　membership function of geomorphic types　03.095
地貌临界　geomorphic threshold　03.088
地貌年代学　geomorphochronology　03.015
地貌平衡　geomorphic equilibrium　03.090
地貌熵　entropy in geomorphology　03.094
地貌水准面　geomorphological level surface　03.087
地貌系统　geomorphic system　03.089
地貌形成作用　landform forming process　03.046
地貌学　geomorphology　03.001
地貌组合　landform assemblage　03.067
地貌最小功原理　theory of minimum energy dissipation in geomorphology　03.092
地面沉降　land subsidence　05.165
地面分辨率　ground resolution　29.032
地名　geographical name　28.002
地名标准化　standardization of geographical name　28.007
地名调查　names survey　28.010
地名录　gazetteer　28.016
地名罗马化　romanization of geographical name　28.009
＊地名手册　gazetteer　28.016
地名数据库　toponymic database　28.018
地名索引　gazetteer index, names index　28.017
地名学　toponomanistics, toponomy　28.001
地名雅化　names refinement　28.013
地名译写　names conversion　28.014
地名正名　orthography of geographical name　28.008
＊地名转写　names conversion　28.014
地名准则　toponymic guidelines　28.015
地盘政治　turf politics　17.074
地-气相互作用　air-land interaction　04.129
地壳　earth's crust　01.136
地壳均衡　isostasy　16.043
地壳均衡型海面变化　isostatic eustasy　15.133
地球　earth　01.097
地球表层　epigeosphere　01.099
地球表层系统　earth surface system　01.100
地球公转　earth revolution　01.133
地球观测系统计划　plan earth observing system　26.004
地球化学景观　geochemical landscape　10.010
地球化学景观制图　geochemistry landscape mapping　27.043
地球化学联系　geochemical link　10.020
地球化学屏障　geochemical barriers　10.019
地球化学生态学　geochemical ecology　10.007
地球空间信息学　geoinformatics　30.166
地球模拟器　Earth simulator　25.244
地球体　geoid　01.113
地球物理卫星　geophysic satellite　26.032
地球系统　earth system　01.098
地球信息机理　geo-informatics　26.022
地球信息科学　geo-information science　26.001
地球仪　globe　01.013
地球资源卫星　earth resources satellite　26.031
地球自转　earth rotation　01.132
地区　area　01.156
地区竞争优势　regional comparative advantage　18.119
地区性海[平]面变化　regional sea level change　15.135
地圈　geosphere　01.108
地圈-生物圈计划　geosphere-biosphere plan　26.025
地热遥感　geothermal remote sensing　29.025
地生态学　geoecology　02.036
地势曲线　hypsometric curve　03.031
地图　map　27.002
地图编辑　map editing　27.104
地图编辑系统　cartographic editing system　27.199
地图表示方法　cartographic representation　27.120
地图表示手段　means of cartographic representation　27.119
地图传输论　cartographic communication theory　27.164
地图叠置分析　map overlay analysis　30.136
地图方法　cartographic method　27.147
地图分幅　sheet line system　27.110

地学数据处理　geo-data processing　25.079
地学数据同化　geo-data assimilation　25.080
地学数据挖掘　geo-data mining　26.008
地学统计　geostatistics　25.004
地学信息分析　geo-information analysis　26.007
地学信息共享　geo-information sharing　26.013
地学信息平台　geo-information platform　26.012
地学信息图谱　geo-informatic atlas　26.024
地学知识发现　geo-knowledge discovery　26.009
地域分异规律　rule of territorial differentiation　01.161
地域过程　territorial process　01.159
地域结构　territorial structure　01.158
地域类型　areal type　18.021
地域社会指标　territorial social indicator　24.006
地域生产综合体　territorial production complex　18.022
地域系统　territorial system　01.160
地域专业化　areal specialization　18.041
地缘政治学　geopolitics　17.044
地址地理编码　address geo-coding　30.097
地址匹配　address matching　30.098
地志学　chorography　01.076
地质大循环　geological cycle　10.062
地质年代表　geological time scale　16.018
地质遥感　geological remote sensing　29.024
地中海气候　Mediterranean climate　04.048
地轴　earth's axis　01.134
递阶扩散　hierarchic diffusion　25.211
递阶系统　hierarchical system　25.023
第二产业　secondary industry　18.038
第二居所　second home　19.117
第三产业　tertiary industry　18.039
第三纪　Tertiary Period　16.019
第三意大利　the Third Italy　18.137
第四纪　Quaternary Period　16.010
第四纪冰川作用　Quaternary glaciation　11.101
第四纪冰期　Quaternary glacial　16.032
第四纪沉积类型　original type of Quaternary deposit　16.033
第四纪海[平]面变化　Quaternary sea level change　16.040
第四纪黄土　Quaternary loess　16.034
第四世界　the Forth World　21.042
第一产业　primary industry　18.037
典型草原　typical steppe　06.170
典型年　typical year　05.072
点源　point source　09.033
点值法　dot method　27.127
点值图　dot map　27.023
“点轴系统”模式　“pole-axis” model　18.051
点状符号法　dot symbol method　27.123
碘缺乏病　iodine deficient disorder　08.040
电磁波　electromagnetic wave　29.040
电磁波谱　electromagnetic spectrum　29.044
电磁场　electromagnetic field　29.043
电磁辐射　electromagnetic radiation　29.041
电信网络　telecommunication network　18.199
电子地图　electronic map　27.172
电子商务　electronic commerce　18.033
淀积作用　illuviation　07.045
凋萎系数　wilting coefficient　05.175
叠瓦型洪积扇　imbricated proluvial fan　03.283
叠置河　superimposed river　03.306
丁伯根城镇体系模型　Tinbergen's model of city system　25.159
顶极群落　climax community　06.150
顶极土壤　climax soil　07.026
定单生产　buld-to-order, BTO　18.138
定点统计图表法　locating diagram method　27.129
定量判读　quantitative interpretation　29.130
定期集市体系　periodic market system　19.120
*定位图表法　locating diagram method　27.129
定性判读　qualitative interpretation　29.129
东方主义　Orientalism　17.051
东洋界　Oriental realm　06.203
冬季风　winter monsoon　04.058
冬眠　winter dormancy, hibernation　06.212
动画地图　animated map　27.035
动力地貌学　dynamic geomorphology　03.008
动力学模型　dynamical model　25.068
动态地图　dynamic map　27.034
动态聚类　dynamic clustering　25.098
动态数据交换　dynamic data exchange　30.109
动态系统　dynamical system　25.016
动物地理学　zoogeography　06.184
动物分布区　animal distribution area　06.186
动物区系　fauna　06.185
动物群　faunal group　06.189
动线地图　arrowhead map　27.024

冻拔　frost jacking　12.102
冻害　freezing damage　04.117
冻结锋面　freezing front　12.043
冻结力　adfreeze strength　12.082
冻结敏感土　frost-susceptible ground　12.079
冻结速度　freezing rate　12.044
冻结缘　frozen fringe　12.042
冻结指数　freezing index　12.040
冻融分选　frost sorting　12.076
冻融循环　freeze-thaw cycle　12.039
冻融作用　frost action　12.071
冻缩开裂　frost cracking, thermal contraction cracking　12.078
冻土　frozen ground　12.006
冻土动力学　permafrost dynamics　12.005
冻土力学　mechanics of frozen ground　12.004
冻土流变性　rheological properties of frozen soil　12.083
冻土强度　strength of frozen soil　12.084
冻土区　cryolithozone　12.011
冻土相分析　permafrost facies analysis　12.031
冻土学　geocryology　12.001
冻雨　freezing rain　04.116
*冻原　tundra　06.155
冻胀　frost heaving　12.077
冻胀力　frost heaving force　12.081
冻胀丘　frost mound　12.106
洞壁凹槽　cave notch　03.248
洞穴冰　cavity ice　12.058
洞穴堆积　cave deposit　03.235
洞穴化学淀积物　speleothem　03.236
*洞穴角砾岩　cave breccia　03.244
洞穴碎屑沉积　clastic cave sediment　03.244
洞穴学　speleology　03.230
*都　capital of a country　23.031
毒害废弃物　hazardous waste　09.079
渎　sacred river, great river　23.069
杜能模式　von Thünen pattern　18.248
杜能模型　von Thünen model　25.219
度假营　holiday camp　21.054
短期聚落　camp settlement　19.001
短途旅游者　excursionist　21.040
断层谷　fault valley　03.274
[断层]三角面　triangular facet　03.273
断层线崖　fault line scarp　03.272
断层崖　fault scarp, fault escarpment　03.271
断错脊　offset ridge　03.310
断块山　fault-block mountain　03.260
断裂点　breaking point　25.157
断裂点理论　break point theory　19.121
断塞湖　fault sag lake　03.311
*断塞塘　fault sag pond　03.311
断头河　beheaded river　03.314
断线　breakline　30.009
断褶山　fault-folded mountain　03.262
堆积岛　deposition island　15.015
堆积阶地　accumulation terrace　03.124
堆积物　deposit　03.063
堆积作用　deposition　03.052
对比流域　comparative watershed　05.214
*对策论　game theory　25.040
对地观测集成技术　integrated technology for the earth observation　26.021
对地观测卫星　earth observation satellite　26.027
对地观测系统　earth observation system　26.003
对数变换　logarithmic transform　29.105
对象管理组　Object Management Group, OMG　30.050
对象链接与嵌入　Object Linking and Embedding, OLE　30.049
多边贸易　multilateral trade　18.227
多边形地图　polygon map　27.193
多边形-弧段拓扑数据结构　polygon-arc topology　30.138
多核城市　multiple nuclear city　19.123
多核心模式　multiple-nuclei model　19.124
多媒体电子地图集　multimedia electronic atlas　27.173
多米诺理论　domino theory　17.049
多年冻土　permafrost, perennially frozen ground　12.014
多年冻土进化　permafrost aggradation　12.027
多年冻土南界　southern limit of permafrost　12.029
多年冻土上限　permafrost table　12.032
多年冻土退化　permafrost degradation　12.028
多年冻土下界　low limit of permafrost　12.030
多年冻土下限　permafrost base　12.033
多年生冻胀丘　pingo　12.107
多谱段扫描仪　multispectral scanner, MSS　29.070
多谱段遥感　multispectral remote sensing　29.009
多谱段影像　multispectral image　29.125
α 多样性　alpha-diversity　06.047

β 多样性　beta-diversity　06.048
γ 多样性　gamma-diversity　06.049
δ 多样性　delta-diversity　06.050
多样性中心　center of diversity　06.018
多要素地图　multicomponent map　27.065
多元论　pluralism　17.054
多元社会　plural society　24.025
多元统计　multivariate statistical analysis　25.091
多元韦伯问题　multisource Weber problem　25.240
多元文化主义　multiculturalism　24.058
多源空间数据　multi-dimensional data　30.149
多制式联运　inter-modism　18.187

E

厄尔尼诺　El Niño　04.118
＊二次污染　secondary pollution　09.035
二十四节气　twenty-four solar terms　04.150
二元结构　dual-texture　03.129

F

发生土壤学　pedology　07.004
发展地理学　development geography　18.006
发展区　developing area　18.076
法律地理学　geography of law　17.022
反差增强　contrast enhancement　29.103
反磁力吸引体系　theory of counter-magnetic system　19.122
＊反厄尔尼诺　anti El Niño　04.119
反距离律　inverse distance law　25.155
反旅游　anti-tourism　21.011
反气旋　anticyclone　04.097
反射　reflection　29.055
反射红外　reflective infrared　29.048
反射率　reflectance　29.061
反演　inversion　29.067
反应扩散模型　reaction-diffusion model　25.145
反照率　albedo　04.125
犯罪地理学　geography of crime　17.023
泛北极植物区　Holarctic kingdom　06.112
泛大陆　Pangaea　16.002
泛南极植物区　Holantarctic kingdom　06.118
泛热带　Pantropical　06.113
泛域土　azonal soil　07.037
范畴经济　economy of scope　18.142
范畴数据分析　categorical data analysis　25.102
范围法　area method　27.125
范围图　areal map　27.019
方差　variance　25.085
方法论的个体论　methodological individualism　17.094
方格状水系格局　trellis drainage pattern　03.291
方山　mesa　03.263
方位投影　azimuthal projection　27.089
方言　dialect　24.099
方志　gazetteer, record of local geography　23.009
防沙林　windbreak forest　13.009
仿古旅游　antique tourism　21.010
访古旅游　historical tourism　21.053
放射性废物　radioactive waste　09.078
放射性碳测年　radiocarbon dating　16.054
放射状水系格局　radial drainage pattern　03.289
放射走廊型城市形态　urban pattern of radiating corridor　19.125
飞地　exclave　19.193
非地带性　azonality　02.038
非点源　nonpoint source　09.034
非法聚落　squatter settlement　19.151
非法占用　squatting　24.004
非贯通融区　closed talik　12.094
非基本活动　non-basic activities　19.126
非监督分类　unsupervised classification　29.115
非均衡发展　uneven development　17.077
非均匀流　nonuniform flow　05.082
非生源景观　abiogenic landscape　10.011
非数值方法　non-numerical approximation　25.075
非稳定流　unsteady flow　05.080
[废气]排放　emission　09.037
[废水]排放　discharge　09.036
分辨率　resolution　29.030
分布区　areal　06.010
分布区间断　areal disjunction　06.014

服务业地理　geography of services　18.011
服务远程化　tele-mediation of services　18.035
＊郛　outer walled part of a city　23.033
浮游生物　plankton　06.059
符号景观　symbolic landscape　24.113
符号模型　symbolic model　25.065
福利地理学　welfare geography　17.021
福利国家　welfare state　17.065
福特主义　Fordism　18.110
＊福祉　social well-being　24.033
辐聚式水系格局　convergent drainage pattern　03.290
辐射　radiation　29.042
辐射平衡　radiation balance　04.126
抚养比　dependency ratio　22.014
腐殖质积累作用　humus accumulation　07.047
负地貌　negative landform　03.069
负责任旅游　responsible tourism　21.080
附加冰　superimposed ice　11.026
附生植物　epiphyte　06.130
复冰作用　regelation　12.080
复钙作用　recalcification　07.054
复合城市　conurbation　19.130
复合沙丘　compound dunes　13.040
复合土地利用　multiple land use　18.246
复合[型]洪积扇　compound proluvial fan　03.285
复合[型]阶地　compound terrace　03.279
复合型沙丘　complex dunes　13.041
复式岸　composite coast　15.141
＊复式漏斗　uvala　03.218
复杂系统　complex system　25.020
复杂响应　complex response　03.091
复杂性　complexity　25.026
复种指数　multi-cropping index　18.259
＊副热带反气旋　subtropical anti-cyclone　04.083
副热带高压　subtropical high　04.083
副中心　sub-center　19.131
傅里叶变换　Fourier translation, FT　25.115
富冰冻土　ice-rich soil, ice-rich permafrost　12.024
富铝化[作用]　allitization　07.062
富铁铝风化壳　ferrallitic-rich weathering crust　10.026
富营养化　eutrophication　09.085
＊富营养沼泽　eutrophic marsh　14.053
覆盖型喀斯特　covered karst　03.210

G

伽马数　gamma index　25.192
改向河　diverted river　03.309
钙积土　Calcisol　07.168
钙积作用　calcification　07.053
概率模型　probability model　25.059
概率型商业引力模式　probabilistic formulation of business attraction　18.218
概念模式　conceptual schema　30.031
概念模式语言　conceptual schema language　30.074
概念模型　conceptual model　25.054
干沉降　dry deposition　09.048
干谷　dry valley　03.222
干寒土　dry permafrost　12.009
干旱　drought　04.102
干旱化　aridification　13.042
干旱气候　arid climate　04.066
干旱区　arid region, arid zone　13.043
干旱区水文　arid region hydrology　05.012
干旱土　Aridisol　07.149
干旱指数　drought index　13.044
干涸湖　extinct lake　05.134
干热风　dry-hot wind　04.112
干三角洲　dry delta　03.157
干盐湖　playa(西班牙语)　13.119
干燥度　aridity　04.039
＊干燥气候　aridity climate　04.066
感觉区　recognized region　24.119
冈瓦纳古陆　Gondwana land　16.003
港口城市　port city　19.132
港口地域群体　areal combination of ports　18.183
＊港口地域组合　areal combination of ports　18.183
港口集疏运系统　system of freight collection, distribution and transportation　18.190
港口综合吞吐能力　comprehensive handling capacity of port　18.201
港湾岸　embayed coast　15.117
高地　highland　03.020
高尔夫旅游　golf tourism　21.045

公平　equity　24.038
公司空间扩展　corporation spatial expansion　18.130
公司总部区位　headquarter location, HQ location　18.131
公务旅行　business travel　21.017
供水量　water supply　05.220
供应域　supply area　25.233
宫城　imperial palace　23.045
共生　symbiosis　06.099
共生多年冻土　syngenetic permafrost　12.022
共生生物　symbiont　06.056
共同景观　common landscape　24.106
沟谷　ravine　03.039
沟谷密度　density of gully　03.183
沟[谷侵]蚀　gully erosion　03.175
构造地貌　structural landform　03.252
构造地貌格局　morphotectonic pattern　03.255
构造地貌结构　morphotectonic structure　03.256
构造地貌学　structural geomorphology　03.251
构造湖　tectonic lake　03.159
构造阶地　structural terrace　03.275
构造盆地　structural basin, tectonic basin　03.268
构造运动地貌　tectonic landform, morphotectonics　03.253
*构造运动型海面变化　tectono-eustasy　15.132
购物旅游　shopping tour　21.083
购物娱乐中心　shopping mall　18.221
*孤峰　isolated peak　03.228
孤立系统　isolated system　25.011
古北界　Palaearctic realm　06.198
古城遗址　ruins of ancient city　23.043
古地磁　paleomagnetism　16.022
古地理学　paleogeography　16.001
古地图　ancient map　27.018
古风成沙　ancient aeolian soil　13.047
古海岸线　paleocoast line　16.029
古河道　paleochannels　16.028
古季风　paleomonsoon　16.027
古近纪　Paleogene　16.008
古喀斯特　paleokarst　16.030
古气候　paleoclimate　16.025
古气候模拟　paleoclimate modeling　16.059
古热带植物区　Paleotropic kingdom　06.114
古人　homo sapiens neanderthalensis　16.055
古沙丘　fossil dune, ancient sand dune　13.048
古生态　paleoecology　16.024
古水文　paleohydrology　16.026
古水文学　paleohydrology　05.021
古特有种　paleoendemic　06.078
古土壤　paleosol　07.034
古纬度　paleolatitude　16.023
古温度　paleotemperature　16.031
古语遗留区　area of survival archaic language　24.103
古植物区系　paleoflora　06.147
谷　valley　03.037
*谷风　valley breeze　04.075
鼓丘　drumlin　11.092
固定沙丘　fixed sand dune　13.002
固沙造林　afforestation of sands　13.049
固体废物　solid waste　09.075
*固体遗弃物　solid waste　09.075
锢囚锋　occluded front　04.090
关　mountain pass, check point　23.063
关键种　keystone species　06.062
*观光农业　agritourism　21.004
管制学派　regulation school　17.007
贯通融区　open talik, through talik　12.093
惯用名　conventional name　28.003
灌丛沙堆　coppice dune　13.050
灌丛沙漠化　shrubbery-laden desertification　13.051
灌丛湿地　bush wetland　14.039
灌淤土　irrigation-silting soil　07.136
光合潜力　photosynthetic potential productivity　02.025
光化学烟雾　photochemical smog　09.083
光能利用率　utilization ratio of sunlight energy　02.027
光谱　spectrum　29.057
光谱分辨率　spectral resolution　29.033
光谱图　spectrogram　29.058
光温潜力　photosynthesis-temperature potential productivity　02.026
广适性的　eurytopic　06.054
广温性生物　eurythermal organism　06.030
广义G统计　general G statistic　25.107
广域分布　eurytopic distribution　06.068
龟裂土　takyr　07.116
规划地图　planning map　27.027
硅化[作用]　silicification　07.057
硅铝风化壳　siallitic weathering crust　10.025

硅铝化[作用]　siallitization　07.060
轨道运输　rail transport　18.193
鬼城　ghost town　19.227
滚装运输　roll-on and roll-off transportation　18.197
郭　outer walled part of a city　23.033
国道　national trunk way　18.191
国际海底　international sea bed　15.032
国际劳动地域分工　international division of labor　18.064
国际旅游　international tourism　21.060
国际贸易地理学　geography of international trade　18.224
国家　state　17.064
国家地图集　national atlas　27.070
国家地图集信息系统　national atlas information system　27.071
国家二元论　dual theory of the state　17.048
国家公园　national park　21.068
国家空间信息基础实施　national spatial information infrastructure　26.015
国内旅游　domestic tourism　21.034
国土　territory　01.155
国土规划　territorial planning　18.045
国土开发　territorial development　18.043
国土整治　territorial management　18.044
国土资源　territorial resources　20.002
过度城市化　over-urbanization　19.137
*过渡带　fore dune　13.074
过剩冰　excess ice　12.060

H

海　sea　01.144
海岸　sea coast　15.037
海岸带　coastal zone　15.039
海岸带综合管理　integrated coastal zone management　15.162
海岸地貌　coastal landform　15.006
海岸地貌学　coastal geomorphology　15.007
[海岸]后置带　[coastal] setback zone　15.156
海岸阶地　coastal terrace, marine terrace　15.145
海岸平衡剖面　equilibrium of coast, graded profile of coast　15.118
海岸沙丘　coastal dune　15.102
海岸湿地　coastal wetland　14.034
海岸线　coastline　15.038
海拔　altitude, height above sea level　03.028
海滨　shore　15.040
海滨平原　coastal plain　15.104
海滨砂矿　coastal placer　15.144
海滨线　shoreline　15.041
海底地貌　submarine landform　15.005
海底多年冻土　offshore permafrost, subsea permafrost　12.019
海底荒漠化　sea bottom desertification　15.160
*海底阶地　submarine terrace　15.148
海底峡谷　submarine canyon　15.149
*海风　sea breeze　04.076
海沟　trench　15.153
海积地貌　marine depositional landform　15.059
海积阶地　marine deposition terrace　15.147
海积夷平岸　marine deposition-graded coast　15.120
海积作用　marine accumulation　15.058
海岭　oceanic ridge　15.152
海隆　rise　15.150
海陆风　sea-land breeze　04.076
海[平]面　sea level　15.127
海[平]面变化　sea level change　15.128
*海平面基面　sea level datum　15.127
海-气相互作用　air-sea interaction　04.128
海穹　sea arch　15.067
海蚀地貌　marine abrasion landform　15.057
海蚀洞　sea cave　15.065
*海蚀拱桥　sea arch　15.067
海蚀-海积夷平岸　marine erosion-deposition graded coast　15.121
海蚀阶地　marine erosion terrace　15.146
海蚀龛　[sea] notch　15.064
海蚀台[地]　abrasion platform　15.062
*海蚀穴　[sea] notch　15.064
海蚀崖　sea cliff　15.066
海蚀夷平岸　marine erosion-graded coast　15.119
海蚀柱　sea stack　15.068
海蚀作用　marine erosion　15.056

海水入侵含水层 seawater intrusion into aquifer 05.166
海滩 beach 15.069
海滩的海沙转运养护 by-pasing sands of beach maintenance 15.159
*海滩台 beach berm 15.071
海滩喂养 beach nourishment, beach replenishment 15.158
海滩岩 beach rock 15.070
海滩养护 beach maintenance 15.157
海外领土 overseas territory 23.025
海湾 gulf, bay, bight 15.008
海峡 strait 15.009
海相沉积 marine deposit, marine facies sedimentation 03.064
*海洋沉积 marine deposit, marine facies sedimentation 03.064
海洋岛 oceanic island 15.014
海洋地理学 marine geography 15.001
海洋地貌 marine landform 15.004
海洋动物 marine faunal group 06.190
海洋功能区 marine function area, marine function zone 15.161
*海洋国土 marine state territory 15.035
海洋气候学 marine climatology 04.008
海洋卫星 sea sat 29.084
海洋卫星系列 seasat series 26.030
海洋污染 marine pollution 09.028
海洋性冰川 maritime glacier 11.044
海洋性气候 marine climate 04.064
海洋遥感 oceanographical remote sensing 29.020
海洋资源 marine resources 20.011
海域地名 maritime name 28.023
海渊 abyssal deep 15.154
含冰量 ice content 12.062
含水层 aquifer 05.144
寒潮 cold wave 04.106
寒带 cold zone, cold belt 01.148
寒冻风化 frost weathering 12.072
寒冻裂缝 frost crack 12.103
寒冻土 alpine frost soil 07.121
寒漠 cold desert 13.052
寒漠土 alpine frost desert soil 07.120
寒土 cryolic ground 12.007
旱农 rainfed agriculture 18.269
旱生化 xerophilization 06.216
旱生群落 xerophytia 06.217
旱生生境 xetic habitat 06.218
旱生生物 xerophilous critter 06.219
旱生植物 xerophyte 06.129
旱灾 drought damage 04.103
航海地图 nautical map 27.054
航空地图 aeronautical chart 27.053
航空气候学 aeronautical climatology 04.009
航空枢纽 air transport hub 18.192
航空遥感 aerial remote sensing 29.006
航天飞机成像雷达 shuttle imaging radar, SIR 29.077
航天遥感 space remote sensing 29.005
好望角植物区 Cape kingdom 06.117
合成地图 synthetic map 27.066
合成孔径雷达 synthetic aperture radar, SAR 29.076
河岸生物群 riparian biota 06.044
*河槽 river bed, river channel 03.130
河床 river bed, river channel 03.130
河床变形 riverbed deformation 05.045
河床地貌 river channel landform 03.099
河床演变 fluvial process 03.100
河道等级 channel order 05.046
河道流床方程 river bed equation 25.128
河道坡降 channel gradient 05.044
河谷地貌 river valley landform 03.098
河谷沼泽 valley swamp 14.057
河口 river mouth 15.089
*河口沙坝 estuarine bar, river mouth bar 15.092
河口水文 estuary hydrology 05.015
河口湾 estuary 15.090
河流 river 05.041
河流补给 river feeding 05.073
河流沉积 fluvial deposits 03.128
河流含沙量 river sediment concentration 05.104
河流阶地 river terrace 03.122
河流阶地沼泽 river terrace swamp 14.058
河流偏移 river deflection 03.308
河流湿地 river wetland 14.036
河流输沙量 river sediment discharge 05.105
河流数目定律 law of stream number 05.048
河流水化学 hydrochemistry of river 05.108
河流水文学 potamology 05.004
河流袭夺 river capture 03.116

河流系统　river system　03.103
河流沼泽化　river paludification, swampiness of river　14.048
河漫滩　floodplain　03.127
河漫滩沼泽　flood plain swamp　14.059
河网　drainage networks　05.050
河网密度　drainage density　05.051
河相关系　river hydraulic geometry　03.147
河型　river pattern　03.138
河源　headwater　05.049
核心-边缘论　core-periphery theory　19.138
核心-边缘模式　core-periphery model　19.139
核心-腹地模型　core-hinterland model　25.238
核心家庭　nuclear family　22.017
核心区　core area　24.051
褐红土　cinnamon-red soil　07.093
褐土　cinnamon soil　07.101
黑钙土　chernozem　07.109
黑垆土　Heilu soil　07.122
黑色旅游　thanatourism, dark tourism　21.089
黑色石灰土　rendzina　07.096
黑体　black body　29.063
黑土　phaeozem, black soil　07.108
横谷　transverse valley　03.121
横向岸线　transeverse coastline　15.116
横向沙丘　transverse dune　13.053
红壤　red earth, red soil　07.089
红色石灰土　terra rossa　07.094
红树林　mangrove　06.167
红树林海岸　mangrove coast　15.107
红树林沼泽　mangrove swamp　14.073
红外遥感　infrared remote sensing　29.008
红线　redlining　19.140
宏观地域结构　macroscopic structure of region　01.032
宏观进化　macroevolution　06.087
宏系统　macro-system　25.018
ARC 宏语言　ARC Macro Language, AML　30.059
洪峰流量　peak discharge　05.077
洪积扇　proluvium fan　03.154
洪积物　proluvium, proluvial deposits　03.153
洪水　flood　05.076
洪水调查　flood survey　05.215
洪水位　flood stage　05.098
后滨　backshore　15.043
后福特主义　post-Fordism　18.111
后工业化城市　post-industrial city　19.141
后生多年冻土　epigenetic permafrost　12.023
后现代主义　postmodernism　17.009
后殖民主义　post-colonialism　17.070
候选模型　candidate model　25.060
弧段　arc　30.001
弧-结点拓扑关系　arc-node topology　30.071
胡焕庸线　Hu's line　25.176
壶穴　pothole　03.115
湖泊　lake　05.118
湖泊地貌　lacustrine landform　03.158
湖泊富营养化　lake eutrophication　05.137
湖泊湿地　lake wetland　14.037
湖泊水量平衡　lake water balance　05.120
湖泊水文学　lake hydrology　05.005
湖泊蓄水量　lake storage　05.121
湖泊沼泽化　lake paludification, swampiness of lake　14.049
湖积平原　lacustrine plain　03.166
湖流　lake current　05.122
湖盆　lake basin　05.119
湖蚀崖　lacustrine cliff　03.165
湖水环流　lake circulation　05.123
湖相沉积　lacustrine deposit　03.167
湖沼学　limnology　05.006
互补理论　trade-off theory　19.142
互补色立体地图　anaglyphic stereoscopic map　27.049
互操作　interoperability　30.043
互惠共生　mutualism　06.100
户外游憩　outdoor recreation　21.072
花费距离　cost distance　25.179
华莱士线　Wallace's line　06.188
滑坡　landslide, landslip　03.194
滑塌　collapse　03.195
滑雪旅游　skiing　21.084
化学剥蚀　chemical denudation　10.030
化学地理区划　regionalization of chemicogeography　10.008
化学地理生物效应　biological effect of chemicogeography　10.022
化学地理学　chemical geography　10.001
化学风化作用　chemical weathering　03.055
化学固沙　chemical dune stablization　13.057

灰度分辨率　greyscale resolution　29.036
灰钙土　sierozem　07.112
灰褐土　grey cinnamon soil　07.106
灰黑土　greyzem, grey forest soil　07.107
灰化淋溶土　Podzoluvisol　07.175
灰化土　podzolic soil　07.104
灰化[作用]　podzolization　07.059
灰阶　grey scale　29.029
灰卡　grey chip　29.068
灰漠土　grey desert soil　07.113
灰壤　Podzol　07.176
灰体　grey body　29.064
灰土　Spodosol　07.156
灰棕漠土　grey-brown desert soil　07.114
恢复生态学　restoring ecology　13.058
回春作用　rejuvenation　03.086
回归　regression　25.090
汇流　flow concentration　05.205
会议旅游　convention travel　21.025
绘图程序库　plot program bank　27.200
毁动物群　defaunation　06.207
混沌　chaos　25.036
混合农业　mixed farming　18.251
混合像元　mixed pixel　29.027
混杂模型　hybrid model　25.069
混杂系统　hybrid system　25.021
活动层　active layer　12.034
活动构造　active tectonics　03.254
活动空间　activity space　17.089
活动日志调查　activity diaries survey　17.100
*活海蚀崖　active sea cliff　15.066
活火山　active volcano　03.296
活塞流　piston flow　05.184
*活跃迁移元素　strongly mobile elements　10.034
火山　volcano　03.294
火山灰土　Andisol, Andosol　07.150
火山口湖　crater lake　03.160
火山作用　vulcanism, volcanism　03.295
货币与金融地理　geography of money and finance　18.009
货郎行程问题　traveling salesman problem　25.151
货流地理　geography of goods flow　18.167
霍特林过程　Hotelling process　25.222

J

饥饿地理　geography of famine　08.007
*机械风化作用　mechanical weathering　03.054
[机械]淋移作用　mechanical eluviation, lessivage　07.044
机械迁移　mechanical migration　10.032
*机制模型　physical model　25.058
积温　accumulated temperature　04.111
积雪　snow cover　11.019
积雪水文学　snow hydrology　05.138
基本/非基本比率　basic to non-basic ratio　19.144
基本活动　basic activities　19.145
基础工业　basic industry　18.148
基础宏观经济模型　macro economy base model　25.146
基底　base　25.187
基流　base flow　05.095
基岩　bedrock　03.045
基座阶地　rock-seated terrace　03.125
畿　environs of capital city　23.055
激光遥感　laser remote sensing　29.010
激进地理学　radical geography　17.012
激浪　surf　15.047
吉尔里C数　Geary C　25.106
极大陆性冰川　supercontinental glacier　11.046
极地冰川　polar glacier　11.039
极地动物　polar faunal group　06.196
极地气候　polar climate　04.046
极轨气象卫星　polar-orbiting meteorological satellite　29.082
极化　polarization　25.209
极化过程　polarization process　19.146
极限环　limit cycle　25.033
极性倒转　polarity reversion　16.020
极夜　polar night　01.128
极移　polar wandering　16.021
极昼　polar day　01.127
疾病地理　geography of disease　08.002
疾病潜在威胁　potential menace of disease　08.038
疾病人群分布　population distribution of disease　08.016

溅蚀　splash erosion　03.173
疆界　boundary　23.026
奖励旅游　incentive travel　21.056
降解　degradation, mineralization　09.051
降水　precipitation　05.185
交互地图　alternant map, interactive map　27.189
*交切侵蚀面　intersected erosion surface　03.312
交切夷平面　intersected plantain surface　03.312
交通工程学　traffic engineering　18.184
交通流理论　traffic flow theory　18.175
交通区位　traffic location　18.106
交通圈　transport circle　18.179
交通枢纽城市　traffic hub city　19.155
交通运输布局　allocation of communication and transportation　18.164
交通运输地理学　geography of communication and transportation　18.161
交通运输地图　transportation map　27.060
交通运输区划　transportation regionalization　18.170
交易成本理论　transaction cost theory　18.125
郊　suburbs, outskirts　23.056
郊区　suburb　19.156
郊区化　suburbanization　19.007
*郊外居住区　metropolitan village　19.105
胶结成冰　cement ice formation　12.067
礁[石]　reef　15.017
角峰　horn　11.087
教学地图　school map　27.057
教育地理学　geography of education　17.020
教育地图集　education atlas　27.083
阶地　terrace　03.040
阶地变形　terrace deformation　03.280
阶地错位　terrace dislocation, terrace displacement　03.281
*接边　border matching　30.105
接地线　grounding line　11.060
接口　interface　30.042
街坊　housing block　19.157
街区降级　blockbusting　19.158
节点区　nodal region　19.159
结构功能主义　structural functionalism　17.005
结构化查询语言　structured query language, SQL　30.068
结构化理论　structuration theory　17.006
结节点　nodal point　19.160
结节性　nodality　19.161
结晶灰华　travertine　03.246
截留　interception　05.187
金字塔沙丘　pyramid dune　13.059
津　ferry　23.065
近岸[大]洋　coastal ocean　15.002
近岸海　coastal sea, coastal water　15.003
近滨　nearshore　15.044
近海渔业　marine fishery　18.293
近红外　near infrared　29.047
进出口依赖度　degree of dependence on import & export　18.028
进化枝　cladistics　06.085
进展因素　progressive factor　02.090
禁猎保护区　game park reserve　21.044
禁渔期　closure period of fishing　18.294
京　capital of a country　23.031
经济地理条件　economic geographical conditions　18.048
经济地理位置　economic geographical location　18.049
经济地理学　economic geography　18.001
经济地图　economic map　27.039
经济地图集　economic atlas　27.079
经济活动布局模型　activity allocation model　25.150
经济技术开发区　economic and technological development zone　18.081
经济距离　economic distance　18.084
经济漏损　economic leakage　21.035
经济旅馆　budget hotel　21.016
经济评价　economic appraisal　18.082
经济区　economic region　18.072
经济区划　economic regionalization　18.071
经济区位　economic location　18.058
经济全球化　economic globalization　18.025
经济特区　special economic zone　18.080
经济协作区　economic cooperation region　18.073
经济增长模型　economic growth model　25.161
经济中心　economic center　18.074
经纬网格　fictitious graticule　27.097
经向环流　meridional circulation　04.081
经验模型　experiential model　25.057
晶格态　lattice form　10.048
精益生产　lean production　18.108

景观 landscape 01.093
景观地球化学 landscape geochemistry 10.009
景观地球化学对比性 landscape geochemical contrast 10.021
景观地球化学类型 landscape geochemical type 10.018
景观动态 landscape dynamics 02.062
景观复原 reconstruction of landscape 23.017
景观功能 landscape function 02.060
景观建设 landscape architecture 24.111
景观结构 landscape structure 02.059
景观解读 interpretation of landscape 24.109
景观流行病学 landscape epidemiology 08.012
景观评估 landscape evaluation 24.110
景观设计 landscape design 24.112
景观生态规划 landscape ecological planning 02.064
景观生态学 landscape ecology 02.063
景观形态 landscape morphology 02.058
景观学 landscape science 01.094
景观预测 landscape prognosis 02.065
景观诊断 landscape diagnosis 02.061
警戒水位 warning stage 05.099
净初级生产力 net primary productivity 02.021
*净辐射 radiation balance 04.126
径流变率 runoff variability 05.066
径流量 runoff 05.090
径流模数 runoff modulus 05.092
径流年际分配 runoff interannual variation 05.068
径流年内分配 runoff annual distribution 05.067
径流深度 runoff depth 05.091
径流系数 runoff coefficient 05.093
径流形成过程 runoff formation process 05.094
竞争排斥 competitive exclusion 06.091
竞租曲线 bid-rent curve 19.233
敬地情结 geopiety 24.115
*旧城改造 urban redevelopment 19.088
旧热带界 Palaeotropic realm 06.201
旧石器时代 Palaeolithic Age 16.013
救济区 zone of dependence 24.007
居住迁移 residential mobility 19.163
居住区规划 residential district planning 19.164
居住区位 residential location 18.105
居住提升 incumbent upgrading 19.165
居住投资计划 housing investment program 19.166
居住循环 residential cycle 19.167
局部分析 local analysis 25.112
局部模型 local model 25.053
局部侵蚀基准面 local base level 03.106
局部G统计 local G statistic 25.108
局地环流 local circulation 04.078
*巨大城市带 megalopolis 19.103
巨动物群 megafauna 06.206
巨系统 huge system 25.019
距离摩擦 friction of distance 19.162
距离衰减 distance decay 17.090
距离缩减 distance shrinking 18.036
距离阻尼 friction of distance 25.156
聚变径迹测年 fission-track dating 16.050
聚合土体 polypedon 07.068
聚类分析 cluster analysis 25.097
聚落 settlement 23.036
聚落地理学 settlement geography 19.002
聚落类型 settlement pattern 19.003
聚铁网纹土 Plinthosol 07.179
卷曲石 helictite 03.240
绝对地理空间 absolute geographical space 01.016
*绝对高度 altitude, height above sea level 03.028
绝对海[平]面变化 absolute sea level change 15.136
绝对距离 absolute distance 25.177
绝对区位 absolute location 25.225
绝对位置 absolute position 01.163
军事地理学 military geography 17.078
军用地图 military map 27.056
均腐土 isohumic soil, isohumisol 07.181
均衡 equilibrium 25.030
*均衡点 equilibrium point 25.032
*均衡剖面 equilibrium profile 03.107
*均衡社区 balanced neighborhood 19.198
*均夷作用 planation 03.072
均匀流 uniform flow 05.081
均值 mean 25.084
均质地域 homogeneous area 19.168
均质区域 homogeneous region 25.207
菌根 mycorrhiza 06.133
郡县制 system of prefectures and counties 23.030

K

空间数据　spatial data　30.052
空间数据基础设施　spatial data infrastructure, SDI　30.064
空间数据库引擎　Spatial Database Engine, SDE　30.142
空间数据挖掘　spatial data mining　30.164
空间索引　spatial index　30.141
空间同质性　spatial homogeneity　25.205
空间统计　spatial statistics　25.083
空间相关　spatial correlation　30.128
空间相互作用　spatial interaction　19.175
空间性　spatiality　24.017
空间缘线　spatial margin　25.203
空间增长模型　spatial growth model　25.165
空间自相关　spatial autocorrelation　25.093
空间组织　spatial organization　18.015
空气动力学粗糙度　aerodynamics roughness　13.060
孔隙冰　pore ice　12.053
孔隙水　pore water　05.147
控制贸易　controlled trade　18.226
控制系统　control system　25.017
块体运动　mass movement　03.187
块状崩落　crumbling　03.189
块状图　block diagram　27.170
矿产资源　mineral resources　20.009
矿业城市　mining city　19.176
扩散　diffusion　09.044
扩散曲线　diffusion curve　25.217
扩散障碍　diffusion barriers　18.075
扩散中心　dispersal center　06.016
扩展扩散　expansion diffusion　25.216
*廓　outer walled part of a city　23.033
廓道　corridor　25.186

L

拉尼娜　La Niña　04.119
赖利法则　Reilly's law　19.177
拦门沙　estuarine bar, river mouth bar　15.092
拦湾坝　bay bar　15.095
蓝色产业　blue industry　15.036
蓝色国土　blue state territory　15.035
浪积台[地]　wave-built terrace　15.061
浪蚀基面　wave base　15.055
劳动地域分工　spatial division of labor　18.042
劳动力地理学　geography of labor　18.007
劳动力密集型工业　labor-intensive industry　18.154
劳里模型　Lowry model　25.149
劳亚古陆　Laurasia　16.004
老成土　Ultisol　07.157
*老第三纪　Paleogene　16.008
涝　waterlogging　05.078
涝灾　flood　04.101
雷暴　thunderstorm　04.108
雷达测高仪　radar altimeter　29.079
雷达卫星　radar sat　29.086
雷达阴影　radar shadow　29.080
雷达影像　radar image　29.124
类比模型　analogue model　25.056
类型图　type map　27.020
冷冰川　cold glacier　11.041
冷锋　cold front　04.088
冷害　cold damage　04.114
冷圈　cryosphere　11.107
冷生构造　cryostructure　12.047
冷生结构　cryotexture　12.049
冷生夷平　cryoplanation　12.098
冷温复合冰川　polythermal glacier　11.043
离岸流　rip current　15.049
离堆山　meander core, meander spur　03.137
离心力和向心力　centrifugal and centripetal forces　19.178
*离心式水系格局　centrifugal drainage pattern　03.289
离子径流　ion runoff　05.109
李雅普诺夫指数　Lyapunov exponent　25.119
里坊　residential area, neighborhood　23.038
里亚型海岸　Ria coastline　15.123
理论地理学　theoretical geography　01.073
理论地图学　theoretical cartography　27.010
理想城市　ideal city　19.179
理想景观　ideal landscape　24.107
历史地理学　historical geography　23.001
历史地理知识论　historical geosophy　23.004
历史地貌学　historical geomorphology　03.012
历史地名　historical name　28.020
历史地图　historical map　23.007

历史地图集　historical atlas　27.082
历史环境　historical environment　23.014
历史景观　historical landscape　23.010
历史陵区　historical mausoleum area　23.050
历史墓碑　historical tombstone, gravestone　23.049
历史墓葬区　historical grave area　23.048
历史气候　historical climate　04.156
历史生态　historical ecology　23.011
历史生物地理学　historical biogeography　06.003
历史文化生态　historical cultural ecology　23.012
利亚诺斯群落　lianos　06.174
栗钙土　chestnut soil, kastanozem　07.110
砾浪　gravel wave　13.061
砾漠　gravel desert　02.103
砾质化　gravelification　13.062
粒雪　firn　11.021
粒雪盆　firn basin　11.022
粒雪线　firn line　11.023
连带数　associated number　25.197
连岛坝　tombolo　15.097
连续多年冻土　continuous permafrost　12.015
[连续]占据　[sequent] occupancy　24.050
恋地情结　topophilia　24.116
链式迁移　chain migration　24.043
粮林间作　inter-planting of trees and crops　18.271
粮食生产基地　grain production base　18.254
疗养地理　geography of sanatorium　08.005
廖什模型　Lösch model　25.218
劣地　badland　03.184
裂点　knick point　03.118
裂流沟道　rip current channel　15.052
裂隙水　fissured water　05.148
邻近分析　proximal analysis　30.139
邻近扩散　contagious diffusion　18.132
邻里　neighborhood　19.180
邻里单位　neighborhood unit　19.181
邻里效应　neighborhood effect　19.182
邻里演变　neighborhood evolution　19.183
邻里中心　neighborhood center　19.184
邻域分析　neighbor analysis　25.113
林区　forest region　18.236
林线　forest limit　02.053
林业遥感　forestry remote sensing　29.022
淋淀作用　eluviation-illuviation　07.046
淋溶土　Alfisol　07.148
淋溶作用　eluviation　07.042
淋洗作用　leaching　07.043
磷质石灰土　phospho-calcic soil　07.125
岭　ridge, range　03.024
凌夷作用　degradation　03.111
陵寝　imperial mausoleum　23.052
陵邑　mausoleum town　23.053
零点幕　zero curtain　12.038
*零较差深度　depth of zero annual amplitude　12.037
零售地理学　retailing geography　18.215
零售引力模式　model of retailing gravity　18.217
零通量面　zero flux plane　05.181
领海　territorial sea　15.020
领海基线　baseline of territorial sea　15.021
领空　territorial sky　17.059
领土　territory　17.058
领土割让　cession of territory　23.024
领土扩张　territorial expansion　23.023
领土性　territoriality　17.060
领域性　territoriality　06.209
流动人口　floating population　19.005
流动沙丘　mobile dune, wandering dune　13.063
流痕　scallop　03.249
流量　discharge　05.089
流量过程线分割　hydrograph separation　05.064
流碛　flow till　11.077
流沙固定　fixation of shifting sand　13.064
流石　flowstone　03.243
流水地貌　fluvial landform　03.097
流水地貌学　fluvial geomorphology　03.096
流水喀斯特　fluviokarst　03.207
流通网络系统　circulation network system　18.207
流行病学转型　epidemiologic transition　08.035
流域　drainage basin　05.038
流域分水线　basin divide　05.039
流域管理　watershed management　05.217
流域规划　river basin planning　18.046
流域汇流　watershed flow concentration　05.206
流域模型　watershed model　05.115
流域形态　watershed morphology　05.043
流域蒸发　basin evapotranspiration　05.198
塿土　tier soil　07.123
露营　camping　21.018

M

媒介传染病　vector-born disease　08.045
门户城市　gateway city　19.189
蒙代尔-弗莱明模型　Mundell-Fleming model　25.172
迷宫溶洞　labyrinth cave　03.233
米兰科维奇假说　Milankovitch hypothesis　04.157
密度补偿　density compensation　06.105
密度分割　density slicing　29.101
密度梯度　density gradient　19.190
面谈　interviewing　24.047
面向对象关系数据库　object oriented relational database　30.065
描述数据　descriptive data　30.020
民间文化　folk cultural　24.091
民间文化地理学　folk cultural geography　24.092
民俗旅游　ethnic tourism　21.037
民俗学　folklore　17.034
[民用]航空运输　air transport　18.172
民族地理学　ethnic geography　17.033
民族聚居区　ethnic enclaves　24.044
民族性　ethnicity　17.042
民族学　ethnography　17.037
民族主义　nationalism　17.040
民族自决　national self-determination　17.041
敏感性分析　sensitivity analysis　25.064
明渠　open channel　05.083
鸣沙　hiyal　13.068
*模比系数　runoff variability　05.066
模糊容限　fuzzy tolerance　30.147
模拟　simulation　25.050
模式生成　pattern formation　25.210
模式识别　pattern recognition　25.061
模-数转换　analog to digital conversion　29.116
模型　model　25.048
*E-R 模型　entity relationship model　30.096
模型拟合优势度　model goodness-of-FIT　25.072
模型误导　model misspecification　25.073
*磨蚀台[地]　abrasion platform　15.062
磨蚀作用　abrasion　03.050
末次冰期　Last Glaciation　11.105
末次冰盛期　Last Glacial Maximum　11.106
莫兰 I 数　Moran I　25.105
漠境砾幕　desert pavement　13.069
墨卡托投影　Mercator projection　27.094
母城　mother city　19.191
牡蛎礁　oyster reef　15.063
木材蓄积量　timber storage　18.280
目的地管理　destination management　21.032
目的地选择　destination choice　21.031
牧业区　pastoral region　18.234

N

纳潮量　tidal prism　15.082
纳维-斯托克斯方程　Navier-Stokes equation　25.125
南半球　southern hemisphere　01.110
南方涛动　southern oscillation　04.149
南回归线　Tropic of Capricorn　01.124
南极　south pole　01.119
南极界　Antarctic realm　06.205
南极圈　antarctic circle　01.121
难移动元素　poorly mobile element　10.036
闹市区　downtown　19.194
内部发展理论　internal growth theory　18.069
内城　inner city　19.192
内叠阶地　in-laid terrace　03.277
内飞地　exclave　17.061
内分泌干扰物　endocrine disrupter　09.080
*内海　inner sea　15.022
*内流盆地　endorheic basin　03.267
内陆　inland　01.145
内陆国　landlocked state　15.033
内陆湖　endorheic lake　05.126
内陆盆地　inland basin　03.267
内陆湿地　inland wetland　14.035
内水　inner waters　15.022
内营力　endogenic agent　03.005
内营力作用　endogenic process　03.006
能力制约　capability constraint　17.097
能量资源　energy resources　20.010
泥火山　mud volcano　03.299
泥流　mudflow　03.198
泥漠　argillaceous desert　02.104
泥沙流通量　sediment flux　15.054
泥沙输移比　sediment-delivery ratio　03.148

O

P

葩嵌　patch　25.185
爬升沙丘　climbing dune　13.070
帕拉莫群落　paramo　06.176
帕兰德模型　Palander model　25.221
＊拍岸浪　surf　15.047
派生地图　derivative map　27.067
派生数据　derived data　30.019
潘帕斯群落　pampas　06.173
判别分析　discriminant analysis　25.096
判别函数　discriminant function　29.113
判读　interpretation　29.128
抛物线形沙丘　parabolic dune　13.071
陪都　auxiliary capital　23.032
盆地　basin　03.033
盆岭地貌　basin-and-range geomorphic landscape　03.270
棚户区　squatter settlement　24.005
膨转土　Vertisol　07.158
毗连区　contiguous zone　15.023
片[状侵]蚀　sheet erosion　03.174
偏离-份额分析　shift-share analysis　25.152
偏利共生　commensalism　06.101
＊漂尘　inhalable particles　09.092
漂砾　boulder　11.083
贫困的循环　cycle of poverty　24.042
贫困地理　geography of poverty　18.010
贫民窟清除　slum clearance　19.197
贫民区　slum　19.006
＊贫营养沼泽　oligotrophic mire　14.051
频率曲线　frequency curve　05.070
平顶海山　guyot　15.151
平衡　balance　25.031
平衡点　equilibrium point　25.032
平衡邻里　balanced neighborhood　19.198
平衡剖面　equilibrium profile　03.107
＊平均海平面　mean sea level, MSL　15.127
平均信息域　mean information field, MIF　25.042
平行进化　parallel evolution　06.082
平行式水系格局　parallel drainage pattern　03.288
平原　plain　03.018
平原海岸　plain coast　15.114
平原水文　flat area hydrology　05.014
平原沼泽　plain swamp　14.054
屏幕地图　screen map　27.174
坡地　slope, slopeland　03.043
坡积物　slope deposit　03.191
＊坡立谷　polje　03.219
坡面过程　slope process　03.185
坡面流　overland flow　05.207
坡水堆积物　diluvium　03.192
坡向　aspect　02.092
普纳群落　puna　06.175
普通地理图　general geographic map　27.004
普通地理学　general geography　01.071
普通地图　general map　27.003
普通地图集　general atlas　27.075
普通地图学　general cartography　27.008
普通冻土学　general geocryology　12.002
普通景观　ordinary landscape　24.105
普通自然地理学　general physical geography　02.003
瀑布　waterfall　05.054

Q

七十二候　seventy-two pentads　04.151
齐普夫规则　Zipf rule　25.158
企业地理学　enterprise geography　18.129
企业空间结构　corporate spatial structure　18.143
＊起动风速　threshold wind velocity　13.072
起沙风　sand-driving wind　13.072
气候　climate　04.018
气候变化　climatic change　04.140
气候变迁　climatic variation　04.141
气候重建　climatic reconstruction　04.144
气候带　climatic zone　04.043
气候地貌学　climatic geomorphology　03.007

R

染色体地理学　chromosome geography　06.008
壤中流　interflow, throughflow　05.183
热带　tropical zone, tropical belt　01.150
热带病地理　geography of tropical disease　08.009
热带辐合带　intertropical convergence zone, ITCZ　04.082
热[带]湖　warm lake　05.135
[热带]雨林　tropical rainforest　06.166
热带雨林气候　tropical rainforest climate　04.049
热岛效应　heat island effect　04.133
热辐射　thermal radiation　29.052
热惯量　thermal inertia　29.062
热害　heat damage　04.113
热红外　thermal infrared　29.051
热喀斯特　thermokarst　12.085
热浪　heat wave　04.120
热量水分平衡　heat and water balance　02.019
热侵蚀　thermal erosion　12.091
热融滑塌　thaw slumping　12.086
热释光测年　thermoluminescence dating　16.051
人本主义地理学　humanistic geography　17.010
人才资源　talent resources　20.014
人地关系动力学　environmental-societal dynamics　25.008
人地关系论　theory of human-nature　17.002
人工冻土　artificially frozen soil　12.026
*人工湖　man-made lake　05.136
人工湿地　artificial wetland　14.031
人工小气候　artificial microclimate　04.030
人口地理学　population geography　22.001
人口地图集　population atlas　27.078
人口分布　population distribution　22.002
人口金字塔　population pyramid　22.005
人口流动　population flow　22.008
人口密度　population density　22.004
人口普查　census　22.009
人口迁移　population migration　22.007
人口潜力　population potential　22.006
人口预测　population projection　22.010
人口预期寿命　life expectance　08.047
人口组成　population composition　22.003
人类共同遗产　common heritage of humanity　24.096
人类能动性　human agency　24.014
人类生态学　human ecology　01.007
人为地貌　anthropogenic landform　03.017
人为分布　anthropochory　06.096
人为土　Anthrosol　07.180
人为土壤　anthropogenic soil　07.017
人文地理学　human geography　17.001
人文地图　human map　27.038
人造沙漠　man made desert　13.077
人种地理学　racial geography　17.032
刃脊　arete　11.088
认知地图　cognitive map　27.029
认知距离　cognitive distance　17.085
认知空间　cognitive space　17.086
认知制图　cognitive mapping　17.084
任向河　insequent river　03.304
日常城市体系　daily urban system　19.204
日界线　date line　01.126
日照　sunshine　04.138
溶沟　grike　03.213
溶痕　karren　03.212
溶蚀　corrosion　03.211
*溶蚀凹槽　solution flute　03.212
溶蚀残丘　hum　03.228
*溶蚀沟槽　solution runnel　03.212
溶[蚀漏]斗　doline　03.217
溶蚀洼地　solution depression　03.218
*溶蚀皱纹　solution ripple　03.212
熔岩流　lava flow　03.264
熔岩台地　lava platform　03.265
融出碛　meltout　11.078
融冻扰动　cryoturbation　12.075
融冻褶皱　periglacial involution　12.104
融化固结　thaw consolidation　12.088
融化下沉　thaw settlement　12.090
融化压缩　thaw compressibility　12.089
融化指数　thawing index　12.041
融区　talik　12.092

S

山顶面 summit surface 03.084
＊山风 mountain breeze 04.075
山谷冰川 valley glacier 11.057
山谷风 mountain-valley breeze 04.075
山间盆地 intermountain basin 03.034
山麓 piedmont 03.026
山麓冰川 piedmont glacier 11.058
山麓平原 piedmont plain 03.027
山麓[侵蚀]面 pediment 03.080
山麓侵蚀平原 pediplain 03.082
山麓梯地 piedmont treppen 03.083
山麓夷平作用 pediplanation 03.081
山脉 mountain range, mountain chain 03.023
山体效应 mountain mass effect 02.043
山岳冰川 mountain glacier 11.054
山嘴 mountain spur 03.032
珊瑚礁海岸 coral reef coast 15.108
＊栅格地图 grid map 27.026
栅格数据结构 raster data structure 30.145
扇形城市 sectoral urban pattern 19.205
扇形理论 sector theory 19.206
扇形模型 sectoral model 19.207
商路 commercial route 18.208
商品流 commodity flow 18.213
商品性生产基地 commercial production base 18.253
商业城市 commercial city 19.208
商业地理学 commercial geography 18.204
商业区 commercial district 19.209
商业网布局 allocation of commercial network 18.206
商业中心 commercial center 18.209
上城区 uptown 19.210
上叠阶地 superimposed terrace, on-laid terrace 03.278
上升岸 emerged coast 15.138
少数民族地名 minority name 28.024
少数人种聚居区 ghetto 19.211
蛇形丘 esker 11.093
设施区位 facility location 18.103
设施区位问题 facility location problem 25.241
设市模式 model of designated city 19.212
社会达尔文主义 social Darwinism 24.027
社会地理学 social geography 24.001
社会反常状态 anomie 24.024
社会福祉 social well-being 24.033
社会公正 social justice 24.012
社会距离 social distance 24.011
社会空间 social space 24.023
社会区分析 social area analysis 24.003
社会网络 social network 24.013
社会物理学 social physics 24.028
社会性别 gender 24.045
社会医学地理 social medical geography 08.014
社会运动 social movement 24.029
社会资源 social resources 20.004
社交旅游 social tourism 21.085
社区 community 19.226
社区发展计划 community development project 19.213
社区游憩 community recreation 21.023
社区中心 community center 19.214
摄影测量 photogrammetry 29.038
摄影影像 photographic image 29.123
绅士化 gentrification 24.040
深部喀斯特 deep karst 03.206
深槽 deep pool 03.145
深层地下水 deep phreatic water 05.146
深海平原 abyssal plain 15.155
深潜流带溶洞 bathyphreatic cave 03.234
深切曲流 incised meander 03.144
深霜 depth hoar 11.020
＊深潭 pothole 03.115
神圣空间与世俗空间 sacred and profane space 24.049
渗流带溶洞 vadose cave 03.231
渗透系数 permeability coefficient 05.158
升华碛 sublimation till 11.081
生产布局的技术经济评价 techno-economic appraisal of production allocation 18.083
生产地理学 geography of production 18.005
生产力布局 allocation of productive forces 18.020
生产链 production chain 18.112
生产者 producer 06.102
生产专业化 specialization of production 18.040
生存空间 living space 01.091
生活废水 domestic wastewater 09.076
生活污水 sewage 09.074
生活型 life form 06.121
生活型谱 life-form spectrum 06.123
生活质量 quality of life 24.034
生境 habitat 06.023
生境碎裂化 habitat fragmentation 06.067

湿地丧失　wetland loss　14.014
湿地生态安全　ecology security of wetland　14.008
湿地生态系统　wetland ecosystem　14.003
湿地生态系统功能　ecosystem function of wetland　14.005
湿地生态系统结构　ecosystem structure of wetland　14.004
湿地生态系统退化　degradation of wetland ecosystem　14.006
湿地生物地球化学　wetland biogeochemistry　14.027
湿地水文　wetland hydrology　14.026
湿地土壤　wetland soil　07.022
湿地温室气体　greenhouse gas of wetland　14.022
湿地污染　wetland pollution　14.016
湿地学　wetland science　14.002
湿地演化　wetland evolution　14.029
湿地沼泽海岸　wetland swamp coast　15.106
湿地资源　wetland resources　14.024
湿害　wet damage　04.115
湿寒土　cryopeg　12.008
湿润气候　humid climate　04.065
湿润指数　moisture index　04.041
湿生植物　hygrophyte　06.127
石冰川　rock glacier　12.105
石膏土　Gypsisol　07.169
石海　block field　12.099
石河　stone stream　12.100
石环　sorted circle, stone circle　12.111
石灰华　tufa　03.247
*石灰岩坑地　cockpit　03.226
石帘　curtain　03.241
石林　stone forest, pinnacle karst　03.227
石漠　stony desert　13.106
石漠化　stony desertification　13.107
石笋　stalagmite　03.238
石网　stone net, sorted net　12.112
石窝　stone nest　13.108
石牙　solution spike, stone teeth　03.214
石柱　column, stalacto-stalagmite　03.239
时间地理学　time geography　17.095
时间分辨率　temporal resolution　29.034
时间距离　time distance　25.180
时间序列分析　time series analysis　25.094
时间预算　time budget　17.101
时空地理学　time-space geography　01.010
时空分辨率　temporal-spatial resolution　30.054
时空复杂性　spatiotemporal complexity　25.037
时空会聚　time-space convergence　17.103
时空结构　time-space structure　17.102
时空数据　spatio-temporal data　25.081
时空序列分析　spatiotemporal series analysis　25.095
时空压缩　time-space compression　17.104
时空延展　time-space distanciation　17.105
时区　time zone　01.125
时权　timeshare　21.091
实体　entity　30.026
实体关系建模　entity-relationship modeling　30.156
实体关系模型　entity relationship model　30.096
实体规划　physical planning　19.216
实体类型　entity type　30.028
实体属性　entity attribute　30.027
实验地貌学　experimental geomorphology　03.011
实验流域　experimental watershed　05.212
实验小区　experimental plot　05.213
矢量地图　vector map　27.171
矢量-栅格转换　vector to raster conversion　30.146
矢量数据　vector data　30.057
矢量数据结构　vector data structure　30.095
矢量数据模型　vector data model　30.073
始成土　Inceptisol　07.153
氏族社会　clan society　23.020
世界城市　world city　19.217
世界岛　world island　24.052
世界地图集　world atlas　27.069
世界都市带　ecumenopolis　19.218
世界体系分析　world-system analysis　17.050
世界文化遗产　cultural heritage of the world　23.054
世界植物区系分区　world floristic divisions　06.111
世界种　cosmopolitan species　06.060
市场　market　18.210
市场超叠　market overlap　25.236
市场距离　market distance　18.219
市场区　market district　18.212
市场区位　market location　18.102
市场取向工业　market-oriented industry　18.153
市场位势　market potential　25.235
市场细分　market segmentation　21.067
市场域　market area　25.234

数字地图配准　digital map registration　30.112
数字地形模型　digital terrain model, DTM　30.025
数字高程模型　digital elevation model, DEM　30.018
数字化　digitizing　30.022
数字化编辑　digitizing edit　30.111
数字化图层　digital map layer　30.023
数字环境　digital environment　26.019
数字滤波器　digital filter　29.108
数字模型　digital model　25.070
数字区域　digital region　26.018
*数字摄影测量系统　digital photogrammetric system　26.020
数字省　digital province　26.017
数字图像　digital image　29.089
数字图像处理　digital image processing　30.110
数字线划图数据格式　digital line graph, DLG　30.062
数字正射影像图　Digital Orthophoto Map, DOM　30.153
数字制图　digital mapping　30.113
数字中国　digital China　26.016
衰落区　declining area　18.078
双重独立地图编码文件　Dual Independent Map Encoding, DIME　30.063
水半球　water hemisphere　01.112
水产业地理学　geography of fishery　18.292
水稻土　paddy soil　07.134
水动型海面变化　eustasy　15.130
水化学　hydrochemistry　05.027
水化学地理　hydrochemicogeography　10.002
水库　reservoir　05.136
水力半径　hydraulic radius　05.208
水力学　hydraulics　05.033
水利经济学　hydroeconomics　05.034
水利遥感　hydrographic remote sensing　29.023
水量交换　water exchange　05.060
水量平衡　water balance　05.059
水路运输　water transport　18.173
水面蒸发　free water surface evaporation　05.196
水内冰　frazil ice　11.061
水能　hydropower　05.229
水平地带　horizontal belt　02.049
水平极化　horizontal polarization　29.073
水平降水　horizontal precipitation　05.186
水平企业　horizontal corporation　18.115
水平外资　horizontal foreign direct investment　18.027
水迁移系数　coefficient of aqueous migration　10.056
水迁移元素　aqueous migratory element　10.038
水圈　hydrosphere　01.103
水色　water color　05.110
水上景观　superaqual landscape　10.015
水生腐殖质　aquatic humic substances　09.070
水生植物　hydrophyte　06.126
水石流　water-rock flow　03.199
水体　water body　05.035
*水体污染　water pollution　09.029
水体沼泽化　water paludification, swampiness of water　14.044
水土保持　soil and water conservation　07.013
水土流失　soil and water loss　05.216
水团　water mass　05.036
水位　water stage, water level　05.088
水位流量关系　stage-discharge relation　05.061
水温　water temperature　05.111
水文地理学　hydrogeography　05.001
水文观测　hydrometry　05.210
水文过程　hydrological process　05.058
*水文过程线分割　hydrograph separation　05.064
水文模型　hydrological model　05.114
水文年　hydrologic year　05.071
水文年鉴　water yearbook　05.031
水文气象　hydrometeorology　05.026
水文情势　hydrological regime　05.057
水文区划　hydrologic regionalization　05.030
水文实验　hydrological experiment　05.211
水文物理学　hydrophysics　05.028
水文系列　hydrologic series　05.032
水文效应　hydrologic effect　05.209
水文循环　hydrologic cycle　05.037
水文制图　hydrologic mapping　05.029
水污染　water pollution　09.029
水系　river system　05.042
水系格局　drainage pattern　03.286
水系结构定律　laws of drainage composition　03.102
水系[水平]错位　drainage offset　03.307
水下岸坡　submarine coastal slope, off shore slope　15.046
水下阶地　submarine terrace　15.148
水下景观　subaqual landscape　10.016

水下三角洲　subaqueous delta　15.091
水下沙坝　submarine bar　15.094
＊水下沙堤　submarine sand ridge　15.094
水俣病　Minamata disease　09.086
水源保护　water source protection　05.218
水灾　flood damage　04.100
水质　water quality　05.222
水资源　water resources　20.006
水资源承载力　water resources supporting capacity　05.228
水资源供需平衡　water supply and demand balance　05.227
水资源评价　water resources assessment　05.219
＊顺地貌　positive landform　03.068
＊顺向谷　consequent stream　03.300
顺向河　consequent river　03.300
顺直型河道　straight river channel　03.139
＊死海蚀崖　abandoned sea cliff　15.066
死火山　extinct volcano　03.298
松山反向极性期　Matuyama reversed polarity chron　16.046
宋健-于景元模型　Song-Yu's model　25.139
搜索行为　search behavior　24.030
薮　marsh, swamp　23.066
塑性冻土　plastic frozen soil, high-temperature frozen soil　12.025
溯源堆积　headward deposition　03.109
溯源侵蚀　headward erosion　03.108
酸性硫酸盐土　acid sulphate soil　07.132
酸雨　acid rain　09.084
算法　algorithm　25.006
随机过程　stochastic process　25.044
随机畸变　random distortion　29.098
随机模型　stochastic model　25.066
随机水文学　stochastic hydrology　05.022
碎屑风化壳　clastic weathering crust　10.023
缩微地图　microfilm map　27.176

T

台地　platform, tableland　03.041
台风　typhoon　04.104
苔草沼泽　sedge mire　14.069
苔原　tundra　06.155
苔原气候　tundra climate　04.047
＊太平洋型岸线　Pacific-type coastline　15.115
太阳　sun　01.138
太阳常数　solar constant　04.122
太阳辐射　solar radiation　04.121
泰加林　taiga　06.157
滩脊　beach ridge　15.073
滩脊[型]潮滩　chenier　15.074
滩脊[型]潮滩平原　chenier plain　15.075
滩肩　beach berm　15.071
滩角　beach cusp　15.072
探索空间　search space　17.087
探索空间数据分析　exploratory spatial data analysis, ESDA　25.114
探险　exploration　21.041
探险旅游　adventure tourism　21.003
碳酸盐风化壳　carbonate weathering crust　10.024
碳酸盐结合态　carbonate bounded form　10.049
特化中心　center of specialization　06.017
特提斯海　Tethys　16.005
特有种　endemic species　06.061
特种地图　special purpose map　27.017
梯度理论　ladder development theory　18.053
体育地理学　geography of sports　17.017
体育旅游　sports tourism　21.087
替代分布　vicariance　06.015
替代分布生物地理学　vicariance biogeography　06.005
替代性旅游　alternative tourism　21.008
天空光　skylight　29.066
天气　weather　04.069
天气气候学　synoptic climatology　04.002
天气系统　weather system　04.085
天然堤　natural levee　03.133
天然药物资源　natural medicinal material resources　20.012
天生桥　natural bridge　03.229
天体地理学　astrogeography　01.140
天文辐射　extraterrestrial solar radiation　04.123
天文气候　astroclimate　04.019
天文作用型海面变化　astrolomico-eustatism　15.129

田间持水量　field moisture capacity　05.173
田猎区　hunting area　23.057
填洼　depression　05.188
跳跃扩散　jump diffusion　25.213
跳跃理论　frog-jump development theory　18.054
铁铝化[作用]　ferrallitization　07.061
铁铝土　Ferralsol　07.178
铁器时代　Iron Age　16.017
铁质化[作用]　ferruginization　07.063
通勤　commuting　19.229
通勤带　commuter zone, commuter belt　19.230
通商口岸城市　port city　23.039
通信地理学　geography of telecommunication　18.163
同步气象卫星　synchronous meteorological satellite　29.083
同化作用圈层　zone of assimilation　19.231
同批人　cohort　22.013
同位素水文学　isotope hydrology　05.024
同心圆模式　concentric zone model　19.232
统计地图　statistic map　27.025
统计模型　statistical model　25.067
统计气候学　statistical climatology　04.004
统一地理学　unified geography　01.070
统一建模语言　unified modeling language, UML　30.075
痛痛病　itai-itai disease　09.087
投入产出分析　input-output analysis　25.174
投影变换　projection change, projection alteration　27.086
投影变形　projection distortion　27.095
透射率　transmissivity　29.060
凸岸坝　point bar　03.132
图层　coverage　30.004
图层范围　coverage extent　30.006
图层更新　coverage update　30.007
图层元素　coverage element　30.005
图例　legend　27.136
图面自动注记　automatic map lettering　27.186
图像　image　29.087
图像变换　image transformation　29.099
图像处理　image processing　29.088
图像复原　image restoration　29.094
图像漫游　image roam　29.118
图像识别　image recognition　29.112
图像信息学　iconic informatics　26.023
图像压缩　image data compression　29.092
图像增强　image enhancement　29.102
图像质量　image quality　29.091
图形叠置　graphic overlay　30.132
图形分辨率　graphics resolution　30.036
图形简化　graphic simplicity　27.144
图形校正　graphic rectification　30.133
土被　soil cover　07.199
土被结构　soil cover structure　07.200
[土]变种　soil variety　07.144
土地　land, terrain　02.066
土地承载力　land carrying capacity　13.111
土地处理　land treatment　09.065
土地单元　land unit　02.076
土地调查　land survey　02.082
土地分级　land grading　02.072
土地分类　land classification　02.073
土地复垦　reclamation of land　18.245
土地覆被　land cover　02.086
土地覆盖　land cover　18.244
土地改良　land improvement　18.243
土地功能　land function　18.237
土地刻面　land facet　02.077
土地类型　land type　02.074
土地利用　land use　18.238
土地链　[land] catena　02.078
土地评价　land appraisal　18.241
土地潜在人口承载力　potential capacity of land for carrying population　02.085
土地沙化　land sandification　13.112
土地沙漠化　land desertification　13.113
土地社会经济属性　social economic attribute of land　02.071
土地生产力　land capacity　18.239
土地生产率　land productivity　18.240
土地生态系统　land ecosystem　02.067
土地适宜性　land suitability　02.079
土地收益递减规律　decrease of marginal returns of land　18.291
土地属性　terrain characteristics　02.069
土地特性　land characteristics　18.242
土地退化　land degradation　02.083
土地系统　land system　02.075
土地限制性　land limitation　02.080

土地信息系统　land information system, LIS　30.152
土地要素　land element　02.068
土地质量　land quality　02.081
土地资源　land resources　20.005
土地资源遥感　remote sensing of land resources　29.133
土地自然属性　natural attribute of land　02.070
土纲　soil order, soil class　07.138
土类　soil group　07.140
土链　soil catena　07.198
土壤　soil　07.001
土壤饱和含水量　saturated soil moisture　05.174
土[壤]层[次]　soil layer　07.072
土壤单元　soil unit　07.160
土壤地带性　soil zonality　07.192
土壤地理学　soil geography　07.003
土壤调查　soil survey　07.184
土壤发生层　soil genetic horizon　07.071
土壤发生分类　soil genetic classification　07.083
土壤分布　soil distribution　07.191
土壤分类　soil classification　07.081
土壤复区　soil complex　07.197
土壤改良　soil amelioration　07.012
土壤概查　generalized soil survey　07.185
土壤管理　soil management　07.010
土壤含水量　soil water content　05.171
土壤化学地理　pedochemicogeography　10.003
土壤给水度　soil water specific yield　05.178
土壤景观　soil landscape　07.015
土壤绝对年龄　absolute age of soil　07.028
土壤类别　soil taxon　07.137
土壤类群　major soil grouping　07.159
土壤利用　soil utilization　07.011
土壤剖面　soil profile　07.069
土壤普查　general detailed soil survey　07.187
土壤侵入体　soil intrusions　07.080
土壤侵蚀　soil erosion　07.008
土壤圈　pedosphere　01.105
土壤生态学　soil ecology　07.006
土壤数值分类　numerical classification of soil　07.086
土壤水　soil moisture　05.170
土壤水分常数　soil water constants　05.172
土壤水分特征曲线　soil moisture characteristic curve　05.179
土壤水力传导度　soil hydraulic conductivity　05.177
土壤水平地带性　soil horizontal zonality　07.193
土壤水平衡　soil water balance　05.182
土壤水水文学　pedohydrology　05.017
土壤图　soil map　07.189
土壤退化　soil degradation　07.007
土壤微域分布　micro-regional distribution of soils　07.194
土壤污染　soil pollution　09.030
土壤系统分类　soil taxonomy　07.082
土壤相对年龄　relative age of soil　07.029
土壤详查　detailed soil survey　07.186
土壤新生体　soil new growth　07.079
土壤信息系统　soil information system, SIS　07.014
土壤形成　soil formation　07.039
土壤形成过程　soil formation process　07.041
土壤形成因素　soil formation factor　07.040
土壤学　soil science　07.002
土壤亚单元　soil subunit　07.161
土壤有效含水量　available soil moisture　05.176
土壤蒸发　soil evaporation　05.193
土壤制图　soil cartography　07.188
土壤制图单元　soil mapping unit　07.190
土壤中域分布　meso-regional distribution of soils　07.195
土壤资源　soil resources　07.009
土壤组合　soil association　07.196
土属　soil genus　07.142
土水势　soil water potential　05.180
土体层　solum　07.070
土体成冰　ice formation　12.066
土体蠕动　soil creep　03.193
土系　soil series　07.146
土相　soil phase　07.147
土种　soil local type　07.143
土著种　autochthonous species　06.092
土族　soil family　07.145
湍流　turbulent flow　05.085
团体包价旅游　group inclusive tour　21.048
推拉因素　push-pull factor　21.075
退化作用圈层　zone of discard　19.234
退水曲线　recession curve　05.065
脱钙作用　decalcification　07.055
脱硅[作用]　desilicification　07.058
脱碱作用　solodization　07.052

W

文化区位　cultural setting　24.068
文化趋同　cultural convergence　24.063
文化圈　culture circle　24.072
文化群体　cultural groups　24.078
文化融合　culture fusion　24.060
文化生态学　cultural ecology　24.055
文化生物地理学　cultural biogeography　06.004
文化适应　cultural adaptation　24.062
文化特质　cultural traits　24.069
文化通道　cultural channel　24.081
文化衍生　cultural involution　24.064
*文化演化　cultural evolution　24.060
文化遗产　cultural heritage　24.094
文化因子　cultural factor　24.077
文化影响区　cultural effect region　24.086
文化源地　cultural hearth　24.059
文化整合　cultural integration　24.065
文化政治学　cultural politics　24.054
文化转移　cultural transfer　24.079
文化资本　cultural captial　24.076
文化自然地理学　cultural physical geography　02.006
文化综合体　cultural complex　24.075
文学旅游　literary tourism　21.066
纹泥　varve　11.094
纹泥测年　varved-clay dating　16.052
*紊流　turbulent flow　05.085
稳定流　steady flow　05.079
稳渗　stable infiltration　05.201
稳态　steady state　25.034
涡流　vortex flow　05.086
沃罗诺伊模式　Voronoi pattern　25.231
沃罗诺伊图　Voronoi diagram　25.230
卧城　dormitory town, bedroom town　19.238
乌尔曼相互作用理论　Ullman's bases for interaction　19.239
污染负荷　pollution load　09.039
污染化学　pollution chemistry　09.005
污染指数　pollution index　09.038
污水灌溉　wastewater irrigation　09.042
无地方社区　non-place community, non-place realm　19.240
无地方性　placelessness　17.093
无缝集成　seamless integration　30.150
无机污染物　inorganic pollutant　09.041
无霜期　frost-free period　04.110
无显露侵蚀带　belt of no erosion　03.179
物候谱　phenospectrum　04.154
物候学　phenology　04.016
物理动力气候学　phsico-dynamical climatology　04.003
物理风化作用　physical weathering　03.054
物理模型　physical model　25.058
物流　logistics　18.202
物流配送　logistics distribution　18.203
物质坡移　mass wasting　12.073
物种多样性　species diversity　06.052
物种丰富度　species richness　06.053
物种库　species pool　06.077

X

西南季风　southwest monsoon　04.060
吸附　adsorption　09.053
吸收　uptake, absorption　09.052
吸收率　absorptivity　29.059
*吸收系数　absorptivity　29.059
吸引区　attraction area　18.198
稀释　dilution　09.046
稀性泥石流　micro-viscous debris flow　03.200
稀有元素　rare element　10.044
习性　habitus　24.031
袭夺河　capturing river　03.117
喜钙植物　calciphyte　06.135
喜马拉雅运动　Himalayan movement　16.007
喜温有机体　thermophilic organisms　06.057
系列地图　series maps　27.063
系统地理学　systematic geography　01.072
系统地图学　systematic cartography　27.012
系统畸变　systematic distortion　29.097
系统聚类　hierarchical clustering　25.099
系统水文学　systematic hydrology　05.023
细沟　rill　03.182
潟湖　lagoon　15.101
峡谷　gorge, canyon　03.038
峡江　fjard　15.126

Y

Z

自动数据处理　automated data processing　30.102
自动数字化　automated digitizing　30.103
自动特征识别　automated feature recognition　30.104
自发定居区　spontaneous settlement　19.268
自给性农业　subsistence agriculture　18.249
自流水盆地　artesian basin　05.152
自幂作用　self-mulching　07.065
自然保持　natural preservation　02.030
自然保育　nature conservation　02.029
*自然堤　natural levee　03.133
自然地带　physico-geographic zone　02.048
自然地理尺度　scales in physical geography　02.017
自然地理动态　physical geographic dynamics　02.013
自然地理过程　physical geographic process　02.014
自然地理环境　physical geographic environment　02.008
自然地理结构　physical geographic structure　02.011
自然地理界面　physical geographic interface　02.016
自然地理界线　physical geographic boundary　02.015
自然地理系统　physical geographic system　02.012
自然地理学　physical geography　02.001
*自然地理综合体　natural complex　02.009
自然地图　physical map　27.037
自然地图集　physical atlas　27.077
自然地域分异规律　rule of physical territorial differentiation　02.018
自然[地域]资源结构　natural resources structure　20.018
自然-技术地理系统　natural-technical geosystem　02.010
自然景观　natural landscape　02.057
自然历　natural calendar　04.153
自然旅游　nature tourism　21.069
自然侵蚀　natural erosion　03.177
自然区　natural area　19.269
自然区划　physical regionalization　02.044
自然区划等级系统　hierarchic system of physical regionalization　02.047
自然生产潜力　potentially natural productivity　02.089
自然湿地　natural wetland　14.030
自然天气季节　natural synoptic season　04.070
自然土壤　natural soil　07.016
自然物候　natural seasonal phenomena　04.155
自然选择　natural selection　06.081
自然疫源地　natural epidemic focus　08.024
自然游道　nature trail　21.070
自然与文化混合遗产　natural and cultural heritage, mixed heritage　24.095
自然灾害　natural hazard　02.028
自然资源　natural resources　20.003
自然资源经济评价　economic evaluation of natural resources　20.032
自然资源类型　natural resources type　20.017
自然资源评价　natural resources evaluation　20.030
自然资源区划　regionalization of natural resources　20.024
自然资源属性　natural resources attribute　20.019
自然资源系统　natural resources system　20.016
自然资源质量评价　evaluation of natural resources quality　20.031
自然综合体　natural complex　02.009
自吞作用　self-swallowing　07.066
自下而上城市化　bottom-up urbanization　19.270
自向型游客　psychocentric tourist　21.007
自养　autotrophy　06.132
自治区　autonomous region　17.053
自主体　agent　25.029
*渍害　wet damage　04.115
宗教地理学　geography of religion　17.036
综合地图集　complex atlas, comprehensive atlas　27.074
综合分辨率　synthetic resolution　29.037
综合交通运输网　integrated transport network　18.165
综合评价地图　comprehensive evaluation map　27.031
综合气候学　complex climatology　04.015
综合运输　integrated transportation　18.186
综合制图　complex mapping　27.061
综合自然地理学　integrated physical geography　02.002
综合自然区划　integrated physical regionalization　02.045
棕钙土　brown calcic soil　07.111
棕红壤　brown-red soil　07.092
棕漠土　brown desert soil　07.115
棕壤　brown soil　07.100
棕色石灰土　terra fusca　07.095
棕色针叶林土　brown coniferous forest soil　07.103
总辐射　global radiation　04.124
总侵蚀基准面　general base level　03.105
总体规划　master plan, comprehensive plan　19.271
总蒸发　evapotranspiration　05.191

纵谷 longitudinal valley 03.120
纵向岸线 longitudinal coastline 15.115
纵向侵蚀 longitudinal erosion 03.112
*纵向沙丘 linear sand dune, longitudinal dune 13.114
租界 leased territory, concession 19.272
族群城市 cluster city 19.273
阻塞高压 blocking high 04.084
组合制约 coupling constraint 17.098
组件对象模型 component object model, COM 30.072
最大熵模型 maximum entropy model 25.154
*最低成本学派 Weber's industrial location model 18.099
*最佳城市规模 optimum city size 19.037
最小流量 minimum discharge 05.097
作物布局 allocation of crops 18.263
作物-气候生产潜力 crop-climatical potential productivity 02.024
作物组合 crop combination 18.260
坐标几何 coordinate geometry, COGO 30.014
坐标控制点 tic 30.053